**왜 우리는
세계를 있는 그대로
보지 못하는가?**

왜 우리는
세계를 있는 그대로
보지 못하는가?

과학적 인식을 가로막는 직관의 한계에 대하여

앤드루 슈툴먼 지음

김선애 · 이상아 옮김

SCIENCE BLIND

바다출판사

케이티, 테디, 그리고 루씨에게

차례

왜 우리는 세상을 있는 그대로 보지 못하는가

대부분의 사람은 우유를 유해물질이라고 생각해본 적이 없을 것이다. 우리에게 우유란 시리얼 위에 부어 먹거나 쿠키와 함께 마시는 영양가 높은 음료다. 하지만 우유가 건강에 아주 치명적이었던 때가 있었다. 산업혁명 이후, 겨우 백 년 전만해도 우유는 식중독을 일으키는 주요 원인이었다. 물론 우유를 마시는 것 자체가 해로운 것은 아니다. 인간은 수천 년 동안 우유를 마셨다. 그러나 우유는 젖소에서 짜낸 후 시간이 오래 지나면 우리가 상상도 할 수 없을 만큼 위험한 물질이 된다. 우리는 대부분의 음식에 들어 있는 박테리아를 가열을 통해 제거한다. 하지만 우유는 일반적으로 가열 없이 섭취되었고, 또한 설탕과 지방이 많아 세균 번식을 위한 완벽한 매개체가 된다. 우유를 짤 때 아주 적은 양만 존재하던 박테리아는 시간이 갈수록 기하급수적으로 증가한다. 이러한 생물학적 사실은 19세기 후반 제2차 산업혁명이 시작된 이후에야 사람들에게 알려지기 시작했다.

산업혁명은 사람들의 일터를 바꿈으로써 그들이 살던 곳의 환경도 바꾸어 놓았다. 유럽과 미국 등지에서 시골농장으로부터 공장들이 있는 도시로의 인구 이동이 일어남에 따라 사람들은 우유를 생산하는 목장으로부터 멀어졌다. 따라서 목장주인들은 우유를 점점 더 먼 곳으로 배달하게 되었고, 사람들은 점점 더 오래된 우유를 마시기 시작했다. 그렇게 오랜 시간 동안 상온에서 보관된 우유는 박테리아의 배양기가 되었고 유럽과 미국에서 결핵, 장티푸스, 성홍열 등 여러 전염병의 원인이 되고 말았다.[1] 한 의학 전문가에 따르면[2] 19세기의 우유는 "소크라테스의 헴록"*이라고 할 수 있을 만큼 치명적이었다고 한다.

그러던 중, 1860년대에 우유를 며칠 동안 안전하게 섭취할 수 있는 간단한 방법이 개발되었다. 우유의 성분은 유지하면서도 대부분의 박테리아를 죽일 수 있을 정도의 온도로 우유를 가열하는 것이었다. 루이 파스퇴르Louis Pasteur가 발명한 이 저온살균처리법은 '파스퇴르법pasteurization'이라고 불리게 되었다. 저온살균의 위생적 효과는 즉시 나타났고 그 효과는 놀라웠다. 저온살균법이 생기기 이전에는 우유를 먹인 아기들은 모유를 먹인 아기들에 비해 사망할 확률이 몇 배나 더 높았을 만큼 우유 식중독에 취약했었다. 그러나 저온살균이 도입된 후 도시 지역의 영아 사망률은 약 20퍼센트가 감소했다.[3]

오늘날 저온살균처리를 거친 우유는 식중독을 일으킬 확률이 1퍼센트 미만인 매우 안전한 식품이다. 그러나 이상하게도 요즘 저온살균처리가 되지 않은 우유를 마시는 사람들이 늘어남에 따라 우유로 인한 질병의 비율이 다시 증가하고 있다. 2007년과 2009년 사이 미국에서는 *살균을 거치지 않은 우유를 마시고 박테리아 캄필로박터균Campylobacter*,

* 아테네가 소크라테스에게 내린 독약.

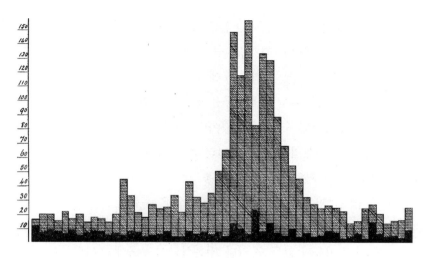

그림 1 이 그래프는 1903년도 프랑스 파리에서 생후 첫 1년(1주부터 52주까지)안에 위장병으로 사망한 영아의 숫자를 보여준다. 모유수유(실선)를 한 영아들은 젖병우유를 먹인 영아(사선)보다 사망 위험이 현저하게 낮았다.

살모넬라균*Salmonella* 및 대장균*E.coli*과 관련된 질병에 감염된 사례가 30건이나 발생했다. 2010년과 2012년 사이에 그 숫자는 51건으로 증가했다.[4] 사람들이 생우유를 찾는 데는 여러 이유가 있는데,[5] 이들은 생우유가 살균된 우유보다 맛이 좋고, 영양가가 높으며(이는 사실이 아니다), 사람의 몸은 생우유를 마시도록 되어 있고, 소비자는 우유의 살균 여부를 선택할 권리가 있다고 생각한다. 저온살균을 거부하고 더 '자연적'인 생우유를 택하는 사람들은 저온살균처리법이 개발되기 이전 수천 명의 사람이 우유로 인해 장기 부전, 유산, 실명, 마비를 겪고 결국 사망에 이르렀다는 사실을 아마도 모르는 것 같다.

저온살균처리를 거부할 때 사람들은 자신이 정확히 무엇을 거부하고 있는 것인지 완전히 이해하고 있을까? 아마도 그렇지 않을 것이다. 저온살균은 직관에 반한다. 세균이 반직관적이기 때문에 저온살균 또한 반

직관적일 수밖에 없다. 세균이란 눈으로 볼 수 없는 생물들이다. 그들은 사람과 사람 사이에서 우리가 알 수 없게 전달되며, 그 결과 우리는 감염되고 나서 몇 시간 또는 며칠 후에야 몸이 아프다는 걸 느끼게 된다. 또 다른 반직관적인 개념은 음식물을 질병의 근원으로 변화시키는 세균이 열에 의해 제거될 수 있다는 것이다. 세균을 죽이기 위해 음식을 가열하는 것은 식품산업에서 아주 널리 퍼진 방법이다. 우유뿐만 아니라 맥주, 와인, 주스, 과일 통조림, 야채 통조림 등 여러 종류의 음식이 가열로 살균처리를 거쳐 생산된다. 살균되지 않은 우유를 고집하는 사람들이 살균처리된 맥주 또는 복숭아 통조림에 대해서는 반대하지 않는 데에는 두 가지 이유가 있을 수 있다. 저온살균이 우유에는 타당성이 없지만, 다른 식품에는 타당성이 있다고 생각하거나, 아니면—더 가능성이 있는 이유로—저온살균이 무엇인지, 왜 식중독을 예방하는 데 필요한지 정확하게 이해하지 못하기 때문일 수 있다.

저온살균에는 명확한 과학적 근거가 있지만 세상의 많은 사람이 그 과학적 근거를 거부하고 있다. 사실 그들은 저온살균에 대한 과학뿐만 아니라 모든 과학—면역학에서부터 지질학, 유전학도 거부한다. 최근에 미국 성인을 대상으로 실시한 설문조사에 따르면, 인간이 오랜 시간에 거쳐 진화했다고 믿는 사람은 65퍼센트에 불과했다. 반면에 세계 최대 과학 단체인 미국과학진흥협회AAAS: American Association for the Advancement of Science 회원들은 98퍼센트가 진화가 사실임에 동의한다. 또한 지구 온난화가 대부분 인간에 의해 일어나고 있다고 생각하는 사람은 미국 성인의 50퍼센트에 불과한 반면 AAAS 회원은 87퍼센트다.[6] 그리고 미국 성인의 37퍼센트만이 유전자 변형 식품이 위험하지 않다고 생각하지만, AAAS 회원은 88퍼센트다.

과학적 결과를 부인하는 것은 새로운 현상이 아니다. 과거 대부분의 사람들은 지구가 태양을 돌고 있다는 사실, 대륙이 이동하고 있다는 사실, 세균이 질병의 원인이란 사실을 부정했다.[7] 하지만, 과학적 정보가 넘쳐나고 과학 교육이 이토록 발전된 시대에, 왜 과학에 대한 저항은 멈추지 않는 것인가? 많은 학자와 미디어 전문가들은 정치적 사상이나 종교를 그 이유로 지목한다. 또 다른 이들은 잘못된 정보(예: 백신이 자폐증과 관련이 있다거나 유전자 조작 식품은 암을 유발한다는 등)가 문제라고 지적한다. 이러한 원인들이 모두 과학을 부인하는 데 큰 영향을 미친다는 것은 사실임에 틀림없다. 미국의 보수당은 진보당보다 과학을 덜 수용하는 경향이 있고,[8] 종교인들 또한 비종교인들보다 과학을 부인하는 편이며, 잘못된 정보들은 과학적 개념에 대한 회의와 적대감을 낳는 효과가 있다. 그러나 이러한 요인들이 과학을 오해하는 원인의 전부는 아니다. 심리학자들이 밝혀낸 다른 원인도 있는데, 그것은 바로 '직관적 이론 intuitive theories'이다.

직관적 이론은 세상이 어떻게 작동하는지에 대해 따로 배우지 않고 우리가 자발적으로 터득한 설명이다. 스스로 관찰했던 모든 사건에 대해 나름대로 짐작한 이유, 그리고 그 일에 우리가 어떻게 개입할 수 있는지에 대한 추측들이다. 직관적 이론은 중력에서 지질학, 질병에서 진화적 적응까지 모든 종류의 현상을 포함하며, 영유아기부터 노년기까지 줄곧 작동한다. 다만 문제는 그 직관들이 종종 틀린다는 것이다. 예를 들어, 질병에 대한 우리의 직관적 이론은 미생물에 대한 사실이 아니라 우리의 행동(건강을 유지하기 위해서 해야 하는 것과 하지 말아야 할 것)에 근거한다. 따라서 우유를 그냥 마시는 것은 위험하지만 가열하면 안전하다는 이야기나, 백신 접종과 같이 죽은 바이러스를 우리 몸에 주입하면 질병에 면역이 생긴다는 이야기는 믿기 힘들 수밖에 없어진다. 마찬가지로 지질학에 대한 우리의 직관적 이론에서는 지구를 동적계가 아니라

정적인 계로 간주하기 때문에, 우리는 수압파괴법hydraulic fracking으로 지진을 일으킨다거나 탄소 배출이 지구 온난화의 원인이 된다는 등 인간이 지구 자체를 변화시킨다는 것을 상상할 수 없는 것이다.

직관적 이론은 양날의 검이다. 세상에 대한 직관적 이론은 우리가 여러 현상들을 이해할 수 있도록 도와주며 또한 우리의 시야를 넓혀주기 때문에 그 어떤 이론도 가지지 않은 것보다 낫다고 할 수 있을 것이다. 하지만 다른 한편으로는 직관적 이론과 일치하지 않는 정보들에는 우리의 마음을 닫아버리게 함으로써, 그 현상들에 대한 진정한 설명과 이치를 깨닫는 데 장애물이 된다. 기존에 있는 직관들은 현실을 잘못 이해하도록 만드는 것만이 아니라 직관에 반하는 사실들을 무시하게 함으로써 진실에 대한 우리의 눈을 멀게 할 수도 있다. 따라서 이 책을 쓰는 나의 목표는, 독자들에게 우리의 머릿속에 있는 직관적 이론들에 대해 알리고, 그 직관들이 어떤 상황에서 어떻게 우리가 생각의 길을 잃게 만드는지 이해할 수 있도록 돕는 것이다.

이 책에는 두 가지 중요한 메시지가 있다. 첫 번째는, 우리가 세상을 제대로 이해하지 못한 채로 살고 있다는 것이다. 우리의 직관적 이론들은 실제로 존재하지 않는 개념들과 실제로 존재하지 않는 과정들로 이 세상을 설명하고 있다. 두 번째는, 세상을 올바르게 알려면 우리의 믿음과 생각을 바꾸는 것뿐만 아니라, 그 생각들을 일어나게 하는 기본 개념을 바꾸어야 한다는 것이다. 즉, 단순히 직관적 이론을 수정하는 것만으로는 세상을 제대로 이해할 수 없다는 것이다. 우리는 그 이론들을 분해해서 기초부터 다시 세운 새로운 이론들을 만들어야 한다. 갈릴레오Galileo는 "모든 진리는 발견된 후에는 이해하기 쉽다. 문제는 그들을 발견하는 것이다."라고 말했지만,' 그것은 틀린 말이다. 세상에는 이해하기 어려운 진리가 매우, 매우, 많다. 이러한 진리들은 영유아기 때부터 세상을 설명하려고 만들어온 우리의 직관적 이론들에 반하기 때문이다. 이 책은 그 진리에 대한 이야기다. 왜 진리는 우리에게 잘 보이지 않는지, 어떻게 해야 우리는 진리를 터득할 수 있는지에 대한 이야기다.

***

직관적 이론을 우리가 직접 구성한다는 것은, 인간의 생각을 지나치게 지성적으로 간주하는 것처럼 느껴질 수도 있다. 평범한 사람들이 무슨 이유로 물질에 대한 이론을 만든다는 것인가? 생물학자도 아닌 사람이 형질의 유전이나 생물의 진화에 대한 이론을 구성할 필요가 있을까? 실제로 우리는 그렇게 한다. 왜냐하면 우리는 매일 생물학과 물리학 현상들 속에서 살아가고 있고, 생물학과 물리학은 인간의 삶으로부터 뗄레야 뗄 수 없는 이론이기 때문이다.

우리는 움직임에 대한 추상적 이론에는 별로 관심이 없을 수 있지만, 상자를 들어 올리고, 시리얼을 그릇에 붓고, 자전거를 타고, 야구공을 던지는 등의 일상적인 행동에 대해서는 관심이 많다. 또한 물질 자체에는 별로 관심이 없을 수 있지만, 얼음을 녹이고, 물을 끓이고, 금속의 녹을 방지하고, 불을 지피는 일에 대해서는 관심이 많다. 마찬가지로, 우리는 대머리나 암을 물려받을 확률을 예측하기 위해 유전학에 관심을 가지고, 세균의 항생제 내성 원인이나 반려견의 역사와 기원을 알기 위해 진화에 관심을 가진다. 오직 소수의 사람들만이 녹스는 것과 물질이 타는 것의 공통적인 원리나 항생제 내성과 개 가축화의 공통적인 진화적 원리를 자세히 설명할 수 있지만,[10] 그럼에도 불구하고 모든 사람은 이 현상들에 대한 일관되고 체계적인 생각들을 갖고 있다.

심리학자들이 직관적 이론들을 '직관적'이라고 하는 이유는 우리가 어떤 현상에 대한 과학적 이론을 배우기 전에 그 현상을 이해하려는 첫 번째 시도가 바로 직관적 이론이기 때문이다. 또한, 직관적 이론을 '이론'이라고 하는 이유는 이 이론이 특정한 종류의 지식, 즉 인과적 지식을 구체화하기 때문이다.[11] 인과적 지식이란 특정한 현상을 일으키는 요소들의 인과관계에 대한 이해다. 그 이론에 따라, 우리는 우리의 관찰로부터 과거에 어떤 일이 일어났는지(설명) 또는 미래에 어떤 일이 일어날 것인지(예측)에 대해 추론할 수 있는 것이다.

우리의 직관적 이론들에 의해 구체화된 인과적 지식은 대부분 경험을 통해 학습되지만, 그 일부는 생물학적으로 타고나기도 한다.[12] 우리 지식의 어떤 면이 선천적이고 후천적인지는 과학적인 질문이며, 따라서 심리학자들은 다양한 연령대의, 서로 다른 경험을 가진 사람들을 대상으로 연구를 진행함으로써 그 문제를 풀어 나가고 있다. 예를 들어 영아들을 대상으로 시행한 연구에 따르면, 사물들의 움직임과 물질에 대한 우리 직관들의 일부는 타고난 것이다. 비교 문화 연구는 질병과 우주에 대한 우리의 직관들이 주변 사람들의 의견에 따라 쉽게 달라진다는 것을 보여준다. 하지만 우리의 모든 직관적 이론들은 선천적 지식과 후천적 경험 모두의 영향을 받아 형성된다. 영아들은 물체가 어떻게 행동하리라는 예상을 가지고 세상에 나오지만, 그러한 예상은 물체와 직접 교감하면서 다듬어진다. 마찬가지로, 각 문화마다 질병에 대해 서로 다른 이론이 있을 수는 있지만, 그 모든 이론은 병에 대한 공통된 실제 경험(예: 기침, 코 막힘, 발열)에서부터 시작된다.

직관적 이론들은 그 근원뿐만 아니라, 자연적 현상들의 원인을 어떻게 해석하는가에서도 다를 수 있다. 대부분의 이론들은 평범한, 즉 자연적 원인들로 현상들을 설명하지만, 일부 직관적 이론들은 초자연적인 원인을 가지기도 한다.[13] 자연적인 원인은 원칙적으로 관찰 및 통제가 가능한 것들을 뜻한다. 이들은 종종 과학적 용어(예: 열, 관성, 유전자, 자연선택 등)로 불리기도 하지만, 그렇다고 이들이 실제 과학적 개념과 일치하는 것은 아니다. 과학자들이 '열'(분자들 사이의 에너지 전달)이라고 하는 것은, 일반인들이 이야기하는 같은 용어의 '열'(물체에 들어갔다 나왔다 하는, 모아서 가두거나 배출시킬 수 있는 비물질적 실체)과는 다른 의미를 가지고 있다. 이러한 자연적 원인들과는 달리, 초자연적 원인들은 인간의 관찰과 통제를 뛰어넘는 것들이다. 그러한 개념들(예: 업보, 주술, 영혼, 하나님 등)에 해당되는 과학적 용어는 없지만 그럼에도 불구하고 이 초자연적 원인들은 사람들에게 자연 현상들에 대한 체계적인 설명(예: 조상의 분노로 인한 재앙 등)을 제시하고 그에 대응하기 위한 체계적인 수단(예: 희생제의 등) 또한 제공한다. 초자연적인 설명이 자연적인 설명보다 덜 실제적인 것은 아니다. 예를 들어, 추운 날씨나 나쁜 공기보다는 업보가 더 실제적인 질병의 원인이라고 생각될 수 있고, 유전적 돌연변이나 자연발생보다는 신의 창조가 더 실제적인 종의 기원으로 느껴질 수 있다.

직관적 이론은 과거에 과학적 지식이 충분치 않았을 때 어쩔 수 없이 필요에 의해 만들어진 것이다. 따라서 현재 우리가 전적으로 과학적인 세계에 살고 있다는 것을 감안했을 때, 미래에 세상 모두가 과학적 정보를 쉽게 얻을 수 있는 때가 오면 직관적 이론은 사라질 것이라 생각할 수도 있다. 그러나 인간이 아무리 과학에 대해 많이 알게 된다 해도 직관적 이론은 절대 없어지지 않을 것이다. 직관적 이론은 인간 인지 능력의 한 부분으로 영원히 남을 것이다. 이렇게 확신하는 이유는, 직관은 어린아이 시기에 형성되며, 아이들은 과학적 정보의 유용성이나 접근성의 변화에 큰 영향을 받지 않기 때문이다. 그것은 단지 아이들이 어른들보다 집중력이 부족하거나 자연에 관심이 없기 때문이 아니다. 아무리 새로운 과학적 지식을 가르친다 해도 아이들은 그것을 정확하게 이해하는 데 필요한 기본 개념들이 부족하기 때문이다.

열을 예로 들어보자. 아이들은 물체의 온기, 즉 물체가 얼마나 효율적으로 열을 전달하는지 인식할 수 있다. 그러나 열에너지 자체는 인식하지 못한다. 분자들의 움직임을 직접 지각할 수 있는 감각기관이 없기 때문이다. 어린이들이 열의 과학적 원리를 이해하기 위해서는 먼저 물질이 눈에 보이지 않는 분자들로 구성되어 있다는 이론을 터득해야 한다.[14] 물론 아이들도 물질에 대한 원자론을 배우긴 하지만 그것은 대부분 중학교 때고, 그때는 이미 열을 과정이 아닌 물질로 취급하는 직관적 이론(제2장 참고)이 자리 잡힌 후다. 이를 미연에 방지하기 위해 조기 교육에 원자론을 도입하여 아이들에게 일찍부터 올바른 원리를 가르칠 수도 있겠지만, 원자론 자체가 반직관적인 것이 문제다. 어떻게 유치원생에게 분자를, 또는 전자 및 화학적 결합을 설명할까? 어떻게 아이들이 열에 관련된 단어들('열', '뜨거움', '냉기', '시원함')을 그들이 이미 알고 있는 개념들('물질', '막음', '흐름')과 연관시키는 것을 막을 수 있을까?

분명 우리 중 대다수는 열의 과학적 이치를 터득하는 데 성공하지만, 이는 결코 쉬운 과정이 아니다. 성공적인 학습을 위해서는 우리가 어렸을 때 직접 터득한 이론과는 완전히 다른, 열 현상에 대한 새로운 틀을 마련해야만 한다. 심리학자들은 이런 학습을 '개념적 변화conceptual change'라고 한다. 이것은 우리가 생소한 동물을 접할 때나 잘 모르는 나라의 역사에 대해 배울 때 경험하는 그러한 평범한 학습 과정이 아니다. 심리학자들은 이런 평범한 학습을 '지식 양성knowledge enrichment'이라고 부른다. 지식 양성과 개념적 변화를 구분하는 기준은, 우리가 습득하고자 하는 이치를 이해하는 데 필요한 기본 개념들을 우리가 미리 가지고 있는지의 여부다.[15]

지식 양성은 우리가 고래, 호흡, 공기라는 개념들을 바탕으로 고래들이 숨을 쉰다는 것을 배웠을 때처럼, 기존에 있는 개념으로 새로운 정보를 얻는 것이다. 반면, 개념적 변화는 새로운 개념 또는 아예 새로운 유형의 개념을 터득하는 과정이다. 만약 내가 아마존에 있는 어느 종류의 생쥐는 인육을 먹는다고 이야기한다면 듣는 이는 이미 존재하는 개념들(생물의 아류인, 동물의 아류인, 생쥐 중 한 종)로부터 '아마존 식인 생쥐'라는 새로운 개념을 만들게 된다. 기존 유형의 새로운 사례를 학습하는 것은 단지 지식 양성의 탈바꿈이기 때문에 어렵지 않다. 하지만 새로운 유형의 개념을 배우려고 할 때는 문제가 심각해진다.

레고Lego를 가지고 한번 생각해보자. 기본 레고 세트는 직사각형 블록들로 구성되어 있다. 직사각형 블록들로는 실제 크기의 기린부터 실제 크기의 코난 오브라이언Conan O'Brien* 동상까지 무엇이든 만들 수 있고 실제로 둘 다 존재한다. 그러나 굴러가는 바퀴가 달린 자동차, 회전하는 프로펠러가 있는 비행기, 후크로 물건을 들어 올릴 수 있는 크레인 등 블록만으로는 만들 수 없는 구조들이 있다. 이러한 구조를 설계하기 위해서는 사각형 블록이 아닌 바퀴, 차축, 기어 및 크랭크샤프트와 같은 특수 조각이 필요하다. 그런 특수 부품 없이 만든 레고 자동차는 작동하지 않거나 미완성일 수밖에 없다. 바퀴와 축이 없다면 자동차와 비슷한 것을 만들 수는 있어도, 굴러가는 자동차는 만들 수 없다.

레고 자동차를 만드는 것과 마찬가지로, 세상에 대한 과학적 이해를 구축하려면 초보 학습자, 즉 어린이들은 아직 배울 수 없는 기본적인 개념들이 필요하다. 그것은 바로 전기, 밀도, 속도, 행성, 신체기관, 바이러스 및 공통조상과 같은 개념들이다. 이러한 개념들은 말 그대로 생각의 빌딩 블록이며, 레고 블록들과 마찬가지로 특정 구조와 기능을 가지고

* 미국의 티비쇼 진행자.

그림 2 기본 레고 블록으로 실물 크기의 세발 자전거를 묘사할 수는 있다(사진은 예술가 션 케니Sean Kenney의 작품). 하지만 실제로 움직이는 자동차를 만들려면 특수한 레고 부품이 필요하다.

있다. "인간은 수선화와 공통조상을 가진다."라는 생각은 '공통조상'이란 개념 없이는 불가능하며, "물은 얼음보다 밀도가 높다."라는 생각은 '밀도'라는 개념 없이는 가질 수 없는 것이다. 그런 개념들은 우리가 본능적으로 타고난 지식에 포함되어 있지 않다. 그렇다고 일상적인 생활에서부터 습득할 수 있는 것도 아니다. 과학적인 개념들을 터득하려면 개념적 변화가 필요하다.

개념적 변화란 드물고, 힘들게 이루어내는 것이다. 이 책의 각 장에서 제시되는 개념적 변화의 구체적인 사례들을 통해 더 명확히 드러나겠지만, 개념적 변화는 시작하기도 어렵고 완성하기도 어렵다. 이쯤이면 독자들도 직관적 이론과 개념적 변화가 본질적으로 연결되어 있다는 사실을 알아차렸을 것이다. 우리가 자연현상에 대한 직관적 이론을 구성하게 되는 이유는, 그 현상의 과학적 이론을 구성하기 위해서는 반드시 개념적 변화가 일어나야만 가능하기 때문이다. 하지만, 개념적 변화를 이루려면 과학적 근거 없이 형성된 직관적 이론을 송두리째 뒤집어엎어야 한다. 우리가 세상을 잘못 이해하는 이유는 직관적 이론 때문이고, 직관적 이론이 생기는 이유는 세상을 올바르게 이해하려면 힘든 개념적 변화가 필요하기 때문이다. 하지만, 일단 잘못된 직관적 이론이라도 있어야 개념적 변화가 있을 수 있는 것이 아닌가. 즉, 올바른 답을 배우려면 먼저 틀려야 된다는 것이다. 이것은 순환논리지만, 절망할 정도는 아닌 듯하다. 결국 우리는 세상을 올바르게 이해할 수 있으니 말이다.

***

직관적 이론은 자연현상에 대한 오개념의 주요 원인이지만 유일한 원인은 아니다. 대부분의 오개념은 단순한 사실적 오류, 즉 생각의 오타라고 할 수 있다. 많은 사람들이 우리가 뇌의 10퍼센트밖에 안 쓴다고 믿고 우리의 혀가 각자 다른 맛을 느끼는 구역들로 나누어져 있다고 믿지만,[16] 둘 다 사실이 아니다. 하지만 이러한 오해가 뇌와 혀에 대한 심각한 개념적 혼동을 의미하진 않는다. 단지 잘못된 정보로 인한 착각일 뿐이다.

정보 오류와 우리의 뇌 깊숙이 자리 잡힌 오해를 구별하는 것은 직관적 이론을 정의하고 연구하는 데 있어서 핵심적인 사안이다. 많은 심리학자들이 이 문제와 씨름해온 결과, 직관적 이론을 다른 유형의 착각들과 구별할 수 있는 세 가지 특징을 정의할 수 있었다. 첫째, 직관적 이론에는 일관성이 있다. 직관적 이론은 이론이라고 불릴 수 있을 만큼 논리적으로 일관된 생각과 예측들로 구현되어 있다. 둘째, 직관적 이론은 널리 퍼져 있다. 연령대와 문화 및 역사적인 시대를 넘어서 많은 사람들이 공통으로 갖고 있는 것이다. 셋째, 직관적 이론은 깊숙이 뿌리 박혀 있다.[17] 믿고 있는 이론에 반하는 증거나 설명에 대한 저항이 상당히 강하기 때문에 쉽게 바뀌지 않는다.

이러한 특징들을 조금 더 잘 이해하기 위해서, 우리들의 물리적 직관을 자극하는 다음 두 가지 사고실험을 예로 들어보겠다. 첫 번째, 총을 들고 넓은 들판에 서 있다고 상상해보자. 지평선을 향해 총을 겨냥하고 땅과 평행하게 총알을 쏜다. 방아쇠를 당김과 동시에, 총과 같은 높이에서 다른 총알 하나를 바닥에 떨어뜨린다. 상상 속 시나리오에서는 어느 총알이 먼저 땅에 닿았을까? 총에서 나간 총알일까? 아니면 떨어뜨린 총알일까? 두 번째, 바다 한가운데서 전속력으로 전진하는 배를 타고 돛대 맨 위에 있는 망대에 서 있다고 상상해보자. 옆에는 포탄이 놓여 있다. 포탄을 집어서 망대에서 떨어뜨리고 포탄이 떨어지는 것을 지켜본다. 포탄은 어디에 떨어졌을까? 망대 바로 밑 배의 갑판에? 아니면 배 뒤쪽 바닷물에?

대부분의 사람은 떨어뜨린 총알이 총에서 발사된 총알보다 먼저 땅에 떨어질 것이라고 예측한다. 총알이 총에서 발사될 때 앞으로 전진하는 힘을 부여 받기 때문에 더 오랫동안 공중에 떠 있을 것으로 생각하기 때문이다. 또한 대부분의 사람은 포탄이 배 뒤편에 떨어졌을 거라 상상한다. 포탄은 수직 방향으로 낙하하기 때문에 포탄이 떨어질 때면 배는 이미 앞으로 나아가버린 후라고 생각하기 때문이다. 하지만, 둘 다 아니다.

총에서 발사되었다고 총알이 공중에 더 오래 머물도록 해주는 힘이 주어지는 것은 아니다. 두 총알은 같은 높이에서 똑같이 중력의 영향을 받으며 떨어지기 시작하며, 비록 거리상으로는 수백 미터 떨어져 있겠지만 동시에 땅에 닿을 것이다. 망대 위 포탄은 배와 동일한 수평 속력을 갖고 있기 때문에 망대 바로 밑에 떨어질 것이다. 배는 포탄을 던진 곳에서 앞으로 움직이지만 포탄 또한 앞으로 향하는 속도가 있기에 던진 시점에서 일직선으로 떨어지지 않고 배와 같은 방향으로 포물선을 그리며 떨어진다.

대부분의 사람은 위의 상황들에 대해 틀리게 예측하지만, 이는 위 상황이 특이한 경우라서 그런 것이 아니다. 아주 흔하고 평범한 사물이 높은 곳에서 떨어지는 상황일 뿐이다. 우리의 예측이 틀리는 이유는, 물체는 내부의 '힘', 즉 기동력impetus이 전달될 때만 움직인다는 직관적 이론 때문이다. '힘'이란 단어를 따옴표 안에 넣은 이유는 그것이 물리학자들이 이야기하는 힘(질량과 가속도를 곱한 값)이 아니기 때문이다. 힘은 물체의 움직임을 변화시킬 수 있지만, 그것은 물체 자체의 속성이 아니라 물체들 간의 상호작용인 것이다(제4장 참고).

그럼에도 불구하고, 힘과 운동에 대한 우리의 비과학적 관념들에는 상당한 일관성이 있다. 이를테면 위에서 언급한 두 가지 오답의 경우는 수평으로 이동하는 물체(총에서 발사된 총알)는 그러한 움직임이 없는 물체(떨어뜨린 총알)보다 중력을 더 오래 버틸 수 있다는 오개념과, 배로 운반된 물체(포탄)는 배의 수평기동력을 받지 않는다는 오개념에 대한 것이다. 이러한 두 가지 오개념은 서로 관련이 없는 것처럼 보일 수 있지만, 사실 동일한 이치에서 비롯되는 오해다. 그것은, 힘이 발사체에, 그리고 오직 발사체에만 전달된다는 믿음이다. 우리는 총에서 발사된 총알에는 기동력이 있다고 생각하지만 떨어뜨린 포탄에는 그런 힘이 적용되지 않는다고 생각한다. 따라서 총알에 전달된 힘은 총알을 공중에 조금 더 오래 머물도록 한다고 믿으며, 그러한 힘을 전달받지 못한 포탄은 수직으로 떨어진다고 생각하는 것이다.

이러한 믿음은 틀렸지만 내적 일관성이 있다. 그리고 이런 믿음은 놀라울 정도로 널리 퍼져 있다.[18] 기동력설을 바탕으로 한 직관적 이론은 유치원생부터 대학생까지 모든 연령대에서 나타나며 중국, 이스라엘, 멕시코, 터키, 우크라이나, 필리핀, 미국에서도 동일한 연구 결과를 찾을 수 있다. 놀랍게도 물리학을 수년간 수강한 대학생들에게도 동일한 오개념을 찾아볼 수 있다. 즉, 물리학 전공으로 학위를 받아도, 마음 깊은 곳에는 여전히 기동력에 대한 직관이 남아 있는 것이다.

이렇게 넓게, 그리고 많은 사람들이 공유하는 직관들은 오랜 시간의 흐름에도 끄떡없었다. 사람들은 줄곧 기동력설을 믿어왔다. 수 세기 전 물리학자들도 물론이다. 갈릴레오는 발사체에 대해 다음과 같이 말했다.[19] "물체의 무게 저항력보다 원동력impressed motive force이 더 크면 물체는 위로 움직인다. 그러나 원동력은 지속적으로 감소하기 때문에, 결국 물체의 무게를 지탱할 수 없게 된다." 이 설명에서는 관성inertia이 아닌 기동력impetus의 냄새가 강하게 난다. 그리고 이것은 400년이 지난 지금 우리들의 발사체에 대한 설명과 매우 흡사하다. 요즘엔 아무도 "원동력"이라는 용어를 사용하지 않지만 우리는 같은 개념을 '내부에너지internal energy', '운동력force of motion', 또는 '운동량momentum'과 같은 여러 가지 이름으로 사용하고 있다. 물리학자에게는 운동량이 질량과 속도를 곱한 값이지만, 보통 사람들에게 운동량은 단지 기동력일 뿐이다.

갈릴레오의 시대에서 오늘날에 이르기까지, 기동력설과 같은 직관적 이론이 지속적으로 인기를 누려올 수 있었던 것이 놀라운 이유는, 우리는 언제나 그 이론을 의심할 이유가 있었기 때문이다. 물체가 움직이는 이치는 기동력이 아니다. 따라서 기동력 이론에 의한 예측들은 검증될 수 없다. 포탄이 대포에서 발사되었을 때, 포탄은 끝까지 포물선을 그리며 내려가 곧바로 땅으로 떨어지지 않는다(기동력 이론에 따르면 기동력의 "힘"이 모두 소진된 그 순간부터는 포탄은 단지 중력에 의해 움직인다). 하지만 사람들에게 포탄의 궤도를 그리게 하면 처음에는 포물선으로 시작하지만 끝에는 땅에서 거의 수직 방향으로 떨어지도록 그린다.[20] 실제로는 한번도 본 적 없고 볼 수도 없는 궤도를 그린다는 말이다. 기동력 이론은, 실재의 일부분에 대해서는 성공적으로 예측할 수 있지만, 예측이 빗나간 나머지 부분에 대해서는 우리의 눈을 멀게 한다.

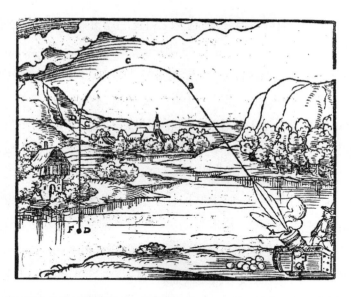

그림 3 이 그림은 16세기 학자 발터 헤르만 리프(Walter Hermann Ryff)의 그림으로서, "내부적 힘"
이 다 소진된 후 포탄이 아래로 떨어지는 것을 묘사했다. 실제 발사체는 결코 이런 궤도를 그리지
않고, 포물선을 그리며 떨어진다.

   기동력설뿐만이 아니다. 모든 직관적 이론은 일관된 내부적 논리가
있고, 세상에 널리 퍼져 있고, 그를 반박하는 증거 앞에서도 완고하다.
이 세 가지 주요 특징들은 직관적 이론을 놀라울 정도로 바꾸기 힘들게
만든다. 새로운, 더욱 정확한 이론에 대해 우리가 배운다고 해도, 우리는
우리의 직관적 이론들을 뿌리째 뽑아버릴 수가 없다. 직관적 이론은 우
리가 더 선호하는 과학적 이론에 의해 대체된 이후에도 오랫동안 우리
의 무의식 속에 남아서 우리의 생각과 행동에 미묘하지만 뚜렷한 영향
을 미친다.
   이러한 직관적 이론의 지속된 영향 중 가장 좋은 예는 생물에 대한
직관이다. 네 살짜리 아이에게는 스스로 움직이는 것이 살아 있는 것이
다.[21] 따라서 어린아이들은 식물은 스스로 움직이지 않으므로, 살아 있

지 않다고 생각한다. 8살 즈음 된 어린이들은 생명체는 움직이는 것만이 아니라, 성장과 번식과 같은 신진대사를 할 수 있는 것으로 정의하기 시작한다. 따라서 이들은 이제 식물이 살아 있다고 생각한다(제7장 참조). 식물이 살아 있지 않다는 4살 아이 같은 생각은 생후 10년 이내에 우리의 머릿속에서 완전히 지워진 것처럼 보인다. 하지만 대학교육을 받은 성인들에게 최대한 빠른 시간 안에 주어진 대상이 살아 있는지 살아 있지 않은지 판단하게 하면, 동물에 비해서 식물이 살아 있다고 대답하는 데 시간이 더 오래 걸린다. 심지어 가끔씩 식물이 "살아 있지 않다."라고 오답을 할 때도 있다.[22]

이와 같은 발견은 다양한 실험 기법(예: 지각능력 과제, 기억력 과제, 추론능력 과제 등)을 이용하는 여러 과학 분야(예: 천문학, 역학, 진화학)에서 동일하게 밝혀졌다.[23] 그리고 그 결과들은 개념적 변화에 대한 우리의 이해를 급격히 발전시켰다. 개념적 변화가 있으려면 단순한 지식 양성뿐만이 아니라 지식의 '재구성'이 필요한데, 오랫동안 지식의 재구성은 집을 재건축 하는 것처럼 기존의 구조를 완전히 없애고 다시 만드는 것이라고 생각해왔다. 그러나 과학적 이론을 배운다고 해도 직관적 이론을 완전히 덮어쓸 수 없다는 사실을 고려했을 때,[24] 개념적 변화는 '재건축'보다는 팔림프세스트palimpsest*와 비유하는 것이 더 적절할 것 같다.

중세에는 종이가 귀했기 때문에 팔림프세스트가 자주 사용되었다. 수도사들은 양가죽에 문서를 작성했는데, 양가죽을 아끼기 위해 전에 쓰여 있던 글자를 완벽하게 지우지 않고 그 위에 다른 글을 쓰는 방식을 사용했다. 팔림프세스트와 마찬가지로, 우리 머릿속의 오래된 직관적 이론 위에 새로운 과학적 이론을 입력하면 두 이론이 동시에 활성화되

---

* 고대 문서 작성에 재활용된 양피지.

그림 4 중세 팔림프세스트의 덮어쓴 글 밑에 여전히 예전 글들이 남아 있는 것처럼, 우리의 직관적 이론은 과학적 이론을 습득한 이후에도 우리의 생각에서 완전히 지워지지 않는다.

어 상반되는 설명이나 모순되는 예측을 제공하게 된다. 따라서 자가 운동에 기반한 생명체 이론은 신진대사를 기반으로 한 생물학 이론과 경쟁하고, 물질을 기반으로 한 열 이론은 분자적 과정 이론과 경쟁하고, 또한 물체의 기동력에 대한 이론은 운동력 이론과 경쟁하게 되는 것이다. 어쩌면 우리의 과학적 지식은 우리가 수십 년 전, 아주 어렸을 때 만들어놓은 많은 오류를 살짝 가려놓은 것에 불과할지도 모르는 일이다.[25]

***

최근에 나온 기사 "나는 내 가족의 건강에 가장 좋은 것이 무엇인지 알고 있다. 그것은 마법을 믿는 것이다I Know What's Best for the Health of My Family, and It's Magical Thinking."는 과학을 부인하는 어느 아이 엄마의 주장을 풍자하는 글이다. "나는 바보가 아니다," 그녀는 말한다.[26] "나는 대학에 다

넣고 과학 수업도 들었다. 따라서 미생물학, 감염 관리, 해부학, 생리학 등에 대해서도 충분히 잘 알고 있다. 또한 통제집단의 사용, 무작위 배정, 이중맹검법 및 동료평가 방법을 포함한 과학적 방법이 자연계의 비밀을 풀어내고 질병을 치료하기 위한, 우리 인간이 가진 가장 좋은 도구라는 것을 충분히 알고 있다. 과학은 대단하다. 우리 세상에 많은 기여를 했다. 다만 나와 나의 가족에게는 맞지 않다."

위의 글은 과학이 지배하는 세상에서 과학을 거부하는 사람들의 논리적 모순을 명확하게 보여준다. 과학을 부인하는 사람들의 대부분은 단순히 무식해서, 배우지 못해서 그런 것이 아니다.[27] 그들은 과학에 대해 *회의적*인 것이다. 그들의 회의적인 태도에는 정치적, 종교적, 문화적 이유들도 있지만 또 하나의 중요한 이유는 바로 직관적 이론이다. 내가 이 책을 통해서 독자에게 전달하고 싶은 것도 이것이다.

직관적 이론이 과학적 이해를 어떻게 방해하는지에 대한 궁금증에서 이 책을 선택한 사람이라면 아마 평소에도 비과학주의를 멀리할 것이라 생각한다. 하지만, 그렇다고 할지라도, 주변에 과학을 부인하는 사람이 한둘은 있을 것이다. 또한 비과학주의자들에 의해 정책과 관행이 결정되는 사회에서 살고 있을 가능성은 더욱 높다. 여기서 더 중요한 것은, 당신조차도 무의식적으로 과학을 부정하곤 한다는 것이다. 당신의 생각 중 일부는 비과학적인 이유에 근거할 확률이 높으며, 당신의 행동 중 일부는 아마도 과학적 원리에 어긋나 있을 것이다. 어느 누구도 과학의 모든 분야에 대한 전문가가 될 수 없고 과학적 지식을 모든 삶의 영역에 적용할 수도 없지만, 그것이 왜 그리 어려운지, 그리고 우리에게 어떤 인지적 장애물이 있는지에 대해서는 더 고민하고 연구해볼 만한 가치가 있다.

따라서 이 책의 목표는 독자 여러분이 어떤 직관적 이론들을 가지고 있는지, 그리고 그 이론들이 당신의 신념, 태도, 행동에 어떠한 영향을 주는지 보여주는 것이다. 책의 전반부는 물리적 세계(물질, 에너지, 중력, 운동, 우주 및 지구)에 대한 직관적 이론을 다루고, 후반부는 생물학적 세계(생명, 성장, 유전, 질병, 적응 및 혈통)에 대한 이론들을 다룰 것이다. 각각의 이론은 그 기원, 발달, 그리고 일상적인 경험과의 관계에서 다양한 양상을 보인다. 이를테면 많은 직관적 이론은 어린이들에 의해서만 의식적으로 믿어지며 성인들에게는 무의식에 잠재된 채 편향된 생각이나 행동에 의해서만 나타나지만, 어떤 이론들은 성인들에 의해서도 의식적으로 믿어진다. 이 두 가지 유형의 직관적 이론들의 조합은 유년기 때부터 노년기까지, 과학적 지식이 풍부한 사람들의 사고 속에도 뿌리 박혀 있는 아주 치명적인 종류의 사고라고 할 수 있다.

하지만 직관적 이론이 모두 나쁜 것만은 아니라고 확신한다. 만약 그랬다면, 우리는 그런 이론들을 만들지도 않았을 것이다. 직관적 이론은 우리가 실재에 대해 대략적으로 추정할 수 있도록 하여 그것에 개입하고 세상을 살아갈 수 있도록 돕는 합리적 수단인 것이다. 직관적 이론이 우리를 이 세상에서 살아남을 수 있도록 도와줬다면, 과학적 이론은 우리가 번영할 수 있게 해주었다. 과학적 이론은 세상에 대한 더 정확한 근본적인 원리를 터득하게 하고, 여러 가지 현상을 예측하며 통제하는 강력한 도구를 제공한다. 예를 들어, 감기와 독감의 전염에 대한 우리의 생물학적 이해가 더 명확해질수록 감기와 독감예방에 노력할 확률이 높아지고,[28] 열평형을 더 잘 이해할수록 가정에서의 난방 및 냉방이 최적화될 확률이 높아지며,[29] 또한 몸 안에서 음식물이 어떻게 에너지로 변환되는지 더 잘 이해할수록 건강한 체중을 유지할 가능성이 높아진다.[30]

과학에 대한 잘못된 이해가 어떠한 결과를 초래할지는 명백하다. 수천 명의 사람들이 살균되지 않은 우유를 의도적으로 섭취하고 고의적으로 예방접종을 피함으로써 충분히 예방할 수 있는 질병에 걸리고 있다. 직관적 이론은 우리를 과학으로부터 눈을 멀게 함으로써 우리의 생각을 방해하는 것뿐만 아니라, 우리가 어떤 선택을 하고 어떤 조언을 받아들이고 어떤 목표를 세울지, 즉 우리가 어떻게 살아갈지에 대해서도 방해한다. 내가 이 책을 통해 전하고 싶은 것은 오로지 과학만이 우리 가족의 건강을 지킬 수 있다는 것이 아니다. 과학에 대한 올바른 *이해*가 우리 가족을 지킨다는 것이다.

제1부

왜 우리는 물리 세계를 있는 그대로 보지 못하는가

제1장 물질
왜 우리는 물질의 보존을 이해하지 못하나

양초가 타는 것을 볼 때나 냄비 속 끓는 물을 볼 때, 우리는 물질이 우리 눈앞에서 사라지는 것을 본다. 왁스는 양초로부터 그리고 물은 냄비로부터 사라지는 것 같지만, 사실 그 무엇도 진정으로 사라지지는 않는다. 왁스는 우리 눈에 보이지 않는 이산화탄소(그리고 수증기)로, 물은 눈에 보이지 않는 수증기로 상태를 바꾼 것이다. 물질의 생은 짧은 것 같지만, 사실 물질은 불멸한다. 화학자들은 물질이 생성될 수도 소멸될 수도 없다고 말한다. 하지만 우리의 상식에 따르면 물질은 있었다가 없어졌다가 하는 그런 것이다.

물질에 대한 이러한 상식은 모든 연령대의 사람들에게 나타나지만 어린이들에게서 가장 쉽게 확인할 수 있다. 취학 전 아동을 대상으로 다음과 같은 시험을 해볼 수 있다. 일단 두 개의 투명한 용기를 준비한다. 하나는 길고 좁아야 하며, 다른 하나는 좀 더 납작하고 넓은 것이어야 한다. 납작한 용기에 물을 반 정도 채운 뒤 아이에게 보여준다. 다음으로,

그림 1 미취학 아동들은 액체가 한 용기에서 다른 용기로 옮겨지는 것을 직접 목격했음에도 왼쪽의 짧고 넓은 용기(상단)보다 오른쪽의 좁고 긴(하단) 용기에 더 많은 액체가 들어 있다고 생각한다.

납작한 용기에 들어 있는 물을 길고 좁은 용기에 붓고 "이제 물이 더 많아졌을까요, 더 적어졌을까요, 아니면 아까랑 똑같을까요?"라고 물어보자. 아이는 아마도 물이 더 많아졌다고 주장할 것이다. 두 번째 용기에는 물이 더 높이 올라와 있기 때문이다. 한 용기에서 다른 용기로 물을 옮겼을 뿐인데, 아이들은 물이 더 늘어나는 불가능한 일이 일어났다고 생각하는 것이다.

기초심리학을 수강한 적이 있다면, 위의 마술 아닌 마술은 피아제의 '보존과제conservation task'의 하나라는 것을 눈치챘을지도 모르겠다.[1] 장 피아제Jean Piaget는 1900년대 초반에 아동발달연구를 개척한 스위스의 심리학자였다. 그는 유년기 아이들로부터 리얼리즘realism(보이는 모습과 실재의 착각), 정령숭배animism(무생물에게 생명/영혼이 있다는 믿음), 인공론artificialism(자연이 인간에 의해 만들어졌다는 믿음), 그리고 자기중심성egocentrism(타인의 생각이 자신과 같다는 믿음) 등 여러 가지 흥미로운 발달적 현상

을 발견했다. 그의 발견 중에서 가장 잘 알려진 발견은 아이들이 '보존'
의 개념을 가지고 있지 않다는 것이다.

보존과제에는 여러 종류가 있다. 하지만 아이들은 그 모두에 실패한
다. 예를 들어 어떤 보존과제 실험에서는 아이들에게 동그랗게 굴린 찰
흙 두 덩어리를 보여준 뒤, 그 두 덩어리 찰흙의 양, 무게, 부피가 같다
는 것을 아이들에게 확인을 받는다. 아이가 같지 않다고 하면 찰흙 덩
어리들을 조금씩 한쪽에서 반대쪽으로 옮기면서 같다고 할 때까지 조
절한다. 그리고 난 후, 아이가 보고 있는 데서 두 덩어리 중 하나를 눌러
서 납작하게 만든 후에 여전히 같은 양인지(질량의 보존), 같은 무게인지
(무게의 보존), 그리고 같은 공간을 차지하는지(부피의 보존) 묻는다. 미취
학 아동은 일반적으로 세 가지 질문에 모두 아니라고 대답하고, 초등학
생은 일반적으로 한두 가지 질문에 아니라고 대답한다. 중학교가 돼서
야 아이들은 찰흙을 눌러서 다른 모양을 만든다고 해서 질량, 무게, 또
는 부피가 변하지 않는다는 것을 인식하게 된다.[2]

피아제에 의하면 아이들에게 보존에 대해 이해가 부족한 이유는 사고
의 논리를 아직 습득하지 못했기 때문이다. 그는 이런 발달단계를 '전조
작기pre-operational'라고 불렀으며, 이러한 사고 유형은 보존에 관한 추론
만이 아니라 아이들의 정신생활 모든 면에 스며들어 있다고 믿었다. 물
리적 인과관계에 대한 아이들의 이해와 도덕적 행위에 대한 아이들의
평가 역시 전조작기에 머물러 있다고 주장했다. 오늘날 심리학자들은
전조작기와 조작기의 구분을 그다지 지지하지 않는다. 그들은 여러 가
지 이유로 피아제의 결론에 반대하는데, 그중 가장 큰 이유는 어린이들
의 논리적 사고의 발달 속도는 개념적 영역에 따라 다르다는 것이다. 예
를 들어, 아이들은 학교에 들어가기 전에 자연어(문법) 논리와 자연수(계
산) 논리를 습득하지만, 연역적 추론(증명)에 대한 논리와 비율(분수)에

대한 논리는 적어도 10년 정도의 정규교육을 이수한 후에야 완전히 깨우친다.[3]

보존에 대해서도 아이들은 질량 보존을 배운 후 무게 보존을 이해하고, 또 무게 보존을 배운 후에야 부피 보존을 이해한다.[4] 보존이란 전체적으로 습득하거나 아니면 전혀 습득하지 못하는 그런 단일 개념이 아니다. 특정한 변환이 특정한 재료의 구체적인 특성을 변경시킬 수 있는지 이해한 결과다. 찰흙 덩어리를 납작하게 누른다고 부피를 바꿀 순 없지만 그것을 가열하면 바꿀 수 있다. 또한 찰흙 덩어리를 가열한다고 무게가 크게 바뀌진 않지만 달에 보내면 바꿀 수 있다. 진정으로 물질의 보존을 이해하려면 그 물질에 대한 지식이 필요하기 때문에, 보존과제는 일반적으로 인지발달을 연구하기에 좋은 과제라고는 할 수 없다. 그럼에도 불구하고 발달심리학자들은 피아제를 따라서 수천 가지 보존과제를 실험했다. 사실 피아제가 처음부터 과학자들의 관심을 그 방향으로 이끌지 않았다면, 보존을 연구했을 사람이 몇 명이나 될까 의심쩍다. 아이들이 어떤 물질이 어떤 상황에서 보존되는지 본능적으로 알기에는, 물질적 현상들은 설명하기 힘들고 그 종류도 너무 다양하다.

물질은 분명한 여러 변형이 가해질 때도 보존될 수 있다. 열려 있는 용기에서 증발하는 물, 끓는 냄비에서 나오는 수증기, 높은 온도로 인해 팽창해서 열리지 않는 문, 타서 재가 되어버리는 통나무 등 많은 상황에서 물질은 전혀 보존되지 않는 것처럼 보인다. 이처럼 물질이 전체적으로 보존되는 상황에서, 보존되지 않는 것은 바로 물질의 특성이다. 물을 얼렸을 때 물의 부피, 잡아당긴 고무줄의 탄력, 물에 녹였을 때 소금의 입도, 구운 케이크 반죽의 점도 등이 그것이다. 물질의 변형과 보존이 이렇게 모호하니, 아이들이 넓고 납작한 용기에서 길고 좁은 용기로 물을 옮길 때 물의 양이 증가한다고 믿는 것을 단지 논리적 오류라고만 보기는 힘든 것이다.

사실 피아제는 물질의 보존에 관한 것뿐만 아니라 숫자나 공간과 같은 수량에 대한 보존 개념에 대해서도 관심이 있었다. 장난감들을 다시 정렬해도 장난감의 숫자가 바뀌지 않듯 찰흙 덩어리를 찌그러뜨려도 찰흙 덩어리의 무게는 바뀌지 않는다. 피아제는 아이들이 언제 어떻게 이를 이해할 수 있을지 알고 싶어 했다. 하지만 피아제의 후계자들이 보존 과제에 사로잡힌 까닭은 피아제와 같은 이유에서가 아니다.[5] 아이들의 실수가 놀랍게도 오래 지속되고 고치기 힘들다는 다른 이유에서였다.

아마도 어린이들의 보존에 대한 오해를 바로잡는 가장 직접적인 접근 방식은 어린이들에게 높이뿐만 아니라, 물질의 퍼짐과 같은 다양한 관점에서 물질의 변화에 주의를 기울이도록 가르치는 것이다. 그러나 이러한 종류의 교육을 시행한 뒤 몇 주 또는 몇 달 후에 확인해본 결과 아이들의 보존 과제 성공률에 거의 영향을 미치지 않았다. 한 연구에서,[6] 수백 명의 어린이들이 보존에 대한 다음의 네 가지 교육 중 하나를 받았다. 첫 번째 그룹은 그들의 판단이 옳은지 그른지에 대한 직접적인 피드백을 받았다. 두 번째 그룹은 스스로 추측을 한 후에 실제로 변형을 목격하게 했다. 세 번째 그룹에게는 이러한 변형들을 얼마나 쉽게 되돌릴 수 있는지를 보여주었다. 그리고 네 번째 그룹은 물질적 변형을 통해 질량과 부피가 보존되는 논리적인 이유에 대한 교육을 받았다. 그리고 교육 후 5개월 동안 세 차례에 걸쳐 어린이들의 보존에 대한 이해도를 평가했다. 역시나 그 결과는 충격적이었다. 어린이들의 보존에 대한 이해는 어떤 형태의 교육을 통해서도 향상되지 않았다.

놀랍게도, 이 연구에서 행해진 교육은—다른 많은 연구에서 행해진 교육과 마찬가지로—물질 그 자체에 대한 내용이 부족했다.[7] 피아제는 아이들의 보존 개념을 논리의 오류로 해석했고, 따라서 지금까지 많은 심리학자들은 논리에 기반한 교육으로 아이들의 오해를 바로잡으려고 시도했다. 또 다른 접근방식으로는 보존의 원인에 초점을 맞추는 것이 있다. 즉 물질은 더 작은 입자로 구성되어 있고 그 입자는 (핵반응 이외에는) 파괴될 수도, 생성될 수도 없다는 점을 가르치는 것이다. 화학자가 물질 보존에 관해 아이들을 가르치도록 한다면 이들은 아마도 '동치관계' 또는 '양적 불변자' 대신에 분자에서부터 시작할 것이고, 이러한 접근법이 효과적임이 실제로 입증되었다(아래서 더 자세히 설명하겠다). 결국 피아제가 어린이들의 논리 추론 능력을 평가하고자 보존 과제를 소개한 지 수십 년이 흐른 뒤에야 우리는 아이들이 비논리적이었던 것이 아니라 물질의 본질에 대해 오해하고 있었던 것임을 알게 된 것이다.

***

원자는 모든 고체, 액체 및 기체의 물질을 구성하는 기본 입자다. "원자를 믿지 마라. 그들은 모든 것을 만들어낸다."라는 인터넷 밈이 나오기도 했다. 어린이들은 원자를 인식할 수 없기 때문에[8] —15세기에 화학 합성의 원칙을 발견한 존 달튼John Dalton과 전자를 발견한 J. J. 톰슨J. J. Thomson이 있기 이전의 사람들과 마찬가지로— 원자의 존재에 대해서도 알지 못한다. 물질에 대한 우리의 지각적 경험 중 그 어떤 것도, 물질이 입자로 만들어졌음을 알려주지 않는다. 우리 주위의 바위, 나무, 통나무, 벽돌, 테이블, 의자, 신발, 모자, 연필, 망치 등 거의 모든 물체들은 서로 구분될 수 있고 경계가 있는 하나의 단위 형태로 되어 있다. 이들은 분자의 구성에 대해서 그 어떤 것도 알려주지 않는, 우리에게는 그저 연속적이고 총체적인 사물로 보일 뿐이다.

우리는 거시적인 물체의 미시적 구성 요소를 인식하지 못하는 것만이 아니라, 물체의 속성에 대해서도 잘못 인식한다. 모든 물질은 무게와 부피를 가지고 있지만, 인간은 그러한 무게와 부피를 감지할 수 있도록 만들어지지 않았다. 우리는 무게가 아니라 '묵직함heft(무겁다는 느낌)'을, 부피가 아니라 '큼직함bulk(보이는 크기)'을 감지하도록 되어 있다. 묵직함은 무게와 밀도density를 융합한 개념으로서 무게와는 다르다. 예를 들어, 10파운드의 강철은 10파운드의 스티로폼보다 묵직하게 느껴진다. 큼직함은 부피와 표면적surface area을 합친 개념이기 때문에 부피와는 다르다. 예를 들어, 담요를 구겨 놓았을 때는 잘 개어 놓았을 때보다 더 큼직해 보인다. 이러한 묵직함과 큼직함의 개념은 그 주관적 특성 때문에 무게와 부피와는 달리 다양하게 인식될 수 있다. 모든 물체는 무게를 가지고 있지만 모두가 묵직함을 가지지는 않는다(예: 눈송이나 먼지). 마찬가지로 모든 물질에는 부피가 있지만 모두가 큼직함을 가지는 것은 아니다(예: 헬륨이나 수증기). 이러한 물질 개념—물질에는 연속성, 묵직함, 또는 큼직함이 있다—은 아이들의 첫 번째 물질 이론, 즉 '전체론적' 물질 이론의 기반이 된다. 이것은 아이들이 청소년이 될 때쯤에서야 '미립자' 물질 이론에 의해 교체된다.[9]

보존에 대한 오해는 물질의 외양(높이, 넓이, 퍼짐)을 바꾸는 것이 물질 자체를 바꾸는 것과 동일하다고 해석한다는 점에서 물질에 대한 전체론적 이론과 일치한다. 그러나 보존에 대한 오해만이 전체론적 이론의 유일한 증거는 아니다. 무엇이 물질인지 아닌지에 대한 아이들의 판단에서도 이러한 물질 이론을 볼 수 있다. 유치원생과 초등학생들에게 바위, 나무, 통나무 및 벽돌 등의 고체 물체가 물질로 구성되어 있는지 물으면 아이들은 모두 그렇다고 할 것이다. 또한 물, 소금, 주스, 젤리 등 고체가 아니더라도 보고 만질 수 있는 유형성이 있는 것들 또한 물질로 구성되어 있다고 할 것이다. 그러나 먼지, 구름, 잉크 자국, 물방울처럼 만지기 어렵거나 그림자, 무지개, 번개, 햇빛처럼 눈으로 볼 순 있지만 만질 수 없는 것들에 대해서는 주저한다.[10] 아이들은 특히 공기에 대해 혼란스러워 한다. 공기는 우리를 둘러싸고 있고 우리가 숨을 쉴 때 폐로 공기를 들이마신다는 사실도 알고 있지만, 그래도 물질이 아니라고 생각한다. 또한 공기는 부피가 없고 공간을 차지하지 않는다고 생각한다.[11] 예를 들어, 빈 상자 안에 들어 있는 공기가 그 공간을 차지한다고 생각하지 않는 것이다. 공기는 보이는 *큼직함*도, 느낄 수 있는 *묵직함*도 없기 때문에, 어린이들의 전체론적 물질 이론의 핵심을 위반하는 것이다.

전체론적 물질 이론은 어린이들이 물질이 뜨고 가라앉는 것을 예측할 때도 분명한 영향을 미친다. 물체가 가라앉는지 뜨는지를 결정하는 주요 요인은 평균 밀도지만, 아이들에게는 물체의 밀도를 측정하는 감각기관이 없다. 즉, 아이들은 물체의 묵직함과 큼직함만 인식할 수 있는데, 여기서 체계적인 오류 패턴이 발생하게 되는 것이다. 한 연구[12]에서, 4살짜리 아이들에게 다양한 무게와 크기의 블록들을 보여주고 각각 물에 뜰지 가라앉을지 예측하게 했다. 대부분의 아이들은 무게에 근거한 기준을 선택했고, 블록의 밀도가 물의 밀도보다 높은지 낮은지 상관없이 100그램 미만의 블록은 물에 뜰 것이라고 예측했다. 아이들의 예상은 물보다 밀도가 낮고 가벼운 블록이나 밀도가 높고 무거운 블록에는 맞았지만, 밀도가 높지만 가볍거나 혹은 밀도가 낮지만 무거운 블록에서는 틀렸다. 또 다른 연구[13]에 따르면, 어린이들이 무게와 크기를 통합하여 밀도에 대한 개략적인 감을 익히도록 유도할 수는 있지만 이를 스스로 깨닫는 경우는 거의 없다고 한다. 밀도의 개념은 전체론적 물질 이론에서는 중요하지 않다.

지각할 수 없는 물질적 변형, 즉 미세분열에 대한 아이들의 인식은 이들이 가진 전체론적 물질 개념을 정확히 보여준다.[14] 어린이들에게 스티

실체가 있고 감지할
수 있는 대상

실체가 있고
어느 정도 감지할 수
있는 대상

실체가 없지만
어느 정도 감지할 수
있는 대상

실체가 없으며
감지할 수 없는 대상

그림 2 아이들은 처음에는 감지할 수 있는지를 바탕으로 물질을 인지한다. 그렇기 때문에 벽돌은 물질로 구성되어 있고 생각은 물질이 아니라고 올바르게 판단하지만, 거품이나 그림자 등 감지할 수 있는지가 불확실한 것에 대해서는 제대로 판단을 내리지 못한다.

로폼 조각을 보여주고 이를 계속해서 반으로 자르면 스티로폼의 질량, 무게, 부피가 어떻게 될지 상상하라고 해보자. 아래는 한 연구원과 초등학교 3학년생 어린이 사이의 대화로, 10세 미만 어린이들이 일반적으로 어떤 대답을 하는지 볼 수 있다.

연구원 이 작은 조각을 반으로 나누는 것이 가능하다고 상상해보세요. 우리가 작은 조각들을 계속 반으로 나눈다면 스티로폼 물질은 완전히 사라질까요?

아이 네. 1년이 지나면 멈출 걸요? 아무것도 남지 않으니까요.

연구원 너무 작아서 눈에 보이지 않는 작은 스티로폼 조각을 상상해보세요. 그 작은 조각이 공간을 조금이라도 차지할까요?

아이 아니요. 엄청 큰 물건을 테이블 위에 놓고 스티로폼 조각은 구석에 보관하면 그 조각은 공간을 전혀 차지하지 않으니까요.

연구원 그 작은 조각은 무게가 나갈까요?

아이 전혀요.

연구원 0그램이요?

아이 네. 무게가 나가지 않으니까 작은 조각을 떼어내 손가락 위에 올려놓아도 피부에는 아무 느낌이 없을 거예요.

보다시피 이 어린이는 부피를 큼직함과 동일하게(작은 조각은 "구석에 보관"될 수 있고), 무게를 묵직함과 동일하게("피부에는 아무 느낌이 없다.") 여기고 있다. 반대로, 나이가 조금 더 많은 어린이들은 질적으로 다른 결과를 나타낸다.

연구원 이 작은 조각을 반으로 나누는 것이 가능하다고 상상해보세요. 우리가 작은 조각들을 계속 반으로 나눈다면 스티로폼 물질은 완전히 사라질까요?

어린이 아무리 반으로 나누더라도 여전히 무언가 있어요. 그 절반이 비록 매우, 매우 작다 해도 여전히 무언가 있는 거예요. 물건을 반으로 나누었는데 아무것도 없을 수는 없어요.

연구원 너무 작아서 눈에 보이지 않는 작은 스티로폼 조각을 상상해 보세요. 그 작은 조각이 공간을 조금이라도 차지하지 않을 시점이 올까요?

어린이 아니요. 아무리 작아도 물질은 공간을 차지해요.

연구원 무게가 없는 조각까지 작아질 수 있을까요?

어린이 측정할 수는 없지만 그래도 무게가 있을 거예요. 엄청 작은 사람이 들어 올리려고 한다면 그는 무게를 느끼겠죠.

이 6학년생은 물질을 없앨 수 없다고 생각하고, 너무 작아서 보이지 않을지라도 무게와 부피가 있음을 명확하게 알고 있다. 이 어린이 또한 무게를 묵직함으로 여기는 표현을 쓰긴 하지만, 그 자신은 무게를 느끼지 못하는 물체라도 ("엄청 작은 사람"이 있다면 느낄 수 있는) 무게가 있다는 것을 인지하고 있었다.

어린이들이 기체에 대해 배우기 시작할 때 경험하는 혼란도 전체론적 이론에 대한 또 다른 증거다. 중학교에서 기체에 대해서 배울 때, 학생들은 기체가 물질이라는 사실은 쉽게 받아들이지만 기체의 거시적 특성을 미세 입자와 연결하는 데는 어려움을 겪는다. 처음에 어린이들은 기체를 고체와 마찬가지로 전체론적이고 균질한 실체라고 생각한다. 이러한 전체론적 개념[15]은 기체 입자가 끊임없이 운동을 하고 있고, 기체 입자들 사이사이에 빈 공간이 있으며, 기체 입자 사이의 간격이 전체적인 기체의 부피에 따라 정해진다는 것을 부정하게 한다. 사실, 많은 성인들도 이런 이치들을 부정한다. 우리는 아이들과 달리 고체의 거시적 특성(예: 부력)과 미시적 특성(예: 밀도)의 관계에 대해서는 잘 알고 있지만, 기체에 대한 것은 새로 배워야 하기 때문이다.

***

물질에 대한 아이들의 이해는 영아들의 물질에 대한 이해로부터 기인한다. 하지만 오랫동안 심리학자들은 영아에게 물질에 대한 개념이 전혀 없다고 믿었다. 그들은 영아들에게는 물체의 영속성object permanence에 대한 개념이 없어서, 눈앞에서 사라진 물체도 계속 존재할 수 있다는 것을 모른다고 믿었었다.

물체의 영속성에 대한 개념의 발달은 오랜 기간에 걸쳐 천천히 이루어지는 것으로 보였다. 생후 4개월 미만의 영아는 칸막이나 천 조각 밑에 가려져 있는 물건을 찾으려고 시도하지 않는다. 4개월에서 8개월 사이 영아는 부분적으로 가려진 물건은 찾아도 완전히 숨겨진 물건은 찾지 않고, 8개월에서 12개월 사이에는 완전히 가려진 물건도 찾아낸다. 하지만 물건을 한 장소(A 지점)에 몇 차례 숨긴 후 장소를 바꿔 새로운 장소(B 지점)에 숨기면, 영아들은 물건이 이전에 있었던 장소를 먼저 찾아보고 나서 새로운 장소를 찾아보는데, 이 현상은 'A-not-B 오류A-not-B error'로 알려져 있다. 결국 영아들은 12개월에서 18개월 정도가 되어야 이전과 같은 장소에 물건이 숨겨져 있든지 아니면 다른 장소에 숨겨져 있든지에 상관없이, 가려져 있는 물건을 찾게 된다.[16]

물체의 영속성의 발달에 대한 연구를 처음 시행한 사람도 피아제였다. 그에 따르면 영아는—물질의 보존은 물론이거니와—물질의 영속성에 대한 개념이 없이 태어나지만 생후 1년 동안 영속성 개념을 습득하게 된다. 하지만 이는 개념적 오류와 운동적 오류를 구분하지 않은 데이터를 기반으로 했다는 점에서 문제가 있었다. 영아가 숨겨진 물건을 찾아내는 데 실패하는 이유[17]는 물건의 존재에 대해 잊어버렸기 때문(개념적 오류)일 수도 있고, 또는 행동을 계획하고 수행하지 못했기 때문(운동적 오류)일 수도 있다. 10개월 된 영아가 A-not-B 오류를 범하는 것을 보면, 틀린 곳에서 물건을 찾을 때 아이가 종종 올바른 곳을 쳐다본다는 것을 알 수 있는데, 이는 그 실패가 개념적 오류 때문이 아니라 운동적 오류에서 기인하기 때문임을 시사한다. 영아들의 눈은 그들의 손이 실행할 수 없는 지식을 드러내는 것이다.[18]

개념적 오류를 운동적 오류로부터 분리해내는 한 가지 방법은, 사물에 대한 영아의 예측을 운동적 능력이 필요하지 않는 방법으로 평가하는 것이다. 그러한 방법은 1970년대 피아제의 삶 끝자락에 이르러서야

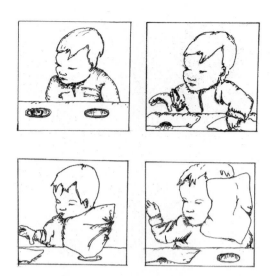

그림 3 12개월 미만의 영아는 물건의 위치가 바뀔 경우 가려져 있는 물건을 찾는 데 어려움을 겪는데, 이는 'A-not-B 오류'로 알려져 있다. 여기서 영아는 천 밑에 숨겨진 장난감을 틀린 위치(오른쪽)에서 찾고 있다. 흥미롭게도 가끔 영아의 손은 틀린 위치를 향해 뻗고 있으면서도 눈으로는 물체의 정확한 위치(왼쪽)를 본다.

고안되었으며, '주시선호preferential looking 검사법'으로 알려져 있다. 영아들은 성인들과 마찬가지로, 예상대로 일어나는 일(예: 사물들끼리 충돌하는 것)보다 예상에 어긋나는 일(예: 한 물체가 다른 물체를 통과하는 것)에 더 주의를 기울이고 오랫동안 관찰한다. 심리학자들은 주시선호 검사를 이용하여, 영아들이 행동으로 옮기고 표현하기 오래전부터 풍부하고 다양한 암묵적 기대를 가지고 있다는 사실을 발견했다.

 한 유명한 연구에서 5개월이 된 영아들에게 바닥을 중심으로 앞뒤로 넘어가는 직사각형 막을 반복적으로 보여줘 이 상황에 익숙해지도록 만들었다. 그런 뒤, 막 뒤편에 영아에게 보이지 않는 작은 상자를 하나 놓았고, 영아에게 다음 두 상황 중 하나를 보여주었다. 첫 번째 상황에서

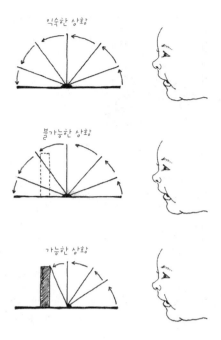

그림 4 4개월밖에 안 된 영아들도 뒤로 젖혀지는 막이 단단한 상자를 통과하듯 넘어가는 것(불가능한 상황)을 중간에 상자와 접촉한 듯 멈추는 것(가능한 상황)보다 더 오랫동안 쳐다본다.

는 막이 서서히 뒤로 젖히다 중간에 (보이지는 않아도 막 뒤편에 있는) 상자와 접촉한 듯 멈추었고, 두 번째 상황에서는 막이 멈추지 않고 상자를 통과하거나 상자가 없는 듯 끝까지 젖혔다. 이 두 상황을 보는 성인은 첫 번째 상황에는 놀라지 않고 두 번째 상황에는 놀라기 때문에 두 번째 상황에 시선이 더 오래 머물 것이다. 영아도 마찬가지였다. 영아 또한 두 번째 상황을 더 오랫동안 쳐다본다는 것은 영아도 두 번째 상황에 더 놀란다는 뜻이다.[19]

이 결과는 물체가 접촉할 때 서로 통과하는 게 아니라 충돌한다는 것을 영아들도 예측할 수 있음을 보여줄 뿐만 아니라, 시야에서 벗어난 물체도 계속 추적하고 있고 다른 시야에 있는 물체와 가려진 물체의 상호작용에 대해서 예측하는 능력도 있음을 나타낸다.[20] 사실, 영아들은 생

46

후 3개월 때부터 상자와 플라스틱 막의 충돌을 예측할 수 있다고 한다.

이 발달 시기의 아이들은 사물이 다른 사물과 충돌하면 움직일 것으로 예측하며, 이동하는 경로에는 연속성이 있을 거라 기대한다. 예를 들어, 물체가 다른 물체와 접촉하지 않고 스스로 움직인다거나, 물체가 있었다 없었다 하는 등, 위의 기대들에 위반되는 경우 아이들은 이 상황을 못 믿겠다는 듯이 넋을 놓고 쳐다본다. 당연히 이런 상황들은 불가능하지만, 영리한 연구원들이 속임수 장치나 손재주를 사용해 그렇게 보이도록 만든 것이다.[21] 피아제가 생각했던 것과는 달리, 영아들은 특정 유형의 물체에 대한 명확한 기대들을 갖고 있고, 그 기대들은 우리가 어른이 된 이후에도 계속 남아 있었다. 하지만, 영아들은 소금이나 모래와 같은 응집력이 낮은 물체에 대해서는 아무런 기대도 가지지 않는다. 다시 말해, 영아들은 구분될 수 있고 경계가 있는 물체들에 대해서만 고형성solidity, 연속성continuity(객체가 이동할 때 연속적인 경로를 따라서 감), 접촉contact 등을 기대한다.

한 연구[22]에서는 8개월 된 영아들이 막 뒤에 놓여 있는 두 가지 유형의 물체를 추적할 수 있는지에 대한 실험을 해보았다. 하나는 모래를 쌓아 놓은 것이었고, 다른 하나는 모래처럼 보였지만 사실 스티로폼 덩어리의 표면에 풀칠을 해 모래를 발라놓은 응집성cohesion(객체의 모든 부위가 일치하게 움직임)있는 물체였다. 모래를 사용한 실험에서 연구자들은 영아가 지켜보고 있는 가운데 막 뒤에 모래를 부어 모래 더미를 만들고, 그 옆에도 모래를 부어서 모래 더미를 하나 더 만들었다. 그 후 칸막이를 치웠을 때 영아는 모래 더미가 1개 있을 때와 2개가 있을 때를 전혀 구별하지 않고 똑같이 쳐다봤다. 이는 영아들이 실험 상황에 대한 아무런 기대가 없었음을 시사한다. 모래 더미와 유사한 스티로폼 물체를 사용한 실험에서도 마찬가지로 영아들은 막 뒤에 두 개의 더미가 차례대로 쌓이는 걸 지켜보게 된다. 하지만 이 조건에서 영아들은 막을 내린 후 하나의 물체가 있었을 때 더 오래 관찰했는데, 이는 아이들이 막 뒤에 두 개의 물체가 존재할 것으로 예상했음을 보여준다.

이 실험에서 연구자들은 영아들이 막 뒤로 모래를 두 번 붓는 것을 보았다고 해도 나중에 모래 더미가 하나가 될지 두 개가 될지 확신하지 못하는 게 아닐지 우려했다. 그래서 연구자들은 한 개의 막이 아니라 16센티미터 간격으로 분리된 두 개의 막 뒤에 모래를 쏟아 붓는 또 다른 실험도 해보았다. 하지만 두 개의 막을 모두 내렸을 때, 모래 더미가 하나뿐이든 또는 두 개든 상관없이, 영아들은 그것들을 같은 시간 동안 쳐다보았다. 다시 말해, 물체가 모래와 동일하게 생겼어도, 영아들은 물체의 위치를 추적하는 것과 같은 방식으로 모래의 위치를 추적하지는 못한다는 것이다.

영장류 중에서 인간의 아기만이 응집성이 있는 물체를 추적할 수 있는 것은 아니다. 위의 실험을 여우원숭이를 대상으로 진행했을 때도 결과는 같았다.[23] 여우원숭이는 응집성이 있는 물체가 막 뒤에 있을 때는 그 개수를 정확히 예측했지만, 모래 더미에 대해서는 그러지 못했다.

진화는 영장류에게 사물들을 추적할 수 있는 능력을 갖추게 해주었지만, 그 능력은 응집되지 않는 형태의 물질에는 적용되지 않는 듯하다. 우리는 어떤 사물을 보고 그것이 무엇인지, 어떻게 움직일지, 그리고 다른 물체에 의해 가려지거나 접촉했을 때 어떤 움직임을 보일지 추적할 수 있지만, 모래 더미가 하나인지 둘인지는 세지 못하는 것이다.[24] 적어도 영아기 때는 그렇다. 진화에 의해 우리에게 부여된 능력들은 생존과 생식에 도움이 되었기에 선택되었다는 점을 고려하면 아마도 응집력이 낮은 물체를 추적하는 능력은 그 기준을 충족시키지 않았기 때문에 선택되지 않은 건지도 모른다. 물론 동물은 생존을 위해 어미의 젖이나 물과 같은 물질을 섭취해야 하지만, 그 물질들은 움직임을 추적할 필요가 없고, 응집성이 높은 사물들과 그런 물질 사이의 상호작용 또한 예측할 필요가 없다. 돌과 모래의 유사점을 인식하는 것보다는 돌맹이같이 경계가 있는 물체들을 손에 쥘 수 있고, 옮길 수 있고, 던질 수 있고, 숨길 수 있다는 것을 인식하는 것이 생존에 더 유리했을 것이다.

＊＊

우리가 태어나면서부터 물질을 전체론적인 개념으로 받아들였다면, 어떻게 우리는 물질을 미립자로 생각할 수 있게 되는 것일까? 이러한 개념을 받아들일 준비가 되지 않은 어린아이에게 물질은 입자로 구성되어 있다고 가르치는 것은 전혀 도움이 되지 않는다. 먼저, 전체론적 이론에서는 중요하지만 미립자이론에서는 의미 없는 개념적 구분을 무너뜨리고, 미립자이론을 따르는 새로운 구분을 받아들여야 한다. 이를테면, 아이들은 응집력이 높은 물질과 낮은 물질을 구별하지 않고 같은 물질로서 받아들여야 하고, 자신이 느끼는 주관적 무게(묵직함)와 물리학적 정의에 따른 무게, 그리고 자신이 지각하는 부피(큼직함)와 물리학적 정의에 따른 부피를 구별해야 한다. 그렇게 해야지만 '밀도'라는 것이 단위부피당 무게라는 것을 정확히 알 수 있는 것이다.

밀도는 미립자이론을 구체화시키는 하나의 속성이다. 내부 구조를 가지는 것만이 빽빽하게 또는 헐겁게 채워질 수 있다. 그러나 사물의 내부 구조는 맨눈으로 감지할 수 없으므로, 아이들은 무게와 밀도의 개념을 구분하지 못한다. 그렇기 때문에 위에서 설명한 바와 같이 아이들은 물체의 부력을 예측하기 위해 밀도의 개념을 사용하지 못한다. 다음 상황을 함께 상상해보자. 3개의 금속 블록이 있다. 첫 번째는 모서리의 길이가 1인치이고 무게는 6.5온스인 납 블록, 두 번째는 모서리가 2인치이고 무게는 52온스인 납 블록, 그리고 세 번째는 모서리가 2인치이고 무게는 12온스인 알루미늄 블록이다. 모든 블록은 접촉 테이프로 둘러져 있어 색깔로는 구분이 되지 않는다. 이 중 어느 두 블록이 동일한 금속으로 만들어졌는지 구별하는 것이 과제다.

당신이라면 어떻게 하겠는가? 아마도 각 블록의 무게를 크기와 비교하여, 크기가 가장 큰 (알루미늄) 블록이 다른 두 (납) 블록에 비해 그 크기만큼 무게가 안 나간다는 것을 금방 알아낼 것이다. 그런데 유치원생들과 어린 초등학생들은 이 과제를 놀라울 만큼 어려워한다. 무게와 크기가 다른 블록을 구별하는 것은 곧잘 하지만 부피당 무게가 다른 블록은 구별하지 못하는 것이다. 따라서 이 과제에서 대부분의 어린이들은 크기만을 고려해서 무게는 큰 차이가 나지만 크기가 같은 2인치 납 블록과 2인치 알루미늄 블록이 같은 금속이라고 판단을 내리게 된다.

이 '신비한 물질' 과제는 심리학자 캐럴 스미스Carol Smith와 동료들이 개발해낸 것이다.[25] 스미스는 30년 이상 아이들이 가진 물질에 대한 직관적 이론을 연구했다. 그는 어린이의 밀도에 대한 이해는 일반적으로 물질에 대한 이해의 좋은 척도라고 판단했기 때문에 그의 연구 대부분은 밀도 개념에 중점을 두었다. 스미스가 밀도, 즉 단위 부피당 무게를 아이들에게 가르치는 한 가지 방법은 지각되지 않는 수량인 밀도를 지각할 수 있는 다른 단위당 수량과 비유하는 것이다. 예를 들어, 압력의 정의는 단위 면적당 힘이기 때문에 우리 피부로 감지할 수 있고, 템포는 단위 시간당 박자이기 때문에 우리 귀로 감지할 수 있으며, 농도는 액체의 단위 부피당 분자이기 때문에 우리 혀로 감지할 수 있고, 빽빽함은 단위 면적당 사물의 개수로 표현될 수 있기 때문에 우리 눈으로 감지할 수 있다.

한 연구[26]에서 스미스는 농도와 빽빽함, 두 가지 단위당 수량 개념을 통해 밀도 개념을 가르쳐보았다. 스미스와 그의 동료들은 중학교 1학년 생들에게 위의 개념에 필요한 각각의 변수를 어떻게 구분할 수 있는지 살인사건 탐정게임을 통해서 배우게 했다. 첫 번째 살인사건에서 피해 자는 독이 들어 있는 쿨에이드 음료수를 마셨고, 학생들은 누가 음료수 를 만들었는지 찾아야 했다. 쿨에이드는 (믹스가루로 만드는 음료이고) 사람 마다 선호하는 농도가 있기 때문에, 학생들은 독이 든 음료수의 농도를 각 용의자의 음료수와 비교해야 했다. 두 번째 살인 사건에서 피해자는 독이 들어간 초코칩 쿠키를 먹었고 아이들은 어느 용의자가 쿠키를 구 웠는지 결정해야 했다. 이번에 아이들은 각 용의자가 만든 쿠키의 반죽 에 초코칩이 얼마나 많이 들었는지 그 빽빽함을 비교해야 했다.

스미스는 학생들의 농도, 빽빽함, 그리고 밀도에 대한 이해도를 평가 하기 위해서 농도가 다른 설탕물, 빽빽함이 다른 점박이 무늬, 그리고 밀도가 다른 물질들을 순서대로 배열하게 했다. 학생들이 쉽게 계산할 수 있도록 "설탕 4스푼, 물 2컵"과 같이 쉬운 비율을 사용했다. 살인 미 스테리 교육을 시작하기 전 학생들은, 점박이 무늬의 빽빽함은 올바르 게 순서대로 배열할 수 있었지만 농도나 물질에 대해서는 그리하지 못 했다. 교육을 마친 후 학생들은 농도는 맞출 수 있었지만 여전히 밀도에 대해서는 어려워했다. 이 훈련에서 비교대상으로 사용된 농도/빽빽함과 실제 목표였던 밀도 사이의 개념적 차이가 너무 컸던 것이다.

후속 연구[27]에서 스미스와 동료들은 이 문제에 다른 식으로 접근해보 았다. 밀도를 지각할 수 있도록 하는 것에 초점을 맞추는 것 대신, 눈으 로는 볼 수 없어도 밀도와 그 구성 변수인 무게와 부피로만 설명되는 여 러 가지 물질적 현상들을 학생들에게 보여줬다. 몇 주에 걸쳐 진행된 교 육 기간 동안 학생들은 묵직함을 느낄 수 없는 작은 물체(예: 글리터 반짝이 입자 하나, 잉크 자국 하나)의 무게를 정밀저울로 측정하고, 바람이 가득 찬 풍선과 바람이 빠진 풍선의 무게를 비교했다. 마찬가지로 학생들은 측정 가능한 부피(물 1밀리리터)의 물체로부터 측정할 수 없을 만큼 작은 부피(예: 물방울 하나)의 물질의 양을 추론하고, 다양한 밀도의 물질을 다양한 농도의 액체에 담그기도 했다. 가열 전후에 철 구슬의 무게와 부피를 측정했고, 철 구슬을 알카셀처 발포소화제와 반응시키기 전후의 무게를 비교하기도 했다.

살인 미스테리 교육과 달리 이번 교육은 매우 효과적이었다. 교육 이전에는 밀도의 순서대로 물질들을 정렬하는 과제를 통과한 학생들이 몇 명 되지 않았지만, 교육을 마친 이후에는 대부분의 학생이 답을 맞혔다. 마찬가지로, 교육 이전에는 공기, 먼지, 연기와 같은 무형의 물질들을 물질로 분류하거나 스티로폼 한 알과 같은 미세한 물체도 무게가 있는지 판단하기 어려워했지만, 교육 이후에는 거의 대부분의 학생이 옳은 판단을 내릴 수 있었다. 아마도 가장 주목할 만한 변화는, 피아제의 보존과제에 실패했던 학생들이 교육 과정에서 물질의 보존에 대해 직접 언급한 바가 없음에도 불구하고 교육을 마친 후에는 보존과제를 통과했다는 것이다.

스미스의 추가 연구에 따르면 물질의 미립자이론을 습득하는 것은 아이들의 인지 발달에 놀라울 만큼 광범위한 결과를 가져온다. 사고의 범위가 물질의 영역을 넘어 숫자 영역으로 확장되기 때문이다. 다른 사물들과 마찬가지로 숫자 역시 더 작은 구성 요소인 분수로 나뉠 수 있지만, 어린이들은 숫자에 대해 이런 식으로 생각하지 않는다. 숫자는 단순히 물건을 셀 때 사용하는 것이라고 생각한다. 어린아이들은 일련의 사물들의 집합에서 사물을 추가하거나 빼면 숫자를 늘리거나 줄일 수 있다는 것을 이해하지만, 숫자를 나눌 수 있다는 생각은 하지 못한다. 어린아이는 숫자를 물리적 객체들과 마찬가지로 전체론적이며 균질한 것으로 이해하는 것이다.

이 유사점에 흥미를 느낀 스미스와 동료들은 숫자의 가분성에 대한 이해가 물질의 가분성을 이해하는 것과 동시에 발달하는지를 조사했다. 이들은 위에서 언급한 스티로폼 나누기 문제와 숫자 나누기 문제를 같이 실행해보았다. 다음은 실험에 참여한 한 초등학교 3학년 학생과의 대화 내용이다.

연구원 0과 1 사이에 숫자가 있을까요?

아이 아뇨, 없어요.

연구원 2분의 1은 0과 1사이에 있나요?

어린이 네, 있어요.

연구원 그럼 0과 1 사이에 숫자가 몇 개일까요?

어린이 조금밖에 없어요. 0과 2분의 1이요. 왜냐하면 2분의 1은 하나의 반이니까요.

연구원 2를 반으로 나누어서 1이 나오고, 1을 또 반으로 나누었다고 하면, 계속 반으로 나눌 수 있을까요?

어린이 아니요, 그 숫자를 반으로 또 줄이면 0이 되는데 0을 나눌 수 없으니까요.

연구원 반으로 계속 나누면 0이 되나요?

어린이 네.

3학년생들의 일부는 2분의 1이 아닌 다른 분수도 알고 있었다. 예를 들어, 학생 중 한 명은 "2분의 1, 3분의 1, 4분의 1… 10까지 쭉 있어요."라고 답했다. 그러나 학생들은 분수 자체를 나눌 수 있다는 것은 부인했다. 반면 다음 대화에서의 5학년생과 같이 나이가 조금 더 많은 학생들은 4분의 1과 같은 분수도 반으로 나눌 수 있을 뿐만 아니라 영원히 계속해서 나눌 수 있다고 말했다.

연구원 0과 1 사이에 숫자가 있을까요?

어린이 네, 있어요.

연구원 예를 들어 줄 수 있어요?

어린이 2분의 1 또는 0.5요.

연구원 0과 1 사이에 숫자가 몇 개일까요?

어린이 많아요.

연구원 2를 반으로 나누어서 1이 나오고, 1을 또 반으로 나누었다고 하면, 계속 반으로 나눌 수 있을까요?

어린이 네. 무엇을 반으로 나누면 항상 무언가 남아요.

연구원 반으로 계속 나누면 0이 되나요?

어린이 아니요. 1보다 작고 0보다 큰 수는 셀 수 없이 많으니까요.

여기서 가장 결정적인 발견은 숫자의 가분성에 대한 아이들의 이해는 물질의 가분성에 대한 이해를 따라간다는 것이다. 숫자를 계속 나누다 보면 어느 시점에서 0이 된다고 말하는 아이들은 물질도 계속 나누다 보면 무게가 없어진다고 생각하고, 아무리 나눈다 해도 작은 수가 계속해서 존재한다고 말하는 아이들은 물질 또한 아무리 나누어도 계속해서 무게가 나간다고 말한다. 물질보다 숫자의 가분성에 대한 이해가 살짝 느린데, 이는 아이들이 실체가 있는 대상(물질)의 가분성을 추상적인 대상(숫자)의 가분성보다 조금 더 일찍 파악한다는 것을 의미한다.

　물질에 대한 더욱 정교한 개념의 발달은 수에 대한 더욱 정교한 개념을 발달시키는 데 있어서 발판이 될 수 있다. 무한한 가분성은—밀도와 마찬가지로—한 인지 영역에서 다른 인지 영역으로 넘어가기 위한 중요한 지식이다. 이러한 유사점들을 강조하는 것은 분수만이 아니라 소수점과 퍼센트와 같은 다른 유리수에 대해 가르칠 때도 적용할 수 있는 매우 효과적인 전략이다.[28] 분수를 파이 한 조각(사물)에 비유하는 것보다 용기에 담긴 물(물질)과 비유하며 설명할 때 학생들의 이해도도 더 높아진다. 유한하고 분리된 정수를 가르칠 때는 파이 조각과 같은 하나하나 독립된 개체가 유용할 수 있지만 분수를 가르칠 때는 연속성이 있어 나눌 수 있는, 즉 응집성이 낮은 물질이 더 유용하다. 수와 물질의 유사성은 한 인지 영역 내에서보다 서로 다른 인지 영역들 사이에서 더 깊게 작동한다.

***

깃털 한 파운드와 금 한 파운드가 있다. 어느 쪽이 더 무거운가? 물론 정답은 같다. 둘 다 같은 한 파운드니까. 하지만 당신은 이 질문에 잠시 멈칫했을지도 모른다. 금은 깃털보다 더 묵직하다. 그리고 우리가 가진 묵직함의 개념은 무게의 개념을 방해한다. 즉, 묵직함과 큼직함은 물질에 대한 지각적 경험으로서, 이러한 개념들은 우리가 올바른 물질 개념을 익힌다 해도 변하지 않기 때문에 우리가 물질적 현상을 추론하는 데 있어서 평생 동안 지장을 준다.[29]

물체의 부력에 대한 추측만 해도 그렇다. 어른들도 철로 만든 프라이팬처럼 크고 밀도가 높거나 스티로폼 완충재처럼 작고 가벼운 물건들에 대해서는 빠르고 정확한 판단을 내리지만, 아주 작은 철 입자도 가라앉고 엄청 큰 스티로폼 박스도 뜬다는 판단을 내릴 때는 비교적으로 느리게 반응한다. 비록 이 판단에 필요한 유일한 요소가 밀도라는 것을 우리가 정확하게 인식하고 있을지라도, 묵직함과 큼직함은 여전히 우리의 판단에 간섭하는 것이다.[30]

묵직함과 큼직함은 무엇이 물질이고 아닌지에 대한 어른들의 판단 또한 방해한다. 물질과 물질이 아닌 것을 단시간 내에 분류해야 하는 과제에서, 성인들은 묵직한 개체들(예: 바위, 벽돌, 신발 등)에 비해서 만질 수 없는 잉크 자국, 옷에 뿌린 향수, 공기 등을 물질로 분류할 때 시간이 더 오래 걸렸다. 성인들 또한 간혹 아이들과 똑같은 실수를 저지른다. 한 연구[31]에서 최대한 빠른 답변을 요구했을 때 잉크 자국을 물질로 분류한 사람은 전체의 85퍼센트, 향수의 경우엔 83퍼센트, 공기는 75퍼센트였다. 반면에 물질이 아닌 천둥을 물질로 분류한 사람은 전체의 35퍼센트, 별빛은 37퍼센트, 번개는 57퍼센트였다. 심지어 근대 화학의 아버지라 불리는 앙투안 라부아지에Antoine Lavoisier조차도 열과 빛의 물리적 실체를 파악하지 못했고 모두 물질이라고 생각했다.[32]

꼭 시간에 쫓길 때에만 실수를 저지르는 것은 아니다. 평상시 느긋한 상황에서도 우리의 판단은 실수투성이다. 예를 들어, 우리는 물이 가득 차 있는 페트병을 냉동실에 넣어, 안에 있는 물이 병의 부피를 초과하도록 팽창해 결국 터지게 만든다. 우리는 단가의 차이를 고려하지 않고 더 큰 식품 패키지를 사며, 무게감이 전혀 없는 눈송이도 모이면 수백 파운드의 얼음물과 다름없다는 것을 깨닫지 못한 채 마당에서 눈을 치우다가 결국 몸살이 나게 된다. 또한 우리는 물이 절반 들어 있는 컵은 반이 빈 건지 반이 찬 건지를 놓고 말다툼을 하곤 하지만, 사실 컵은 액체 반 기체 반으로 가득 차 있다.

물질에 대한 실수 중 내가 가장 좋아하는 예는 맥줏집에서 일어나는 상황이다. 표준 파인트 잔은 높이가 5.875인치고 윗부분의 직경은

그림 5 보존에 대한 오류들은 우리 일상 생활에서도 숱하게 찾아볼 수 있다. 그중 하나는 우리가 매번 별 생각없이 지나치는 덜 채워진 컵으로 인해 손해 보는 맥주의 양이다.

3.25인치, 아랫부분의 직경은 2.375인치다. 이 맥주잔에 5.875인치가 아닌 5인치만큼만 맥주가 채워져 있다면, 이로 인해 우리가 손해 보는 맥주의 양은 얼만큼일까?

답은 거의 4분의 1이다! 높이가 15퍼센트 감소하면 부피는 25퍼센트 줄어들게 되는 것이다. 표준 파인트 잔의 모양은 밑으로 갈수록 점점 더 좁아지므로 위쪽에 맥주가 더 많이 들어가기 때문이다. 지금까지 우리들 대부분은 덜 찬 컵을 보고도 얼마나 많은 맥주를 손해 보는지 모르고 지냈지만, 이제 더 이상 염려하지 않아도 된다. 기업 마인드를 갖춘 한 맥주 소비자가 맥주 높이가 감소할 때마다 맥주의 부피가 얼마나 감소하는지 측정할 수 있는 지갑 속 도구를 발명했기 때문이다(thebeergauge. com에서 구입할 수 있다). 이름도 정통에 충실한 "피아제 맥주 계량기The "Piaget" Beer Gauge"다.

형체 없는 열, 빛, 소리에 대한 오개념들

아카데미아 델 치멘토Accademia del Cimento 실험학회는 17세기 중반 무렵 이탈리아 피렌체에서 처음 설립되었다. 이 학회의 목적은 관찰과 실험을 통해 자연의 신비를 탐구하는 것이었다. 학회의 연구자들은 알코올 온도계 등 표준 단위로 표시된 첫 번째 실험도구들을 만들고 이 도구들을 사용해 액체가 얼음으로 변할 때의 부피 팽창, 가열된 고체의 팽창, 대기압에 미치는 열의 효과 등 열에 대한 여러 현상들을 관찰했다.[1]

피렌체 실험학회에서 진행된 연구 중 하나는 여러 종류의 액체(예: 장미수, 무화과수, 포도주, 식초, 눈을 녹인 물)가 담긴 용기를 얼음조에 넣고 얼리는 것이었다. 실험자들은 액체가 어는 동안 그 부피가 얼마나 늘어났는지 대해 온도에 따라 기록했다. 이상하게도 이들은 액체의 온도를 잴 때 온도계를 액체가 담긴 용기 안에 넣는 대신 용기가 담긴 얼음조ice bath에 넣었다고 한다. 250년이 지난 오늘날엔 액체의 어는점을 찾는 이런 간단한 실험은 초등학생 아이들도 할 수 있고, 액체의 온도를 잴 때

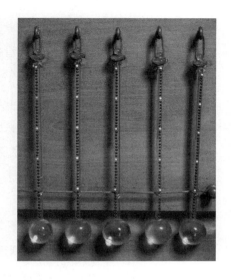

그림 1 이 온도계들은 17세기 피렌체의 아카데미아 델 치멘토 실험학회에서 가열, 냉각, 연소 및 동결에 대한 첫 번째 실험을 위해 만들어졌다.

온도계를 액체 안에 바로 넣는다는 것은 어린이 과학책에도 나온다. 그렇다면 피렌체의 과학자들은 왜 용기 안이 아닌 얼음조에 온도계를 넣었을까?

그들의 실험노트를 보면, 분명 그들은 얼음조가 아닌 용기에 담긴 액체의 온도 변화를 측정하려고 했었다. 하지만 액체의 빙결에 대한 그들의 이해는 오늘날 우리가 아는 것과 많이 달랐다.[2] 그들은 온도계를 사용해 얼음으로부터 용기에 있는 액체로 흘러가는 '냉기'의 강도를 재려고 한 것이었다. 용기 안에 있는 액체가 얼음으로부터 차가운 기운을 일방적으로 받는다고 생각했을 뿐, 액체와 얼음 사이에 상호작용이 있을 것이라고는 생각하지 않았던 것이다. 지금 우리는 이 현상에 대해 '열이 용기에서 얼음으로 전달되었다'고 말하지만, 그 당시 피렌체 학회의 연구자들에게는 상상도 할 수 없던 일이다. 그들에게 차갑다는 것은 열의 부재가 아니었다. 그들은 열('온기')과 냉기는 본질적으로 다르다고 생각했다. 어떻게 열이 물체를 차갑게 만들 수 있다는 말인가?

피렌체의 연구자들은 가열과 냉각을 반대 과정으로 보았을 뿐만 아니라, 열과 냉기를 물, 알코올, 기름과 같은 물질의 일종이라고 믿었다. 열은 불의 입자로 구성되었다고 여겼기에 가열 과정이란 물체를 불의 입자들로 가득 채우는 것이며, 그런 이유로 인해 물체는 열을 가하면 팽창한다고 생각했다. 또한 열은 촛불, 석탄, 모닥불, 태양과 같은 뜨거운 열원에서만 방출된다고 생각했고, 실온 상태의 물체가 열을 덜 가진 물체(얼음조)에 열을 전달할 수 있기는커녕, 열을 지니고 있다는 생각조차 하지 못했다.

그러한 열에 대한 이론은 열의 원천과 열을 받는 물체, 그리고 냉기의 원천과 냉기를 받는 물체를 확실하게 구분했기 때문에 '원천source-수령recipient 이론'으로 불렸다. 이 이론은 냉각에 대해서만이 아니라 모든 열 현상에 대한 해석의 바탕이 되었다. 피렌체 연구자들의 다른 실험에서는 황동, 청동, 구리 등이 가열 시에 팽창하고 냉각 시에는 수축된다는 것이 입증되었다. 그들은 이 현상을 나무가 물을 흡수하는 것에 비유했다. 현대 과학에서는 말이 안 되는 비유이지만, 원천-수령 이론에 따르면 물체는 불의 입자(열의 구성요소)를 흡수할 수 있기 때문에, 고체가 뜨거워짐과 동시에 팽창하는 것을 나무가 물 입자를 흡수하는 것에 비유했던 것이다.

피렌체 연구자들은 추운 날 야외에서 물이 얼 때("자연적 결빙")와 얼음물에 담근 액체가 얼 때("인공 결빙")의 냉각 속도, 완결성, 그리고 만들어진 얼음의 선명도까지 비교했다.[3] 이러한 실험들의 바탕에는 다른 종류의 냉기는 서로 다른 효과를 가질 것이라는 가정이 자리 잡고 있었다. 그러나 그들의 기대와는 달리 명확한 결과가 나오지 않았다. 그들은 서로 다른 "냉기 원천"들 사이의 차이를 찾는 데만 초점을 두었기 때문에, 바깥공기의 온도와 실내에 있는 얼음조의 온도가 얼마나 차이가 나는지 확인도 하지 않았던 것이다.

아카데미아 델 치멘토의 설립 후 백 년 이상이 지난 1761년도에 스코틀랜드의 화학자 조지프 블랙Joseph Black은, 물질에 열을 가한다고 반드시 온도가 바뀌는 것은 아님을 발견했다. 구체적으로 말하면, 그는 얼음물에 열을 가했을 때 얼음물의 온도는 상승하지 않고 물과 얼음의 비율만이 변한다는 것을 관찰했고, 모든 얼음이 녹은 후에야 물의 온도가 상승하기 시작한다는 것을 알게 되었다. 뿐만 아니라, 물을 끓이는 과정에서도 모든 물이 증기가 될 때까지 끓는 물의 온도가 올라가지 않는 현상을 발견했다.

열과 온도가 구분된다는 블랙의 발견은 그 시대에 가장 널리 인정되던 이론인 열의 원천-수령 이론으로는 설명할 수가 없었다. 그전까지 온도계는 온도가 아니라 열을 측정하는 기구로만 여겨졌으며, 물의 상태가 변화하는 과정에서 열과 온도가 왜 상응하지 않는지에 대한 설명은 없었다.

블랙의 발견은 열 현상에 대한 새로운 이론으로 이어졌지만, 이 이론 역시도 현대 열역학의 분자 운동론은 아니었다. 블랙의 이론은 열과 온도를 구분했지만 여전히 열을 물질로 여겼다. '칼로릭caloric'이라고 불렀던 이 물질은 어떤 물체의 녹는점이나 끓는점에 그 물체 안에 고여서 그 물체의 온도가 아닌 화학적 상태를 바꾸는 것으로 여겨졌다.[4] 이러한 믿음은 100년쯤 더 지난 후에야 에너지에 기반한 분자운동론으로 대체되었다. 하지만, 과학자가 아닌 사람들은 여전히 칼로릭의 개념을 가지고 있다. 비록 우리는 칼로릭의 원래의 이름을 잊어버린 채 간단히 열이라고 부르지만, 칼로릭은 여전히 열에 대한 우리의 일상적인 생각과 추론의 기반이 되고 있다.

***

열에너지(이하 "열"이라 한다)는 물리적 시스템 내의 분자들의 총 에너지라고 할 수 있다. 그러나 앞에서 설명한 옛 연구자들의 이론들과 같이 우리의 직관은 열을 일종의 물질로 여긴다. 우리의 직관적 이론은 역사에 기록되어 있는 과거의 열 이론과 비슷한 점이 많은데, 사실 우리가 열에 대해 이야기하는 것만 봐도 알 수 있다. 이를테면 사람들은 열이 물질처럼 이동한다고 말하고("머리에서 열이 난다.", "온탕에서 열이 다 빠져나갔다.") 물질처럼 한정된 공간 안에 가둘 수 있다고 말한다("비닐하우스는 태양열을 가둔다." "열이 못 들어오게 문을 꼭 닫아라."). 몇몇 사람은 이런 말들이 단지 비유에 불과하다는 것을 알고 있다. 당연히 "온탕에서 열이 다 빠져나갔다."라고 말하는 것이 "목욕물이 주변과 열평형을 이루었다."라고 말하는 것보다 훨씬 쉽기 때문이다. 하지만 대부분의 사람은 "온탕에서 물이 다 빠져나갔다."라는 말을 "냄새가 못 들어오게 문을 꼭 닫아라."와 전혀 다름없이 문자 그대로 믿고 있다.

열을 물질화시키는 표현들을 사람들이 실제로 믿고 있다고 할 수 있는 이유는, 그런 언어표현을 사용하는 사람들과 사용하지 않는 사람들이 열 현상에 대해 서로 다른 예측을 하기 때문이다. 뿐만 아니라, 사람들에게 그런 표현들에 대해 설명해달라고 요청하면 대부분의 사람이 열을 물질로 여긴다는 것을 볼 수 있다. 예를 들어, 물리학 수업을 수강하는 한 대학생은 물리학 교육 연구원과의 대화 중 다음과 같이 말했다.[5]

연구원 방금 열전도 과정을 설명할 때 "흐름"이라는 동사를 사용하셨는데요, 열전달이란 어떤 것이라고 생각하는지 말해줄 수 있나요?

학생 물과 같습니다. 물이 높은 곳에서 낮은 곳으로 흐르는 것처럼,

열도 더운 곳에서 추운 곳으로 흐르기 때문입니다. 저는 열이 물처럼 행동한다고 생각합니다.

열의 직관적 이론과 원천-수령 이론 사이의 또 다른 유사점은 둘 다 열과 냉기, 나아가서는 열의 원천과 냉기의 원천을 구분한다는 점이다. 사실 차가움이란 우리의 지각 상태에 불과하다. 우리 몸에서 열을 빼앗는 물질은 차갑게 지각되는 반면, 우리 몸에 열을 전달하는 물질은 뜨겁게 지각된다. 그러나 우리는 이러한 별개의 지각 상태를 별개의 물질로 구체화시킨다. 기초 물리학 수업을 듣는 학생들에게 따뜻한 물 한 컵을 얼음이나 쇠로 만든 테이블과 접촉시켰을 때 왜 물의 온도가 내려갔냐고 물었을 때 학생들은 다음과 같이 대답했다.[6]

- "얼음에서 나온 냉기가 물에 들어갔다."
- "컵이 쇠 테이블에 닿았을 때 테이블을 이루는 분자들이 컵으로 냉기를 전달했다."
- "테이블이 냉기 분자들을 컵으로 전달함에 따라 컵은 더 차가워졌다. 또한 컵은 열 분자를 테이블로 전달했다. 결국 테이블은 더 따뜻해지고 컵은 더 차가워진다."

이 마지막 설명은 냉기와 온기를 서로 구별되는 현상으로 가정하는 것뿐만 아니라 이들이 서로 다른 물질("냉기 분자")로 구성되어 있다고 가정한다. 이 설명을 에너지의 관점에서 해석해 "열 분자"는 고에너지 입자, "냉기 분자"는 저에너지 입자를 의미한다고 생각할 수도 있지만, 위의 학생은 실제로 에너지가 아닌 열 분자 그 자체가 물질을 통해 전달된다고 생각하고 있다. 이 연구에 참가한 다른 학생의 설명에서도 "온도는 물체 내부의 열기와 냉기의 혼합을 측정한 것"이란 표현이 나오는데, 이 역시 열과 냉기를 물질로 여기는 관점을 뚜렷하게 보여주는 것이다.[7]

직관적 이론과 옛 과학자들의 원천-수령 이론의 세 번째 유사점은 온도와 열에 대한 혼동이다. 블랙은 상 변화를 주의 깊게 관찰함으로써 열과 온도가 다르다는 것을 발견했다. 열이 온도와 분명히 다른 개념임을 보여주는 좀 더 흔한 현상은 같은 온도의 물체들이 서로 다른 양의 열을 전달할 때다. 예를 들어 같은 욕실 안에서도 수건이 세라믹 타일보다 더 따뜻하게 느껴지고, 더운 날씨에 자동차 안에 있는 금속 안전벨트 버클은 좌석커버보다 더 뜨겁다. 또한 오븐 안의 알루미늄 팬은 그 팬 주변의 공기보다 훨씬 뜨겁다. 같은 온도의 물체들이 서로 다른 온기로 느껴지는 이유는 물질에 따라 열전도율이 다르기 때문이다. 열을 더 효율적으로 전달하는 물질(도체)은 열을 덜 효율적으로 전달하는 물질(절연체)에 비해 저온일 때는 더 차갑게, 고온일 때는 더 뜨겁게 지각된다.

따라서, 같은 온도의 두 물질이 왜 서로 다른 느낌을 주는지를 이해하려면 먼저 열과 열전달을 구분하는 것이 필요하다. 그러나 대부분의 사람들은 이 두 가지 개념을 구분하지 않는다. 우리들 대부분은[8] 따뜻한 물건을 만졌을 때, 그 물건 자체가 본래 따뜻하다고 믿거나(예: 수건은 본래 타일보다 따뜻하다), 그 물질이 열을 못 빠져나가게 한다고 믿는다(예: 솜은 세라믹보다 열을 잘 가둔다). 우리는 우리 손가락을 마치 열 측정기 같은 것으로 생각하는 경향이 있지만 사실 손가락은 열을 측정하지 못한다. 온도를 측정할 수 있는 것도 아니다. 우리의 손가락이 측정하는 것은 그보다 훨씬 주관적인 것으로, 우리 피부에 열이 얼마나 빨리 전달되는지 혹은 얼마나 빨리 빠져나가는지다. 진화의 관점에서 보았을 땐 사실 열보다 열의 전달이 더 중요하다. 살이 타서 손상을 입진 않을지 동상에 걸릴 위험은 없는지와 관련되기 때문이다. 열 손상에서 더 결정적인 영향을 미치는 것은 열 그 자체가 아니라 열 전달이다. 열 자체만 중요하다면 우리는 뜨거운 오븐에서 팬을 꺼내기도 전에 뜨거운 공기에 살이 타버릴 것이다. 하지만 공기는 쇠보다 열전도율이 훨씬 낮기 때문에, 섭씨 200도의 팬은 만질 수 없지만 200도보다 뜨거운 공기는 살에 닿아도 괜찮은 것이다.

우리가 지각하는 열(따뜻함)과 실제 열의 차이는 우리가 지각하는 무게(묵직함)와 실제 무게의 차이보다도 더 크다고 할 수 있다. 두 가지 감각 모두 물질에 의해 좌우되지만, 열에 대한 지각은 물질에 따라 달라지는 경향이 무게에 대한 지각보다 훨씬 더 크다. 예를 들어, 같은 무게의 알루미늄과 코르크를 들어올리면 부피가 작은 알루미늄이 (부피가 큰 코르크보다) 더 묵직하게 느껴지겠지만, 그렇다고 알루미늄을 못 들어올릴 정도는 아닐 것이다.[9] 하지만 열은 다르다. 100도의 코르크는 만질 수 있지만 같은 온도의 알루미늄을 만진다면 바로 화상을 입을 것이다.[10]

***

종이로 만든 풍선 하나와 고무풍선 하나를 헬륨으로 채우고 입구를 봉한 후 옷장 안에 띄우고 몇 시간 정도 지켜보자. 어느 풍선이 더 잘 떠 있을까? 다음 상황도 생각해보자. 커피를 스티로폼 컵과 세라믹 컵에 넣고 뚜껑으로 밀봉시킨 후 20분 동안 테이블 위에 놔둔다면 어느 쪽 커피가 더 따뜻할까?

과학적인 관점에서 볼 때, 이 두 가지 상황은 본질적으로 다른 현상에 관한 것이다. 첫 번째 상황은 기체의 확산, 즉 물질의 분산에 대한 것이고, 두 번째 상황은 열의 전달, 즉 에너지 교환에 대한 것이다. 따라서 물리학 전문가들은 이 두 개의 문제를 서로 다른 방식, 즉 첫 번째 상황은 종이와 고무의 다공성 차이, 즉 물질 내에 작은 구멍이 얼마나 많은지의 차이를 이용해, 두 번째 상황은 스티로폼과 세라믹의 열전도율의 차이를 이용해 풀 것이다.

반면에 물리학 초보자는 위의 두 가지 문제를 물질의 다공성을 바탕으로 동일하게 접근한다. 따라서 첫 번째 상황에 대해서 물리학 전문가와 초보자는 모두 고무풍선이 종이풍선보다 더 오랫동안 떠 있을 것이라고 대답할 것이다. 하지만 두 번째 상황에 대해서는 다르게 대답한다. 물리학 전문가들은 스티로폼이 세라믹보다 더 우수한 절연체이기 때문에 스티로폼 컵의 커피가 더 따뜻할 것이라고 하겠지만,[11] 물리학 초보자들은 세라믹이 스티로폼보다 다공성이 낮기 때문에 세라믹 컵의 커피가 덜 식는다고 주장할 것이다.

위의 문제들은 심리학자 미셸린 지Michelene Chi와 동료들이 개발한 문제들[12] 중 하나다. 이들은 에너지 전달에 대한 문제와 함께, 그와 유사한 상황의 물질적 변형에 대한 문제를 하나씩 짝을 지어 제시했다. 에너지 전달 문제는 열, 빛, 전기에 대한 것이었는데, 중학교 3학년 학생들은 에너지의 종류와는 상관없이 짝지어진 문제들에 동일한 답안을 제시했다. 그 두 가지 유형의 문제의 답에 사용한 언어까지도 똑같았다. 예를 들어 학생들은 봉쇄에 대한 단어(방지, 밀폐, 막음), 흡수에 대한 단어(스며듦, 흡수됨, 빨아들임), 그리고 거시적 움직임에 대한 단어(통과, 흐름, 탈출) 등을 물질과 에너지에 대해 구분 없이 사용했다.

반면에 물리학 전문가들은 두 가지 유형의 문제에 답하면서 질적으로 다른 언어를 사용했다. 봉쇄, 흡수, 거시적 움직임은 물질에 대한 설명에서만 언급했고 에너지에 대해 이야기할 때는 분자의 상호작용에 대한 단어(충돌, 접촉, 자극), 계의 과정을 기술하는 단어(합계, 병행, 동시), 평형 과정에 대한 단어(전달, 교환, 균형)를 썼다. 왜 물리학 초보자들은 열, 빛,

전기 등이 물질인 것처럼 설명하는 걸까? 미셸린 지는 물질을 개념화하는 것이 더 쉽기 때문이라고 그 이유를 설명한다. 물질은 구체적이지만 과정은 추상적이다. 물질은 정적이지만 과정은 동적이고, 물질은 오래가지만 과정은 일시적이기 때문이다.

물론 모든 과정이 이해하기 어려운 것은 아니다. 우리는 요리, 그림 또는 바느질과 같은 목표 중심의 과정을 터득하는 데는 큰 어려움을 느끼지 않는다. 미셸린 지는 이러한 과정을 '직접적 과정direct process'이라고 부르고 이를 '창발적 과정emergent process'과 대조했다. 창발적 과정은 네 가지 측면에서 직접적 과정과 다르다. 첫째, 창발적 과정은 시스템 전체에 적용되기 때문에 단순한 인과관계를 설명하기 어렵다. 둘째, 창발적 과정은 평형을 추구하기 때문에 균형을 이루는 방향으로 나아간다. 셋째, 창발적 과정에서는 구성 요소들이 동시에 움직인다. 마지막으로 넷째, 창발적 과정에는 시작과 끝이 없고 평형을 이룬 후에도 계속 지속된다.[13]

열은 대표적인 창발적 과정으로서, 개별 분자들의 집단적 운동으로부터 발현되는 현상이다. 창발적 과정의 다른 예로는 개별 가스 입자의 집합적인 힘인 압력, 개별 기단의 집단 운동으로부터 일어나는 날씨, 그리고 독립적인 개체의 집단적인 번식으로부터 일어나는 진화가 있다. 창발적 과정은 사회 현상에서도 볼 수 있다. 도로에서 차가 막히는 것은 개별 운전자의 집단적 행동에서부터 비롯되고, 주가는 개별 투자자들의 집단적 의사 결정에서 나오고, 도시 자체도 개별적인 개발자의 집단적 결정을 바탕으로 건설된다. 우리는 종종 이러한 현상을 단일 행위자(예: 딴짓을 하는 운전자 한 명, 비합리적인 의사결정자 한 명, 선지적인 도시 설계자 한 명)에 의한 것으로 생각하곤 한다. 하지만 이 모든 일들은 지도자의 안내(또는 방해) 없이도 이루어진다. 열 현상에서도 변화를 주도하는 단일

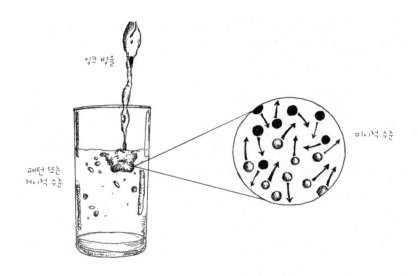

그림 2 잉크가 물에 풀리는 것과 같이, 확산은 창발적 과정이다. 창발이란 물리적 시스템의 한 수준 (예: 미시적 수준constituent components level)에서의 무작위적 상호작용들이 시스템의 더 높은 수준(예: 거시적 수준aggregate level)에서 체계적인 패턴을 유도하는 현상을 말한다.

분자란 없다. 시스템의 한 수준에서 일어나는 변화가 외견상으로는 매우 복잡하고 정향적인 패턴을 가지고 있는 것처럼 보일지라도, 그 속을 들여다보면 비교적 단순하고 방향성이 없는 현상들의 상호작용에서부터 일어난다는 것을 알 수 있다.

과학적 관점에서 열을 이해하려면 먼저 열이 창발적 과정이라는 것을 이해해야 한다. 하지만 창발적 과정 자체가 이해하기 어려운 개념이라면 우리는 도대체 어떻게 열을 창발적 과정으로 해석할 수 있을까? 미셸린 지는 이러한 "닭과 달걀의 문제"를 풀기 위해 학생들에게 열이 창발적 과정이라는 것을 보여주기 전에 먼저 창발적 과정이란 개념의 기본 정의부터 가르쳤다.[14] 학생들은 컴퓨터 시연을 통해 위에 기술된 창발적 과정의 4가지 특성(시스템 전체에 적용되고, 평형을 추구하고, 동시에 일어나고, 계속 진행함)을 하나하나 배워갔다. 그런 이후 위에서 설명했던 에너지/물질 과제를 실행한 결과, 교육이 매우 효과적이었다는 것을 확인할 수 있었다. 본 교육을 거친 학생들은 물질과 에너지에 대한 문제에 동일하게 대답하지 않고 물질과 에너지에 대해 다른 예측과 설명을 제시했다. 즉, 학생들에게 창발적 과정에 대한 기본적인 원리를 가르침으로써 학생들이 물질과 에너지에 대해 새롭게 이해할 수 있도록 한 것이다. 에너지는 물질에서 발현되고 우리 주변의 물체들에 영향을 미치지만 에너지 그 자체는 물질이 아니다. 그것이 에너지의 본질이다.

***

소리도 열과 마찬가지로 에너지의 한 형태다. 소리는 물질을 통과하여 전달되지만—더 정확하게 말하자면 물질을 통해 이동하지만—소리 그 자체는 물질이 아니다. 소리는 압력으로 인한 공기의 파동이다. 물체의 진동으로 인해 주변의 공기 분자들이 압축되면 최고조에 달했다가 공기가 묽어짐에 따라 최저점에 도달하는 것이다. 하지만 사람들이 생각하는 소리는 에너지보다 물질에 더 가깝다.

소리는 매체를 통해 이동하므로, 우리는 고체, 액체 또는 기체를 통해서 소리를 듣는다. 그러나 사람들은 소리가 매체 안의 빈 공간을 채우는 것이라고 생각한다. 실제로, 사람들은 매체가 소리에 방해가 된다고 믿고 매체가 없으면 소리는 더 빨리 전달될 수 있을 거라고 생각한다.[15] 그러나 소리는 빈 공간을 통해 이동할 수 없다. 그래서 영화 〈에일리언 Alien〉의 포스터에는 "우주에서는 아무도 당신이 비명을 지르는 소리를 들을 수 없다."라고 적혀 있었던 것이다.

소리를 물질화하려는 경향은 매우 쉽게 볼 수 있다. 기초 물리학 수강

생들에게 소리가 공기를 어떻게 통과하는지 물었을 때 학생들은 다음과 같이 대답했다.[16]

- "소리가 움직이면서, 그러니까 소리가 공기를 통과할 때, 공기 입자 사이에 공간을 찾아서 나오는데. 가끔 공기 입자와 충돌할 수도 있을 것 같아요. 소리가 어디로 가고 있는지 정확히 알 수가 없으니까요."
- "소리는 조그마한 물체를 통과하죠. 우리들 귀에 닿을 때까지 통과할 수 있는 빈틈을 찾아서 나와요."
- "글쎄, 미로와 같다고 할 수 있죠. 소리가 벽 반대편으로 갈 때까지 말이예요. 벽의 입자를 움직일 수 있다고는 생각하지 않고요, 소리가 돌아갈 것 같아요."

나는 내 주변 사람들이 비슷한 말을 하는 것을 직접 본 적 있다. 우주를 배경으로 하는 텔레비전 쇼를 보면서 내 아내는 "우주에 소리가 없다는 것도 모르나? 소리를 반사할 수 있는 공기 입자가 없잖아!"라고 말했다. 아내는 우주에서 소리가 들리지 않는다는 것은 옳게 알고 있었지만 그 이유는 잘못 알고 있었다. 소리는 공기 입자에 의해 전달되는 것이지 반사되는 것이 아니다.

어린이들의 소리에 대한 개념은 어른들에 비해서 훨씬 더 물질에 가깝다. 한 실험[17]에서 6세에서 10세 사이의 아이들에게 소리에 질량, 무게, 그리고 영속성이 있는지 물었다. 이를테면 "어떻게 우리는 벽 너머의 소리도 들을 수 있을까요?"라든지 "시계가 울릴 때마다 그 무게가 조금씩 줄어들까요?"와 같은 질문으로 아이들이 소리에 질량이나 무게가 있다고 생각하는지를 알아보고, "소리는 얼마나 멀리 갈 수 있을까요?"

와 같은 질문으로 소리의 영속성에 대한 아이들의 생각을 물어봤다. 거의 모든 어린이는 소리도 물질과 다름없이 질량이 있다고 했고, 소리는 벽을 통과하는 것이 아니라 벽을 피해 가거나 벽에 있는 작은 틈 사이로 빠져나간다고 말했다. 일부 어린이들은 소리는 영원히 움직인다거나 심지어 시계에서 소리가 날 때마다 시계가 조금씩 가벼워진다고 말하며 소리에 질량과 영속성을 부여했다.

이러한 아이들의 대답들은 그때그때 상황에 따라 바뀌는 것이 아니라 규칙적인 발달 과정을 따르는 현상이다. 어린아이들은 소리가 질량, 무게 및 영속성 세 가지 특성을 모두 지니고 있다고 생각한다. 하지만 각각에 대해 하나씩 다시 고민해보기 시작하면 생각이 바뀐다. 처음에는 소리의 영속성, 그 다음엔 소리에 무게가 있다는 믿음, 마지막으로 소리에 질량이 있다는 믿음을 버리게 된다. 사실 성인이 될 때까지도 이러한 직관에서 완전히 벗어나지 못할 수도 있다. 소리가 물질이라고 생각했던 아이들은 일단 그것이 영원히 지속되지 않는다는 것을 가장 먼저 받아들이고 그 다음으로 무게(묵직함)가 없다는 것도 비교적으로 쉽게 수용하지만, 질량이 없는 물체는 상상하기 어려워한다. 이러한 패턴은 열에 대한 아이들의 생각에서도 나타난다.[18] 처음에는 열에도 질량, 무게, 영속성을 모두 부여하지만, 일단 영속성이 없다고 생각을 바꾼 뒤에는 무게도 없다는 사실도 받아들이며, 결국엔 질량에 대한 믿음만 남는다. 이러한 발달 과정들은 아이들이 처음에는 소리와 열을 에너지가 아닌 물질로서 인식한다는 것을 명확히 보여준다. 처음에는 소리와 열을 완전히 물질화하지만 서서히 물질보다 더 추상적인 개념으로 수정해간다.

소리를 어떻게 감지하는지에 대한 아이들의 생각 또한 아이들에겐 소리가 물질과 더 유사함을 드러낸다. 청각 지각의 과학적 이치는 생각보다 간단하다. 음파가 귀로 들어가 우리의 고막에 부딪혀 진동을 일으킨다. 그 진동은 귓속뼈를 따라 달팽이관으로 전달되어 신경신호로 변환된다. 만약 소리가 물질이라고 가정한다면 우리는 어떻게 소리를 지각할까? 한 가지 방법은 귀가 깔때기처럼 '소리 입자'를 모아서 뇌에 보내는 것이다. 그러나 일반적으로 사람들은 이 설명을 선호하지 않는다. 보다 인기 있는 가설은 우리 귀가 청각 신호를 수동적으로 받기보다는 일종의 보이지 않는 방사선을 통해 주변으로 흘러나온 소리를 능동적으로 감지한다는 것이다. '유출설extramission'로 알려진 이 이론은 다음 과학교육 연구원과 10세 아동 사이의 대화에 잘 표현되어 있다.[19]

연구원 [쇠로 된 물건을 유리 비커에 부딪히며] 왜 소리가 났을까요?
어린이 두 개의 단단한 물건이 서로 부딪치면 소리가 나요.
연구원 왜 물건들이 소리를 내죠?
아이 확실하진 않은데... 음파와 관련된 것 같은데요.
연구원 음파가 무엇인지 설명해줄 수 있어요?
아이 잘은 모르겠어요. 귀에서 나오는 거예요.
연구원 소리는 어떻게 비커에서 귀로 들어가죠?
어린이 귀가 음파를 내보내고 음파가 소리랑 부딪치면 다시 귀로 돌아와요.

이 어린이는 '음파'라는 단어를 알고는 있지만, 음파가 귀에서 나오는 것으로 알고 있었다. 만약에 소리가 입자라면, 그 입자를 추출할 수 있는 수단, 즉 소리를 감지할 수 있는 일종의 방사선이 있을 법도 하다. 위의 아이는 그런 개념에 '음파'라는 단어를 붙였던 것이다.

어린이들은 일반적으로 청각 지각에 대해 유출설을 믿고 있지만 이를 믿는 성인들은 흔하지 않다.[20] 하지만 흥미롭게도 시각에 대해서는 어른들도 유출설을 선호한다. 시각은 그 에너지가 빛의 형태를 지닌다는 것을 제외하면 청각과 비슷하게 작동한다. 소리가 귀에 들어와 고막을 자극하듯 빛은 눈으로 들어와 망막을 자극한다. 하지만 소리와 달리 빛은 우리를 항상 둘러싸고 있기 때문에 정보의 한 형태로 생각되지 않을 수 있다. 세상을 보려면 빛이 필요하다는 것은 알고 있지만 빛이 시각 그 자체의 매체라는 것, 지금 우리가 보고 있는 모든 것은 물체에 반사된 빛이 우리 눈 안으로 들어온 것임을 인식하지 못하며 살아간다. 플라톤, 프톨레마이오스, 다빈치 같은 위대한 사상가들조차도 시력에 있어서 빛의 역할을 잘못 해석했다. 오늘날 대부분의 사람들과 마찬가지로, 그들 또한 눈에서 나온 광선이나 파동이 외부의 물체와 상호작용한다고 생각했다.[21]

많은 사람들이 시각은 외부에 있는 빛이 눈으로 들어와 이루어진다는 '유입설intromissionist'적인 설명과 눈에서 나온 광선이 외부 사물에 반사되어 다시 되돌아온다는 '유출설'적인 설명 중에서 후자를 강하게 확신한다.[22] 예를 들어, 눈이 그려진 그림을 주고 시각정보의 흐름을 나타내는 화살표를 그리는 과제가 주어졌을 때 사람들은 안구에서 나오는 방향으로 화살표를 그린다. 또한 전구와 같은 발광물체를 우리가 어떻게 인식하는지에 대한 설명을 요청하면 사람들은 전구에서 나온 빛이 우리 눈에 닿는다고 하지만, 발광물체가 아닌 (꺼진 전구와 같은) 사물들에 대해 같은 질문을 하면 다른 답을 한다. 이 결과는 사람들이 발광물체에서 나오는 빛은 우리 눈으로 들어온다는 것을 알지만, 빛 자체가 모든 시각의 근원이라는 것은 이해하지 못한다는 것을 의미한다.

시각에서의 빛의 역할은 기초 물리학 수업에서는 가르치지 않는다. 심리학 수업에서 다루어지긴 하지만 거기에서도 유출설에 대한 믿음을 직접적으로 반박하지 않는다. 그렇다고 시각적인 경험이 유입설에 대한

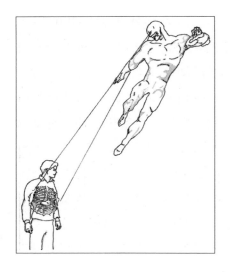

그림 3 대부분의 사람들은 눈에서 외부와 상호작용할 수 있는 광선이 나온다고 생각한다. 슈퍼 히어로의 눈에서 나오는 '엑스레이 시력(x-ray vision)'은 이를 과장한 것이다.

단서를 주는 것도 아니다. 어쩌면 대부분의 사람들이 유출설을 믿는 것은 놀라운 일이 아닐지도 모른다. 어쩌면 우리는 다르게 배운 적이 없었던 것뿐일지도 모른다. 연구자들이 이 가능성을 조사한 결과, 사람들에게 단순히 시각의 원리를 설명하는 것만으로는 오해를 바로잡기에 부족한 것으로 밝혀졌다. 한 연구[23]에서는 학생들에게 유출설이 무엇인지 그리고 그것이 왜 잘못되었는지를 설명했다. 또한 시각에서의 빛의 역할을 강조하고 빛이 눈에 들어온다고 스무 번 이상 언급했다. 교습 끝에 연구원은 이렇게 말했다. "기억하세요. 우리가 무언가를 볼 때 여러분의 눈에서 무언가가 나오는 게 아닙니다. 눈에 빛이 들어오는 것일 뿐, 눈에서 나가는 건 없습니다. 슈퍼맨은 눈에서 광선을 쏘아서 사물을 보는지 모르겠지만, 실제 사람들은 눈에서 뭘 쏘아서 보는 게 아닙니다."

이 교습은 5학년, 8학년 및 대학 학부생들에게 실시되었으며, 참여한 모든 학생이 교습 내용을 완전히 이해한 것처럼 보였다. 교습 후 유출설을 바탕으로 시각의 원리를 설명하는 학생의 수가 교습 전에 비해 확실히 줄어들었기 때문이다. 하지만 3개월 후, 이 학생들은 교습을 전혀 받지 않은 학생들과 마찬가지로 유출설에 기반해 시각에 대해 설명했다. 학생들은 결국 유출설에서 벗어나지 못한 것이었다.

이와 같은 연구는 유출설 또한 직관적 이론의 핵심 요소들을 모두 나타낸다는 것을 보여준다. 즉, 유출설은 역사적으로 아주 오래 되었고, 연령, 직업 및 특정 상황과 상관없이 널리 퍼져 있다. 그리고 단순한 학습으로 떨쳐내기 어렵다. 이를 볼 때 유출설은 단지 잘못된 믿음이 아니라 빛에 대한 잘못된 이해와 빛이 시각에서 어떤 역할을 하는지에 대한 비과학적인 인식으로 인한 결과물이라고 말할 수 있다.[24] 빛 자체에 대한 학생들의 직관을 직접 조사해본 결과, 학생들은 빛을 에너지가 아니라 (지금쯤이면 당신도 예측할 수 있겠지만) 물질에 더 가깝게 인식하고 있는 것으로 나타났다.

***

유출설을 믿고 평생 살아간다고 해서 별다른 불편을 느끼지는 않을 것이다. 빛 광선이 우리의 눈 속으로 들어오는 것이든 눈 밖으로 나가는 것이든 어떤 쪽을 믿는지와 상관없이, 우리는 어떤 물체를 보려면 그 물체와 우리 눈 사이에 장애물만 없으면 된다고 알고 있다. 그러나 유출설은 단순히 시각에 대한 오해가 아니라 에너지의 본질에 대한 근본적인 오해로, 이러한 오해는 특정 상황에서는 치명적인 결과로 이어질 수도 있다. 피렌체 연구자들의 열 원천-수령 이론에서처럼, 에너지를 물질로 잘못 이해한다면 에너지를 가하는 쪽과 에너지를 받는 쪽이 서로 구별된다고 생각하게 될 수 있다. 이러한 착각은 우리가 열 또는 전기 시스템을 다룰 때 불안전한 행동을 하게 만들 수 있다. 이를테면 에너지의 원천으로 생각되는 물체는 조심해서 다루겠지만 에너지를 받는 대상으로 생각되는 물체에 대해서는 경계심을 낮추어 사고를 일으킬 수도 있다.

다음 통계가 위에서 가정한 현실을 보여준다. 매년 일어나는 화상 사고의 대부분은 불이나 타고 있는 물체(열원)와의 접촉이 아닌, 가열된 조리기구 또는 끓는 물과 같은 뜨거운 물질과의 접촉으로 인해 일어난다.[25] 동상에 걸리는 것 또한 대부분 얼음과의 접촉 때문이 아니라 차가운 공기에 장기간 노출된 결과로 일어난다. 또한 가정에서 일어나는 전기 사고의 대부분은 전기를 '공급'하는 콘센트와의 접촉이 아니라 전기 제품을 잘못 다룸으로 인해 발생한다. 이러한 통계 결과가 나타나는 이유는 이들이 우리가 일상에서 더 자주 접하는 위험 요소들이기 때문인 것도 있겠지만, 한편으론 에너지를 일방적으로 받는다고 생각되는 사물(또는 물질)의 위험성을 과소평가하기 때문일 수도 있다.

열과 전기에 대한 과학적 지식이 에너지 관련 위험으로부터 우리를 조금 더 보호해 줄 수 있지만, 과학적 지식을 일상적인 행동과 결합하는 것은 쉽지 않은 일이다. 예를 들어, 전기는 회로를 통해 이동하는 전자들에 의해 발생하는 현상이지만, 그러한 과학적 사실을 배웠다고 할지라도 우리는 전기를 콘센트에서 흘러나와 전선 아래로 ('주스'처럼) 흐르는 물질로 생각하곤 한다 .

심지어 과학자들조차도 일상에서 에너지에 대해 이야기할 때면 과학적 이론이 아니라 직관들에 자동적으로 의존한다. 한 연구[26]에서는 물리학 박사 학위를 취득한 사람들에게 열과 열전달에 관해 설명해달라고 했다. 참여자 모두 열의 분자적 현상에 대한 지식은 갖추고 있었지만, 열현상에 대해 선호하는 설명이 달랐다. 예를 들어 뜨거운 접시를 테이블 위에 놔두면 식는 이유를 설명해달라고 물었을 때 어떤 사람은 전도 conduction, 어떤 사람은 대류convection, 또 어떤 사람은 복사radiation, 그리고 어떤 사람은 특정 재료의 열용량specific heat 등 서로 다른 이유를 언급했다. 놀랍게도 꽤 많은 물리학 박사들이 자신이 보유하고 있는 과학적 지식을 일상 생활에 적용하는 데 어려움을 나타냈다.

> **연구원** 주스팩을 시원하게 유지하기 위해서는 덮개로 알루미늄 호일과 모직 중 어느 쪽이 더 좋을까요?
>
> **물리학 박사** 모직 같긴 한데, 아마도 틀린 것 같아요.
>
> **연구원** 왜 틀렸다고 생각합니까?
>
> **물리학 박사** 잘 모르겠습니다. 모직은 아닌 것 같은 느낌이 드는데 잘 모르겠네요.
>
> **연구원** 그렇다면 알루미늄 호일이 정답이겠네요.
>
> **물리학 박사** 네. 왜냐고요? 저희 어머니가 오븐에 음식을 넣을 때 모직이 탈 만한 온도가 아닌데도 모직 대신 알루미늄 호일로 덮어서 넣으니까요. 그래서 알루미늄 호일이 정답인 것 같습니다.

모직은 실제로 알루미늄보다 우수한 절연체이며 위 실험의 참가자도 이 사실을 아는 듯했지만, 일상적인 현상에 적용하는 것을 주저했다. 알루미늄이 좋은 절연체가 아니라면 그의 어머니는 왜 오븐 안에 음식을 넣을 때 알루미늄 호일을 썼을까? 그리고 모직이 실제로 더 나은 절연체라면 왜 주방에서 쓰지 않는 걸까?

이 일화는 전문 과학자들을 대상으로 한 연구에서 나온 더 광범위한 결론과 일치한다.[27] 과학자들이 일반인보다 더 논리적인 이유는 그들이 잘못된 직관적 개념들을 버렸기 때문이 아니라 그 직관들을 저지하는 방법을 배웠기 때문이라는 것이다. 과학자들의 머릿속에도 직관이 불러일으키는 오해는 여전히 존재하며, 위에서 본 것과 같이 각자의 전문분야 밖의 문제에 대해 생각할 때는 어려움을 겪기도 한다. 과학자들이 이런 문제들에 올바르게 대답할 때에도, 그들의 두뇌 속에서는 틀린 직관들과의 싸움이 암묵적으로 벌어지고 있다. 우리는 이 사실을 기능성 자기 공명 영상fMRI: functional Magnetic Resonance Imaging 기법을 사용해 사람들이 문제를 푸는 순간에 뇌 활동을 검사해봄으로써 확인할 수 있다. fMRI는 특정 과제를 수행할 때 뇌의 특정 영역에 얼마나 많은 혈액이 흐르는지를 측정한다. 더 활성화되는 영역일수록 더 많은 산소가 필요하고, 따라서 산소를 공급하기 위해 더 많은 피가 그 영역으로 흘러 들어가게 된다.

최근 연구[28]에서는 과학자들에게 모든 사람들이 올바르게 대답할 수 있는 문제와 과학자만 올바르게 대답할 수 있는 문제를 제시하고, 이 문제들을 푸는 동안 참가자들의 두뇌를 fMRI로 촬영했다. 첫 번째 유형의 문제에서는 과학자와 일반인이 모두 유사한 신경 활동 패턴을 보이지만 두 번째 유형의 문제에서는 과학자들의 뇌에서 통제 및 갈등 감시와 관련된 뇌 영역인 전전두엽 피질과 전측 대상피질의 혈류량이 증가하는 것으로 관찰되었다. 과학자들은 전문 지식을 이용해 어려운 과학문제를 풀 수 있지만, 그러기 위해 과학지식과 충돌하는 개념들을 통제해야 한다. 즉 자기 자신 안에 잠재되어 있는 틀린 직관들을 억제해야 하는 것이다.

에너지에 대한 잠재적 오개념은 물리학자들의 전기에 대한 생각에서도 관찰되었다. 한 fMRI 연구[29]에서는 물리학자와 물리학자가 아닌 사람들에게 완전하거나 불완전한 전기 회로를 보여주고 회로의 한 부분에 전구가 켜지는지 아닌지를 판단하도록 했다. 물리학자들은 전구와 전지 사이의 회로를 완성하려면 두 개의 전선이 필요하므로 전구는 두 개의 전선으로 연결되어 있는 경우에만 켜진다는 것을 알고 있다. 그와 달리

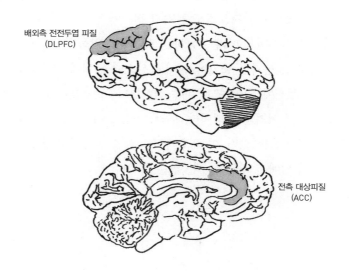

그림 4 물리학적으로 불가능한 회로를 볼 때, 물리학 전문가들은 뇌영역 중 억제 및 충돌 감시와 관련된 영역인 배외측 전전두엽 피질(dorsolateral prefrontal cortex, DLPFC)과 전측 대상피질 (anterior cingulate cortex, ACC)에서 증가된 활동을 보인다.

물리학자가 아닌 사람들은 물이 파이프를 따라 흐르는 것처럼 전기도 전선의 아래쪽으로 흐른다고 생각하기 때문에 전선이 하나만 있어도 전지에서 전구로 에너지 전달이 가능하다고 생각한다.

예상대로 물리학자들은 올바른 전기 회로(전구가 켜져 있는 완전한 회로와 전구가 꺼져 있는 불완전한 회로)와 잘못된 전기 회로(전구가 꺼져 있는 완전 회로와 전구가 켜져 있는 불완전한 회로)를 완벽하게 구별해냈다. 이는 물리학자들이 단 하나의 전선으로는 전구를 켤 수 없다고 생각한다는 행동적 증거다. 그러나 이들의 뇌 활동을 측정해보면 불완전한 회로를 평가할 때 일반인보다 전전두엽 피질과 전측 대상피질이 더 활성화되었다. 즉, 과학자들이 하나의 전선으로 연결된 회로를 평가하고 옳은 답을 내는 동안, 그들의 뇌는 또 다른 답을 하려는 것을 억제하고 있다는 것이다.

이러한 결과는 물리학자조차도 전기가 전지에 담겨 있다가 전도체를 통해 흘러나오고 전선을 따라 이동하는 것이라는 암묵적 믿음을 지니고 있음을 시사한다. 전기의 물리적 실재—시스템 전체에 적용되고, 평형을 추구하고, 동시에 일어나고, 계속 진행한다—는 물리학자들이라도 완전히 습득하기 어려운 개념이다. 우리는 열, 소리, 빛, 그리고 전기 모두를 일단 물질로 인식한다. 아무리 과학 교육을 받는다고 해도 이런 직관들을 우리의 뇌에서 제거할 수는 없는 듯하다.

제3장 중력

중력과 질량의 관계를 이해하기 어려운 이유

미국 최초의 실험심리학자 윌리엄 제임스William James는 영아들이 세상을 "하나의 커다란, 떠들썩한, 윙윙 거리는 혼돈"으로 인식한다고 추측했다.[1] 하지만 제임스는 틀렸다. 지난 40년간 주시선호 검사법(제1장 참조)을 사용해 연구를 진행한 결과[2] 영아와 성인이 세상을 인식하는 방법은 그다지 다르지 않은 것으로 나타났다. 영아는 주변에 있는 사물을 분리되고 경계가 있는, 접촉으로 인해 움직이기 시작하며 연속적인 경로로만 움직이는 독립체로 인식한다. 그리고 주변의 사람들은 구체적인 욕구를 만족시키거나 특정한 목적을 달성하기 위해 사물을 다루고 변화시키는 행위자로 인식한다. 마지막으로, 주변 환경 그 자체는 특정한 거리감, 색상, 표면 및 질감으로 이루어진 3차원 공간으로 인식한다.

그러나 어린아이들이 인식하는 세상과 우리들이 인식하는 세상 사이에는 몇 가지 중요한 차이점이 있다. 다음 상황을 한번 고려해보자. 빈 무대 위에 탁자가 하나 놓여 있고 그 앞에는 막이 설치되어 있다. 탁자

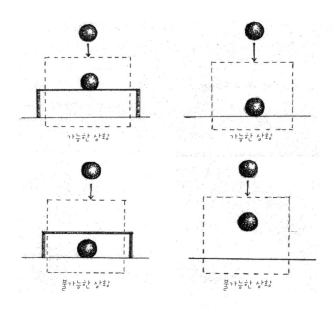

그림 1 4개월 된 영아는 공이 떨어지면서 단단한 테이블(왼쪽 하단)을 통과하는 것처럼 보이면 놀라지만, 공이 공중에 떠 있는 것처럼 보이면(오른쪽 아래) 놀라지 않는다(막의 위치는 점선으로 표시됨).

뒤에 있는 실험자가 공 하나를 막 위로 들어서 보여준 다음 (탁자를 향해) 공을 떨어뜨린다. 이제 실험자는 막을 치우고 다음 세 가지 결과 중 하나를 보여준다. 첫 번째, 공은 탁자 위에 있다. 두 번째, 공은 탁자를 통과한 듯이 탁자 밑바닥에 떨어져 있다. 세 번째, 공은 탁자와 바닥 사이에 공중에 떠 있는 듯 멈춰 있다.

어른들은 첫 번째를 제외한 나머지 두 개의 결과 중 어떤 것을 보여줘도 비슷하게 놀라겠지만, 4개월짜리 영아는 오직 두 번째 상황에 대해서만 놀란다. 즉, 공이 탁자 위에 떨어져 있을 때보다 탁자를 통과한 것처럼 보이는 결과를 더 오래 관찰하지만 공이 공중에서 정지된 것처럼 보일 때는 더 오랫동안 관찰하지 않는다.[3] 다시 말해, 4개월짜리 영아들은 고형성에 대해서는 예측을 하지만 중력에 대해서는 아무런 예측도 하지 않는 듯하다. 실제로, 중력에 대한 예측은—더 정확하게는 떠받침, 즉 지탱support에 대한 예측은—영유아기 동안 점진적으로 발달한다.

어른들은 사물이 그것의 질량중심보다 밑에서 충분히 지탱되지 않으면 아래로 떨어질 것이라 예상한다. 이 예측은 표면적으로는 단순해 보이지만 실제로는 사물들이 다른 사물들과 접촉이 없으면 떨어진다는 깨달음에서부터 시작해 일정한 발달 순서대로 습득되는 수준 높은 통찰이다. 영아들에게 제대로 받쳐진 물건과 그렇지 않은 물건을 보여주고 이를 주시하는 정도를 측정한 결과, 지탱에 대한 개념들은 생후 4개월에서 6개월 사이에 형성되는 것으로 추정되었다.

한 연구[4]에서는 영아들에게 상자 하나가 다른 상자 위에 쌓여 있는 것을 보여준 후 위에 있는 상자를 손으로 천천히 밀기 시작했다. 연구자는 다음 두 지점 중 하나에서 상자를 멈추었다. 첫 번째는 밑에 있는 상자가 위 상자를 여전히 받치고 있었고, 두 번째는 위 상자가 밑에 있는 상자를 지나서 공중에 떠 있는 듯했다. 이때 생후 5개월 된 영아는 밑에서 완벽히 받친 상자보다 떠 있는 상자를 더 오랫동안 관찰했다. 이는 영아들이 공중에 떠 있는 물체는 떨어진다고 예측함을 나타낸다. 하지만 영아들은 위의 상자를 아래 상자 끝까지 밀어서 두 상자가 모서리에서만 접촉해 있을 때는 전혀 놀라지 않았다.[5] 따라서 5개월 된 영아는 두 사물이 어떻게 접촉하고 있는지에 관심을 가지기 이전에, 먼저 사물 간의 접촉이 있는지에 대해서만 주의를 기울인다고 할 수 있다. 생후 6-7개월이 된 이후에야 영아는 밑에서 떠받칠 수 있도록 하는 유형의 접촉만이 물체가 떨어지지 않게 한다는 것을 습득한다.

물론 아래에서 접촉하는 것만으로는 부족하다. 물체는 질량중심 아래에서 지탱되어야 한다. 영아는 지탱 그 자체의 중요성을 인식한 후 몇

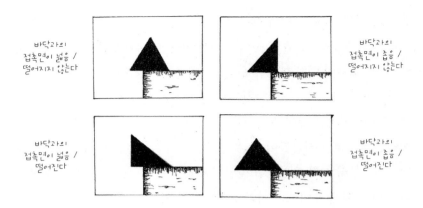

바닥과의
접촉면이 넓음 /
떨어지지 않는다

바닥과의
접촉면이 좁음 /
떨어지지 않는다

바닥과의
접촉면이 넓음 /
떨어진다

바닥과의
접촉면이 좁음 /
떨어진다

그림 2 어린아이들은 무게중심을 충분히 받치고 있는지에 상관없이 물체의 바닥면이 충분히 받쳐지고 있는지에 따라 상단의 물체가 받침대에서 떨어질지 여부를 판단한다. 따라서 아이들은 상단 왼쪽 블록은 떨어지지 않고 하단의 오른쪽 블록은 떨어질 것이라고 올바르게 판단하지만, 상단 오른쪽 블록은 떨어지고 하단 왼쪽 블록은 떨어지지 않는다고 잘못 판단한다.

개월 동안은 지탱되는 정도에 있어서의 차이에는 별다른 반응을 보이지 않는다. 이를테면 생후 9개월 된 영아들은 사각형 모양의 블록 위에 놓인 삼각형 블록의 대부분이 사각형 블록 가장자리를 넘었음에도 불구하고 놀라지 않는다.[6] 밑에서 물체를 어느 정도 받쳐줘야 떨어지지 않느냐에 대한 기대는 어린시절 동안 점차적으로 조정된다.[7]

어린아이들도 (9개월짜리 영아들처럼) 물체와 받침대가 얼마나 접촉해 있는지가 중요하다는 것을 알고 있지만 그 접촉의 정확한 위치에 대해서는 이해도가 떨어진다. 여섯 살이나 된 아이들도 바닥면의 절반이 받침대와 접촉하고 있는 한 물체는 떨어지지 않을 것이라고 말한다. 즉, 받침대가 물체의 질량 절반 이상을 받치고 있는지는 고려하지 않는 것이다. 따라서 어린아이들은 비대칭적인 사물의 바닥면이 절반 이상 받쳐져 있는 데도 (무게가 절반 이상 받쳐지지 않아서) 떨어지거나, 바닥면의 반 이하를 받쳐도 (무게를 절반 이상 받치면) 떨어지지 않는 것을 보면 어리

둥절한 반응을 보인다.

아이들은 바닥과 아무 접촉이 없는 물건은 *밑에서* 받쳐주지 않으면 떨어진다는 예측에서, 더 나아가서는 *질량중심 밑에서* 받쳐주지 않으면 떨어진다는 예측에 이르기까지 차츰차츰 지탱에 대한 예측을 조정해나간다. 아이들이 이러한 예측을 가진다는 것은 불가능한 물체의 배치에 대해 아이들이 보이는 반응에서뿐만 아니라 아이들이 사물을 직접 다룰 때에도 볼 수 있다. 한 연구[8]에서는 영아들에게 두 개의 장난감 돼지를 보여주었다. 일부 영아들에게는 받침대 위에 있는 돼지와 공중에 떠 있는 돼지 중에 하나를 고르도록 했고, 나머지 영아들은 받침대 위에 있는 돼지와 받침대 밖으로 무게중심이 넘어가 있는 (떨어졌어야 하는) 돼지 중 하나를 고르도록 했다.

아이들이 어떤 돼지를 고르는지는 아이들의 발달과정에 달려 있었다. 5개월 된 영아들은 공중에 떠 있는 돼지보다 받침대 위에 있는 돼지를 선호했지만, 완전히 받침대 위에 있는 돼지와 반 이상 받침대 밖으로 나와 있는 돼지 사이에는 선호도의 차이가 없었다. 반면에 7개월 된 영아들은 두 가지 조건 모두에서 받침대 위에 있는 돼지를 선택했다. 즉, 영아들이 어떤 사물을 고르는지는 어떤 사물에 더 주시하는지의 결과와 일치했다. 위에서 설명했듯이, 5개월 된 영아들은 받쳐지지 않은 물체가 공중에 떠 있는 것을 볼 때는 놀라지만 부분적으로 받쳐진 물체에 대해서는 놀라지 않았고, 7개월 된 영아들은 둘 다 놀라워했다. 나이와 상관없이 영아는 자신의 예측을 위반하는 상황에 주의를 기울인다.

영아들은 지탱에 대한 예측을 하기 훨씬 전부터 고형성solidity에 대해서는 성숙한 예측을 내린다. 연속성(물체는 연속 경로를 통해 이동함)과 응집성(물체의 모든 부위는 한 덩어리로서 일관되게 움직임)에 대한 예측들도 마찬가지로 지탱에 대한 예측을 하기 몇 년 전에 성숙해진다.[9] 그렇다면 지탱이란 개념은 왜 어려운 걸까?

지탱의 개념은 위의 다른 세 가지 개념보다 후천적 경험으로부터 습득하는 것이 더 수월한 건지 모른다. 선천적으로 지탱에 대한 지식을 가지고 태어나는 것이 후천적으로 이 개념을 습득하는 것보다 별반 유리할 것이 없었던 것일 수도 있다. 반면에 고형성, 연속성 또는 응집성에 대한 지식이 없이 태어나는 것은 상당한 불편을 초래했을지도 모른다. 아마도 "커다란, 떠들썩한, 윙윙거리는 혼돈"으로부터 이러한 원리들을 깨우치기란 매우 어려웠을 것이다. 고형성, 연속성, 그리고 응집성은 물체의 본질을 정의한다. 그 원리들은 우리가 주위 배경으로부터 사물을 구별하고 위치와 관점의 변화에 따라서 그 사물을 추적할 수 있도록 해준다. 이런 기본적인 이해는 사물의 지탱같은 덜 본질적인 문제에 답하기 이전에 습득해야 하는 전제 조건이다.

이러한 진화론적 추측은 영장류가 물체에 대해 가지는 개념과 일치한다. 영아들과 마찬가지로 원숭이와 유인원은 고형성, 연속성 및 응집성에 대한 강한 예측능력을 가지고 있지만 지탱에 대한 이해는 취약하다.[10] 다 자란 침팬지도 5개월 된 인간 영아처럼 사물들이 서로 접촉하고 있는지에만 주의를 기울이고 그 접촉이 아래에 있는지 옆에 있는지는 무시한다. 이를테면 공중에 떠 있는 바나나를 보고는 놀라도, 바나나가 공중에 떠 있되 상자 가장자리에 조금이라도 닿아 있으면 놀라지 않는다.[11] 영장류는 지탱에 대해 본능보다는 경험을 통해 배우도록 진화한 것으로 보이나, 이 배움에 있어서 인간은 다른 영장류보다 훨씬 월등하다고 할 수 있다.

***

지탱에 대한 아이들의 이해력은 생후 몇 년 동안 상당히 성숙해지지만, 지탱을 이해한다고 해서 중력도 이해할 수 있는 것은 아니다. 후자는 물체가 어떤 상황에서 떨어지는지 뿐만 아니라 물체가 어디로 떨어질지, 그리고 왜 떨어지는지도 알아야 한다. 물체는 떨어질 때 대부분 곧장 아래로 떨어진다. 식탁에서 사라진 숟가락은 아마도 식탁 옆의 바닥에서 찾게 될 것이고, 책상에서 사라진 연필은 책상 옆 바닥에서 찾게 될 것이다. 물론 이 규칙에는 예외가 있다. 움직이는 물체는 떨어졌던 곳에서 좀 더 먼 곳에 떨어지며, 다른 물체에 의해 경로가 가로막혀 있는 경우에는 땅바닥에 닿지도 않는다.

사실 어린아이들은 어떤 쪽도 고려하지 않는다. 그들은 물체가 떨어졌을 때 그것이 움직이고 있었는지(제4장 참고) 또는 물체의 경로가 차단되었는지에는 주의를 기울이지 않는다. 아이들은 단순하게 떨어진 물건은 무조건 마지막으로 놓여 있던 곳 바로 아래에서 찾을 수 있다고 생각한다. 우리는 심리학자 브루스 후드Bruce Hood의 "튜브 과제tubes task"를 통해 이 사실을 확인할 수 있다.[12] 피아제 이후 심리학자들은 (제1장에서 논의된 것처럼) 아이들이 *보이지 않는 물체의 변위*invisible displacement를 언제 어떻게 추적하는지에 관심을 가졌다. 후드는 표면이 불투명한 튜브와 공을 이용한 변위 과제를 개발했다.

수직 방향의 직사각형 프레임에 여러 개의 튜브를 부착하고 튜브의 구멍으로 공을 떨어뜨릴 수 있도록 한다. 본 실험에서는 적어도 세 개 이상의 튜브를 사용하며, 각 튜브의 양쪽 끝은 프레임 상단("굴뚝")과 하단("양동이")에 연결되어 있다. 굴뚝과 양동이는 위아래로 정렬되어 있어, 튜브가 없으면 공은 굴뚝에서 바로 양동이로 떨어지게 된다. 그러나 이

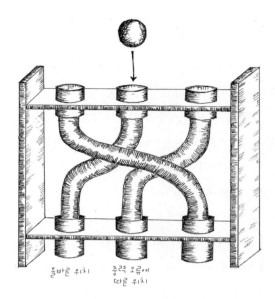

올바른 위치   중력 오류에
                따른 위치

그림 3 가운데 굴뚝에서 공을 떨어뜨리면, 아이들은 일반적으로 왼쪽 양동이로 가는 튜브를 무시하고 공이 떨어진 곳 바로 밑에서 공을 찾는다.

장치에서는 튜브의 경로를 꼬아서 가운데 굴뚝에서 떨어뜨린 공은 왼쪽 양동이로, 왼쪽 굴뚝에서는 오른쪽 양동이로, 오른쪽 굴뚝에서는 가운데 양동이로 떨어지게 했다.

　이 장비에서 공이 어느 양동이로 떨어질지는 4세 이상이면 누구나 쉽게 맞출 수 있다. 그저 어느 굴뚝이 어느 양동이에 연결되어 있는지만 확인하면 된다. 하지만 4세 미만의 아이들은 놀랍게도 이 과제를 어려워한다. 그들은 튜브를 무시하고 공을 그것이 떨어진 굴뚝 바로 밑 양동이(예를 들어 공이 왼쪽 굴뚝에서 떨어졌을 때는 왼쪽 양동이)에서 찾으려는 경향이 있다. 후드는 이것을 '중력 오류'라고 호칭했다. 아이들이 아무 양동이나 무작위로 선택한 것은 아니다. 어린아이들은 중력 방향의 양동이나 올바른 양동이가 아닌 세 번째 양동이는 거의 들여다보지 않았다.

설령 아무리 굴뚝 바로 아래의 양동이라고 해도 아무 튜브와 연결되어 있지 않다면 (공이 굴뚝에서 바로 떨어지는 게 보이기 때문에) 아이들은 그 양동이에서 공을 찾지 않는다.

이 과제에서 아이들이 전부 틀리거나 전부 맞히는 것은 아니다. 즉 아이들은 100퍼센트 중력 오류를 따르거나 100퍼센트 올바른 답을 맞히는 게 아니다. 오히려 성장해갈수록 중력 오류를 덜 저지르고 정확한 위치를 고르는 경우가 점점 더 늘어난다. 중력 오류는 물체는 똑바로 떨어진다는 믿음과 하나의 고형 물체(공)가 다른 물체(튜브)를 통과할 수 없다는 두 가지 상충하는 믿음의 산물인 듯하다. 나이가 더 많은 아이들은 후자의 믿음을 전자보다 우선시하지만, 어린 아이들일수록 이에 대해 더 심한 갈등을 겪는다. 이 장치는 물체에 대한 두 가지 믿음을 작동시키는데, 어린아이들은 두 가지 믿음의 우선순위를 정하는 방법을 모른다.

물론 아이들이 튜브 과제에 실패하는 이유에 대한 다른 설명들도 있다. 예를 들어 아이들은 불투명한 튜브의 메커니즘을 잘 이해하지 못해, 물체가 튜브의 끝부분에서만 빠져나간다는 것을 깨닫지 못한 것일지도 모른다. 혹은 아이들이 저지른 실수는 중력 오류가 아니라 인접 오류 adjacency error에 의한 것으로, 마지막으로 공을 본 굴뚝에서 가장 가까운 양동이를 택하는 것인지도 모른다.

후드는 이 두 가지 설명을 모두 고려해보았고 어느 쪽도 옳지 않다는 것을 보여주었다.[13] 장치를 옆으로 눕히고 공을 위에서 아래가 아닌 왼쪽에서 오른쪽으로 움직이게 하여 아이들이 불투명한 튜브의 원리를 잘 모르는 것은 아님을 보여주었다. 이러한 조건에서는 아이들은 공의 위치를 아주 훌륭히 추적해냈다. 또한 후드는 실험 장면을 녹화한 뒤 거꾸로 상영하는 방법으로 아이들의 행동은 인접 오류가 아닌 중력 오류로 인한 것임을 보여주었다. 이 상영을 본 아이들은 공이 마치 진공청소기에 빨려 들어가듯이 튜브 속으로 빨려 들어간 뒤에 튜브 맨 윗부분에서 다시 나타난 것을 보았다. 이러한 조건에서 실험을 진행했을 때 아이들은 튜브에 주의를 기울였고 수직 방향으로 인접한 양동이는 무시했다. 이러한 상황에서 아이들은 더 이상 중력을 고려하지 않았기 때문에 중력 방향에 따른 위치를 선호하지 않았다.

튜브 과제에서만 아이들의 중력 오류를 관찰할 수 있는 건 아니다. '선반 과제shelf task'라는 또 다른 과제는 성가신 튜브를 사용하지 않고도 중력과 고형성에 대한 상반된 믿음을 작동시킬 수 있다. 아이들에게 두 개의 문이 위아래로 설치되어 있는 캐비닛을 보여준다. 각 문 뒤에는 선반이 있다. 캐비닛 문을 연 후 아이들에게 위쪽 선반에는 덮개가 없어서 위가 뚫려 있다는 것을 보여준다. 그 다음 문을 닫고 막으로 캐비닛을 가린다. 공 하나를 막 뒤로 캐비닛을 향해 떨어뜨린다. 그 후, 막을 치우고 아이들에게 캐비닛에서 공을 꺼내 오라고 한다. 위 선반과 아래 선반 사이에는 단단한 나무판자가 설치되어 있기 때문에 공은 위 선반에만 있을 수 있다.[14] 하지만 두 살짜리 아이들 대부분은 하단 선반에서 공을 찾는다. 즉, 나무판자의 고형성을 무시하고 마지막으로 공을 본 위치에서 가장 낮은 지점에 주목하는 것이다.

이 과제의 다른 버전에서는 막 뒤의 경사로 밑으로 공을 굴린 후에 아이들이 공을 찾게 하는 실험이다. 막에는 경사로를 따라 다양한 높이의 4개의 문이 배치되어 있다. 그중 하나의 문 뒤에 단단한 장벽(나무 블록)을 세워놓는다. 장벽은 아이들이 항상 볼 수 있도록 막 위로 돌출되어 있다. 만일 장벽이 세 번째 문 뒤쪽에 놓이면 공은 첫 번째 문과 두 번째 문을 지나고 장벽이 있는 세 번째 문에서 멈추게 된다. 그러나 아이들은 네 번째 문에서 공을 찾는다. 즉, 아이들은 장벽을 무시하고 중력이 공을 네 번째 문까지 끌어당겼을 거라고 추정한다.[15]

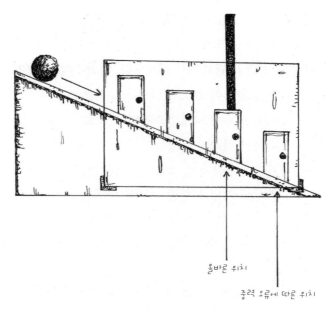

올바른 위치

중력 오류에 따른 위치

그림 4 공이 경사로를 따라 내려가면, 아이들은 일반적으로 맨 오른쪽 문 뒤에서 공을 찾으며, 공을 중간에서 가로막는 장벽의 존재는 무시한다.

　어린아이들은 낙하하는 물체를 볼 때 튜브, 선반 및 장벽과 같은 여러 물체의 고형성을 무시하게 된다. 하지만 4개월밖에 안 된 영아들이라 해도 하나의 단단한 물체가 다른 물체를 통과할 수 없다는 것을 알고 있다고 추측된다. 어린 영아들은 공이 선반을 관통한 것처럼 보이면 그 상황을 더 오랫동안 관찰한다(본 챕터의 제일 앞부분에서 설명한 실험은 영아를 위한 선반 과제나 다름없다). 왜 영아 시기에는 고형성을 우선시하다가 좀 더 나이가 들면 고형성보다 중력을 우선시하게 되는 걸까?

　영아들은 중력에 대한 지식을 아직 습득하지 못했기 때문에, 영아들에게 선반 과제는 단지 고형성에 대한 것이다. 반면 좀 더 나이가 들어 중력의 개념을 깨우치게 되면 이제 선반 과제는 고형성과 중력 모두에 관한 것이 되는데, 여기서 고형성보다 중력이 우선시되는 이유는 이 과제에서 행해지는 행동이 떨어진 물건을 바닥에서 찾는, 일상 생활을 통해 학습된 과정의 준비 단계이기 때문이다. 어린아이들도 영아들만큼 고형성에 대해 충분히 많이 알고 있을지 모르지만 그 지식은 바닥에서 물건을 찾는 반사적 행동에 의해 가려진다. 실제로 튜브 과제를 수행할 때 아이들의 시선을 추적하면 아이들의 눈은 튜브를 따라 내려가는 공을 정확히 좇아가지만 정작 공을 찾을 때는 굴뚝 바로 밑 양동이부터 찾는다.[16] 영아들의 눈이 손보다 훨씬 전부터 물체의 연속성에 대한 지식을 가지고 있음을 드러냈던 것처럼(제1장 참조), 아이들의 손은 중력 오류에 의해 움직여도 그들의 눈은 그들이 고형성에 대한 지식을 지니고 있음을 나타낸다.

튜브 과제, 선반 과제 및 경사로 과제와 같은 가려진 변위 과제에서의 어린아이들의 행동은 고형성과 중력에 대한 지식 간의 경쟁이라고 할 수 있다. 고형성이 경쟁에서 승리할 가능성은 그 과제의 수행 난이도를 조정하여 증가 또는 감소시킬 수 있다.[17] 예를 들어, 장치에서 굴뚝을 제거하고 튜브에 직접 공을 떨어뜨려 튜브 자체에 아이들의 주의를 집중시키면 과제 성공률을 높일 수 있으며, 아이들에게 두 개의 공을 한 번에 추적하게 해 집중력을 더욱 떨어뜨리면 과제 성공률을 감소시킬 수도 있다. 튜브 과제는 성인들에게는 사용된 적 없지만 튜브와 공의 숫자를 충분히 늘리면 성인들도 중력 오류를 범하게 만들 수 있다. 고형물이 서로 통과할 수 없다는 우리의 믿음이 엄청나게 견고하다고 해도 그 믿음은 그것을 즉각적으로 행동에 반영할 수 있을 때에만 유효하다.

***

인간 아이들만이 튜브 과제에 실패하는 것은 아니다.[18] 개, 원숭이, 유인원들도 실패한다. 이때, 다른 동물들에게 인간과 똑같은 과제를 수행시킬 수는 없으므로 각 동물에 맞춰 변경된 형태로 시험한다. 개들에게는 공 대신 간식을 사용하고 양동이 대신 주둥이를 넣을 수 있는 상자를 사용한다. 원숭이나 유인원들을 대상으로 실험할 때는 공 대신 견과류를 사용하고 장치를 투명한 플렉시 유리 시트Plexiglas로 막아서 손상되지 않도록 보호한다. 이러한 조정사항에도 불구하고, 결과는 일치한다. 인간이 아닌 동물들도 떨어지는 물체를 회수하려는 첫 번째 시도에서는 중력 오류를 범한다. 마찬가지로 선반 과제나 경사로 과제에서도 중력 오류를 볼 수 있다.[19]

동물들이 범하는 인지 오류들은 인간 아이들이 저지르는 것들과 매우 유사하다. 볼프강 콜러 영장류 연구소Wolfgang Kohler Primate Research Center는 선반 과제의 두 가지 버전(수직 버전과 수평 버전)을 4가지 종의 유인원, 즉 침팬지, 보노보, 고릴라와 오랑우탄을 대상으로 실험해보았다.[20] 수직 버전에서는 동물들에게 탁자와 두 개의 용기를 (하나는 탁자 위에, 다른 하나는 탁자 밑에) 보여줬다. 실험자는 탁자를 칸막이로 덮고, 칸막이 뒤에서 용기 방향으로 포도를 떨어뜨리는 것을 동물들에게 보여줬다. 그 다음 동물들이 용기 중 하나를 고를 수 있게 해주었는데, 포도알이 탁자 아래에 있는 용기로 떨어지는 것은 물리적으로 불가능함에도 불구하고 동물들은 위쪽 용기와 아래쪽 용기를 똑같은 비율로 선택했다.

본 과제의 수평 버전에서는 테이블을 치우고 용기는 옆으로 세워놓았다. 오른쪽 용기가 왼쪽 용기를 가리도록 정렬한 후 칸막이를 씌우고 포도알을 오른쪽에서 칸막이 뒤쪽으로 굴렸다. 이 경우에 동물들은 대체로 오른쪽에 있는 올바른 용기를 선택했고, 물리적으로 포도가 갈 수 없는 왼쪽 용기를 거의 무시했다. 유인원 4종에 대한 실험 결과는 모두 같았다. 수평 버전에서는 정확히 고형성에만 의거한 반응을 보였지만, 수직 버전에서는 올바른 응답과 틀린 중력 기반의 반응 사이를 오락가락하는 경향이 있었다. 후속 연구에서 유인원도 인간과 마찬가지로 떨어지는 물체를 추적할 때 눈으로 보는 곳과 손이 향하는 곳에 차이가 있는 것으로 나타났다. 동물들의 눈은 고형성에 대한 지식을 따르지만 손은 중력에 의한 지식만을 따르는 것이다.[21]

떨어진 물건을 찾는 것은 모든 육상 동물이 수행해야 하는 작업이며, 인간만이 이를 해결하기 위해 떨어진 곳 바로 밑을 보는 간단한 방법을 개발한 것은 아니다. 그러나 오직 인간만이 이러한 문제해결법을 극복하는 법을 배울 수 있다. 인간 이외의 동물에게 튜브 과제를 반복적으로 수행시키면 비록 조금씩 나아지긴 하지만 전반적인 개선은 완만하고 느리다.[22] 동물들은 굴뚝 바로 아래 양동이가 절대로 옳은 위치가 아니라는 것을 깨달은 후에도 튜브가 문제를 푸는 열쇠라는 것을 깨닫지 못해, 나중에는 아무 양동이나 무작위로 택하게 되기도 한다. 동물들이 이 과제를 완벽히 해낸다고 해도, 이는 굴뚝과 튜브로 연결된 양동이 사이의 메커니즘을 이해했기 때문이 아니라 그저 포도알이 어느 굴뚝으로 들어가면 어느 양동이로 나오는지를 습득했기 때문이다. 아이들도 이런 방식으로 과제를 완수할 수 있지만 다른 방식으로 과제를 푸는 법 또한 배울 수 있다.

아이들이 과제를 통과할 수 있도록 돕는 한 가지 방법은 떨어진 물건을 찾아 나서기 전에 아이들에게 물건이 어디로 떨어졌는지 말해주는 것이다. 이 절차는 아주 사소한 것처럼 들리지만 그렇지 않다. 다른 동물들은 서로를 모방하는 방식으로 문제해결법을 배울 수는 있지만 이 방법을 다른 개체에게 효과적으로 전달할 수 없고 그러려고 시도하지도 않는다.[23] 튜브 과제에서 아이들은 어른이 제공하는 올바른 위치에 대한 정보를 기꺼이 받아들이고 굴뚝 바로 밑의 양동이 대신 어른이 알려준 올바른 양동이를 선택한다. 하지만 그것은 아이들이 어른들 말을 무조건 따르기 때문은 아니다. 아이들은 자기 눈으로 공이 어디로 갔는지 보았을 경우에는 어른들이 틀린 위치를 알려주었을 때 어른들의 말을 듣지 않는다. 마찬가지로 튜브 장치의 메커니즘을 이해하고 혼자 과제를 풀 수 있는 아이들은 어른들의 말만 듣고서 틀린 위치를 고르지 않는다.[24] 아이들은 다른 사람들의 의견을 맥락과 상황에 맞게 수용한다.

아이들이 과제를 통과하도록 돕는 또 다른 방법은 그들이 상상력을 사용하도록 격려해주는 것이다.[25] 이를테면 아이들에게 튜브를 통해 떨어지는 공을 상상해보도록 유도해본다. 아이들이 중력 오류를 일으키는 이유는 바닥에서 물체를 찾는 상황에서 학습된 반사적 반응이 공이 떨어진 곳에 대한 다른 생각들을 차단하기 때문이다. 아이들에게 상상력을 사용하도록 하면 과제에 성공할 확률이 두 배로 증가한다. 올바른 위치를 선택할 확률이 두 배로 늘고, 중력 오류의 확률은 절반으로 줄어든다. 다시 말해, 우리 인간은 상상력을 활용하고 다른 사람들로부터 배우는 두 가지 특별한 능력들을 가지고 있다. 이러한 능력을 통해 우리는 다른 영장류에겐 평생 동안 행동 오류를 일으키도록 만드는 뿌리깊은 성향들을 초월할 수 있다.

* * *

인간이 실제로 달 위를 걸었다고 믿고 있는가? 미국 국민의 약 7퍼센트는 그렇지 않다고 한다.[26] 미국 항공 우주국NASA : National Aeronautics and

Space Administration은 1969년도에 최초의 달 착륙을 시작으로 여러 차례 달 착륙 비디오 영상을 방송했으나 음모론자들은 이 영상은 조작된 것이라 주장했다.[27] 이들은 영상에서의 우주 비행사들이 지구에 비해 느리게 이동하는 것은 인정하지만, 그것이 달에서의 중력 감소(지구의 중력가속도는 $9.81m/s^2$인 반면 달에서는 $1.62m/s^2$)로 인한 것임을 부정한다. 오히려 그들은 NASA가 지구에 있는 사운드 스튜디오 또는 사막에서 우주 비행사들을 촬영한 뒤 원래 속도의 40퍼센트로 영상 속도를 늦춰 그러한 효과를 만들어냈다고 주장한다.

그러나 영상의 속도를 늦춘다고 해도 우주 비행사가 얼마나 높이 뛰거나 멀리 뛰는지는 바뀌지 않을 것이다. 음모론자들은 우주 비행사들이 어떻게 그렇게 높이 점프할 수 있었는가에 대한 설명으로 보이지 않는 줄과 숨겨진 벨트를 제기했지만, 줄과 벨트만으로는 왜 우주 비행사가 던진 가방, 망치, 금속판을 포함한 모든 물건이 지구에서보다 훨씬 높이, 멀리 날아갔는지는 설명할 수 없다. 우주 비행사가 발로 걸어찬 먼지구름조차도 지구상의 어떤 먼지구름보다 더 높고 멀리 퍼졌다. 그 누구도 이 먼지구름이 전선으로 조작되었다고 믿지 않을 것이다.

NASA의 달 착륙 동영상이 가짜라고 생각하는 사람들은 그 영상의 모든 장면에서 모든 물체에 미치는 저중력 환경의 영향을 무시해야 한다. 그러나 놀랍게도 그 효과들은 못 보고 넘어가기 쉽다. 음모론자들도 못 보고 넘어가고, 음모론자들에게 대응하는 다른 사람들조차도 못 보고 넘어갔다. 먼지구름만 봐도 음모론이 헛소리라는 것을 알 수 있는데, 굳이 보이지 않는 전선과 숨겨진 벨트의 타당성을 논할 필요가 있을까?

음모론자든 아니든, 우리 모두는 중력과 질량의 관계를 이해하는 데 어려움을 겪는다. 우리는 영아일 때 물체가 언제 낙하하는지 배우고 어린아이일 때 물체가 어디로 떨어지는지 배우지만, 왜 떨어지는지에 대해서는 학교에 들어가 교육을 받을 때까지 배울 수 없거나 설령 교육을 받는다 해도 깨우치지 못하기도 한다. 우리는 중력이 낙하의 원인이라는 것을 알고 있지만, 물건이 떨어질 때 중력에 관해서는 별로 생각하지 않는다.[28] 오히려 우리는 무게와 관련시켜 낙하를 생각하는 경향이 있다. 만약에 슈퍼에서 장을 본 물건들이 봉지를 뚫고 나왔다면 지구의 중력을 탓하진 않고 아마도 물건들의 무게를 탓할 것이다. 무게는 물체마다 다르지만 중력은 상수라고 할 수 있다. 그래서 우리는 상수(중력)를 무시하고 차이를 만드는 것(무게)만 고려한다.

그러나 무게를 중력에서 분리하는 이 사고방식은 개념적 오해를 야기한다. 우리는 무게를 사물과 중력 사이의 관계라기보다는 사물의 본질적 속성으로 생각하게 되고 결국에는 무게나 중력에 관한 기본적인 질문에도 대답하지 못하게 된다. 중력이 다른 행성에서 무게가 달라지는 이유는 무엇인가? 왜 우주에서는 아무 무게가 안 나가는 걸까? 왜 달은 행성 주변에서 회전할 뿐 빨려 들어가지 않는 걸까? 왜 사물은 질량에 상관없이 같은 가속도로 떨어지는 걸까? 자유 낙하는 왜 무중력의 느낌이 들게 하는 걸까? 그리고 지구 반대편에 있는 물체는 왜 우주로 떨어지지 않는 걸까?

아이들은 특히 이 마지막 질문에 당혹스러워 한다. 사물들이 아래로부터 받쳐져야 된다면, 지구의 밑바닥은 어떻게 그런 받침이 될 수 있는 걸까? 분명히 지구의 반대편으로 위험을 무릅쓰고 나가는 사람은 큰 공의 밑면으로 기어간 쥐처럼 어디론가로 떨어질 것이다. 연구자들은 사고실험을 통해 아이들이 중력에 대한 믿음과 지구에 대한 믿음을 어떻게 통합시키는지를 조사했다.[29]

- 지구 반대편에 사는 친구가 생겼다고 상상해보자. 친구가 공놀이를

하다가 공을 위로 던지면 그 공은 어디로 갈까?

- 친구가 주스 한 병을 가지고 있다고 상상해보자. 병의 뚜껑을 열어 바닥에 내려놓았다면 주스는 병에 머물러 있을까?
- 정원에 아주 깊숙한, 너무 깊어서 지구의 중심을 지나 반대편까지 가는 우물이 있다고 상상해보자. 이 우물에 돌을 던지면 어떤 일이 벌어질까?

어떤 답들이 떠오르는가? 아마도 첫 번째 상황에서는 공이 땅에 떨어질 것이라고 생각하고, 두 번째 상황에서는 주스가 병 속에 머물 것이라고 생각했을 것이다. 하지만 세 번째 상황에서의 돌은 어떻게 될까? 사람들은 실제로 중세기 때부터 이런 사고실험을 해왔다. 어떤 일이 일어날지에 대해 당시 학자들의 의견은 두 갈래로 나뉘었다.

- 돌은 지구의 중심에서 멈춘다(학자 고티에 데 메츠Gautier de Metz의 견해).
- 돌은 진자처럼 왔다 갔다 진동한다(작센의 알베르트Albert of Saxony의 견해).

오늘날 물리학자들은 후자를 선호하며, 공기의 저항으로 인해 돌은 무한정 진동하는 것이 아니라 지구의 중심을 지날 때마다 느려지며, 결국 지구 중심에서 돌은 서서히 멈출 것이라고 한다.

어른들의 경우엔 세 번째 상황만 상상이 필요할 뿐 다른 두 상황들의 결과는 실제로 알고 있다. 반면 미취학 아동의 경우는 세 가지 상황 모두 가상의 사고실험이다. 미취학 아동들은 사람들이 실제로 지구 반대편에 살고 있음을 알지 못하거나 믿지 않는 경향이 있다. 따라서 그들은

그림 5 중세기 물리학자들은 지구의 중심을 관통한 구멍으로 돌을 던지면 무슨 일이 일어날지에 대해 논의했다. 13세기의 물리학자 고티에 데 메츠는 이 그림에서 묘사된 것처럼 돌이 지구의 중심에서 멈출 것이라고 주장했다.

위의 세 가지 상황 모두에서 물체는 지구를 떠나 우주로 날아갈 것이라고 주장한다. 이러한 주장에는 중력의 "수직 강하" 개념이 내포되어 있다. 튜브 과제에서 아이들의 행동을 편향시켰던 바로 그 중력 개념이다.

아이들이 조금 더 나이가 들면 실제로 지구 반대편에 사람들이 살고 있다는 것을 알게 되며 우리와 똑같이 공을 땅에 떨어뜨릴 수 있다는 것을 이해하게 되지만, 지구에 구멍이 뚫린 세 번째 가상적 상황에서 돌이 어떻게 될지에 대해서는 확신하지 못한다. 대부분이 데 메츠와 같이 그 돌이 지구의 중심에서 멈출 것이라고 한다. 이는 아래로 끌어당기는 것이 아니라 안으로 끌어당기는 중력의 새로운 개념을 아이들이 습득했음을 의미한다. 돌이 지구 중간에서 멈출 것이라고 생각하는 이유는 중력이 그 지점에서 발산되는 것으로 생각되기 때문이다.

좀 더 나이가 든 아이들이 어린아이들보다 중력에 대해 더 정확하게 반응한다는 것은 예상할 수 있는 바지만, 나이만이 아이들의 반응을 예측하는 유일한 인자가 아니다. 지구에 대한 지식 또한 강력한 예측 인자다. 지구의 모양과 움직임에 대해 더 많은 것을 알고 있는 어린이는 나이와 상관없이 위의 질문에 대해 더욱 정확하게 대답한다. 분명, 지구가 회전하는 구체임을 안다면 중력이 안으로 당기는 힘이란 것도 쉽게 이해할 수 있다. 반대로, 중력이 안으로 당기는 힘이라는 것을 인식하게 되면 지구가 회전하는 구체라는 것도 더 쉽게 이해할 수 있다. 중력은 별개로 배울 수 있는 개념이 아니다. 중력은 본질적으로 지탱, 자유 낙하, 무게, 질량, 가속 및 행성과 같은 다른 개념들과 연결되어 있다. 아이들이 중력 개념을 보다 정확히 이해하려면 물질, 동작 및 우주론에 대해서도 더 면밀한 이해를 갖출 필요가 있다.

이러한 개념들 간의 고유한 관계는 어떻게 보면 역설적이라고 할 수 있다. 하나의 개념을 수정하기 위해서 동시에 다른 개념들도 수정해야 하면 그것이 어떻게 가능할 것인가? 철학자 오토 노이라트Otto Neurath는 이 문제를 바다 한가운데서 배를 만드는 것에 비유했다.[30] "우리는 빈 서판tabula rasa에서 시작할 수 없다. 우리의 생각이 시작될 때 떠오르는 단어와 개념에 의존해야만 한다. 우리의 일은 바다 한가운데서 배를 처음부터 새로 만드는 것이 아니라 재구축하는 것이다. 대들보 하나를 제거하는 것과 동시에 새로운 대들보를 세워 넣어야 한다. 이를 위해서는 배 자체가 지지대가 되 주어야 한다. 이처럼 배의 오래된 대들보를 유목들로 대체한다면 배는 완전히 새로운 형태가 되겠지만, 그 과정은 점진적인 재구축일 것이다."

노이라트는 심리학자가 아닌 철학자였지만 그의 은유는 과학 개념을 배우는 과정에 대해 우리가 알고 있는 것을 설명할 때도 유효하다. 우리는 그런 개념들에 대한 틀을 갖추고 있지 않으므로 이를 습득하는 과정도 느리고 어려울 수밖에 없다. 우리는 실제 현상에 대한 하나의 근사적 해석(예: "바닥과 접촉하지 않으면 물체는 떨어진다.")을 다른 근사적 해석(예: "질량중심 아래에서 바닥과 접촉하지 않으면 물체는 떨어진다.")으로 반복적으로 교체해야 한다. 그러한 수정을 수없이 거치고 난 이후 우리가 얻게 된 새로운 이론은 예전의 오래된 이론과는 완전히 달라지겠지만, 그것이 어디서부터 기원했는지는 의심의 여지가 없다. 모든 천문학자는 한때 사람들이 지구 반대편에서 살 수 없다고 믿는 어린아이였고, 모든 물리학자 또한 한때 튜브를 따라 내려가는 공을 추적할 수 없었던 어린아이였다. 우리는 그런 초라한 소형선에서 얼마나 위대한 대형선박을 만들어내는가!

제4장 운동

고갈되지 않는 기동력의 흔적들

오늘날의 물리학자들과 마찬가지로 중세 시대의 물리학자들 또한 서로의 이론에 대해 논쟁을 벌였다.[1] 그들은 어떤 이론에 대해서는 의견이 일치했지만, 또 어떤 이론에 대해서는 의견이 달랐다. 일단 물체는 물체에 가해진 힘("내부 운동량" 또는 기동력)에 의해 움직인다는 것에는 서로 동의했으며, 서문에서 언급했듯이 운동량이 고갈되지 않는 한 그 물체는 움직인다고 믿었다. 그러나 중세 물리학자들은 기동력이 다른 형태로 전환될 수 있는지, 그리고 다른 물리적 힘과 어떻게 상호작용하는지에 대해서는 서로 의견을 달리했다.

어떤 물리학자들은 기동력이 저절로 소산된다고 믿었다. 반면에 다른 물리학자들은 마찰이나 공기저항과 같은 외력에 의해 소모될 때까지 물체에 남는다고 믿었다. 또한 중력이 언제 기동력에 영향을 주는지, 즉 물체가 움직이는 순간부터인지, 기동력이 특정 값 이하가 되는 순간부터인지에 대한 의견도 나뉘었다. 어떤 물리학자들은 운반된 물체는 그것의 운반체로부터 기동력을 얻는다고 믿었고, 다른 물리학자들은 운반된 물체는 기동력을 얻지 못한다고 믿었다. 또한 기동력은 직선 운동만 일으키는지, 물체가 곡선을 그리며 운동할 수 있게 하는지에 대해서도 논쟁을 했다.

이러한 의견 대립은 쉽게 해소되지 않았다. 사실 기동력이란 실제로 존재하지 않기 때문에, 기동력이 저절로 소멸되는가에 대해 다투는 것은 요정들이 모자를 쓰는지 쓰지 않는지에 대해 논하는 것과 다를 바 없었다. 질문 자체가 처음부터 잘못되었기 때문에, 실험으로도 그 답을 찾을 수가 없었던 것이다. 그 질문의 무의미함을 처음으로 알아차린 사람은 아이작 뉴턴Isaac Newton이었다.《프린키피아Principia》에서 뉴턴은 물리학적 운동에 대한 우리의 이해를 영원히 바꿔놓은 세 가지 법칙을 정립했다. 첫째, 움직이는 물체는 외부의 힘이 가해지지 않는 한 계속 움직인다. 둘째, 질량이 있는 물체에 힘을 가하면 가속도가 생긴다. 셋째, 모든 운동에 대해 같은 크기의 반작용이 있다.

뉴턴의 운동법칙은 모두에게 익숙할 것이다. 모든 물리학과 학생은 무한히 굴러가는 공(첫 번째 법칙), 경사로를 내려오며 속도를 얻는 블록(두 번째 법칙), 충돌한 이후에 반동하는 두 개의 자동차(세 번째 법칙) 등과 같은 전형적인 예제들로 이 원리들을 배운다. 그런데 이 법칙들은 무엇을 의미하는 걸까? 어떻게 기동력이란 개념을 폐기시킬 수 있었을까? 우리들 대부분은 뉴턴의 법칙과 그에 해당하는 공식들($F=ma, p=mv$)을 기억하지만, 일상 생활에서 물체의 움직임을 예측하고 설명할 때는 여전히 기동력 개념에 의존한다.[2] 뉴턴의 법칙을 이해하는 한 가지 방법은, 뉴턴의 법칙이 설명하는 움직임과 우리가 직관적으로 느끼는 움직임이 서로 어떻게 다른지를 고려해보는 것이다.

직관적으로 우리는 힘과 움직임을 분리할 수 없는 것으로 취급한다.

즉, 힘이 바로 움직임이고 움직임이 바로 힘이다. 전형적인 힘이란 밀기 또는 당기기고, 둘 중 하나가 물체를 움직이게 한다. 하지만 무엇이 움직이는 물체를 계속 움직이게 할까? 무엇이 떨어져 있는 곳에서도 물체의 운동을 유지시킬 수 있을까? 우리의 직관은 밀거나 당기는 힘이 물체에 전달되었을 것이라고 이야기한다. 중력이나 마찰력과 같은 다른 요인들도 분명히 물체의 움직임에 영향을 미치지만, 이런 힘들은 물체의 방향을 바꾸거나 속도를 늦추는 등 움직임을 방해하는 것처럼 보인다. 그러므로 우리는 중력이나 마찰을 힘이라고 생각하지 않는다. 우리는 그것을 "힘"이라고 부를지는 모르지만, 사실 그것의 반대, "안티" 힘과 더 가깝게 생각한다.

뉴턴의 이론에 따르면, 힘은 물체 자체의 특성이라기보다는 물체 간의 상호작용으로 해석된다. 힘은 어떤 대상에 가해지는 것이지 전달되는 것이 아니다. 우리는 직관적으로 힘과 움직임을 연결하지만, 뉴턴은 이 연결이 잘못되었다는 것을 보여주었다. 운동은 영원히 우주를 떠도는 혜성처럼 힘이 주어지지 않은 상태에서도 존재할 수 있다. 또한 식탁 위의 접시가 식탁으로부터 중력의 반대 방향의 힘을 받고 있듯이, 운동이 없는 상태에서도 힘은 존재할 수 있다. 힘은 물체의 운동(속도와 방향)에 변화를 일으키는 것이기 때문에 움직임 자체와 힘은 분리될 수 있는 것이다. 물체의 속도(속력과 방향)는 본질적으로 가속(속력 또는 방향의 변화)과 다른 것이다. 오직 가속만이 힘을 필요로 한다.

서문에서 제시했던 총알에 대한 사고실험은 힘에 대한 우리의 직관적인 개념과 뉴턴적 개념의 차이점을 보여준다. 같은 높이에서 하나의 총알은 떨어뜨리고 또 하나의 총알은 땅과 평행하게 쏘았다고 상상했을 때, 대부분의 사람은 총이 총알에 힘을 가했고 그 힘이 중력을 조금 더 버틸 수 있게 해주기 때문에 떨어뜨린 총알이 먼저 바닥에 떨어질 것이라고 생각한다. 사실 이 문제에서 우리를 헷갈리게 만드는 것은 발사된 총알과 떨어뜨린 총알의 수평속도의 차이다. 하지만 수평속도의 차이는 중력에 아무런 영향을 주지 않는다. 두 총알은 같은 가속도로 땅에 떨어진다. 그저, 총으로 쏜 총알이 더 먼 거리에서 떨어질 뿐이다.

뉴턴은 힘에 대한 우리의 이해를 바꿈으로써 운동에 대한 우리의 이해도 바꾸어놓았다. 우리는 직관적으로 운동과 단순한 정지 상태를 구별한다. 그리고 오직 움직임만이 설명을 필요로 할 뿐, 정지 상태는 설명할 필요가 없다고 생각한다. 또한 상승, 하강, 회전, 공전 등 서로 다른 유형의 움직임은 각각에 대해 서로 다른 설명이 필요하다고 생각한다. 하지만, 뉴턴은 운동과 정지 상태는 '관성'이라는 동전의 양면이라는 것을 우리에게 가르쳐주었다. 정지 상태란 그 움직임을 눈치챌 수 없는 사물의 운동을 묘사하는 방식이다. 선반 위에 놓인 책은 우리 눈에는 움직이지 않는 것처럼 보이지만, 이 책은 지구의 축을 시속 1,000마일의 속도로 돌고 있으며, 태양 주변을 시속 67,000마일의 속도로 날고 있다. 움직임에 설명이 필요하다면, 정지 상태에도 설명이 필요할 것이다. 하지만 뉴턴은 움직임에 설명이 필요하지 않다고 깨우쳐 주었고, 오직 움직임의 *변화*에만 설명이 필요하다는 것을 알려주었다.

이 점은 서문의 두 번째 사고실험에 잘 설명되어 있다. 빠른 속력으로 항해중인 선박의 망대에서 포탄을 떨어뜨린다고 상상했을 때, 대부분의 사람들은 포탄이 배의 갑판 대신 배가 지나간 바다에 떨어질 거라고 생각한다. 왜냐하면 배는 움직이고 있지만 포탄은 정지 상태라고 생각하기 때문이다. 우리의 상상 속에서 배는 계속 앞으로 나아가고, 포탄은 떨어뜨린 자리에서 곧장 밑으로 떨어진다. 하지만 사실 포탄은 배와 같은 속도로 앞으로 움직이고 있기 때문에 그 속도를 계속 유지하면서 떨어지게 되는 것이다.

포탄의 예가 그리 와닿지 않았다면, 인터넷을 떠돌던 안전 캠페인 포스터를 생각해보자. 포스터에는 운전석이 완전히 찌그러진 18구륜 트럭의 사진이 실려 있다. 급브레이크로 인해 뒤에 싣고 가던 커다란 석재가 앞으로 쏠려 운전석을 덮친 것이다. 포스터 아래에는 다음과 같이 적혀 있다. "관성: 트럭에는 브레이크가 있다. 하지만 거대한 돌덩어리는 그렇지 않다."

***

뉴턴이 기동력 이론을 '실패한 과학의 묘지'에 묻은 지 거의 350년이 지났지만, 기동력은 사람들의 머릿속에 여전히 남아 있다. 우리는 일상적인 물체의 움직임들(예: 식탁 위로 굴러가는 구슬, 언덕 밑으로 내려가는 수레, 전투기에서 떨어지는 폭탄, 총에서 발사된 총알, 골대를 향해 찬 공, 목표물을 향해 던진 올가미, 공중에 던진 동전 등)을 해석할 때 늘 기동력 이론을 적용한다. 움직이는 물체의 궤도를 예측하고, 움직이는 물체에 작용하는 힘을 그리며, 움직이는 물체를 직접 다루는 상황에서도 기동력 이론을 사용한다. 주어진 일이 무엇이든 어떤 상황이든 관계없이, 기동력의 승리다.

움직이는 물체의 궤도를 예측해서 그리는 것을 한번 생각해보자.[3] 많은 연구들이 이러한 과제를 사용하여 운동에 대한 직관적 믿음이 실제로 기동력 이론과 밀접하게 일치하는지, 현실과 더 일치하는지를 진단했다. 참가자들은 대리석 식탁 끝으로 굴러가는 구슬 등 움직이는 물체의 그림을 보고 이 다음에 어떤 일이 일어나게 될지를 그렸다. 실제 상황에서 식탁 끝에서 굴러 떨어지는 구슬은 수평속도와 수직 방향의 중력가속도의 조합에 의해 포물선을 그리며 바닥으로 떨어질 것이다. 그러나 참가자들은 포물선을 그리지 않고, 바닥에 평행하게 그리기 시작

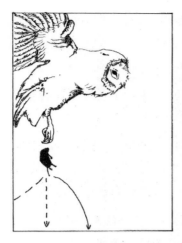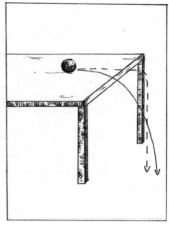

그림 1 탁자에서 굴러 떨어지거나 움직이는 운반체에서 떨어진 물체는 포물선 모양의 경로(실선)를 따라 바닥에 떨어지지만 많은 사람은 이에 대해 다르게 추측한다(점선).

해서 끝에 가서는 수직으로 바닥에 떨어지는 경로를 그리곤 한다. 사람들은 구슬이 식탁 위를 구를 때 축적된 기동력으로 인해 식탁에서 떨어지는 순간 공중에 잠깐 떠 있다가 (총에서 발사된 총알과 마찬가지로) 결국 기동력이 다 고갈되면 중력에 의해 아래로 곧장 떨어질 거라고 믿는다.[4]

다른 종류의 과제에서는 참가자들에게 움직이는 비행기에서 떨어지는 폭탄의 경로를 그리게 했다. 실제 상황에서는 폭탄도 위의 구슬처럼 완전한 포물선을 그리며 떨어지지만, 대부분의 참가자는 폭탄이 일직선으로 떨어질 것이라고 예측한다. 그들은 비행기는 움직이고 있고 폭탄은 정지 상태에 있다고 믿기 때문에 (배 위에서 떨어뜨린 포탄과 마찬가지로) 폭탄의 수평속도를 고려하지 않는다.

아마도 기동력에 대한 숨겨진 믿음의 가장 대표적인 예는, 참가자들에게 곡선 경로를 따라 가속되는 물체의 궤적을 그리도록 하는 과제에서 볼 수 있을 것이다. 공을 구부러진 튜브를 통해 발사하거나 밧줄 끝에 묶고 돌리다가 던지면, 이러한 물체는 놓아준 시점에서 그리던 곡선 궤도의 접선을 따라 직선 방향으로 날아간다. 하지만 많은 참가자는 물체가 계속 곡선을 그리며 이동할 것이라고 예측한다. 그들은 곡선을 따라 가속된 물체는 튜브의 표면력 또는 밧줄의 장력이 없는 경우에도 이러한 경로를 유지한다고 믿는 것이다.

참가자의 그림들은 기동력 이론의 관점에서만 이해할 수 있다. 외부에서 가하는 힘이 없는데도 물체가 곡선을 따라 움직인다는 것은 기동력이 있을 때만 가능하기 때문이다. 놀랍게도 이런 운동에 대한 직관은 우리가 일상에서 흔히 접하는 현상들—구부러진 호스에서 나오는 물줄기는 일직선이며, 총열이 둥글게 말린 장난감 총에서 발사된 총알 또한 직선으로 나간다—에 위배된다. 한 연구[5]에서는 참가자들에게 위의 상황들을 그림으로 그리게 했는데, 이들은 둥글게 감긴 정원 호스를 통해 나오는 물이 직선으로 분사될 것이라고 정확하게 추측했다. 그러나 곡선형의 튜브를 통과하는 공의 궤도를 그릴 때에는 곡선을 그렸다. 참가자들에게 일상에서 접할 수 있는 현상들을 상기시켜 봤을 때도 생소한 상황에 대해서는 아무런 영향을 끼치지 않았으며 오직 기동력에만 기반해 추론했다.

기동력 이론에 기반한 추론 패턴을 나타내는 다른 과제에서는, 참가자에게 움직이는 물체를 보여주고 물체에 작용하는 힘을 화살표로 나타내도록 했다. 상당히 높은 빈도로, 참가자들은 기동력 자체를 그렸다. 예를 들어 동전 던지기의 궤도를 보여주면, 많은 참가자들은 동전에 항상 작용하는 두 가지 힘, 즉 아래로 향하는 힘인 중력과 참가자들이 "동전의 힘" 또는 동전의 "운동량"이라고 부르는, 위로 향하는 기동력을 그린다.[6] 동전이 위로 올라갈 때에는 위를 향한 화살표가 아래를 향한 화살표보다 크게 묘사되고, 궤도의 꼭대기에서는 두 힘이 같은 크기로 표

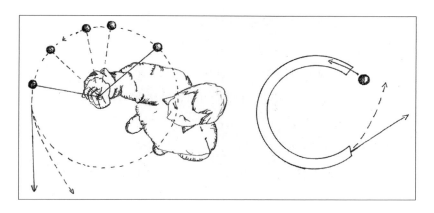

그림 2 구부러진 경로를 따라 가속된 물체를 놓으면 물체는 직선 경로(실선)를 그리며 날아간다. 그러나 많은 사람들은 그 물체가 곡선 모양의 기동력을 얻었다고 상상하기 때문에 곡선 경로(점선)로 날아간다고 추측한다.

시된다. 반면, 동전이 밑으로 떨어질 때에는 위를 향한 힘이 아래를 향한 힘보다 작게 표시된다. 이러한 그림을 통해 명확하게 알 수 있는 것은, 참가자들이 동전을 공중에 던질 때 동전으로 기동력이 전달되고, 이 기동력은 궤적을 따라 감소한다고 믿는다는 것이다. 중력이 기동력보다 우세해지는 전환점은 동전이 위로 더 이상 올라가지 않고 아래로 떨어지기 시작하는 지점이다. 움직임이 힘을 암시한다는 우리의 직관은 실제로는 존재하지 않는 힘을 만들어낸다. 사실 중력만이 동전의 모든 순간에 작용하는 유일한 힘이다. 중력은 동전의 위로 향하는 속도를 제로가 될 때까지 감소시키고, 그 이후부터는 아래를 향해 가속시킨다.

한편 참가자들에게 정지된 물체에 작용하는 힘을 그리게 하면,[7] 대부분의 경우 이들은 물리학자들이 수직력이라고 부르는, 실제로 존재하는 힘(즉, 받침대가 물체를 지탱하는 힘)은 거의 그리지 않는다. 우리는 직관적으로 정지 상태에는 어떠한 힘도 작용하지 않는다고 생각하지만, 힘이 있어야 '정지 상태'를 유지할 수 있다. 그렇지 않다면, 정지된 물체는 중력의 힘에 의해 받침대를 뚫고 떨어질 것이다.

참가자들로 하여금 움직이는 물체의 궤도 또는 물체에 작용하는 힘을 그리게 한 연구에서, 연구자들은 참가자에게 그들이 그린 그림에 대해 설명을 해줄 것을 요청했다. 이때 참가자들이 기동력을 언급하는 경우는 극히 드물었다. 대신, 그들은 보다 친숙한 용어인 "운동량", "내부에너지", "내부 힘", "운동의 힘"이라는 용어로 기동력이 하는 일들을 묘사했다. 다음은 물체의 운동을 야기하는 근원에 대한 대학교 학부생들의 설명이다.[8]

- "공은 튜브의 곡선으로부터 운동량을 받아 곡선 궤도로 운동한다. 공이 곡선에서 얻는 힘은 결국 사라지게 되고, 그 후로는 정상적인 직선 궤도를 따라갈 것이다."
- "움직이는 공의 힘은 정지 상태의 공으로 전달될 것이며, 따라서 힘은 움직이는 공에서 움직이지 않는 공으로 옮겨질 것이다."
- "이 공은 움직이는 중이기 때문에 어느 정도의 힘을 가지고 있다. 움직이는 물체는 운동량의 힘을 가지고 있으며 그 힘에 반대되는 힘이 없기 때문에 무언가에 가로막히기 전까지 공은 계속해서 나아갈 것이다."

이러한 설명은 서문에서 언급했듯이 중세 물리학자들이 제공한 설명과 동일하다. 그중 한 명인 장 뷔리당Jean Buridan은 발사체의 운동에 대해 다음과 같이 설명했다.[9] "움직이는 동안 물체는 위아래, 옆, 또는 원형 등 움직이는 이가 향했던 방향으로 기동력 또는 힘을 받는다. 그 힘으로 인해 돌은 그것이 던져진 이후에도(움직이는 이가 돌을 움직이길 멈춘 이후에도) 계속 움직이는 것이다. 하지만 기동력은 공기의 저항과 돌의 중력에 의해 지속적으로 감소된다." 심지어 뉴턴조차도 한때 발사체 운동을 기동력으로 설명했다. 1664년도 당시 대학생이었던 뉴턴의 메모를 보면, "움직임은 외부에서 가해진 힘에 의해 지속되지 않는다. 힘이란 운반자로부터 운반체로 전달되기 때문이다."라는 기록이 남아 있다.[10] 뉴턴은 결국 힘이 "운반자로부터 운반체로 전달되는 것"이란 생각을 버렸지만, 우리 모두와 다를 것 없이 그의 운동에 대한 연구의 출발점 또한 기동력 이론이었다.

그렇다면 기동력 이론은 실질적인 결과가 없는 그저 틀린 이론일 뿐일까? 연구자들은 기동력이 우리가 물체를 직접 다룰 때에도 영향을 미친다는 것을 보여주었다. 한 연구에서는, 참가자들에게 골프공을 주고 폭탄을 떨어뜨리는 비행기처럼 빠른 걸음으로 지나가면서 바닥에 있는 목표물을 맞히게 했다.[11] 대부분의 참가자들은 공의 수평속도를 무시하고 공을 목표물 바로 위에서 떨어뜨렸고, 그 결과로 공은 목표물을 지나친 곳에 떨어졌다. 공 자체에 기동력이 없다고 가정하고, 똑바로 떨어지리라고 예상한 것이다. 목표물에 도달하기 전에 공을 떨어뜨린 참가자들만이 실제로 목표물을 맞추는 데 성공했다. 전진하는 배의 망루에서 떨어뜨린 포탄의 경로와 마찬가지로 공은 포물선을 그리며 앞으로 떨어졌기 때문이다.

다른 과제에서는 참가자들에게 하키 퍽을 주고 구부러진 튜브를 통해 퍽을 미끄러뜨리도록 했다. 많은 참가자들은 곡선 경로의 기동력을 전달하려는 듯이, 곡선을 그리며 퍽을 가속시켰다. 하지만 그들은 실패했다. 이 과제에 성공하려면 퍽을 튜브 중심의 곡선에 접하는 직선 경로로 미끄러뜨려야 하는 것이다.

물리적 물체와의 상호작용이 항상 기동력에 시달리는 것은 아니다. 예를 들어, 경험이 많은 하키 선수는 실제로 퍽이 어떻게 움직이는지를 알기 때문에 퍽의 경로를 휘게 하고 싶을 때 곡선 경로로 가속시키진 않을 것이다. 마찬가지로, 경험이 많은 야구선수는 야구공이 최고로 높이 떠 있을 때 그 바로 아래 서서 공이 글러브 안으로 똑바로 떨어지길 기대하지 않을 것이고, 경험이 많은 축구선수는 패스의 방향에서 수직으로 공을 충분히 세게 걷어차면 그 힘으로 공의 방향이 수직으로 바뀔 것이라고 생각하지 않을 것이다. 우리는 경험을 통해 움직이는 물체를 다루는 방식을 배우고 최적화시킬 수 있다. 하지만 우리의 첫 번째 본능은 관성이 아닌 기동력에 기초하고 있다.

＊＊＊

구슬이 식탁에서 굴러 떨어지는 궤적을 그릴 때, 우리는 〈루니 튠즈Loo-ney Tunes〉 만화에서 와일리 코요테Wile E. Coyote가 로드러너Roadrunner를 쫓다 절벽에서 떨어질 때와 같은 경로를 그린다. 그런데 떨어지는 구슬에 대한 우리의 예측에는 좀 이상한 점이 있다. 우리는 만화 속 추락 장면이 만화에 불과하다는 것을 알고 있기 때문이다. 우리는 와일리 코요테가 절벽에서 벗어나는 바로 그 순간에 떨어져야 한다는 것을 알고 있다. 그렇기 때문에 우리는 그가 절벽에서 벗어나는 순간에 곧바로 떨어지지 않는 것을 보며 재미를 느낀다. 기동력에 기반한 궤도는 만화로 볼 때는 그럴듯해 보일지 모르겠지만, 실제로 그 상황이 우리 눈앞에서 펼쳐지면 그것이 얼마나 부자연스럽고 만화 같은지를 우리는 곧바로 인식한다. 와일리 코요테와 같은 애니메이션을 보는 동안 두뇌의 활동을 모니터링한 결과,[12] 코요테가 절벽에서 떨어지는 것을 본 후 300밀리초 이내에 우리 뇌가 부자연스러운 움직임을 감지한다는 증거를 확인했다. 다시 말해, 우리가 본 것에 대해 생각해보기 이전에도 우리의 뇌는 부자연

그림 3 우리는 종종 발사체가 비포물선 경로를 따라갈 것이라고 예측하지만, 실제로 우리 눈앞에서 그런 일이 일어나는 것을 보면 그 예측이 잘못되었다는 것을 바로 알아차릴 수 있다.

스러운 움직임을 감지하는 것이다.

운동에 대한 우리의 지각적 예측은 개념적 예측보다 훨씬 더 정확한 것으로 밝혀졌다. 예를 들어, 구부러진 튜브를 통과한 공이 취할 수 있는 몇 개의 경로를 애니메이션으로 만들어 그중 하나를 고르라고 했을 경우, 실험참가자들은 구부러진 경로 대신 올바른 답인 직선 경로를 선택한다. 그러나 이러한 경로를 영상이 아니라 그림으로 나타낸 후 참가자들에게 제시하면 이들은 곡선 경로를 선택한다.[13] 마찬가지로, 끈에 묶인 공을 진자처럼 흔들다가 정점(속도가 없는 지점)에서 놓았을 때 공이 취할 수 있는 몇 개의 경로를 제시하고 그중 하나를 고르게 하면, 참가자들은 애니메이션일 때는 올바른 답인 직선 경로를 선택하지만, 그림으로 표시되는 경우에는 곡선 경로를 선택하게 된다.[14]

지각적 예측과 개념적 예측의 차이는 어린이에게서도 관찰되었다. 한 연구[15]에서 초등학생들에게 땅에 평행하게 날고 있는 열기구에서 공을 떨어뜨리면 공이 어디에 떨어질지 그 경로를 예측하게 했다. 첫 번째 그룹의 어린이들은 공이 앞으로, 뒤로 또는 곧바로 떨어질 것인지를 생각만으로 판단해야 했다. 두 번째 그룹은 공이 각 경로를 따라 떨어지는 영상을 보고 어떤 경로가 맞는지 판단했다. 첫 번째 그룹의 어린이들 중 거의 아무도 공이 앞으로 떨어질 것이라고 예측하지 못했지만, 두 번째 그룹의 어린이들은 대부분이 공이 앞으로 떨어지는 경로가 올바른 경로임을 인식했다. 심지어 2살짜리 어린아이조차도 운동에 대한 지각적 예측과 개념적 예측 간의 해리를 보인다.[16] 2살짜리 아이도 굴러가던 공이 식탁에서 곧장 밑으로 떨어지는 애니메이션을 보고 놀라며, 공이 포물선을 그리며 떨어질 때보다 더 오랫동안 쳐다본다. 그럼에도 불구하고, 이 아이들에게 공이 어디에 떨어질지를 예측하라고 하면 식탁 바로 밑이라고 대답한다. 실제로 보여주면 이상하게 느끼면서 말이다.

2살짜리 아이들이 기동력 이론을 바탕으로 예측을 한다는 사실은, 움직임이나 힘이라는 단어를 배우기 훨씬 전인 발달 단계 초기에 기동력 이론이 구성된다는 것을 의미한다. 또한 2살짜리 아이들이 애니메이션으로 보여줄 때는 부자연스러운 움직임을 인식할 수 있다는 것은 우리의 운동에 관한 개념적 예측은 처음부터 우리의 지각적 예측과 구분되어 있다는 것을 의미한다.

운동 기반 기억에 대한 연구는 이러한 구분에 대해 분명히 보여준다.[17] 한 연구에서는 대학생 참가자들에게 공이 구부러진 튜브에서 빠져나간 직후 직선 운동을 하는 것을 보여준 뒤, 방금 본 내용을 그려 달라고 요청했다. 대부분의 참가자는 공이 튜브를 빠져나간 후 곡선 경로를 따라 이동했다고 잘못 기억했다. 또 다른 연구에서는 참가자들에게 크기가 다른 두 개의 공이 같은 속도로 위로 던져지는 것을 보여주었다. 두 공은 동시에 올라갔다가 동시에 내려왔지만, 참가자들은 작은 공이 마치 중력의 영향을 덜 받는 것처럼 큰 공보다 더 빨리 올라가는 것을 보았다고 잘못 기억했다. 또한 이 연구들은 우리의 기억이 오래될수록 이러한 잘못된 인상들이 우리의 기억 속에 더 깊이 새겨지게 된다는 것을 보여줬다. 시간의 흐름은 우리의 지각적 예측을 개념적 예측으로 대체시킨다. 우리는 운동을 지각할 때만큼은 뉴턴의 법칙이 참임을 의심하지 않지만, 이러한 깨달음은 그것을 지각한 순간만큼이나 빨리 지나가버린다.

***

생의 초기 단계에 발달하는 기동력 개념은 실제로 그런 일이 벌어지는 상황에서는 움직임을 정확하게 감지할 수 있는 우리의 능력에도 불구하고 평생동안 지속된다. 그렇다면 우리가 기동력에서 벗어날 수 있는 방법이 있을까? 교육자들이 뉴턴의 운동법칙을 이해시키는 방법을 고안해내지 않았을까? 대부분의 교육자들은 문제풀이를 사용하여 뉴턴의 법칙을 가르치지만, 문제풀이는 학생들의 개념을 바꾸는 데는 큰 도움이 되지 않는다. 한 연구 결과[18]가 이 점을 명확히 보여준다. 연구자들은 2년 동안 일주일에 평균 4.5시간의 물리교육을 받은 물리학과 학생을 모집했다. 학생들은 수업 동안 수백 개의, 어떤 경우에는 수천 개의 물리학 문제를 풀었던 경험이 있었다. 이 경험이 도움이 되었는지를 확인하기 위해 연구자들은 학생들에게 기동력 개념과 뉴턴 법칙을 구별할 수 있는 물리학 문제들을 냈다. 결과는 실망스러웠다. 문제풀이 경험이 삼천 문제건 삼백 문제건 상관없이 학생들은 기동력에 근거해 운동을 해석했다.

수천 개의 물리학 문제풀이로 운동에 대한 직감이 더욱 정확해지지는 않지만, 그래도 실용적인 이점이 있다. 그것은 바로 물리 문제를 잘 풀게 된다는 것이다. 이를테면, 학생들은 추상적인 공식을 어떠한 구체적인 상황에 적용할 수 있는지 파악하는 방법을 배운다. 하지만 이러한 공식의 의미를 숙고할 필요는 없다. 그저 올바른 숫자를 올바른 공식에 '넣고 돌리기plug and chug'만 잘해도 어느 정도 되기 때문이다.

문제풀이가 운동에 대한 이해를 향상시키는 데 효과가 없다면, 과연 어떤 교육법이 효과적일까? 많은 물리교육 연구자들은 "마이크로 월드microworlds"를 제안하곤 한다. 마이크로 월드는 학생들이 가상의 상황들과 모의 실험을 통해 물리법칙을 배울 수 있는 가상 환경이다.[19] 이러한 활동은 교육적인 측면에서 몇 가지 매력적인 기능이 있다. 가상현실을 통해 뉴턴의 법칙뿐만 아니라 물리학의 모든 법칙을 구현할 수 있다는 것이다. 예를 들어, 실제 교실 환경에서 재연할 수 있는 종류의 물리적 상호작용뿐만 아니라 거의 모든 물리적 상호작용을 시뮬레이션할 수 있다. 또한 마이크로 월드에서는 초시계나 줄자 등으로 측정할 수 있는 단순한 정보만이 아니라, 모든 물리적 변수를 측정할 수 있다. 마이크로 월드에서는 지루하고 진부한 현실 세계에서보다 훨씬 많은 것을 배울 수 있다.

이토록 매력적인 마이크로 월드가 과연 효과적인 교육수단이 될 수 있을까? 한 연구에서는 인기 있는 비디오 게임 "에니그모Enigmo"를 사용하여 이 질문을 조사했다.[20] 에니그모에서 플레이어는 떨어지는 물방울을 조종하여 다른 곳에 떨어지도록 한다. 물방울은 학생들이 끔찍이도 어려워하는 뉴턴의 법칙에 따라 포물선을 그리면서 떨어진다. 연구 참가자는 중학생들이었다. 그중 절반은 한 달 동안 총 6시간 에니그모를 하도록 했고 나머지 절반은 동일한 시간 동안 물리학과 상관없는 전략 게임 "철도 거물Railroad Tycoon"을 하도록 했다. 두 그룹 모두 뉴턴의 법칙에 관한 30분짜리 교습 프로그램을 이수함으로써 연구를 마쳤다. 연구자들은 게임을 하기 전, 게임을 한 이후, 그리고 물리 학습을 마친 후, 그렇게 세 번 참가자들의 운동에 대한 이해를 측정했다.

그림 4 포물선 경로를 따라 물방울을 튕기는 게임과 같이, 비디오게임 환경에서 뉴턴 법칙을 적용하는 연습은 학생들이 게임 환경 밖에서 이러한 원리를 실제로 배우고 적용하는 데 도움이 되지 않는다.

예상대로 에니그모를 한 학생들은 첫 번째 측정보다 두 번째 측정 때 더 높은 점수를 받았지만 그 차이는 겨우 5퍼센트에 불과했다. 반면에 물리학 교습 프로그램을 이수한 후에는 점수가 20퍼센트 상승했다. 철도 거물을 한 학생들도 마찬가지의 성적 향상이 있었다. 달리 말하자면, 뉴턴의 법칙에 관한 30분짜리 교습 프로그램이 마이크로 월드를 여섯 시간 여행하는 것보다 몇 배 더 효과적이라는 것이다. 다른 종류의 마이크로 월드를 사용해도 결과는 똑같았다.[21] 마이크로 월드는 표준학습보다 낫다고 할 수 없었고 최악의 경우에는 게임 밖에서는 일반화될 수 없는 지식을 산출하는 시간낭비에 불과했다.

아이들이 마이크로 월드에서 획득한 지식을 현실에서 일반화하지 않는다는 것은 여러 면에서 다행이라고 할 수 있다. 가장 인기 있는 비디오 게임 속 마이크로 월드는 대체로 뉴턴의 법칙을 따르지 않기 때문이다. 비디오 게임 속 마이크로 월드는 플레이어가 게임을 즐길 수 있도록 구현되어 있다. 예를 들어 닌텐도 게임 슈퍼마리오 브라더스에서는 마리오와 그의 동생 루이지가 수평으로 움직이는 다리에서 뛰어내릴 때 그 속도가 유지되지 않는다. 즉, 바닥이 앞뒤로 움직이고 있지만 앞으로 가는 버튼을 따로 누르지 않으면 마리오와 루이지는 똑바로 뛰어오르고 뛰어내린다. 또한 일부 아이템들은 중력의 영향을 받지만 어떤 아이템들은 그렇지 않다. 그리고 중력은 일관성 없이 작용된다.[22] 이를테면 마리오는 자신의 키의 두 배 높이로 뛰어오를 수 있지만, 상승 속도에 비해서 8배나 빠르게 떨어지기도 한다. 물론 슈퍼마리오 브라더스를 하는 사람들 중 누구도 마리오를 보고 자신도 키의 두 배 높이로 뛸 수 있다고 생각하지 않는다. 에니그모를 하는 학생들이 그 게임에서 학습한 뉴턴의 법칙을 오직 그 게임 안에서만 적용하는 것처럼, 우리도 마리오의 세계에서 얻은 지식은 오직 그곳에만 적용한다.

아마도 마이크로 월드가 제공하는 가상현실 속 교육은 학생들에게 너무 간접적이기 때문에 효과가 없는 건지도 모른다. 많은 교육자들은 게임, 다큐멘터리, 강의, 교과서 등 간접적인 경험에서 얻은 지식은 직접적인 체험을 통해 얻은 지식만 못하다고 한다. 실습 체험은 보고 만질 수 있고, 실재하는 대상을 다루는 것이기 때문에 학생들이 수업 내용에 좀 더 몰입하게 하고 장기간 동안 기억을 유지할 수 있도록 한다는 것이다. 하지만 이런 주장은 연구에 의해 뒷받침되지 않았다. 몇몇 연구에 따르면 직접적인 경험은 뉴턴의 법칙과 같은 추상적인 개념을 가르치는 데 있어 교육과 같은 간접적인 경험에 비해 그리 효과적이지 않은 것으로 나타났다. 문제는 추상적인 개념들은 일단 먼저 *추상화*되어야 배울 수 있다는 것이다.[23] 실습 체험은 그런 목적을 달성하는 데 적합하지 않은 것으로 나타났다.

교육 연구자 매기 렌켄Maggie Renken이 진행한 연구는 실습 체험의 비효율성을 잘 보여준다.[24] 연구자들은 두 그룹의 중학생을 대상으로, 모든 물체가 질량에 관계없이 같은 속도로 떨어지는 것을 실습 체험과 간접 체험 교육방식으로 가르쳤다. 한 그룹은 경사로를 따라 공을 굴리는 몇 가지 실험들을 수행했다. 학생들은 공의 속도에 영향을 미치는 변수에 대해 알아보기 위해서 경사로의 각도와 공의 질량을 체계적으로 변화시켰다. 다른 그룹은 실험 방법, 결과, 그리고 그 함의에 대한 자료만 읽었을 뿐 실제로 실험을 실행하지는 않았다. 결과적으로 본 연구에서는 오직 두 번째 그룹만이 질량에 관계없이 물체가 같은 속도로 떨어진다는 것을 배운 것으로 나타났다. 서로 다른 질량의 공들이 같은 속도로 내려가는 것을 직접 관찰하는 것은 학생들이 질량이 다른 두 물체의 낙하 속도를 예측하는 데 아무런 영향을 주지 않았다. 반면에 학생들에게 올바른 원리를 알려주는 것은 효과가 있었다. 그 학생들은 배운 당시뿐만 아니라 3개월 후에도 그 원리를 기억하고 적용할 수 있었다.

언뜻 보기에는 이러한 결과가 놀라워 보인다. 왜 물리적 현상을 직접 관찰하는 것보다 그 원리를 간접적으로 습득하는 것이 더 효과적일까? 그러나 더 깊이 생각해보면 이 결과에는 일리가 있다. 물리적 원칙에 대한 체험이 그 원리를 배우기에 충분하다면, 우리는 학교에서 배우기 전에 이 원리를 스스로 터득했을 것이다. 그러나 우리는 움직임을 정지 상태와 다른 것으로 여기고 움직임이 힘을 의미한다고 생각하게 된 것처럼, 인지편향에 의해 일상 생활에서도 이 원리들을 인식하지 못하게 된다. 우리가 직접 체험을 해볼 때도 마찬가지로 우리는 우리의 인지편향 때문에 그 물리적 원리를 인식하지 못하게 되는 것이다. 역사적인 관점에서 보았을 때, 물리학자들이 수백 년의 관찰과 실험을 통해 발견한 운

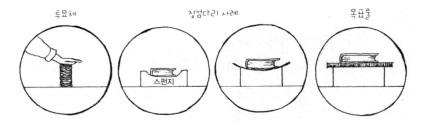

투묘체   징검다리 사례   목표물

스펀지

그림 5 받침대의 표면이 물체를 지탱하는 힘인 수직력을 가르치는 효과적인 방법 중 하나는, 스프링이 손에 가하는 힘과 같은 더욱 직관적인 예시들을 수직력과 '징검다리'로 연결하는 것이다.

동법칙을 학생들이 30분짜리 실험에서 발견할 것이란 바람은 처음부터 터무니없는 생각이었다.

그렇다고 물체에 대한 실습 체험이 아무런 가치가 없다는 것은 아니다. 올바른 방식의 교육 방법을 사용한다면 실습 체험도 학생들을 인도하는 강력한 도구가 될 수 있다. 그러한 방법 하나를 교육 연구자 존 클레멘트John Clement가 제안했다.[25] 클레멘트 방법의 핵심은 비유법이다. 학생을 어떤 물리학적 현상에 노출시킨 후 거기서 물리학의 기본 원리를 발견하기만 기다리는 것이 아니라, 잘 짜인 유추와 비유들을 사용해 학생들이 올바른 원리를 발견할 수 있도록 유도한다.

클레멘트는 식탁이나 테이블과 같은 받침대의 표면이 그 위에 놓인 물체에 힘(수직력)을 가한다는 반직관적인 개념을 가르치기 위해 다음 방법을 이용한다. 우리 대부분은 탁자가 책을 밀어 올린다고는 생각하기 어려워하지만, 스프링을 손으로 눌렀을 때 스프링이 손을 들어 올린다는 것은 쉽게 납득한다. 클레멘트는 잘못된 직관을 비교하고 수정할 수 있도록 도와주는 직관을 '투묘직관anchoring intuition'이라고 부른다. 하지만 스프링 위의 손과 탁자 위의 책 사이에는 개념적 차이가 있기 때문에 스프링이 손을 위로 민다는 지식만으로는 탁자가 어떻게 책을 밀어 올리는지 이해하기 어렵다. 그 차이를 좁히기 위해 클레멘트는 '징검다리 사례들bridging cases'을 사용한다. 두꺼운 스펀지 위에 놓인 책, 얇고 휘어질 수 있는 판자 위에 놓인 책, 그리고 마지막으로 탁자 위에 놓인 책—각각의 단계를 거치면서 우리는 이전에 받아들이기 힘들어했던 수직력을 수용할 수 있게 된다. 스프링에서 스펀지로, 스펀지에서 판자로, 판자에서 탁자로, 개념적 징검다리를 한 계단씩 건너며 탁자가 물체를 지탱하기 위해서는 중력의 반대 방향으로 힘을 가해야 한다는 이치를 깨닫게 된다.

징검다리 비유를 사용해 다른 반직관적인 개념들도 가르칠 수 있다. 예를 들어 세라믹이나 강철처럼 매끄러운 표면을 포함한 모든 표면이 마찰을 일으킨다는 것을 학생들에게 가르치려면, 두 장의 사포를 문지르는 투묘직관에서 시작해 코듀로이 옷감이나 펠트지를 서로 문지르는 것과 같은 징검다리 사례들을 이용할 수 있다. 또한 인공위성은 그 궤도가 지구의 중력에 의해 계속해서 휘어지기 때문에 지구 주위를 공전하게 된다는 것을 가르치기 위해서는, 탑 망루에서 수평으로 발사한 포탄의 경로가 휘어진다는 투묘직관으로 시작해 더 높은 탑에서 발사할수록 점점 더 큰 곡선 경로를 그리며 떨어지는 포탄의 징검다리 사례들을 이용할 수 있다. 충분한 높이와 충분한 속도를 지닌 포탄은 거대한 곡선을 그리게 되며, 지표면으로 떨어지지 않고 영원히 지구 주위를 돌게 될 것이다.

위의 마지막 사례에서 볼 수 있는 것처럼, 징검다리 비유는 때로는 매우 시적이기도 하다. 징검다리 비유는 뉴턴이 〈세계의 체계에 대한 논고A Treatise of the System of the World〉에서 처음으로 시도했는데, 이처럼 징검다리 비유는 반직관적인 것을 직관적으로 만들고 지각할 수 없는 것들을 지각할 수 있게 만든다. 예상할 수 있다시피 징검다리 비유법은 물리 교육에 매우 효과적이라는 것이 입증되었다. 클레멘트는 징검다리 비유를 쓴 수업과 쓰지 않은 수업을 비교했을 때, 반직관적 물리 법칙을 가르치는 데 있어서 징검다리 비유를 쓰는 것이 거의 두 배나 더 효과적이라는 것을 발견했다.[26] 징검다리 비유는 물리 법칙의 불투명한 현상들을 보다 투명한 현상들과 연결시킴으로써, 우리가 우리의 경험으로부터 스스로 인식하지 못하는 원리들을 발견할 수 있게 해준다.

***

클레멘트가 개발한 비유법의 성공은 우리가 지닌 선입관의 본질에 관한 질문을 제기한다. 선입관을 과학 학습의 장애물로 봐야 할 것인가, 아니면 학습을 위한 인지적 자원으로 봐야 할 것인가? 클레멘트는 후자를 주장했다. 그의 논문 〈모든 선입관이 오개념은 아니다Not All Preconceptions Are Misconceptions〉에서 그는 선입관이 자원이란 관점과 장애물이란 관점은 우리가 과학을 어떻게 가르쳐야 하는지에 대해 서로 다른 함의를 가진다고 주장했다.[27] 자원이라는 관점에 따르면, 우리는 선입관들을 강조하여 복잡한 개념으로 다가가는 다리를 놓아줘야 한다. 장애물이란 관점에 따르면, 선입견들은 해체시키거나 아예 피해가야 하는 것이다.

책의 앞부분에서 벌써 두 유형의 전략에 대해 많은 논의를 했다. 제2장에서는 학생들에게 열의 원리를 가르치기 위해 열을 물질로 여기는 대신 창발 과정으로 생각할 수 있도록 하는 틀을 도입하는 전략을 논했다. 반면에 제1장에서는 무게와 밀도를 혼동하는 학생들에게 이러한 물성의 과학적 특성을 가르치기 위해 이들을 연결하는 개념인 질량을 가르치는 전략을 고려해보았다.

하나의 전략이 다른 전략보다 본질적으로 더 낫다고 할 수 있을까?

이 질문에 대해 교육 연구자들의 의견은 크게 분열되어 있다. 어떤 사람들은 주로 교실에서 효과적인 전략이 무엇인지에 대해 관심을 갖는 반면, 다른 사람들은 더 광범위하고 인식론적인 문제에 치중한다. 교육 연구자 안드레아 디세싸Andrea DiSessa는 선입관을 '오개념'으로 단정 짓는 것은 그러한 선입관을 가진 학생들에게 무례한 것이라고 말한다. 한 논문에서 그는 "과학자들이 학생들의 지식을 가짜 지식이라며 학생들을 무지하다는 식으로 비웃거나 조롱하는 많은 강연들을 보았다."라고 말했다.[28] 디세싸는 이러한 부정적인 태도에 반대한다. 무지함에서 나온 많은 소박한 아이디어는 "실제로는 뛰어난 기술적 역량의 한 부분이 된다. 즉 풍부하고 소박한 인지 생태계는 과학자원의 일부를 구성한다. 기동력 이론을 구성한 개념적 요소들을 다시금 조합하면 더 나은 결합 또한 가능하기 때문이다."

디세싸의 견해는 초보 학습자에게는 매우 호의적이긴 하지만, 선입관의 현실을 외면한다는 측면도 있다. 선입관의 일부는 정말 오개념이 맞다. 무거운 물체는 가벼운 물체보다 더 빨리 떨어지지 않으며, 움직이는 물체는 정지 상태의 물체보다 더 많은 힘을 받지 않는다. 또한 움직이는 차량에서 떨어지는 물체는 똑바로 떨어지지 않으며, 구부러진 튜브를 통과한 물체는 곡선 경로를 따라가지 않는다. 맥락, 사람, 발달 단계, 역사에 관계없이 나타나는 이러한 오해들은 모두 물체가 기동력이라는 허구의 힘을 받을 수 있다는 믿음에 바탕을 두고 있다.

기동력은 정확한 개념들의 부정확한 조합이 아니다. 기동력은 부정확한 개념의 근원이다. 기동력이 오개념이라는 것을 부인하는 것은 기동력 이론에 대한 과학적 연구들을 무시하는 것과 같다. 반면, 기동력이 오개념이라는 것을 인정한다고 해서 모든 선입관이 잘못되었다고 주장하는 것은 아니다. 클레멘트의 징검다리 비유법은 오개념이 아닌, 기동력에 오염되지 않은 다른 선입관을 사용했기 때문에 (그리고 기동력을 필요로 하지 않기 때문에) 효과적이었다.

선입관의 다양성을 감안하면, 선입관이 장애물인지 자원인지에 대한 논쟁은 잘못된 출발점이다. 우리의 선입관 중 일부는 옳고 일부는 그렇지 않으며, 어느 선입관이 옳은지에 대한 질문은 실증의 문제다. 즉 선입관들이 우리의 추론에 어떻게 영향을 미치는지 조사하지 않는 한 어느 선입관이 옳은지 그른지는 알 수 없는 일이다. 마찬가지로 우리는 제대로 된 검증을 거치지 않는 한 특정 교육 전략이 얼마나 효과적인지 알 수 없다. 때로는 선입관을 피하는 것이 더 효과적일 수 있으며 때로는 징검다리 사례를 사용하는 것이 더 효과적일 수 있다. 그 결과는 선입관이 어떤 것이냐에 따라 다를 것이다.

선입견을 피하는 것과 연결하는 것은 상호 배타적인 전략이 아니다. 두 전략은 서로 보완적인 수도 있다. 징검다리 전략은 수직력 같은 반직관적인 과학적 개념을 직관적일 수 있게 해주지만, 분자 결합과 같은 근본적인 메커니즘이나 뉴턴의 세 번째 법칙과 같이 물리 이론의 기본틀이 되는 중요한 원리에 대해서는 설명해주지 않는다. 반면, 선입관을 피하는 전략은 직관력이 떨어지는 과학적 개념을 설명하기 위한 이론적 기틀을 제공할 수는 있지만, 이를 직관적으로 느낄 수 있게 해주지 않는다. 따라서 교육자들은 클레멘트가 권고하는 바와 같이 수업에서 두 가지 전략을 모두 사용하는 것을 선호할 수도 있다. 세상은 참으로 복잡한 곳이며, 그 세상을 정확하게 이해하는 것 또한 참으로 복잡한 과정이다.

제5장 우주

왜 아직도 지구가 편평하다고 주장하는 사람이 있을까?

마치 고대인들이 그랬던 것처럼, 집에서 하루 이내에 닿을 수 있는 거리 안에서 평생을 보냈다면 그 바깥에는 무엇이 있을지 궁금해하는 것도 당연한 일일 것이다. 우리 문명의 경계 너머에는 과연 무엇이 있을까? 우리 문명은 세계의 어디쯤에 위치할까? 이 세상은 어떤 형태이고 얼마나 넓은 것일까? 이 세상은 어떻게 생겨났을까?

이와 같은 질문들은 여러 가지 방법으로 미지의 세상의 윤곽을 그려내는 독특한 우주 창조론들을 탄생시켰다.[1] 고대 이집트인들은, 인간은 땅의 신과 하늘의 신이 포옹하는 그 품속 세상에서 살고 있다고 상상했다. 고대 이로쿼이Iroquoi 족은 사람들이 바다에 떠다니는 커다란 거북이의 등 위에 살고 있다고 생각했고, 고대 노르웨이 사람들은 거대한 뱀이 둘러싸고 있는 나무속의 많은 영역들 중 하나에 자신들이 살고 있다고 믿었다. 그리고 고대 히브리인들은 세상이 둥근 돔 모양의 하늘 아래, 물로 둘러싸인 원반형의 섬이라고 믿었다.

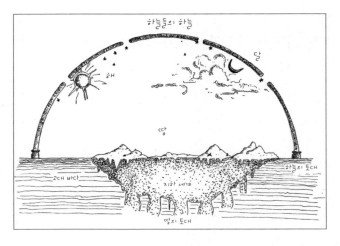

그림 안 텍스트:
하늘들의 하늘
해
달
땅
고대 바다
지하 세계
하늘의 토대
땅의 토대

그림 1 고대 히브리인들은 편평한 육지가 돔 모양의 하늘에 둘러싸인 채 거대한 바다 위에 고정되어 있다고 믿었다.

이처럼 수많은 종류의 우주론이 있음에도 불구하고, 그중에 세계가 구형이라는 우주론은 없었다. 고대인들은 지구가 구체일 거라고는 전혀 생각하지 못했다는 것이다. 하지만 몰랐던 게 당연한 것 아닐까? 지구의 곡률은 사람의 눈으로 쉽게 감지되지 않는다. 우리가 보고 느끼는 땅의 편평한 표면이 우리의 착각이라는 것, 유클리드 기하학은 그저 관점의 착각에 불과하다는 말은 부정하게까지 느껴진다. 그뿐만이 아니다. 중력을 생각하면 문제는 더 심각해진다. 유아기부터 우리는 밑에서 받쳐지지 않는 물건은 떨어진다는 것을 안다. 그렇다면 지구가 둥글다고 가정했을 때 지구의 밑면에 있는 것은 모두 우주로 떨어지는 것이 논리적 귀결일 것이다(제3장 참고).

사실 인류는 기원전 2세기부터 지구가 구형임을 알고 있었다.[2] 아리스토텔레스Aristotle는 적도에서 보이는 별자리와 북반구에서 보이는 별자리가 다르다는 것을 관찰했고 에라토스테네스Eratosthenes는 서로 먼

거리에 세워놓은 같은 길이의 막대들이 같은 시간에 서로 다른 길이의 그림자를 만들어낸다는 것을 관찰했다. 하지만 인간은 개인적 차원에서는 이 진실을 깨닫지 못했다. 오늘날에도 수백만 명의 사람은 구체의 표면 위를 걷고 있다는 사실을 아예 모르고 산다. 그런 사람들의 대부분은 아이들이다.

고대 문명인들처럼 아이들은 편평한 땅 위를 매일 걸어 다니고, 밑에서 받쳐주지 않으면 물건이 떨어지는 것을 수없이 지켜본다. 오늘날의 아이들은 옛날에는 없었던 지도, 지구본, 태양계 모델, 우주 항해를 묘사한 영화, 실제 지구의 사진 등에 둘러싸여 있다. 그러나 아이들은 과연 그런 물건들이 무엇을 뜻하는지 정확하게 이해하고 있을까? 지도와 지구본에 대한 지식을 평지를 걷는 일상적인 경험 또는 밑에서 끌어당기는 중력의 느낌과 통합할 수 있을까?

그렇지 않다. 적어도 처음에는 말이다. 아이들은 지구가 둥글다는 사실을 기꺼이 받아들이지만, 그 뜻에 대한 아이들의 해석은 매우 다양하다. "둥글다."는 것은 많은 것을 의미할 수 있다. 피자도 둥글고, 도넛도 둥글고, 경기장도, 나무줄기도 둥글지만, 그중 지구처럼 둥근 것은 없다. 그래서인지 아이들은 처음에는 지구가 공처럼 둥글다고 생각하지 못한다.[3] 유치원생들이 그리는 그림에서 지구는 일단 동그라미로부터 시작된다. 그리고 이 그림에다 태양과 달, 사람과 집을 더하게 되면 아주 흥미로운 일들이 일어난다.

어떤 아이들은 지구의 가장 위쪽에만 사람들을 그리고, 해와 달은 사람들 바로 위에서 비치고 있는 그림을 그린다. 이런 식으로 지구 맨 위쪽에만 집중하는 어린이들은 지구의 윗부분을 나머지 부분보다 더 평평하게 묘사하기도 한다. 어떤 어린이들은 태양과 달을 지구 바로 위가 아닌 다른 곳에도 배치하지만, 그런 후에는 사람들을 이상한 곳에 그려 놓는다. 동그라미 아래 가로로 선을 긋고 그 위에 사람들을 세워놓는 것이다. 그림을 설명해달라고 하면 아이들은 지구는 태양과 달처럼 둥글지만 사람들은 지구상에 살지 않고 땅 위에 산다고 말한다. 또한 커다란 동그라미 한가운데 선을 긋고 그 위에 사람들을 그리는 어린이도 있다. 가끔 이런 그림에서는 해와 달이 동그라미(지구) 안쪽에 있기도 한다. 그런 아이들은 원의 가장자리가 하늘의 끝이고 사람들은 지구의 바깥쪽 곡면이 아니라 속이 빈 둥근 지구 안에 있는 평면 위에 살고 있다고 믿는 듯하다.

지구 그림 그리기는 심리학자 스텔라 보스니아두Stella Vosniadou와 동료들이 아이들의 지구에 대한 심성 모델mental model을 연구하는 데 여러 번 써왔던 과제다. 보스니아두는 수십 년 동안 아이들의 심성 모델을 관찰하고 그 모델들의 일관성을 기록해왔다.[4] 구형 지구의 개념을 이해하지 못하는 어린이들은 어떤 지구 모델로 대신하는지, 그리고 그 모델들이 비록 정확성은 떨어지더라도 일관성이 있는지, 제한적이지만 그래도 유용한지 등을 연구해왔다.

본 장에서 나는 아이들의 상상 속 지구의 형태를 이론이라고 부르기보다 모델이라고 부르고자 한다. 모델은 본질적으로 공간에 대한 것이지만, 이론은 딱히 그렇지 않기 때문이다. 하지만 모델은 세상을 설명하고 예측하기 위한 것으로서 이론과 동일한 목적을 가지고 있다. 또한 세계 여러 문화권에서 일관되게 나타나며, 많은 사람이 공통적으로 갖고 있는 개념이고, 과학적 모델로 대체될 때 심적 저항이 발생하는 등 직관적 이론의 특징을 모두 갖추고 있다.

용어 문제는 일단 제쳐두고, 아이들이 구형 지구의 대안모델을 구축한다는 증거에는 무엇이 있는지 알아보자. 아이들이 그린 그림 자체가 증거라고 하기는 어렵다. 대부분의 아이들은 3차원 형태를 묘사하기는

커녕 그냥 그림을 잘 못 그린다. 더 중요한 것은, 그림 하나로 아이들의 심성 모델에 내적 일관성이 있는지를 알 수 없다는 것이다. 일관성을 평가하기 위해서는 여러 각도에서 여러 종류의 반응을 취합한 연구가 필요하다. 따라서 보스니아두와 동료들은 그림 그리기, 사고실험, 진실 판단 및 설명과 같은, 6세 아이들이 수행할 수 있는 수준의 실험 과제들을 최대한 많이 사용하여 아이들의 지구 모델을 연구했다. 그중 한 사고실험에서는 아이들에게 오랫동안 계속 직선으로 걷는다면 어디로 가는지를 물어보았다. 결과는 다음과 같았다.

연구원 몇 날 며칠 동안 똑바로 걷고 또 걸어가면 어디로 갈까요?

아이 다른 마을에 가게 되겠죠.

연구원 그럼, 계속 걷고 걷는다면 어디로 가게 될까요?

아이 여러 마을, 여러 주에 가요. 그리고 여기에서 쭉 계속 걸어가면 지구 끝이 나오죠.

연구원 지구의 끝으로 걸어가고 있겠네요?

아이 네. 왜냐하면 그쪽으로 계속 가면 지구의 맨 끝에 닿으니까요. 그러니 좀 조심해야 해요.

연구원 지구의 맨 끝에서 떨어질 수도 있을까요?

아이 네. 가장자리에서 놀면 그렇죠.

연구원 어디로 떨어질까요?

아이 다른 행성으로 떨어져요.

또 다른 실험에서는 아이들에게 풍경 사진을 보여주고, 지구가 실제로 둥글다면 그 사진에서는 지구가 왜 평평해 보이는지를 설명해달라고 물었다. 모든 아이들은 지구가 둥글다는 사실은 확신했지만 '둥글다'란 말의 의미는 잘 이해하지 못했다. 다음 대화를 보자.

연구원 지구는 실제로 어떤 모양일까요?

아이 둥글어요.

연구원 왜 이 사진에선 평평하게 보이죠?

아이 지구 속에 있어서요.

연구원 "속"이라는 게 무슨 뜻이예요?

아이 아래요. 밑에 있어요.

연구원 지구는 공처럼 둥근 걸까요 아니면 두꺼운 팬케이크처럼 둥근 걸까요?

아이 공처럼요.

연구원 그럼 사람들이 지구 속에 살고 있다는 건 공 속에 살고 있다는 뜻이예요?

어린이 공 속에요. 그 중간에요.

이 어린이의 설명은 표면적으로는 말이 안 되는 것처럼 들릴 수 있다. 그러나 그것은 지구의 구형 모델과 비교했을 때만 그렇다. 사람들이 "지구 속", "그 중간"에 살고 있다는 설명에 부합하는 대안 모델이 있을까?

보스니아두는 이 아이들이 지구를 스노글로브snow globe 또는 어항 fishbowl과 같은 '중공 구hollow sphere'형 모델을 가지고 있다고 말한다. 이 모델에서의 지구는 전체적으로 구형이지만 상반부는 비어 있다. 그리고 사람들은 지구의 빈 상반부의 아래쪽에 깔려 있는 편평한 땅 위에 사는 것이다. 하늘은 돔처럼 둥글게 땅을 둘러싸고 있다. 중요한 건 사람들이 지구 내부에 살고 있다고 말하는 아이들은 또한 태양과 달을 지구의 경계선 안쪽에 그린다는 것이다. 그리고 이 아이들은 지구의 끝까지 가더

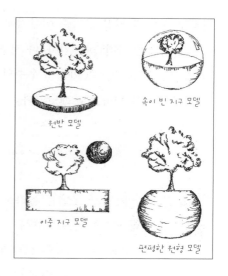

그림 2 지구가 구형이라는 것을 아직 깨닫지 못한 아이들은 자신이 경험한 사실(땅의 평평함)과 사회에서 습득한 지식(지구가 둥글다는 정보)을 조화시킬 수 있는 심성 모델들을 구축한다.

원반 모델

속이 빈 지구 모델

이중 지구 모델

편평한 원형 모델

라도 떨어질 수 없다고 이야기한다. 그 이유는, 한 어린이의 말에 따르면, "아마 뭔가에 부딪힐 걸요. 하늘의 끝이요."

보스니아두는 아이들에게서 속이 빈 지구 모델뿐만 아니라 '편평한 원형' 모델과 '이중 지구' 모델도 흔히 관찰된다는 것을 확인했다. 이 모델들은 앞에서 설명한 첫 번째 및 두 번째 유형의 그림과 각각 일치한다. 지구를 편평한 원형으로 생각하는 어린이들은, 지구를 정원보다는 타원으로 더 많이 그린다. 이들은 지구의 편평한 부분만을 사람이 살 수 있는 유일한 부분으로 여기지만, 그 표면이 연속적이라고 생각하기 때문에 지구 끝까지 걸어갈 수 있다고는 생각하지 않는다.

반면에 이중 지구 모델을 가지고 있는 아이들은 지구와 땅 사이를 뚜렷하게 구별하며, *지구*는 태양이나 달과 비슷하게 멀리 있는 천체로 이해하고, *땅*은 사람이 살고 있는 곳이라고 믿는다. 이중 지구 심성 모델을 갖고 있는 아이들은 지구에서 떨어질 수 있는지에 대한 질문에, 단지 "땅에 떨어질" 것이기 때문에 괜찮다고 덧붙이기도 한다. 어느 어린이의 학부모가 내게 직접 들려준 이야기에 따르면, 별이 빛나는 어느 날 밤 아이는 하늘을 가리키며 "엄마, 나 지구를 본 것 같아!"라고 말했다고 한다. 그날 그녀는 자신의 아들이 우주와 지구에 대해 완전히 잘못 이해하고 있다는 것을 처음으로 깨달았다.

* * *

아이들의 비구형 지구 모델은 놀라울 정도의 일관성과 논리 정연함을 갖추었다. 여러 아이들이 이 모델을 각자 생각해냈다는 것을 고려했을 때, 이들 심성 모델들의 내용이 일관적이라는 사실은 주목할 만하다. 어린아이에게 지구를 우주에 떠다니는 어항으로 또는 우리가 살고 있는 땅과 다른 천체로 생각하도록 가르치는 사람은 아무도 없다. 마찬가지로 어느 누구도 아이에게 계속 일직선으로 걸어가면 어디로 갈지를 상상해보라고, 또는 왜 지구는 우주에서는 둥글게 보이지만 지상에서는 편평해 보이는지를 설명해보라고도 하지 않는다. 그럼에도 불구하고, 아이들은 어디에서도 배운 적 없는 개념을 고안해내고 그에 대해 논리적으로 설명할 수 있다. 아이들이 지구가 둥글다고 어른들에게서 배운 그대로 이야기하는 것은 전혀 놀랄 만한 일이 아니다. 그러나 지구에 대한 새로운 질문들에 자신만의 심성 모델로 일관된 대답을 한다는 것은 꽤 대단한 일이다.

아이들의 지구 모델은 또한 논리적 타당성도 갖추었다. 아이들은 사회로부터 얻은 지식과 경험을 통해 획득한 정보 간의 모순을 해결하고 하나의 통일된 모델을 구축해낸다. 즉, 아이들은 지구가 둥글다는 간접적인 지식과, 편평한 땅 및 아래로 끌어당기는 중력의 직접적인 느낌 사이의 모순을 자신만의 방식대로 풀어나가는 것이다. 보스니아두는 아이들의 중공 구형 모델, 편평한 원형 모델 및 이중 지구 모델을 양립할 수 없는 지식의 조각들을 결합시킨 모델이라는 의미에서 '합성 모델'이라고 일컬었다. 합성 모델은 발달과정을 통해 형성되며 특히 7세에서 9세 사이 어린이들에서 강하게 나타난다. 그보다 어린아이들(4~6세)은 단순히 지구가 피자처럼 납작한 큰 원반이라고 생각하는 경향이 있다.[5]

일부 심리학자들은 보스니아두의 결론에 이의를 제기했다.[6] 그들은 초등학생들이 지구에 대해 내적 일관성을 갖춘 논리적인 모델을 구성한다는 것은 믿기 어렵다고 주장한다. 그 나이의 아이들이 겨우 시간을 읽을 줄 알고, 돈을 셀 줄 아는 정도밖에 안 된다는 건 사실이다. 하여 반론을 제기한 심리학자들은 모델에 논리적 일관성이 있는 것처럼 보이는 이유는 아이들의 실제 반응에서 기인한 것이라기보다는 실험자의 해석에서 나온 것이라고 주장한다.

앞에서 이야기했다시피 보스니아두는 아이들에게 여러 주제에 대해 질문했다. 그는 아이들이 가진 믿음의 정체를 밝혀내기 위해 일종의 삼각측량법을 이용해, 여러 과제에 대한 아이들의 응답이 특정 지구 모델과 일치하는지를 보았다. 하지만 이 연구의 비평가들은 이러한 일련의 과정 자체가 일관성 있는 응답을 유도했을 수 있다고 우려한다. 예를 들어, 한 아이가 중공 구형체 지구 모델을 갖고 있다고 판단되면, 실험자는 자신도 모르게 질문의 내용을 조금 바꿀 수도 있으며, 아이가 중공 구형 모델과 일치하는 답을 할 경우에는 다음으로 넘어가고 불일치한 응답을 할 때에만 설명을 더 요구했을 가능성도 배제할 수 없다.

이러한 문제를 해결할 수 있는 한 가지 방법은 질문과 답이 정해져 있는 객관식 테스트로 바꾸는 것이다. 심리학자들의 반박대로, 질문의 방식을 바꾼 결과 아이들의 대답에서 일관성이 떨어지게 된다는 것을 확인할 수 있었다. 예를 들어 몇 가지 질문에는 구형 지구 모델과 일치하는 답을 선택하지만, 다른 질문에는 다른 모델과 일치하는 응답을 선택했다.[7] 그러나 이런 결과 또한 놀랄 만한 일이 아니다. 객관식 질문은 정확한 이해 없이도 정답을 고를 수 있다. 빈칸 채우기와 같은 주관식 문제보다 몇 개의 단어 중 하나를 고르는 객관식 문제가 더 쉽다는 것은 오랫동안 알려져 온 사실이다. 객관식 테스트에서는 정답이 문제 안에 제공되어 있기 때문에, 아이들은 정답을 고르기만 하면 된다. 아이들은 항상 정답으로 둘러싸여 있다. 교실에는 중공 구형체가 아니라 지구본이 놓여 있고, 교과서에 실린 그림도 타원형 지구가 아니라 원형의 지구 그림이다. 객관식 테스트는 아이들의 지구에 대한 이해를 측정한다기보다는 지구에 관련된 정보에 대한 아이들의 기억을 측정하는 것이다.[8]

지구가 구형이라는 것을 단순히 아는 것을 넘어서 그것을 이해한다는 것은, 지구 반대편에 있는 사람이 어떻게 떨어지지 않을 수 있는지, 또는 구형의 지구에서 왜 땅이 편평해 보일 수 있는지를 이해한다는 것이다. 보스니아두는 언젠가 나에게 아는 것과 이해하는 것의 차이점에 대한 아주 완벽한 예를 들려준 적이 있다. 그는 연구의 일환으로 자신의 딸과 직접 인터뷰를 했는데, 당시 다섯 살 즈음이었던 딸은 지구가 편평한 원형이라고 믿고 있었다. 인터뷰를 마치고 보스니아두는 딸을 시험장 한쪽에 앉아서 기다리게 한 후, 딸보다 나이가 많은 어린이와 동일한 내용의 인터뷰를 진행했다. 이 아이는 구형 지구 모델을 가지고 있었다.

다른 어린이가 실험을 마치고 떠나자, 보스니아두는 딸에게 다시 같은 질문들을 해보았다. 이번에는 딸은 지구가 공처럼 둥글다고 자신 있게 말했고, 찰흙으로 지구를 만들어 보라고 했을 때 딸은 찰흙을 굴려 완벽한 구체를 만들었다. 딸에게 몇 가지 질문을 더 했을 때 그녀는 자랑스러운 듯 다른 어린이의 인터뷰에서 얻은 지식을 응용했지만, 곧 대답할 수 없는 질문에 도달했다. 지구가 둥글다면 왜 사진 속 풍경에서는 바닥이 편평해 보일까? 딸아이는 새롭게 배운 정보(지구는 구형이라는 것)와 실제 경험으로 알고 있는 것(땅이 편평하다는 것) 사이의 모순을 해결할 수 없었는지, 자신이 방금 전에 공 모양으로 만든 찰흙 덩어리 지구를 손바닥으로 꾹 눌러 편평한 원형으로 만들어버렸다.

이 일화와 부합하는 좀 더 공식적인 연구 결과가 있다. 아이들에게 지구의 구형 모델을 가르치려면 일단 아이들이 다른 모델을 형성하게 되는 근본적인 원인부터 해결해야 한다는 것이다. 한 연구[9]에서는 아이들이 가지고 있는 두 가지 잘못된 가정들을 무효화시키기 위한 교습 프로그램을 시행했다. 그 두 가지 가정이란 땅이 편평하다는 것과 중력은 사물을 아래쪽으로 끌어당긴다는 것이다. 첫 번째 가정을 무효화하기 위해 연구자들은 큰 물체에 가까워짐에 따라 인해 우리의 시각이 어떻게 바뀌는지에 대한 교육을 실시했고, 두 번째 가정을 무효화하기 위해서는 지구의 중력이 물체를 아래쪽으로 끌어당기는 것이 아니라 자석과 같이 안쪽으로 끌어당긴다는 것을 가르쳤다. 이 교육은 지구가 구형임을 아직 완벽하게 터득하지 못한 6세 아이들을 대상으로 시행되었고, 아이들 중 일부는 두 가지 프로그램을 모두 마쳤고 일부는 둘 중 하나에만 참여했다.

교육을 받기 이전의 아이들은 보스니아두의 연구에서 밝혀진 것과 같이 중공 구형, 편평한 원형 및 이중 지구 모델을 소유하고 있음이 확인되었다. 하지만 교육을 마친 후 많은 아이들의 심성 모델은 구형 지구 모델로 바뀌었는데, 두 가지 프로그램을 모두 마쳤을 때만 이러한 효과가 나타났다. 한 가지 프로그램에만 참여한 어린이들은 본인들이 가지고 있던 기존의 지구 모델을 여전히 고집하고 있었다. 시각과 관점에 대한 교육은 땅이 편평하다는 아이들의 믿음을 깨는 것에는 성공했지만, 사람들이 어떻게 지구의 반대편에서 떨어지지 않을 수 있는지에 대한 답은 주지 못했다. 반면, 중력에 관한 교육은 중력이 사물을 아래로 끌어당긴다는 믿음은 흔들어 놓았지만, 원형인 지구가 어떻게 편평하게 보이는지에 관해서는 아무런 답도 제공하지 못했다. 아이들이 기존에 가지고 있던 자신의 지구 모델을 기꺼이 버리기 위해서는 두 가지 문제를 모두 해결해줘야 했다.

***

지금 이 순간 당신이 우주를 떠다니며 대기권 밖에서 지구를 바라보고 있다고 상상해보라. 극히 소수의 인간만이 실제로 이런 방식으로 지구를 본 경험을 가지고 있지만, 그럼에도 불구하고 우주에서 본 지구의 모습을 상상하는 건 어렵지 않은 일이다. 지구본, 사진, 그림 및 모델과 같은 문화적 산물들이 우리의 상상을 도와준다. 이러한 것들은 우리가 관찰해보지 못한, 관찰할 수 없는 것들을 시각화하는 데는 도움이 되지만, 때로는 우리에게 잘못된 편견을 심어줄 수도 있다. 예를 들어, 지구를 테니스공의 크기로 나타낸다고 하면 태양계 모형은 1마일(1.6킬로미터) 이상의 크기여야 한다. 마찬가지로, 지구본이나 지도에서는 북반구를 '위'로 간주하는, 즉 북쪽을 위로 남쪽을 아래로 묘사하는 관행이 있다. 조금 전에 당신이 상상했던 지구의 모습은 어떠했는가? 그런 관행들과 일치하는가?

　지구는 둥글기도 하지만 우주에 그저 떠 있는 것이기 때문에 이렇게 위아래를 정하는 관습들은 임의적인 것이다. 지구에는 (의자와 같이) 내적으로 정해지는 방향축도 (담벼락의 벽돌과 같이) 외적으로 결정되는 방향축도 없다. 하지만 전 세계 사람들은 지구를 상상하거나 그릴 때 암묵적으로 동일한 방향을 택한다. 지구는 축을 중심으로 회전하지만, 그 축이 지도나 지구본에서처럼 수직으로 향한다고 생각할 이유는 사실 하나도 없다. 이것이 문화적 도구들의 힘이다. 이들은 유년기 때부터 우리의 심적 표상에 미묘하면서도 중대한 영향을 미친다. 어린이들은 세상 어느 곳에서나 땅은 편평하고, 중력은 아래 방향으로 향한다고 경험하며, 이 두 가지 경험은 문화에 관계없이 그들이 만드는 지구 모델의 종류를 결정한다. 여기에 더해 아이들이 경험하는 문화적 관행들은 이러한 모델들에 차이를 만든다. 전체적인 틀은 서로 공유하지만 문화적 변이가 생기는 것이다.

예를 들어, 인도 아이들의 지구 모델을 보면 미국 아이들과의 문화적 차이를 볼 수 있다.[10] 대부분의 인도 사람들도 지구가 구형이라는 것을 알고 있지만, 고대의 힌두교 우주론 중에는 지구가 물, 우유 및 과즙이 층층이 분리된 신비한 바다 속에 존재한다는 전설이 있고, 그 전설의 흔적은 여전히 인도사람들의 인식에 남아 있다. 인도 텔랑가나 주 하이데라바드Hyderabad의 초등학생들에게 지구의 모양에 대해 물어봤을 때, 미국 아이들과 마찬가지로 인도 아이들도 중공 구형 모델과 편평한 원형 모델을 구축한다는 것을 확인했다. 그러나 인도 아이들의 지구 모델은 한 가지 중요한 점에서 미국 아이들과 달랐다. 미국 어린이들의 상상 속 지구는 우주 공간에 떠 있는 것이었지만, 인도의 어린이들의 상상 속 지구는 물속에 떠 있는, 거대한 바다에 둘러싸인 지구였다.

아메리카 원주민 사회와 사모아에서도 각각의 고유한 문화적 지구 모델이 발견되었다. 라코타Lakota 원주민 부족의 아이들은 거의 모두 중공 구형 지구 모델을 갖고 있다.[11] 라코타 부족의 신화 중에는 아주 오래전 어느 신의 몸이 커다란 원반형의 돌이 되고 그의 힘은 거대한 푸른 돔(하늘)이 되었다는 전설이 있는데, 아이들의 지구 모델 또한 그 전설과 일치한다. 한편, 사모아 아이들의 지구 모델에는 다른 문화에서는 볼 수

그림 3 고리 모양의 집, 시장, 마을을 보고 자란 사모아 어린이들은 처음에는 지구 또한 고리 모양이라고 생각한다.

없는 독특한 특징이 있다. 바로 사모아 건축의 특징이기도 한 고리 모양의 지구다.

사모아인의 집은 중간 부분이 마당처럼 뚫려 있어서 사람들은 고리 모양의 공간에서 생활하고, 사모아 시장은 중앙에 열린 공간을 중심으로 배열되며, 사모아 마을의 건물들은 커다란 광장 주변으로 지어진다. 따라서 사모아 아이들은 이러한 환경 구조를 지구 모델에도 투영한다.[12]

문화 간의 차이는 또한 아이들이 올바른 지구 모델을 얼마나 빨리 습득할 수 있는지에도 영향을 줄 수 있다.[13] 호주는 오랫동안 영국의 식민지였기 때문에 호주와 영국은 지금도 문화적으로 매우 유사하다고 할 수 있다. 하지만 아이들의 지구 모델을 비교해보면 두 나라가 적도의 반대편에 위치하는 것으로 인한 차이점을 볼 수 있다. 표준화된 지구본에서 호주는 항상 아래쪽에 있고, 호주 아이들은 자신들이 지구의 '아랫면'에 살고 있음을 정확하게 인식하고 있다. 지구본만이 아니라 국기에도 남반구에서만 볼 수 있는 별자리인 남십자자리가 묘사되어 있고 그 아이들의 나라는 세계인들에게 "저 아래쪽에 있는 땅the land down under"으로 불린다.

따라서 지구 아래쪽에 사는 사람들이 왜 떨어지지 않는지는 호주 어린이들의 관심을 사로잡을 만한 질문이다. 아이들은 자신들이 지구의 아래 부분에서 떨어지지 않고 잘 살고 있기 때문에 이 질문을 아예 기각해 버릴 수도 있지만 오히려 답을 찾으려는 동기를 부여 받을 수도 있다. 결과적으로 호주 어린이들은 영국 어린이들보다 2~3년 더 일찍 구형 지구 모델을 습득하게 된다. 북쪽을 위로, 남쪽을 아래로 설정한 임의의 관습은 호주 아이들에게는 실제로 개념적인 발달을 촉진하는 역할을 한 것이다.

***

지구가 구체라는 것을 알아내는 것은 우주와 그 속에 있는 우리의 위치를 이해하는 첫 번째 단계에 불과하다. 다른 우주 현상들—낮과 밤의 반복, 계절의 변화, 밀물과 썰물, 별자리의 움직임, 그리고 달의 위상에 대해서도 설명이 필요하다. 우리는 수천 년 동안 이러한 현상들을 목격해왔지만, 지구에 대한 우리의 인식과 마찬가지로 이 현상들에 대한 우리의 인식 또한 본질적으로 편향되어 있다. 20세기 철학자 루드비히 비트겐슈타인Ludwig Wittgenstein은 동료와 지각의 묘한 본성에 대해 이야기를 나누었다. "사람들은 왜 지구가 축을 중심으로 돈다는 것보다, 태양이 지구 주위를 돈다고 생각하는 것이 더 자연스럽다고 말할까?" 그 동료는 말했다, "태양이 지구를 도는 *것처럼 보였기* 때문이 아닐까?" 비트겐슈타인이 대답했다, "지구가 축을 중심으로 도는 *것처럼* 보이려면 어떤 상황이 돼야 하는 것일까?"[14]

낮과 밤의 주기에 대한 해석은 여러 가지가 있었겠지만, 그 해석은 지구의 형태에 대한 심성 모델에 의해 제한된다. 예를 들어, 중공 구형 모델을 가진 어린이는 해와 달이 하늘 돔 안에 들어 있다고 믿는다. 그렇기 때문에 달이 구름이나 산과 같이 돔 내부의 무언가에 의해 가려져 있을 때가 낮이고, 태양이 그 물체들에 의해 가려지면 밤이 된다고 생각한다. 반면, 편평한 원형 모델을 가진 어린이는 지구를 해와 달과 별개로 해석하므로 사람들이 살고 있는 편평한 평면 위에 태양이 떠오르면 낮이 되고, 달이 떠오르면 밤이 된다고 믿는다. 구형 지구 모델에서는 지구가 태양을 돈다고 하든, 태양이 지구를 돈다고 하든 상관없이 낮과 밤을 설명할 수 있기 때문에 상황이 더욱 복잡해진다. 그리고 그 도는 동작은 지구 자체의 자전일 수도 있고 태양을 중심으로 한 공전일 수도 있고, 심지어 진동하는 것일 수도 있기 때문에 불분명한 점이 많다.

나의 아들 테디가 일곱 살 때, 나는 테디가 지구가 구형인지를 아는지, 낮과 밤이 지구의 회전에 의해 생긴다는 것을 아는지 궁금해졌다. 다음은 나와 테디가 나눈 대화의 내용이다.

나 지구는 어떤 모양일까?

테디 구형이요. 예전엔 편평하다고 생각했고요, 그 다음엔 동그라미처럼 둥글다고 생각했어요. 이제는 지구가 정말로 구형이라는 걸 알고 있어요.

나 우리가 지구 꼭대기에 살고 있다면, 지구 맨 밑에도 사람이 살고 있을까?

테디 네.

나 그런데 왜 떨어지지 않지?

테디 왜냐하면 그 사람들이 있는 곳도 땅은 아래쪽에 있을 거니까요.

나 그렇다면 왜 중력이 그 사람들을 지구로부터 끌어내리지 않는 걸까?

테디 중력은 지구 위에 있는 게 아니니까요. 지구 속에 있어요.

테디가 지구가 구형이라는 것을 이해한다는 것을 확인한 후 나는 낮과 밤에 대해 물었다.

나 낮과 밤은 왜 있다고 생각해?

테디 태양과 달 때문이에요.

나 그게 어떻게 일어나는 건데?

테디 글쎄, 지구는 태양 주위를 돌고 있는데, 태양과 가까워지면 그 게 낮이에요.

나 그러면 밤은?

테디 밤에는 달이 지구에 가까워져요.

나 밤이 아닐 때는 달이 어디에 있을까?

테디 항상 있는 위치예요.

나 그게 바로 어딘데?

테디 모르죠. 캘리포니아는 아니에요.

테디는 태양이 아닌 지구의 움직임이 낮과 밤의 주기를 일으킨다는 것은 알고 있었지만 어떤 종류의 움직임인지는 아직 알지 못했다. 자전보다는 지구가 태양을 공전하는 과정에서 낮과 밤이 생긴다고 생각했던 것이다.

이러한 방식의 생각은 지구가 구형이라는 것을 발견한 지 얼마 안 되는 아이들에게서 전형적으로 나타난다. 구형 지구 모델을 깨닫기 전에, 낮과 밤이 나타나는 이유에 대한 아이들의 생각은 두 단계의 변화를 거친다.[15] 첫 번째, 아이들은 단순한 교합의 관점에서 낮과 밤을 설명한다. 즉, 낮에는 달이 지구의 대기 안의 구름 또는 산과 같은 것들에 의해 가려져 태양만이 홀로 떠 있게 되고, 밤에는 태양이 가려지고 달이 홀로 떠 있게 된다는 것이다. 두 번째 단계에서 아이들은 태양과 달이 지구에 의해 가려지면서 낮과 밤이 생긴다고 생각하게 된다. 태양이 지구의 표면 위로 떠오르고 달이 그 표면 아래로 떨어지면 낮이고, 그 반대로 움직이면 밤이라는 것이다. 하지만 아이들이 지구가 구체임을 깨닫게 되면 지구와 태양, 달 사이에 좀 더 복잡한 관계가 있다는 것을 깨닫기 시작한다. 먼저 아이들은 태양이 지구 주위를 돌거나 지구가 태양 주위를 돌고 있다고 가정한다. 그러나 처음에는 이러한 움직임이 하루가 아니라 일 년을 설명한다는 것을 인식하지 못한다. 지구 자체가 자전함과 동시에 태양을 공전한다는 개념은 보통 청소년이 될 때까지 파악하지 못한다.

아이들이 낮과 밤에 대해 얼마나 이해하고 있는지 알고 싶다면 간단히 "하루가 뭘까?"라고 물어보면 된다.[16] 초등학생들과 중학생들에게 이런 질문을 한 연구에 따르면 초등학생들은 일반적으로 "깨어나 있을 때" 또는 "학교에 가고 놀 때"와 같이 매일 일어나는 일과 활동들을 통해 하루를 정의한다. 이 나이에는 인간이 경험하는 하루와 천체의 움직임과의 연관성에 대한 개념이 없는 듯하다. 하지만, 중학생들은 하루가 어떻게 생겨나는지에 대한 정보를 통해 하루를 정의한다. 13세의 한 학생이

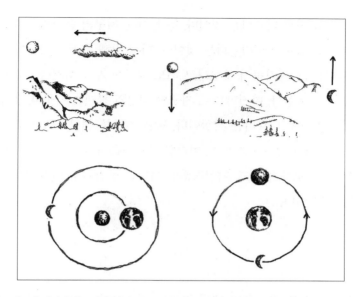

그림 4 지구가 자전한다는 것을 알기 전에 아이들은 자신들의 심성 모델이 편평한 원형 모델인지 (상단) 구형 모델인지(하단)에 따라 낮과 밤에 대한 설명을 지어낸다.

설명하기를, "하루는 지구가 완벽히 360도 회전하는 데 걸리는 시간이 예요. 하루의 길이는 24시간이고요. 1년은 365일이예요. 1년은 지구가 태양을 완전히 회전하는 데 걸리는 시간이죠."

청소년들이 이 정도의 지식을 갖추고 있다는 것은 역사적인 관점에서 봤을 때 매우 놀라운 일이다. 지구가 구형임을 알기까지 수천 년이 걸렸고 지구가 스스로 움직이고 있음을 발견하기까지 또 수백 년이 걸렸다. 반면에 오늘날 대부분의 어린이들은 태어난 지 10년 안에 이 지식을 습득한다. 그러나 그러한 지식을 습득하는 속도만으로 그 난이도를 판단해서는 안 될 것이다.

태양이 왜 뜨고 지는지, 왜 일 년이 365일인지 이해하려면 아이들은 세 가지 근본적인 원리를 깨달아야 한다. 첫째, 지구는 구형이고, 우리가 보는 편평한 땅과 다르다는 것이다. 두 번째는 지구의 움직임은 우리가 느끼고 경험하는 것과 다르다는 것이다. 다시 말해 우리는 지구가 움직이고 있다는 걸 지각하지 못한다고 해도 지구는 계속 회전하고 있다는 것을 납득해야 한다. 마지막으로, 지구와 태양의 관계는 지구와 달의 관계와 근본적으로 다르다는 사실이다. 달은 지구를 중심으로 돌고 있지만, 지구는 태양 중심으로 돈다. 이러한 깨달음은 구구단이나 도시 이름을 외우는 것보다 힘들고, 기억력뿐만 아니라 통찰력도 있어야만 얻을 수 있는 지식이다.

***

아이들의 잘못된 우주론에 대해 알고 난 후, 당신은 당신이 가진 우주 지식에 꽤 우쭐해하고 있을지도 모르겠다. 그러나 자신에게 한번 물어보라. 낮과 밤 이외의 다른 우주 현상들, 예를 들어 밀물과 썰물을 설명할 수 있는가? 달의 중력 때문이라는 정도는 모두 알 것이다. 하지만 정확하게 설명할 수 있는가? 이를테면, 달은 지구를 한 달에 한 바퀴 도는데 왜 조류는 하루에 두 번 일어나는 걸까? 왜 달의 모양은 한 달을 주기로 매일 바뀌는 것처럼 보이는지 설명할 수 있는가? (힌트: 정답은 "달이 지구의 그림자에 의해 가려지는 정도가 바뀌기 때문에"가 아니다.) 지구의 계절이 바뀌는 이유는 알고 있는가? (힌트: 정답은 "겨울보다 여름에 지구와 태양 사이의 거리가 더 가깝기 때문에"가 아니다.)

정답을 알고 있다는 생각이 들더라도 인터넷에서 한번 더 확인해보기를 권한다. 특히 계절에 대해서는 우리 대부분이 이해한다고 생각하지만 실제로 이해하는 사람이 많지 않다. 한 연구에서는 최근 하버드 대학 졸업생의 90퍼센트 이상이 계절이 바뀌는 이유가 지구와 태양의 거리 때문이라고 대답한 것으로 조사되었다.[17] 사실 계절이 생기는 이유는 지구의 자전축이 23.4도만큼 기울어져 있기 때문이다. 즉, 지구가 태양을 공전하는 동안 지구의 기울어진 자전축 때문에 태양열이 지구 북반구와 남반구에 도달하는 정도가 달라진다. 그렇기 때문에 북반구가 여름일 때 남반구는 겨울인 것이다. 지구와 태양 사이의 거리는 1년에 4퍼센트 미만으로 변하며 지구의 평균 온도에 거의 영향을 미치지 않는다.

계절이 지구와 태양 사이의 거리 때문에 생긴다는 설명은 널리 퍼져 있고, 생각보다 바꾸기 힘들다. 한 연구[18]에서는 다트머스 대학Dartmouth University 학부생들에게 지구 자전축의 기울어짐을 가르침으로써 계절에 대한 오해를 바로잡으려고 했다. 연구자들은 학생들을 위해 NASA에서 제작한 동영상을 교육 자료로 사용했다. 교육 이전에는 다트머스 학생의 8퍼센트만이 계절의 순환을 지구자전축의 기울어짐을 기반으로 올바로 설명했고, 92퍼센트는 태양과의 거리를 바탕으로 설명했다. 교육 후에 그 수치는 10퍼센트와 90퍼센트가 되었다. 동영상은 거의 아무런 효과가 없었다. 학생들은 동영상에서 지구 궤도의 정확한 모양과 기울기의 정확한 각도와 같은 몇 가지 정보는 배웠지만 개념적 차원에서는 아무것도 배우지 못했던 것이다.

어쩌면 NASA의 동영상이 특별히 대단할 것이 없었던 건지도 모르고, 또는 학생들에게는 제대로 배울 시간이나 기회가 주어지지 않았던 건지도 모른다. 하지만 사람들의 우주론적 오해가 깊다고 생각되는 또 다른 이유가 있다. 한 연구[19]에 따르면 어른들조차도 지구가 구형임을 진정으로 인식하지 못할 수도 있다는 것이다. 젊은이들에게 여섯 개의 도시―베를린, 리우데자네이루, 케이프 타운, 시드니, 도쿄, 로스앤젤레스―사이의 거리를 추정하도록 했다. 각 도시는 다른 대륙에 위치하고 있어 그 사이의 경로들을 모두 합하면 지구 전체를 횡단하는 거리가 된다. 본 연구에서 연구자들은 참가자들이 추정한 거리 값으로부터 지구의 반경을 계산하는 알고리즘을 개발해 사용했다.

도시 간 거리를 가깝게 추정하는 경향이 있는 참가자는 지구의 반경(3,960마일)보다 더 작은 반경을 가진 구형 모델을 가진 것으로 여겨졌다. 반면 도시 간 거리를 멀게 추정하는 참가자는 지구 반경보다 큰 모델이 지정됐다. 실험 결과, 대부분의 참가자의 추정치에 가장 잘 맞는 모델은 무한대의 반경을 가진 모델이었다. 이들이 추정한 거리 값은 어떤 크기의 구형 모델에도 맞지 않았던 것이다. 기하학적 관점에서 무한대의 반경을 가진 구형은 그저 평면일 뿐이다. 다시 말해서, 참가자들의 도시 간 거리 추정은 암묵적으로 어린아이들이 생각했던 것처럼 편평한 지구 모델과 일치했다. 사람들이 2차원적인 지도에 익숙해져 있기 때문이라는 반론이 있을 수도 있지만, 사실 그것 또한 내가 짚고 넘어가고자 했던 부분이다. 사람들은 2차원 지도에 나타난 거리가 실제로는 구형에서의 거리를 2차원에 투영하는 과정에서 왜곡되었음을 알지 못한 채 진정한 유클리드식 거리인 것 마냥 거리낌 없이 받아들인다.

내가 사람들의 왜곡된 공간적 직감을 처음 실감했을 때는 동료 미국인과 함께 스위스를 여행할 때였다. 나는 로스앤젤레스에서 취리히로 갔고 친구는 알래스카에서 취리히로 갔다. 그와 여행에 대한 이야기를 나누다가, 나는 나보다 훨씬 길었을 듯한 친구의 비행시간에 대해 동정을 표했다. 하지만, 그렇지 않았다. 사실 그의 비행시간은 나보다 2시간이나 더 짧았다. 그가 탄 비행기는 북극을 지나서 왔던 것이다. 내가 상상했던 것처럼 미국 대륙의 48개의 주를 건너서 온 것이 아니었다.

내 착각은 아주 단순했지만 그럼에도 불구하고 나에겐 매우 당황스럽게 느껴졌다. 스위스와 알래스카 사이의 최단 거리가 지구의 꼭대기를 지나리라는 생각은 전혀 못했었다. 내가 아는 지리학은 어린아이들의 낮과 밤에 대한 오해와 마찬가지로 내가 가진 우주론에 대한 지식으로 부터 분리되어 있었던 걸까? 아마도 그런 듯하다. 천체와 우주의 본질은 우리 인간들에게 쉽게 와닿지 않는다. 만약 그랬다면, 우리는 태양 크기의 1퍼센트도 되지 않는 지구를 태양의 절반 크기로 묘사한다거나, 실제로는 태양과 지구 사이의 거리의 1퍼센트도 되지 않는 지구와 달 사이의 거리를 마치 지구와 태양 사이의 거리의 절반만큼의 거리로 묘사하지는 않았을 것이다.

우리는 그러한 묘사들에 대해 놀라기는커녕 오류라고 인식하지도 않는다. 기하학적으로 (그리고 기계적으로) 태양계를 정확하게 이해하기 위해서는 그 크기와 구조에 대한 이론적 지식을 갖추는 것만으로는 모자라다. 지구를 직접 탐험하는 것도 마찬가지다. 천문학적 현상은 우리의 제한된 시각에서 완전히 올바르게 인식될 수 없기 때문에 아이와 어른 상관없이 모두에게 어렵다. 이러한 개념적 오류에 대한 내가 가장 좋아하는 예는 NASA의 페이스북 페이지에 올라간 화성의 해돋이 사진이다. 이 사진에는 "화성에도 태양이 있다는 것을 처음 알았다."라는 댓글이 달려 있다. 이런 댓글에 코페르니쿠스는 관에서 벌떡 일어났을 것 같다!

제6장 지구
기후 변화를 거부하는 사람들

우리 발 아래 땅보다 더 견고하고 영구적인 것은 없을 것만 같다. 하지만 사실 이러한 느낌은 환상일 뿐이다. 우리 발 아래의 땅이 항상 그곳에 있었던 것은 아니며, 항상 그곳에 있지도 않을 것이다. 대지는 용융된 암석에서 시작했고, 언젠가는 다시 용융된 암석으로 돌아가 지구의 깊은 곳에서 재활용될 것이다. 우리는 매일매일의 일상에서 지구를 영원히 변하지 않는, 움직이지 않는 것으로서 체험하고 있지만, 사실 지구는 영원히 움직이며 영원히 변화하고 있다.[1]

45억 년 전 지구가 처음 형성되었을 때, 땅은 존재하지 않았고 지구 전체는 용융된 상태였다. 그 후 지구가 냉각되면서 지구의 표면은 굳어서 견고한 암석이 되었고, 이 암석들이 조각나면서 몇 개의 거대한 판이 되었는데, 지질학자들은 이것을 '지각판tectonic plates'이라고 부른다. 지각판은 고온의 점성 물질층을 따라 미끄러져가며, 끊임없이 부서지며 융합되고 충돌하면서 지구 표면을 재형성한다. 오늘날에도 이러한 지각판―그리고 그 안에 포함되어 있는 대륙―은 끊임없이 우리의 발 밑에서 움직이고 있지만, 그 움직임은 매우 느려서 직접 측정하려면 레이저가 장착된 위성이 필요할 정도이다.

대륙이 이동했다는 가설을, 또는 적어도 한 번은 이동했다는 가설을 최초로 내놓은 사람은 지도 제작자 아브라함 오르텔리우스Abraham Orte-lius였다. 16세기 그는 아메리카 대륙의 동부 해안의 지형이 아프리카와 유럽의 서해안과 이상하리만큼 비슷해 보이는 것을 알게 되었다. 그 후 수 세기 동안 여러 사람들이 이러한 관찰을 되풀이했지만, 20세기 초 지구물리학자인 알프레트 베게너Alfred Wegener가 대륙 이동을 증명하기 위한 증거 자료로 정리하기 전까지 이 가설은 아무런 주목도 받지 못했었다. 베게너의 대륙 이동설은 직관에 대한 증거의 승리를 보여주는 전형적인 예다. 땅이 움직이지 않는다는 우리의 직관은 역사적으로 매우 견고했지만, 베게너의 증거는 광범위하고 다양해 반박의 여지가 없었다.[2]

첫째, 지질 기록을 보면 해안 암석의 성상은 종종 대륙 내에서보다 대륙 간에 더 유사하다는 것을 알 수 있다. 예를 들어, 남아메리카 동부 해안의 암석 성상은 남아메리카의 다른 해안보다 아프리카 서부 해안의 암석 성상과 더 비슷하다. 이러한 패턴은 암석 성상뿐만 아니라 석탄 매장지, 광물 매장지 및 산맥 등에도 나타나는 것을 볼 수 있다. 바다에 맞닿는 지점에서 단절된 줄 알았던 지질학적 특성들이 수천 마일 떨어진 곳에 다시 나타나는 것이다.

둘째, 고생물학 기록을 보면 현재 열대 또는 아열대 기후로 분류되는 지역들(남아프리카, 인도, 호주)이 한때는 빙하로 덮여 있었으며, 그와 동시에 현재 북극 또는 북극 기후(캐나다, 시베리아)로 분류되는 지역에는 빙하가 존재하지 않았었다는 것을 알 수 있다. 만약 지구의 양 극지방에 얼마나 가까운지를 기준으로 기후가 결정된다면, 이 지역들은 서로 뒤

바뀐 것처럼 보일 것이다.

셋째, 오르텔리우스가 수 세기 전에 제안한 바와 같이 대륙의 형상을 분석해보면—즉 대륙을 함께 모아보면—서로 잘 맞물릴 것으로 예측된다. 아프리카는 이러한 전체 퍼즐의 중심이 되고, 유라시아가 동쪽, 남미는 서쪽, 북미는 북쪽, 남극과 호주는 남쪽에 위치하게 될 것이다.

베게너는 이러한 지질학적 자료 이외에도 주목할 만한 생물학 자료 또한 수집했다. 20세기 초반까지 동물학자들은 동일한 동물이 지리적으로 고립된 대륙에 떨어져 살고 있는 사례를 발견했다. 예를 들어, 여우원숭이Lemur는 현재 아프리카 동부 해안에 위치한 마다가스카르 섬에서만 발견되지만, 3,000마일 이상 떨어진 인도에서 여우원숭이 화석이 발견되기도 했다. 여우원숭이가 인도에서 마다가스카르까지 어떻게 이동했는지를 설명하기 위해 한 동물학자는 인도와 마다가스카르가 지금은 침몰한 대륙—그가 붙인 별명으로는 '레무리아Lemuria'—에 의해 연결되어 있었다는 가설을 세우기도 했다.[3]

레무리아라는 이름이 지금 우리에게는 진지하게 들리지 않겠지만, 19세기의 동물학자들은 잃어버린 대륙설 또는 육교설을 매우 진지하게 상정하고 있었다. 이때는 대륙이 움직일 수 있다는 생각을 하지 못했기 때문에, 같은 속의 동물 또는 심지어 같은 종의 동물이 어떻게 북아프리카와 서인도 제도(딱정벌레), 남아프리카와 남아메리카(지렁이), 그리고 남아메리카와 오스트레일리아(주머니쥐)만큼 멀리 떨어진 곳에서 발견될 수 있는지를 설명하기 위해서는 연결된 육지("육교")가 필요했다. 또한 멸종된 동물들(캄브리아기 삼엽충, 페름기 양치류, 트라이아스기 도마뱀 등)의 화석이 바다 저 건너편에서도 발견되는 것을 설명하기 위해서도 육교설이 필요했다.

베게너의 주장은 본질적으로 패턴 맞추기 작업으로 이루어졌다. 그는

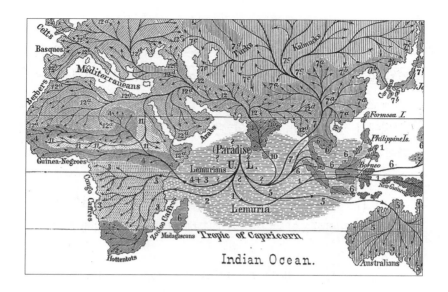

그림 1 19세기 생물학자들은 현재 대양으로 분리되어 있는 대륙 간 동물의 이주 패턴을 설명하기 위해 고대의 육교설을 상정했다. 그중 하나의 육교는 아프리카와 아시아를 연결하는 것으로, 그곳을 통해 이주했을 것으로 생각되는 동물인 여우원숭이(Lemur)의 이름을 따서 '레무리아(Lemuria)'라는 이름이 붙여졌다.

지구상에 널리 흩어져 있는 대륙들의 지질학적 패턴, 고생물학적 패턴, 그리고 동물학적 패턴이 대륙들을 같이 붙여 놓았을 때 더 잘 맞음을 보여주었다. 베게너는 다음의 비유를 통해 이러한 증거의 중요성을 강조했다. "우리의 작업은 찢어진 신문 조각의 가장자리를 맞춰가며 그 안에 있는 문장들이 자연스럽게 연결되는지를 확인하는 것과 같았다.[4] 만약 문장이 자연스럽게 연결된다면, 조각들이 실제로 그렇게 연결되어 있었다고 결론을 내릴 수밖에 없는 것이다." 지구물리학자들 역시 우연의 일치라고 하기에는 증거가 너무 많고 다양하다고 주장했다. "만약 [신문의] 한 줄만 자연스럽게 연결되었더라도 두 조각이 서로 연결되어 있었을 확률은 상당히 높다고 할 수 있다. 그런데 서로 연결되는 부분이 여러(n) 줄이라면 그 확률은 n제곱의 비율로 증가할 것이다."

이런 증거에도 불구하고, 베게너의 이론은 그의 일평생 동안 받아들여지지 않았다. 지질학자들이 그의 이론에 대해 회의적이었던 이유는 지구가 변하지 않는다고 믿었기 때문은 아니었다. 그들은 지구가 용융된 상태에서 시작되었고, 그 내부는 외부보다 더 뜨겁고 더 유동적이며, 시간이 흐르며 육지는 침식 또한 변형되었고, 바다는 한때 지금보다 더 넓은 육지를 덮고 있었으며, 지금의 산들은 예전에는 산이 없었던 자리에 서 있다는 것을 이미 알고 있었다.[5] 오히려 그들은 베게너의 이론이 가져올 파장을 받아들일 수 없었기 때문에 그의 이론에 대해 회의적이었던 것이다.

20세기 초반의 지질학자들은 지각이 주름지거나, 부서지거나, 접힐 수 있다는 것은 쉽게 인정할 수 있었지만, 완전히 새로운 형태로 재배열될 수 있다는 것은 인정할 수 없었다. 도대체 대륙들은 어떤 메커니즘으로 단단한 해저를 뚫고 이동할 수 있었던 것인가?[6]

베게너가 자신의 이론을 처음 발표한 무렵, 베게너의 동료인 베일리 윌리스Bailey Willis는 당시 학계의 정설을 다음과 같이 요약했다.[7] "대양 유역은 지표면의 영구적인 특징이며, 그곳에 물이 처음 모인 이후 윤곽의 변화가 있기는 했었으나, 현재의 위치에 계속 존재해왔다." 윌리스는 저명한 과학저널인 〈사이언스Science〉지에 게재된 논문에서 동물학적 기록의 중요성을 완전히 부인했다. "독일의 동물이 뉴욕에서 발견되거나 러시아의 동물이 북아메리카 서쪽에서 발견된다면 … [그러한 발견이] 의미하는 것은 무엇인가? 그것은 살아남은 동물종이 긴 기간 동안이든 짧은 기간 동안이든, 한 곳에 계속 머물렀든 혹은 이주를 했든, 그동안 변하지 않았거나, 또는 비슷한 조건의 조상 동물이 다른 지방에서 비슷한 발달 단계를 거쳤다는 것이다." 간단히 말해서, 지질학자들이 여기에 주의를 기울일 필요는 없다는 것이었다.

동시대의 또 다른 지질학자 롤린 T. 체임벌린Rollin T. Chamberlin은 베게너의 가설은 근본이 없다고 묵살하면서 "지구에 대한 상당한 자의적 해석"을 취했으며 "어떤 제약 사항도 반영하지 않았고 어색하고 불편한 사실들은 배제했다."라고 폄하했다. 체임벌린은 "베게너의 가설을 믿어야 한다면, 지난 70년 동안 배운 것을 모두 버리고 다시 시작해야만 한다."라고 덧붙였다.[8]

그러나 그들은 곧 베게너의 이론을 재고해야 했다. 베게너의 이론은 당시 지질학자들이 설명할 수 없었던 현상에 빛을 비추게 되었고, 그 후 수십 년 동안 후속 연구가 이어졌다. 이들 연구는 베게너의 믿기 힘든 가설을 믿을 수 있는 가설로 만들었다. 첫째, 대양 유역은 "지표면의 영구적인 특성"이 아니라 확산 및 수축이 가능한 연성 표면임을 나타내는 대양저 산맥이 발견되었다. 둘째, 지각판의 경계에서 지각이 새롭게 형성될 때 지구 내부의 용융된 암석의 기류가 지각의 자기적 성질을 변화시켰음을 보여주는 해저 고자기 줄무늬가 발견되었다. 단지 40년 만에 베게너의 이론은─적어도 과학자들에게는─근거 없는 헛소리에서 패러다임적 진리로 격상된 것이다. 그러나 일반인들에게 베게너의 이론은 여전히 혼란스러운 것이 사실이다. 우리가 표류하고 변화하는 지각판 위에 살고 있다는 사실은 우리가 궤도를 선회하고 회전하는 구체에 살고 있다는 것(제5장 참고)보다 믿기 어려운 사실일지도 모른다.

***

베게너 시대의 지질학자들 또한 지질학적 과정과 역사에 대해서 많은 것을 알고 있었다. 그럼에도 불구하고 그들이 대륙이동설을 받아들이기를 꺼려했다면, 지질학자가 아닌 다른 사람들은 이 이론을 받아들이기 얼마나 힘들어 했을지 쉽게 이해가 갈 것이다. 지구에 대한 우리의 무지 상태의 개념은 베게너의 동시대인들이 가진 개념보다 훨씬 정적이다. 우리는 지구를 본질적으로 견고하고 영원한 불활성 암석 덩어리로 생각한다. 대륙이 이동한다는 것을 받아들이기 위해서는, 지구를 소규모의 변화(해안선 변경, 산의 침식 등)가 드물게 일어나는 정적인 물체가 아니라 대규모의 변동(대륙 침몰, 대륙 충돌 등)을 지속적으로 겪는 역동적인 시스템으로 재개념화해야만 한다.

지난 수십 년 동안 학생들은 지구과학 수업을 이수한 후에도 여전히 정적인 지구 개념을 버리지 못한 것으로 보인다. 한 대규모 연구[9]에서는 지구과학 교육이 지구에 대한 오해를 해소하는 데 거의 영향을 미치지 않는다는 것을 확인했다. 이 연구는 32개 대학의 43개 지구과학 과정 중 하나의 과정에 등록한 2천 5백 명의 학생들을 대상으로 진행되었으며, 각 학생은 수업 전후에 지질 연대, 판 구조론, 그리고 지구의 내부에 대한 이해도를 테스트 받았다.

수업 이전에 학생들은 19개의 질문 중에 평균 8개를 맞혔고, 수업 이후에는 평균 9개를 맞혔다. 학생들이 소속된 대학이 전문대, 4년제 국립대학교 또는 4년제 사립대학교인 것과는 상관없이, 그리고 물리 지질학, 역사 지질학 또는 '엔지니어를 위한 지질학'처럼 보다 전문화된 과정을 수강했는지의 여부에 관계없이, 그 결과는 동일했다. 어이없게도 학생들의 최종 성적에 대한 가장 정확한 예측은, 전공이나 학교 또는 과정이 아니라 사전 테스트에서 얼마나 잘했는지였다. 다시 말해, 학생들은 마치 수업을 거의 듣지 않은 것과 다름없었던 것이다.

대륙의 이동과 같은 지질학적 과정을 이해하는 데 있어서의 문제는, 이러한 과정에 의해 설명되는 현상을 직접 눈으로 관찰할 수 없고 보통은 사람들에게 알려지지조차 않았다는 것이다. 같은 종의 화석이 먼 대륙에서 발견되었다는 사실이나, 멀리 떨어진 대륙에서 나타나는 암석 성상의 크기와 구조가 일치한다는 사실을 아는 사람은 거의 없다. 설령 우리가 그러한 현상을 알게 되었을 때에도, 더 현저한 다른 현상들(예를 들면, 이전 장들에서 논의된 바와 같이 결빙, 낙하, 끓는 것, 또는 타는 것)에 대해서와는 달리, 설명이 절실한 문제라고 생각하지 않는다. 지질학적 개념들은 설명이 필요한 것이라기보다는 호기심의 대상으로 여겨지는 경향이 더 크다. 즉, 우리는 지질학적 현상들을 그것이 왜 일어났는지 설명하려는 대신, 그저 단순히 받아들일 뿐이다.

판 구조론에 대한 일반적인 오해를 예로 들어보자.[10] 판 구조론은 지각에서 일어나는 여러 종류의 대규모 변화를 설명하지만, 많은 학생들은 지각판과 지각의 개념을 연결시키지 못한다. 그 대신, 학생들은 지각판이 지구의 내부에 층층이 쌓여 있다거나, 지구핵 주위에 방패처럼 배열되어 있다고 생각하는 것이다. 설령 학생들이 지각판과 지표면이 연결되어 있다는 사실을 받아들인다고 해도, 이들은 판이 수직 방향(지진이 일어났을 때 느낄 수 있듯이 상승하거나 떨어짐)이나 원형(판 중앙에 있는 축을 중심으로 회전)으로 움직인다고 생각할 뿐, 판이 옆으로 움직인다는 사실은 받아들이기 어려워한다.

우리는 지진, 화산, 쓰나미, 간헐천과 같은 지질학적 현상을 경험할 수 있다. 이러한 현상은 그저 호기심의 대상에 그치지 않는다. 극적이고 간혹 치명적이기도 한 이런 현상들에 대해 우리는 그것이 왜 발생하는지 알고 싶어 한다. 물론 이러한 현상을 설명하기란 그리 간단하지 않다. 일련의 인과적 상호작용들이 이 현상에 관여되어 있으며, 그중 많은 작용이 시공간적으로 이 현상으로부터 멀리 떨어져 있기 때문이다.

전형적인 화산의 분출에는 적어도 여덟 가지 단계가 포함된다. (1) 지

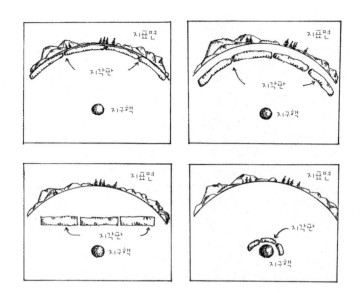

그림 2 지질학 수업을 수강한 학생들은 지표면이 지각판들(왼쪽 상단)로 구성되어 있다는 것을 이해하는 데 어려움을 겪었다. 대신에, 학생들은 지각판이 지구 깊은, 저 어느 곳에 있다고 가정한다 (나머지 그림들).

각판이 움직인다; (2) 움직이는 판이 아래에 있는 다른 판을 밀게 된다; (3) 충돌하는 지각판들 사이에서 마찰과 압력이 축적된다; (4) 지각판 사이에 있는 암석이 녹기 시작한다; (5) 용융된 암석(즉, 마그마)은 주변 암석보다 밀도가 낮아 지각 안에서 상승한다; (6) 상승하는 마그마가 지하 공간에 축적된다; (7) 이 공간을 둘러싸고 있는 암석이 약해지고 균열이 생긴다; (8) 마그마가 있는 공간에 압력이 축적되면서 마그마는 균열된 틈을 통해 대기로 분출된다. 이 일련의 사건을 완전한 인과관계 순서로 통합하는 것은 쉽지 않은 일일 것이다. 한 연구[11]에서 연구자들은 대학생들에게 이러한 일련의 사건을 가르친 후, 세인트 헬렌 화산의 분출 이유에 대한 에세이에서 그 순서를 다시 말해달라고 요청했다. 이때

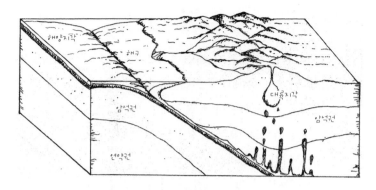

그림 3 화산의 폭발은 여러 종류의 잘 알려지지 않은, 감지할 수 없는 과정들을 수반하기 때문에, 지구과학을 공부하는 학생들은 이러한 과정들을 일련의 연속적인 사건들로 통합시키는 데 어려움을 겪는다.

학생들은 평균적으로 여덟 가지 단계 중 세 가지 단계만 열거할 수 있었다.

여기서, 학생들이 기억해낸 단계의 수에는 상당한 차이가 있었다. 적게는 하나의 단계만을 기억해낸 학생이 있는가 하면, 많게는 여섯 단계까지 기억해낸 학생도 있었는데, 그 차이는 무작위적인 것이 아니었다. 시각공간능력이 뛰어난 학생들은 상대적으로 다른 학생들보다 더 많은 단계를 기억해냈다. 즉, 시각공간능력 과제(예: 움직이는 물체 추적)를 더 잘 수행한 학생일수록 더 많은 지구물리학적 사건을 통합해서 화산 분출을 이해했던 것이다. 이러한 관계는, 머릿속으로 화산 분출의 이미지를 그릴 필요가 없도록 교육 자료에 그림을 포함시키더라도 동일하게 유지되었다. 지구물리학적 과정을 이해하기 위해서는 그 과정을 구상해내는 것뿐만 아니라 그것들을 일련의 상호작용으로 통합하는 능력이 필요하다. 지구물리학 시스템은 매우 역동적이기 때문에, 이러한 시스템을 학습하려면 역동적인 사고가 필요한 것이다.

***

지구물리학 시스템을 이해하기 어렵게 만드는 또 다른 측면은 여기에 엄청나게 오랜 시간이 관여되어 있다는 것이다. 우리는 해변에서 바위를 보고 그 바위들이 풍파를 겪어 결국에는 모래로 변할 것임을 이해할 수는 있지만, 본능적으로 이러한 결말을 상상할 수 있는 것은 아니다. 지질학자들은 우리가 경험에서 느낄 수 있는 시간과 구별하기 위해 지질학적 사건에 내포되어 있는 시간을 '아득한 시간deep time'이라고 부른다. 아득한 시간과 우리가 경험하는 시간은 은하와 원자만큼이나 다르지만, 우리는 종종 그 차이를 깨닫지 못하곤 한다.

스스로에게 한번 물어보자, 공룡시대의 흙이 오늘날 우리가 보는 흙과 같은 것인가? 설마! 당신은 단박에 말도 안 된다고 대답할 것이다. 하지만 당신은 아마도 다음 질문에는 주춤할 것이다. 만약 우리의 흙이 공룡시대의 흙과 같지 않다면, 공룡시대의 흙은 어디로 갔을까? 그리고 우리의 흙은 어디에서 온 것일까?

우리의 직관은, 마치 지구가 영원한 것처럼 흙도 영원히 흙일 뿐이라고 말한다. 우리의 이러한 직관은 아이들의 직관과 다르지 않다. 한 5학년 학생이 지구과학자와의 인터뷰에서 다음과 같이 말했다.[12] "흙은 아주 오랫동안 살 수가 있어요. 왜냐하면 … [사람들]은 살해되기도 하고, 어쨌든 죽어요. 그리고 식물은 아무나 뭉개버릴 수 있고, 나무는 베어질 수도 있고요. 하지만 흙은 너무 작아서 아무도 흙에게 아무 짓도 하고 싶지 않을 거예요. 그리고 만약 무엇을 한다고 해도 아무 일도 일어나지 않을 거예요. 흙을 죽일 수 없어요. 그곳에 영원히 있는 거죠."

놀랍게도, 흙은 영원히 그곳에 존재하지 않는다. 바람과 비에 의해 침식되고, 홍수로 씻겨 나가며, 빙하에 긁히기도 하고, 무기물질(토사, 재, 먼지) 또는 유기물질(부패되는 동물, 썩어가는 식물)에 덮여 있기도 하며, 지진 때문에 지각 위로 노출되기도 하고, 산사태에 묻히기도 하고, 지구 자체로 다시 재활용되기도 한다. 공룡은 6억 5천만 년 전에 멸종되었는데, 이는 흙이 변하기에 충분히 긴 시간이다. 하지만, 우리의 눈앞에서 그러한 변화가 일어나는 것을 보기는 어렵다. 인간의 수명은 대부분의 지질학적 사건보다 기하급수적으로 짧기 때문에, 우리는 흙, 산, 섬, 계곡과 같은 지질학적 특징을 그것들을 생기게 한 역사적 과정과 연결하는 데 어려움을 겪는 것이다.

찰스 다윈Charles Darwin은 지질학적 과정을 이해하는 데 어려움이 있다는 것을 지적한 최초의 사람들 중 한 사람이었다. 《종의 기원On the Origin of Species》에서 그는 다음과 같이 썼다.[13] "중간 단계를 볼 수 없는 대규모의 변화를 인식하는 일은 항상 느리게 일어난다. 이는 [찰스] 라이엘 Charles Lyell이 해안 파도가 내륙절벽과 큰 계곡을 만들었다고 주장했을 당시 많은 지질학자들이 느꼈던 어려움과 같을 것이다. 인간의 사고는 백만 년의 의미를 완전히 이해할 수 없다. 거의 무한한 세대 동안 누적된 수많은 작은 변화들의 영향을 다 더할 수도, 인지할 수도 없는 것이다." 다윈의 연구는 지질학적 세계의 변화와 같이 방대한 기간 동안 펼쳐지는 생물학적 세계의 변화에 초점을 맞추고 있었다. 생명의 진화에 대한 다음의 분기점들을 생각해보자. 가장 오래된 것부터 가장 최근 것까지 나열할 수 있는가?

- 인류의 첫 등장
- 생명의 첫 등장
- 포유류의 첫 등장
- 영장류의 첫 등장

- 척추동물의 첫 등장

사실 이 사건들의 순서는 내용 속에 이미 포함되어 있기 때문에, 이를 나열하는 것은 그리 어렵지 않다. 생명은 척추가 있는 생명(척추동물)보다는 먼저 생겨야 했고, 척추동물은 온혈 척추동물(포유동물)보다 먼저 생겨야 했고, 포유동물은 물건을 잘 잡을 수 있는 그리고 나무에 사는 포유류(영장류) 이전에 등장했을 것이며, 영장류는 두발로 직립보행을 하는 영장류(인류)보다 먼저 등장했을 것이기 때문이다. 이제 그보다 훨씬 더 어려운 질문을 해보자. 이 사건들 중 약 2억 년 전에 발생한 사건은 무엇인가?

대부분의 사람은 척추동물이나 생명의 출현을 선택한다. 그러나 이 사건들은 실제로 5억 2천5백만 년 전과 38억 년 전에 일어났다. 2억 년 전에 발생한 사건은 포유류의 출현이지만, 대부분의 사람들은 이를 단지 천만 년 전 즈음에 일어난 것으로 추정한다.[14] 우리의 추정치는 실제와 10배 이상 차이가 나는 것인데,[15] 지구의 형성, 달의 형성, 물고기의 출현, 나무의 출현, 울리매머드Woolly Mammoth의 멸종, 그리고 공룡의 멸종과 같은 다른 고대 사건들에 대한 우리의 추정치와 마찬가지로 실제와는 상당한 차이가 있다.

마지막 사건, 즉 공룡의 멸종에 대한 사람들의 오해는 특히 더 큰 한숨을 나오게 한다. 공룡의 멸종(6천5백만 년 전)과 현생인류의 출현(20만 년 전) 사이의 시간은 인간 평균 수명의 912,000배와 동일하지만, 수백만의 미국인들은 인간과 공룡이 한때 공존했다고 믿는다.[16] 이 믿음은 인간과 공룡의 공존을 묘사하고 있는 대중서 (《잃어버린 세계The Lost World》, 《공룡 대니Danny the Dinosaur》, 만화 《고인돌 가족 플린스톤The Flintstones》, 《마지막 공룡 덴버Denver the Last Dinosaur》)와 영화(〈기원전 백만 년One Millions

160

Year BC〉,〈좋은 공룡The Good Dinosaur〉) 등으로 인해 더욱 더 힘을 얻고 있다. 영화 〈쥬라기 공원Jurassic Park〉에서 묘사된 것처럼 우리가 공룡을 복제할 수 있다면 미래에는 공룡과 인간이 공존할 수도 있겠지만, 과거에 인간이 공룡과 공존했던 적은 없다.

'인간과 공룡이 한때 공존했다'라는 근거 없는 주장의 가장 강력한 지지자들 중 일부는 신이 인간과 다른 모든 유기체를 현재의 형태로 창조했고 진화는 필요 없었다고 믿는 창조론자들이다. 미국 켄터키 주 피터즈버그Petersburg에 있는 창조론 박물관Creationist Museum에는 아이들이 탈 수 있게끔 안장을 얹어 놓은 트리케라톱스Triceratops가 있다. 창조론자들은 공룡과 인간의 공존만이, 인류의 출현 이후 (더 정확하게 말하자면, 창세기의 여섯 번째 날 이후) 어떻게 공룡 화석이 지구에 남아 있을 수 있었는지를 설명해주기 때문에 그러한 생각을 지지하는 것이다.

종교는 지구가 얼마나 오래되었는지, 지구가 어디서 왔는지, 그리고 지구가 우주 어디에 위치하는지 등의 지질학적 사건에 대해 많은 이론을 내놓았다. 그중에서도 인간이 공룡과 공존했었다는 것은 가장 이상한 주장이다. 공룡 화석이 처음 발견되었을 때 창조론자들이 그랬던 것처럼 공룡의 존재를 아예 부인하는 것이 훨씬 더 간단하겠지만, 요즘 그렇게 하는 것은 그 집단의 종말을 자초하는 것과 다를 바가 없을 것이다. 공룡과 화석은 대중적인 문화에 이미 깊숙이 배어 있기 때문에, 심지어 가장 독실한 종교인들조차 그 존재를 부정할 수 없는 것이다. 따라서 공룡들은 받아들여져야 하고, 받아들여지는 것뿐만 아니라 재해석되어야 한다. 그러한 재해석 중 하나가 인터넷을 떠돌고 있는데, 바로 어린이용 색칠공부 책에서 나온 그림 한 장이다. 그 그림에는 예수가 티라노사우루스 렉스Tyrannosaurus rex를 타고 있고, "우리는 공룡이 대홍수에서 (노아의 방주를 타고) 살아남은 것을 알고 있고, 예수님도 공룡을 타고

그림 4 공룡은 인류가 등장하기 6,500만 년 전에 멸종했으나, 많은 대중문화에서는 인간과 공룡이 공존했던 것처럼 묘사하고 있다.

다니셨는지는 모릅니다. 하지만, 아마도 타시지 않았을까요?"라는 해설문이 붙어 있었다. 예수가 티라노사우루스 렉스를 탔다는 이야기는 어처구니없는 이야기지만, 고대 사람들이 트리케라톱스를 탔다는 이야기도 역시 가당치 않은 이야기다.

***

지구를 아득한 시간 동안 변화하는 역동적인 시스템으로 개념화하는 것은, 지질학과 생태학을 이해하는 것뿐만 아니라 기후를 이해하는 데 있어서도 매우 중요하다. 이제 우리는 인간의 활동으로 인해 지구의 기후가 변화하고 있으며, 그러한 변화에는 여러 과정들이 복잡하게 연관되어 있다는 사실을 알고 있다.[17] 인간은 탄소가 풍부한 화석 연료인 석탄, 석유 및 천연 가스의 연소를 통해 전례 없는 속도로 이산화탄소와 다른 온실가스를 대기 중으로 배출하고 있다. 이렇게 배출된 이산화탄소는 적외선(낮은 에너지 형태의 빛)을 포획함으로써 대기에서 우주로의 열 방출을 저해하므로 결과적으로 지구 온도를 상승시키는 것이다.

기온이 올라가면 이상 기후 현상들이 연속적으로 발생하게 된다. 극지방의 얼음 덩어리가 녹아 해수면이 상승하고 해류가 바뀌게 된다. 변경된 해류는 지역의 기상 패턴을 변화시켜, 극 지역은 더 춥게 만들고 적도 지역을 더 뜨겁게 만든다. 기상 패턴이 바뀌면 비가 어디에 얼마나 내리는지도 영향을 받아, 일부 지역에서는 가뭄이 일어나고 다른 지역에서는 홍수가 발생하기도 한다. 해안 지역은 특히 해수면 상승과 더 강해진 열대성 폭풍우의 복합적인 영향으로 인해 홍수가 발생할 가능성이 늘어나게 된다. 쉽게 말해서, 기후 변화는 바다, 빙하, 조류, 바람, 해수면, 기압, 강수량 등 모든 대기 시스템에 영향을 미친다.

사실 일반인의 관점에서는 이 상황이 아주 단순하게 보인다. 기후는 날씨와 동의어로 간주되며, 또한 기후 변화는 온난화와 동의어로 간주된다.[18] 기후와 날씨의 혼동은 미국 공화당 상원의원 제임스 인호페James Inhofe가 잘 보여주고 있다. 그는 지구 온난화가 사기라는 것을 보여주기 위해 상원회의에 눈덩이를 가져왔다.[19] "우리는 2014년이 가장 따뜻한 해였다는 소식을 계속 듣고 있습니다. [그런데] 당신은 이것이 무엇인지 아십니까? 밖에서 가지고 온 눈덩이입니다. 다시 말해, 밖은 매우, 매우 춥습니다." 이런 쇼를 벌이면서 그가 주장하고 싶었던 것은, 오늘 날씨가 비정상적으로 따뜻하지 않다면 지구는 더워지고 있지 않다는 것이었다.

인호페 상원의원만 기후와 날씨를 혼동하는 것은 아니다. 대중이 기후 변화를 받아들이는 정도는 날씨에 따라 변하는 것으로 나타났다. 즉, 사람들은 추운 날보다는 더운 날에 기후 변화를 더 심각하게 받아들이는 것이다. 한 연구[20]에서 연구자들은 참가자들에게 지구 온난화가 일어나는 것이 얼마나 확실하다고 생각하는지 그리고 지구 온난화에 대해 개인적으로 얼마나 걱정하고 있는지를 평가해달라고 요청했다. 그런 후 연구자들은 각 참가자의 답변을 설문을 완료한 날의 기온이 그 날의 평균기온과 얼마나 차이가 나는지를 바탕으로 비교했다. 조사 결과, 평년보다 더 따뜻한 날에 설문을 완료한 사람들은 평년보다 추운 날 설문을 완료한 사람들에 비해 지구 온난화에 대해 더 확신했으며 지구 온난화에 대한 우려도 더 높다는 것을 알 수 있었다. 이때 참가자들은 지구 온난화 문제를 해결하기 위한 비영리단체인 '깨끗한 공기-시원한 지구Clean Air-Cool Planet'에 설문조사 사례비 중 일부를 기부해줄 것을 요청 받았는데, 기부금의 액수도 날씨에 따라 변하는 것을 알 수 있었다. 따뜻하면 따뜻할수록 참가자들은 더 많은 기부금을 낸 것이었다.

실험실 밖에서 진행된, 훨씬 큰 규모의 연구에서도 동일한 결과가 관찰되었다.[21] 갤럽Gallup, 해리스Harris, ABC/우즈 연구소ABC/Woods Institute, 퓨 센터Pew Center와 같은 미국의 여론 조사 기관들은 20년 가까이 기후 변화에 대한 대중들의 수용도를 조사해왔다. 대중이 기후 변화를 수용하는 정도는 전반적으로 증가했다고 볼 수 있지만 그 결과는 설문조사마다 확연한 차이를 보였는데, 이러한 차이는 날씨와 관련이 있는 것으로 판명되었다. 즉, 비정상적으로 따뜻했던 해에는 비정상적으로 시원했던 해보다 여론 조사 결과 기후 변화의 심각성에 대한 대중의 수용도가 더 높게 나타났다. 기후 변화에 대한 언론 보도 역시 동일한 패턴을 따른다. 비정상적으로 따뜻했던 해에 미국에서 발행된 신문들의 기후 관련 기사 및 논평은 비정상적으로 시원했던 해보다 기후 변화에 대해 더 큰 우려를 나타냈다. 사실 날씨의 변동은 기후 변화와 별 관련이 없지만, 일반 대중이 기후 변화에 관심을 갖게 만드는 원동력임에는 틀림이 없는 것으로 보인다.

장기적으로 봤을 때, 비정상적으로 더운 날들이 비정상적으로 추운 날보다 점점 더 많아지는 것은 사실이기 때문에 날씨와 기후의 혼용은 그다지 중요한 문제가 아니라고 볼 수도 있다. 또한 비정상적인 날씨는 기후 변화에 대한 사람들의 관심을 고조시키는 효과도 있다. 그럼에도 불구하고 기후 변화에 대한 잘못된 개념이 문제가 되는 이유는, 잘못된 개념에서는 잘못된 해결책만 나올 수 있기 때문이다. 우선, 많은 사람들은 인간이 기후 변화를 초래하고 있다는 것을 부인하며 그것에 대한 해결책에도 역시 참여하지 않으려고 한다(이러한 오해에 대해서는 뒷부분에서 다시 살펴보도록 하겠다). 설령 인간이 기후 변화를 일으켰다는 것을 받아들이는 사람도 어떻게 그렇게 되는지는 이해하지 못한다. 인간이 환경에 미치는 영향은 친환경적인 행동("녹색") 또는 환경에 유해한 행동("갈색")으로 지나치게 단순한 이분법으로 표현되곤 한다. 일반적으로 녹색 활동에는 재활용, 나무 심기, 형광등 끄기, 쓰레기 줍기 및 자전거 출퇴근 등이 포함되며, 갈색 활동에는 자동차 운전, 장시간 샤워, 살충제 사용, 화학 물질의 해양 투기 및 에어로졸 캔 사용 등이 포함된다.[22]

환경에 영향을 끼칠 수 있는 모든 활동은 기후 변화와 관련 있는 것으로 여겨지곤 하지만, 쓰레기 줍기, 살충제 사용 또는 에어로졸 캔 사용과 같은 일부 활동은 적어도 직접적으로는 관련이 없다. 실제로 기후 변화와 관련된 활동들 가운데 일부는 다른 활동보다 훨씬 큰 영향력을 가지고 있지만, 우리는 그 차이점에 대해서 별로 신경을 쓰지 않는다. 예를 들어, 교통수단에서 발생하는 탄소는 전체 탄소 배출량의 14퍼센트를 차지하는 반면 쓰레기는 4퍼센트를 차지한다. 이처럼 쓰레기 문제는 교통 문제보다 기후 변화에 대한 영향력이 적음에도 불구하고, 우리는 교통 문제(대중교통 이용 또는 항공여행 최소화)를 해결하는 것보다, 쓰레기 문제(소비 절감 또는 재활용 확대)를 해결하는 데 더 신경 쓴다.[23]

교통 습관을 변화시킬 때 수반되는 희생을 감수하기가 쉽지 않기 때문에, 우리는 휴지통에서 재활용품을 분리하면 지구를 구할 수 있을 것이라고 스스로를 속이기도 한다. 하지만 그것만으로는 부족하다. 지구 온난화를 줄이기 위해 필요한 행동의 변화는 아무런 행동도 취하지 않았을 때 생기는 결과만큼이나 우리들의 삶을 크게 바꿀 것이다. 우리는 이러한 사실을 암묵적으로는 알고 있지만 명시적으로는 받아들이지 않고, 기후 변화가 심각하다는 것, 심지어 기후 변화가 일어나고 있다는 것조차 부정하기도 한다.

＊＊＊

따로 말할 필요도 없겠지만, 미국 사회는 기후 변화와 관련하여 크게 분열되어 있다.[24] 미국인의 약 16퍼센트는 기후 변화에 대해 경각심을 갖고 있고, 29퍼센트는 기후 변화를 걱정하며, 25퍼센트는 조심스런 태도를 취하고 있고, 9퍼센트는 관심이 없으며, 13퍼센트는 의문을 가지고 있고, 8퍼센트는 거부하고 있다. 기후과학자들은 이러한 패턴을 "지구 온난화의 여섯 가지 미국"이라고 부른다. 지구 온난화에 대한 증거가 크게 늘어나고 그러한 증거가 대중들에게 널리 알려졌음에도 불구하고, 각 그룹의 규모는 2008년부터 현재까지 거의 동일하게 유지되어 왔다.

지구 온난화의 여섯 가지 미국은, 기후 변화에 대한 태도뿐만 아니라, 기후 관련 믿음과 행동에서도 차이가 나타난다. 그중 기후 변화에 대해 "경각심"을 갖는 사람들은 이를 "거부"하는 사람들보다 (1) 지구 온난화가 일어나고 있다는 점, (2) 대부분의 과학자들은 지구 온난화가 일어나고 있다고 생각하는 점, (3) 지구 온난화는 인간의 활동으로 인해 일어난다는 점, (4) 지구 온난화를 염려해야 한다는 점, (5) 지구 온난화가 유해하다는 점, (6) 지구 온난화가 미래 세대에게 영향을 미칠 거라는 점, 그리고 (7) 우리가 올바른 행동을 취하면 지구 온난화를 완화시킬 수 있다는 점에 더 동의할 것이다. 인구통계학적으로 볼 때, 지구 온난화의 여섯 가지 미국은 연령, 소득, 인종 또는 성별에 상관없이 유사하게 분포하고 있다. 다시 말해, 젊은 고소득층 라틴계 남성은 나이가 많은 저소득층 백인 여성만큼 지구 온난화를 부정할 가능성이 있는 것이다. 여섯 가지 미국을 분리하는 더 뚜렷한 징후는 바로 종교와 정치다. 기후 변화에 대해 "경각심"을 갖는 사람들은 종교적 그리고 정치적 견해에서 좀 더 진보적인 반면, "거부"하는 사람들은 더 보수적인 견해를 가진다.

분명, 기후 변화를 거부하는 데에는 근원적이며 심대한 사회적 원인이 존재한다.[25] 하지만 여기에 개념적 요인도 작용하고 있지 않을까? 기후 변화를 거부하는 사람들은 실제로 기후 변화가 무엇인지 이해하고 있는 것인가? 심리학자 마이클 래니Michael Ranney와 동료들의 연구[26]에 따르면 그렇지 않다고 한다. 수백 명의 미국인들에게 지구 온난화의 원인을 설명하도록 요청했을 때, 이에 대해 설명을 할 수 있는 사람들은 거의 없었고, '온실가스'를 언급한 사람도 단지 15퍼센트에 불과했다. 그 후, 래니는 참가자들에게 기후 변화의 화학적 및 물리적 메커니즘에 대한 400단어의 설명을 제공하고, 그 정보가 사람들의 기후 관련 믿음 및 태도에 어떤 영향을 미치는지 측정했다. 래니는 HowGlobalWarmingWorks.org에서 찾을 수 있는 지구 온난화 메커니즘을 다음과 같이 요약했다. "지구는 햇빛의 가시광선 에너지를 적외선 에너지로 변환하는데, 이 에너지들은 온실가스에 의해 흡수되기 때문에 지구에서 천천히 빠져나가게 된다. 사람들이 온실가스를 더 많이 생산하면, 적외선 에너지가 지구에서 빠져나가는 속도가 더 느려지므로 결과적으로 지구의 기온을 상승시키게 되는 것이다."

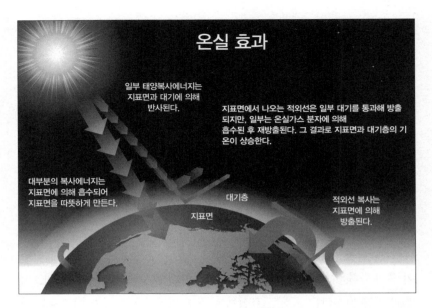

온실 효과

일부 태양복사에너지는 지표면과 대기에 의해 반사된다.

지표면에서 나오는 적외선은 일부 대기를 통과해 방출되지만, 일부는 온실가스 분자에 의해 흡수된 후 재방출된다. 그 결과로 지표면과 대기층의 기온이 상승한다.

대부분의 복사에너지는 지표면에 의해 흡수되어 지표면을 따뜻하게 만든다.

대기층

지표면

적외선 복사는 지표면에 의해 방출된다.

그림 5 거의 대부분의 사람들이 지구 온난화가 어떻게 일어나는지 잘 모르고 있다. 지구 온난화의 메커니즘을 가르치는 것은 지구 온난화에 대한 수용을 증가시킨다.

이 설명을 제공한 결과 연구자들은 두 가지 효과를 확인할 수 있었다. 첫째, 적어도 몇 주 동안은 참가자들이 지구 온난화의 본질에 대해 보다 정확한 인식을 가질 수 있었다. 둘째, 정치적 성향과는 관계없이 지구 온난화에 대한 수용도를 증가시켰다. 심지어 정치적으로 보수적인 사람들조차도 지구 온난화의 원인에 대해 알게 된 후에는 지구 온난화의 현실을 받아들이는 경향을 보였다(하지만 큰 영향은 아니었다—정치적 눈가리개를 벗기기는 쉬운 일이 아니다).

지구 온난화와 일반적인 기후 변화의 수용을 늘리는 방안은 이러한 문제를 둘러싼 과학적 합의에 대한 정보를 제공하는 것이다. 인간에 의한 탄소배출이 기후 변화를 초래한다는 것에 동의하는 과학자의 비율을 물어보았을 때, 사람들은 일반적으로 60퍼센트에서 70퍼센트 사이라고 대답했지만, 실제로는 97퍼센트의 과학자가 동의하고 있다. 또한 사람들에게 97퍼센트의 과학자들이 인간에 의한 탄소배출이 기후 변화를 초래한다는 사실에 동의하고 있다고 언급하면, 사람들은 현재의 과학적 합의에 대해 아무것도 듣지 않았을 때보다 훨씬 더 쉽게 믿음을 바꾸고 "인류의 탄소배출은 기후 변화를 초래한다."는 견해를 지지하게 된다.[27]

과학적 합의에 대한 정보가 기후 변화에 대한 우리의 믿음에 그렇게 강력한 영향을 주는 이유는, 우리의 패션에 대한 선호가 다른 사람들이 입고 있는 것에 의해 형성되고, 우리 먹거리의 선호가 다른 사람들이 먹는 것에 의해 형성되는 것과 같이, 동조압력peer pressure 때문이다. 인간은 사회적 동물이다. 우리는 다른 사람의 믿음과 태도뿐만 아니라 그들의 믿음과 태도가 우리 자신의 것과 일치하는지에 대해 상당히 신경을 쓴다. 우리는 합의를 진리의 대용물로 해석하기 때문에, 실증적인 문제에 대해 합의가 이루어졌는지의 정보에 특히 민감하다. 어떠한 믿음이 널리 퍼져 있다고 인식될수록, 우리는 그 믿음을 더 굳게 믿고자 하는 것이다.[28]

합의에 대한 정보는 우리가 기후 변화를 수용하는 것뿐만 아니라, 기후 변화를 줄이기 위한 우리의 노력에도 영향을 미친다. 한 연구[29]에서는 참가자들이 지자체, 정부 및 기업체를 포함하여 지구 온난화 문제를 해결하기 위해 더 많은 노력을 기울여야 하는 단체를 표시하도록 했다. 또한, 그들에게 오염물질로서의 이산화탄소 규제, 전기 회사들의 재생 에너지 사용 요구, 에너지 효율이 높은 차량에 대한 세금 환급, 휘발유에 대한 세금 인상 등 몇 가지 기후 관련 정책을 지지하는지 물어보았다. 지구 온난화가 과학적으로 논쟁의 여지가 없다는 것을 (올바르게) 믿으면 믿을수록, 공공 기관이 지구 온난화를 완화하는 조치를 취해야 하는 것은 물론 시민들의 행동을 촉구하는 공공정책을 시행해야 한다고 믿고 있었다. 또한 참가자들은 지구 온난화가 인간의 활동에 의한 것이라고 (올바르게) 믿으면 믿을수록, 지구 온난화는 바로 지금 해결에 나서야 하는 심각한 문제이며 인간이 집단적 행동을 취하면 줄일 수 있다고 믿고 있었다.

다시 말해, 심리학자들은 기후 변화에 대한 대중의 수용을 증가시키는 두 가지 방안, 즉 기후 변화의 원인이 되는 메커니즘을 가르치는 인지적 방식과 기후 변화를 둘러싼 과학적 합의를 강조하는 사회적 방식을 규명했다. 두 방식은 모두 효과적이지만, 실제로 이 두 가지 방식은 우리가 기후 변화에 대한 대중의 관심을 이끌기 위해서는 잘 사용되지 않는다. 사실, 우리의 기본 전략은 사람들이 죄의식을 느끼게 하는 것이다. 기후 변화에 대한 논의를 불의와 피해라는 수사로 감추는 것이다. 여기서 지구는 착취로부터 보호를 받을 필요가 있는 피해자로, 인간은 자제력이 더 필요한 죄인으로 등장하게 되는데, 이러한 수사의 대표적인 사례로 2015년 지구의 날 주간에 있었던 오바마 대통령의 대중 연설을 들 수 있다. "수요일은 지구의 날입니다. 우리가 보금자리라고 부르는 이 소중한 행성을 감사하고 보호하는 날이죠. (중략) 지구는 우리가 가진 유일한 행성입니다. 지금부터 몇 년 후, 저는 제 아이들과 손주들의 눈을 바라보며, 우리가 지구를 보호하기 위해 할 수 있는 모든 일을 다했다고 말하고 싶습니다."[30]

이러한 웅변은 정서적 공감을 이끌어낼 수는 있겠지만, 사실 우리는 지구를 보호가 필요한 대상으로 생각하지 않기 때문에 개념적 수준에서는 공감하지 못한다. 영원할 것으로 여겨지는 대상을 우리가 어떻게 손상시킬 수 있겠는가? 왜 우리는 에너지 사용을 줄이고 그에 따라 우리 자신이 입을 손해를 감수하면서 이 영원한 행성이 입을 피해를 염려해야 하는가? 메커니즘에 대한 지식이나 과학계의 합의를 강조하는 것보다 개념적 수준에서 더 효과적인 접근은 지구가 영원하다는 우리의 인지오류를 감안하여, 지구가 인간에게 의존하는 것이 아니라, 오히려 인간에 대해 무관심하다는 것을 강조하는 것이다. 지질학적 변화는 인류가 등장하기 이전 수십억 년 전부터 이루어져 왔다. 또한 이러한 변화는 인간이 어떤 환경 조건을 선호하든, 어떤 환경 조건에서 생존가능하든 상관없이, 대기 중의 높은 탄소 수준과 지구 온도의 상승과 같은 새로운 조건에서도 계속 이루어질 것이다.

좀 더 현실적인 수사는 오바마 대통령의 연설이 있었을 당시 인터넷에 돌아다니던 만화에 잘 표현되어 있었다. 그 만화에서는 어떤 사람이 '가이아 어머니Mother Gaia' — 인격화된 지구 — 에게 인간의 유해한 행동들에 대해 사과를 한다.

인간　가이아 어머니. 모든 인간을 대신해서 자연을 파괴한 것에 대해 사과를 하고 용서를 구하기 위해 왔습니다.

가이아　오, 내가 사랑하는 이기적인 인간들이여. 자연은 적응할 수 있기 때문에, 너희들이 무엇을 하든지 상관없이, 형태를 바꾸고 그 새로운 형태를 받아들일 것이다. 인간보다 나쁜 것들도 겪어왔단다. 하지만 너희들은 지구를 너무 많이 바꾸고 있어서 너희들조차 지구에서 살지 못하게 만들고 있구나. 너희들은 자연을 죽이고 있는 것이 아니라, 너희 자신을 죽이고 있는 것이다.

인간　뭐라고요?

가이아　너희들은 너희들 자신을 망치고 있고, 아무도 너희들을 그리워하지 않을 것이다.

***

이번 장으로 물리적 세계의 직관적 이론들에 대한 논의를 마치고, 다음 여섯 장에서는 생물학적 세계의 직관적 이론들을 이야기하고자 한다. 요약하자면, 우리는 다음의 물리적 이론을 다루었다.

1. 물질에 대한 직관적 이론에서는 물질을 미립자로 구성되어 나눠질 수 있다고 여기기보다는 다른 물질과 구분되는 하나의 전체로서 여긴다.
2. 에너지에 대한 직관적 이론에서는 열, 빛, 그리고 소리를 물리적 시스템의 미세 구성요소들의 창발적 특질로 여기기보다는 단순한 물질로 취급한다.
3. 중력에 대한 직관적 이론에서는 무게를 질량 및 중력장과 연관시키기보다는 물체의 본질적인 특성이라고 본다.
4. 움직임에 대한 직관적 이론에서는 힘을 물체의 움직임을 변화시키는 외부적인 요인이라기보다는 물체 간에 전달되어 움직임을 일어나게 하는 것으로 본다.
5. 우주에 대한 직관적 이론에서는 지구를 태양 주위의 궤도를 도는 구체가 아니라 오히려 태양이 그 주위를 회전하는 움직이지 않는 평면이라 본다.
6. 지구에 대한 직관적 이론에서는 대륙과 산 같은 지질학적 특징들을 일시적이고 역동적이라기보다는 영원하고 불변하는 것으로 본다.

우리는 우리의 일상 생활에 적합한 방식으로 환경을 인식하도록 되어 있기 때문에 이러한 직관적 이론들을 만들게 되었지만, 이 방식들은 자연의 진정한 실체를 파악할 수 있는 방법이 아니다. 우리는 물질들을 무게와 크기가 아니라 묵직함과 큼직함으로 인식하고, 열에너지를 열과 온도가 아닌 따뜻함과 차가움으로 인식하며, 중력을 지구를 향해 끌어당기는 힘이 아니라 그저 아래로 당기는 힘으로 인식한다. 또한 우리는 속력을 관성의 형태가 아닌 힘의 산물로 인식하고, 지구를 거대한 구체가 아닌 편평한 평면으로 인식하며, 지질학적 시스템을 연속적인 과정이 아닌 서로 구분되는 사건들로 인식하고 있는 것이다. 이렇게 편향된 인식들은 우리가 자연현상들의 원인에 대한 이론들을 만들 때 과학적으로 의미가 없는 개념들을 만들어내게 하는 반면 과학적으로 의미가 있는 개념들은 간과하게 만듦으로써 우리를 잘못된 길로 인도하게 된다. 오직 과학적 이론만이 올바른 개념들을 형성할 수 있도록 하기 때문에, 오직 과학적 이론만이 일관되고 정확한, 광범위하게 적용될 수 있는 설명들과 예측들을 우리에게 제공해줄 수 있는 것이다.

제2부

왜 우리는 생물 세계를
있는 그대로 보지 못하는가

제7장 생명

인간은 인간 중심으로만 생명을 이해한다

누구나 언젠가는 죽는다는 것이 어린아이에게는 명백한 삶의 특징이 아니다. 아이들은 아프기도 하고 다치기도 하지만 이러한 경험들이 신체 건강과 관련이 있다고 생각하지 못한다. 아이들은 그런 경험들을 그저 심리적 불편으로 알고 있다. 살아 있다는 직접적인 경험은 그 기저에 어떤 생리학적인 과정이 있는지에 대해 거의 아무것도 알려주지 않는다. 아이들은 활동을 유지시키는 생체 기능들 또는 그 기능들이 언젠가는 작동하지 않을 가능성은 인식하지 못한 채 축복 속에서 하루를 보낸다. 아이들의 생각 속에서 자신들은 불멸의 존재다.

자기 성찰만으로는 불멸의 착각을 깰 수 없다. 아이들은 누구나 죽는다는 삶의 속성을 외부 환경으로부터 발견해야 한다. 우선적으로는 다른 사람들이 죽는다는 것을 배우고, 곧 자기자신도 마찬가지라는 것을 깨닫게 된다. 시인 에드너 빈센트 밀레이Edna St. Vincent Millay는 이를 너무나 수려하게 표현했다. "어린 시절은 아무도 죽지 않는 왕국이다."라고.

나는 내 아들 테디가 죽음에 대해 알게 되었던 날이 지금도 꽤 생생하다. 테디가 만으로 네 살 반일 때였다. 나는 테디를 캘리포니아 과학 센터에서 열린 "전 세계의 미라"라는 전시회에 데려갔었다. 전시회 홍보물에는 석관sarcophagi이나 다른 이집트 조형물만 나와 있어서 나는 전시회가 주로 이집트의 사후 장례 관습에 관한 것이고 우리가 보게 될 미라들은 천에 싸여서 전시되어 있을 것이라고 생각했다.

웬걸, 전 세계의 미라 전시회는 그야말로 '전 세계'의 미라에 관한 것이었다. 동굴 안에 남겨져 미라화된 고대 잉카인들, 토탄 늪에 덮여 미라화된 셀틱인들, 모래 밑에 매장된 채 미라화된 고대 페루인들, 지하에 고이 눕혀진 채 미라화된 고대 헝가리인들. 미라들은 건조된 영광을 온몸으로 여실히 보여주고 있었다. 어떤 미라들은 인간이었고 또 어떤 것들은 인간이 아니었다(개와 원숭이). 어떤 미라들은 어른이었고 또 어떤 것들은 어린이였다. 심지어 어린 아기의 미라도 전시되어 있었다.

테디는 눈앞에 펼쳐진 광경에 매우 혼란스러워 했다.

그가 알고 있던 미라라고는 붕대를 감고 흉가를 전전하는 할로윈의 괴물―하지만, 그 안에는 살아 있는 사람이 들어 있는―이 전부였다. 우리가 처음으로 보게 된 미라 중 하나는 아기 미라였는데 테디는 그것을 보자 무엇이냐고 물었다. 나는 그것이 죽은 어린 아기이며 매우 건조한 기후 탓에 아기의 피부와 머리카락이 그대로 보존된 것이라고 설명해주었다. 테디가 이해하지 못한 듯해서 나는 또 이렇게 설명했다. 사람이 죽으면 일반적으로는 해골만 남게 되지만 여기 전시된 미라들은 해골이 되지 않는 특별한 환경에서 죽었다고.

내 설명이 이해가 되자, 테디는 눈을 동그랗게 뜨고 이렇게 소리쳤다. "내가 죽으면 미라가 되는 거예요?" 나는 테디에게 미라가 되지 않을 것이라고 안심시키고는 놀란 테디를 보고 껄껄 웃고 있는 무리를 지나쳐 테디를 데리고 전시회장을 빠져나왔다.

그 이후 몇 달 동안 테디는 주기적으로 죽음이라는 주제를 꺼내곤 했다. 왜 사람은 죽는지, 죽음을 피할 수는 없는지, 그리고 죽은 후 사람은 어디로 가는지에 대해 알고 싶어했다. 전시회 방문 후 1년 반이 지나 테디가 만6세가 되었을 무렵 우리는 다음과 같은 대화를 나누었다.

테디　할머니의 할머니는 어떻게 생겼어요?

나　모르겠는데. 할머니한테 여쭤보렴.

테디　할머니의 할머니는 죽었어요?

나　그렇지.

테디　아. 슬프네요.

나　만약에 할머니의 할머니가 살아계셨다면 아마 130살 정도 되셨을 거야. 누구나 죽는단다, 언젠가는.

테디　누구나요?! 왜요?

나　원래 그런 거야.

테디　천국이 사람들이 죽는 곳인가요?

나　아니, 천국은 사람이 죽은 후 가는 곳이야. 어떤 사람들은 그렇게 믿기도 하지.

테디　나도 죽어요?

나　(잠시 멈춤) 그러려면 아직 멀었단다.

부모로서, 나는 테디에게 "너는 절대 죽지 않을 것이며, 너는 특별하고, 다른 사람들과는 다르다."라고 말해주고 싶었다. 그러나 궁금한 게 많은 아이에게 교육자로서 거짓말을 하고 싶지 않았다. 만약 테디가 대륙이 움직이냐든가 지구의 기후가 변하냐는 질문을 했다면 나는 그렇다고 분명히 대답했을 것이다. 그렇다면 굳이 왜 죽음에 대해서는 거짓말을 해야 하느냐 말이다.

죽음을 비롯한 다른 생물학적 현상들—노화, 병, 생식, 진화 등—은 물리학적 현상들과는 달리 감정적인 측면이 있다. 이러한 특징은 우리가 생물학적 현상들을 배울 때 상반되는 영향을 주게 된다. 예컨대 부모와 교육자들은 물리학에 비해서 생물학에 관한 사실들을 가르치는 것을 꺼려 한다. 반면에 아이들은 생물학적 사실들에 대해 스스로 궁금해하고 알고자 한다. 한 연구[1]에 따르면, 만 다섯 살짜리 아이들은 물리학적 사실에 비해 생물학적 사실에 관해 2배 가까이 더 많은 질문을 한다고 한다.

아이들은 왜 할머니가 죽었는지, 여동생이 어디서 왔는지에 대해 무척이나 알고 싶어하며 부모에게 이를 물어보곤 한다. 만약 부모가 명확하게 대답을 해주지 않으면 아이들은 그들 나름대로의 답변—아이들이 그나마 가장 잘 아는 영역인 심리학에 근거하여—을 지어낸다.[2] 모든 생물학적 활동은 결국에는 심리학적인 부분을 가진다. 우리는 에너지를 얻기 위해 먹지만, 또한 배고프기 때문에도 먹는다. 우리는 수분을 공급하기 위해 물을 마시지만, 목이 마르기 때문에도 마신다. 우리는 에너지를 보충하기 위해 자지만, 또한 피곤하기 때문에 잔다. 죽음은 이보다 어려운 경우다. 아이들은 죽음에 근접한 경험을 한 적이 없기 때문에 어떠한 심리적 감정이나 욕구를 연상해서 죽음을 이해할 수가 없다. 단, 겉보기에는 연관이 있어 보이는 두 가지 경험을 알고 있다. 바로 수면과 여행이 그것이다.

잠을 자는 것은 움직임이나 감각이 없는 상태라는 점에서 죽음과 비슷하고, 여행은 우리의 삶에서 사람들과 헤어진다는 점에서 죽음과 비슷하다. 더군다나 어른들이 죽음에 대해서 이야기할 때 마치 잠을 자는

그림 1 죽음을 휴식이나 수면으로 은유적으로 표현하는 것은 어른들에게는 위안을 줄지 모르나 죽음의 생물학적 현실을 아직 이해하지 못한 아이들에게는 혼란을 일으킨다.

듯 "영원히 잠에 들다eternal slumber", "물고기들과 잠을 잔다sleeping with the fishes", "흙 속의 낮잠dirt nap", "편히 쉬다rest in peace"라는 표현을 쓴다거나 마치 여행하는 듯 "떠났다moved on", "떠나갔다passed away", "더 좋은 곳으로 갔다gone to a better place", "이 세상을 떠났다departed this world"라고 표현함으로써 죽음의 음침한 현실을 가리기도 한다. 우리 또한 죽음을 이런 식으로 표현하는데 죽음에 대해서 혼란스러워하는 아이를 어찌 탓할 수 있으랴. 때로는 죽음에 관한 은유적인 표현 속에 가려진 죽음의 진정한 모습과 대면하기 위해서는 미라를 만나는 경험이 필요한지도 모르겠다.

* * *

죽음을 이해하려면, 죽음은 삶의 끝이라는 관점에서 삶에 대한 이해가 선행되어야 한다. 그렇다면 삶이란 무엇인가? 생물학자들은 삶은 본질적으로 신진대사의 상태라고 말한다. 생물체들은 주변 환경으로부터 에너지를 얻어서 그 에너지를 생존의 연장을 위한 활동(운동, 성장, 그리고 번식)에 사용한다. 이 활동들은 모든 생물학적 개체에 적용되는 보편적인 사실로서, 해조류, 알로에, 악어, 그리고 영양과 같은 다양한 생물체들을 "살아 있다"는 한 가지 공통된 분모로 통일시킨다.

그러나 서로 다른 생물계의 유기체들은 서로 다른 방식으로 신진대사를 한다. 주변 환경으로부터 에너지를 얻는 방법(광합성, 초식, 육식), 성장 방식(발아, 확장, 분리), 그리고 생식과 번식법(포자법, 산란, 임신)은 생물마다 매우 다르다. 이처럼 같은 활동이라 해도 다양한 방식으로 나타날 수 있기 때문에, 아이들은 이 모든 활동이 생존 유지를 위한 것임을 이해하기 어려워한다. 따라서 아이들은 오직 생명이 드러내는 표면적인 면(생물체가 스스로 움직일 수 있는가)만 보고 삶을 이해하게 된다. 생물체가 스스로 움직인다고 여겨지면 살아 있다고, 그렇지 않으면 살아 있지 않다고 이해하는 것이다.

아이들이 스스로 움직이는 물체에 관심을 갖는 현상은 이미 유아기 때부터 나타난다. 아기들은 정지된 사물보다는 움직이는 사물을 좋아할 뿐만 아니라 기계적으로 움직이는 사물(이를테면 자동차가 움직이는 방식)보다는 유기적(이를테면 동물들이 움직이는 방식)이거나 무질서하게(벌 떼들이 움직이는 방식) 움직이는 사물을 좋아한다. 영아들에게 움직이는 사물이 담긴 두 비디오를 나란히, 그리고 동시에 보여준 후 영아들이 어느 비디오에 더 관심을 보이는지를 측정하는 실험을 통해서 이와 같은 사실을 확인할 수 있었다. 한 비디오에서는 검은색 화면 위에 하얀색 점들이 움직이는데 마치 이 점들이 걷고 있는 사람의 관절들에 붙어 있는 것처럼 움직였다. 다른 비디오에서는 같은 점들이 같은 화면 위에서 어떠한 일관된 패턴 없이 움직였다.

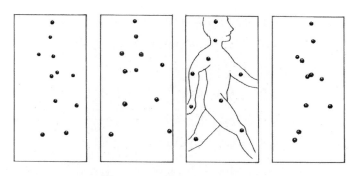

그림 2 움직이는 점들을 보여주었을 때 영아들은 점들의 움직임이 무작위적인 것보다 걷고 있는 사람을(위에 묘사된 바와 같이) 표현할 때 더 관심을 보인다.

두 비디오는 물리적인 면에서 움직임의 양이 동일했으나 아기들은 걸어다니는 사람의 움직임을 나타내는 비디오에 지속적인 관심을 보였다.[3] 이러한 관심은 태어난 지 3일밖에 안 된 갓난아기들에게도 나타났다. 즉, 영아들은 자신들이 걷는 것을 경험하기도 전에, 심지어 다른 사람들이 걷는 것을 많이 보기도 전에 동물적인 움직임의 패턴에 본능적으로 끌리게 되는 것이다. 걸을 수 있는 생물체, 즉 인간과 동물은 또한 우리와 교류할 수 있다는 점에서 이러한 본능은 진화론적으로 설명이 가능하다. 그들은 우리를 운반하고 먹이를 제공하고 씻겨줄 수 있지만, 또한 우리를 해칠 수도 있기 때문에 이러한 생물체들에 더 일찍 주의를 기울일수록 생존에 더 유리할 것이다.

생물학적인 움직임에 대한 본능적인 관심은 어린아이들이 살아 있다는 말을 "스스로 움직일 수 있다"는 말과 동의어로 생각하게끔 한다. 유치원생들은 새, 포유류, 물고기는 살아 있다고 말하지만 꽃, 버섯, 또는 나무는 자기 스스로 움직이지 않기 때문에 살아 있지 않다고 말한다. 유치원생들은 때로는 스스로 움직이지만 생물체가 아닌 것들(구름, 강, 연기, 해)도 살아 있다고 여긴다. 이렇게 사고하는 것은 서양과 동양, 선진국 및 개발 도상국의 어린이들 모두에게서 나타난다.[4] 다시 말하면, 전 세계의 네 살짜리 어린아이는 일반적으로 해는 살아 있지만 해바라기는 살아 있지 않다고 말한다.

네 살짜리 아이들은 이 세상의 어떤 개체들이 먹고, 숨쉬고, 성장하고, 번식하는 생물학적 활동들을 하는지 잘 이해하지 못한다. 아이들은 인간이 이러한 활동들을 한다는 것은 알지만 종종 다른 유기체들은 그렇지 않다고 생각한다. 그 이유의 일부는 위에서 언급했듯이 유기체들이 매우 다른 형태로 생물학적 활동들을 영위하기 때문이기도 하지만 또다른 문제는 생물학적 활동들을 다른 유기체에 적용시킬 만한 어떠한 원리도 알고 있지 못하다는 것이다. 아이들은 살아 있는 것을 스스로 움직일 수 있는가를 바탕으로 이해하며, 생물학적 과정에 대해서도 심리 작용에 근거해 이해한다.

생물학적 활동인 음식 섭취를 생각해보자. 어린이들은 경험으로부터 인간은 음식을 섭취한다는 것을, 그리고 관찰로부터 몇몇 다른 동물들 역시 먹는다는 것을 알고 있다. 하지만 먹는 것을 본 적이 없는 동물들에 대해서는 어떻게 생각할까? 해파리는 음식을 섭취하는가? 호랑나비는? 지렁이는? 어린아이에게 지렁이가 음식을 먹는지에 대한 질문은 지렁이가 에너지를 필요로 하는지의 문제가 아니라, 지렁이가 배고파하는지의 문제다. 마찬가지로, 지렁이가 번식을 하는지는 지렁이가 자기복제를 하는지의 문제가 아니라 부모 지렁이가 작고 무기력한 아기지렁이를 안고 있을 법한지와 같은 문제이다. 한 심리학 실험[5]에서 네 살짜리 아이는 지렁이가 아기지렁이를 갖는지에 대한 질문에 대해 아니라고 답하면서 짧은 지렁이는 있다고 대답했다. 내 딸 루씨는 만 3살이었을 때 사람은 위장을 갖고 있으나 새는 위장이 없다고 말했다. 내가 루씨에게 새가 먹은 음식이 어디로 가느냐고 묻자 어리둥절해 하며 "그냥 밑으로 내려가요."라고 대답했다.

이와 같이 루씨가 새에게도 위장이 있다고 생각하기를 꺼려하는 것은 대부분의 유치원생들이 생물학적 특성들을 인간이 아닌 다른 유기체에 적용하는 방식을 보여준다.[6] 즉, 아이들은 생물학적 특성들을 인간에 적용되는 방식과 같은 방식으로 다른 유기체에 적용하는 것이 상상 가능할 때만 적용한다는 것이다. 유치원생에게는 생물체가 인간과 비슷할수록 생물학적 특성들을 부여하기가 쉽다. 따라서, 새나 물고기보다 포유동물에게, 지렁이나 벌레보다 새나 물고기에게, 그리고 꽃이나 나무보다 지렁이와 벌레에게 더 쉽게 인간의 생물학적 특성들을 적용한다. 바이러스나 박테리아는 고려의 대상조차 되지 못한다(이에 관련해서 제10장에서 다시 논의된다).

아이들이 인간과 비슷하지 않은 생물체일수록 생물학적 특성을 덜 적용시키는 현상은 아이들이 전혀 알지 못하는 대상에 생물학적 특성을 적용시키는 경우에도 드러난다. 유치원생에게 사람들의 몸 속에는 골지체Golgi란 기관이 있다는 것을 알려준 후 다른 어떤 생물체의 몸속에 골지체가 있는지 묻는다면, 그들은 지렁이의 몸속에 골지체가 있다는 사실보다 개의 몸속에 골지체가 있다는 사실에 더 동의할 것이다(참고로, 골지체는 단백질을 운반하는 데 관여하는 세포 기관이다).

그런데 아이들에게 인간이 아닌 유기체의 새로운 특징에 대해 알려주면 (예를 들어, 개의 몸속에 골지체가 있다고 하면) 아이들은 다른 형태의 사고방식을 보여준다. 아이들은 새롭게 알게 된 특징을 다른 유기체(특히 인간)에 적용하기를 꺼려한다. 개에 대해 알게 된 새로운 사실은 오직 개에게만 적용되는 정보로 취급하는 것이다. 다시 말하면, 아이들은 마치 인간이 모든 생물체에서 으뜸인 양 사고한다. 아이들은 인간에 관한 생물학적 특성들을 개에 적용하는 데는 서슴지 않으나, 개에 관한 생물학적 사실을 인간에게 적용하는 것은 꺼려한다. 인간에 대해 알게 된 사실들은 종종 다른 유기체에도 적용된다고 생각하는 반면 다른 유기체에 관해 배운 것들을 인간에 적용하는 경우는 드물다는 것이다.

아이들이 자라면서 이러한 사고방식은 줄어드나 어떤 아이들은 만 10살이 될 때까지도 식물의 특성들을 다른 생물체에 적용하거나 다른 생물체의 특성들을 식물에 적용하는 것을 꺼려한다. 살아 있음을 움직임을 토대로 이해하는 것에서 신진대사를 토대로 이해하는 것으로 전향하기 어렵게 하는 걸림돌이 식물에 대한 이해다. 바람이나 해와 같이 스스로 움직이지만 살아 있지 않은 것들 또한 이해를 방해하는 걸림돌이다. 내 아들 테디가 일곱 살이 되었을 무렵, 테디는 선인장이 살아 있지 않다고 해서 나를 놀라게 한 적이 있다. 나는 테디에게 선인장도 살아 있다고 말해주면서 다른 어떤 것들이 살아 있는지 질문했다.

나　　꽃은 살아 있니?

테디　네

나　　버섯은?

테디　네

나　　해는?

테디　[잠시 멈춤] 아니요. 맞죠?

나　　맞아. 컴퓨터는 살아 있니?

테디　아니요! 말도 안돼요.

나　　로봇은?

테디　네.

나　　살아 있다고?

테디　네, 왜냐면 로봇은 걷고 말할 수 있잖아요. 그리고 우리 뇌를

훔쳐 갈 수도 있어요.

나   무엇이 살아 있게 하는데?

테디   모르겠어요. 무엇인데요?

나   살아 있는 것들은 에너지가 필요하단다. 그리고 물도 필요해. 또 번식을 하기도 하지.

테디   번식이 무슨 뜻이예요?

나   아기를 만든다는 거야.

테디   아! [잠시 멈춤] 살아 있는 것들은 늙어요.

나   그래 맞아. 그럼 로봇이 살아 있다고 생각하니?

테디   아니요, 왜냐면 로봇은 늙지 않아요. 그리고 폐도, 심장도 없어요. 그리고 많이 움직이지도 못해요.

살아 있다는 기준에 대한 나의 설명에 테디가 스스로 노화, 그리고 폐와 심장의 유무를 덧붙였다는 것을 눈여겨보자. 하지만 테디의 마지막 생각이 움직임과 관련되어 있었다는 것(로봇이 살아 있지 않다는 것은 스스로 움직일 수 없다는 것) 또한 주목할 만하다.

이즈음에, 테디는 수수께끼에 대해 관심을 갖기 시작했다. 테디가 가장 좋아하는 수수께끼 중 하나는 소설 《호빗The Hobbit》에서 골룸Gollum이 빌보 베긴스Bilbo Baggins에게 제시한 네 번째 수수께끼였다. "숨쉬지 않고도 살아 있고/ 죽음만큼 차갑고/ 소리나지 않는 갑옷을 두른/ 절대 목마르지 않아도 끝없이 물을 마시는 것은?" 정답은 물고기다. 테디는 이 수수께끼가 너무나 직관에 벗어났기에 매료되었다. 물고기는 생명의 특성을 인간과 매우 다른 방식으로 실현한다. 물고기는 공기가 아닌 물로부터 산소를 얻으며 따로 물을 마시지 않고도 체내 수분을 얻고, 체온이 일정하게 유지되지 않고 환경에 따라 변화한다. 골룸의 수수께끼는 테디가 생명의 특성을 이해하기 위해 겪고 있던 어려움을 잘 드러내고 있었다. 테디가 이런 고민들을 하기 이전에 이 수수께끼를 접했다면 그 내용을 이해하지 못했을 것이고 따라서 이 수수께끼에 매료되지도 않았을 것이다.

살아 있음을 움직임을 바탕으로 이해하는 것에서 신진대사 과정을 바탕으로 이해하는 것으로의 전환이 테디를 포함한 모든 아이들에게 어려운 이유는 두 가지 연관된 통찰력을 필요로 하기 때문이다. 즉, 움직이는 물체라고 모두 살아 있는 것은 아니며, 살아 있다고 해서 모두 우리의 눈에 보일 만큼(식물은 스스로 움직이나 매우 천천히 움직인다) 움직이는 것은 아니다. 살아 있으나 겉보기에는 움직이지 않는 것들을 더 많이 경험했다면 테디는 움직인다는 개념과 살아 있다는 개념이 다르다는 것을 깨달았을지도 모르겠다. 그러나 테디는 현대 사회의 다른 어린이들과 마찬가지로 그런 것을 경험할 수 있는 생물학적 환경으로부터 대부분 격리되어 있다. 도시에서의 삶 자체는 자연을 탐구하기에는 부족하기 마련이다.

실제로, 도시의 어린이들은 시골에서 사는 어린이들에 비해 생물학적 환경에 대한 이해가 더디다.[7] 도시 아이들은 시골 아이들보다 더 오랫동안 인간을 생물학적으로 특별하게 여긴다. 즉, 더 오랜 발달 기간 동안 인간에 관련된 생물학적 사항들을 다른 동물들에게 적용하는 한편, 인간이 아닌 동물들에 관련된 생물학적 사항들은 인간에 적용하려 하지 않는 것이다. 도시 아이들은 또한 생물학적 특성들에 대해 덜 숙련된 사고를 보인다. 이를테면, 같은 환경에서 살고 있는 서로 다른 과의 유기체(예: 북극곰과 북극여우) 사이보다 서로 다른 환경에서 살고 있는 같은 과의 유기체(예: 북극곰과 자이언트 판다) 사이에서 질병의 전이가 더 쉽다고 여긴다. 생태계에 관련된 올바른 사고는 실제로 자연을 접하며 직접

그림 3 어린아이들은 살아 있는 것과 활동성, 즉 스스로 움직일 수 있는 능력을 동일시한다. 따라서 그들은 새는 살아 있고 산은 살아 있지 않다고 정확하게 판단하지만 달은 살아 있고 나무는 살아 있지 않다고 잘못 판단하기도 한다.

경험하는 것이 필요한 듯하다.

이 같은 사고방식에 있어서의 예외는 애완동물을 키우는 도시 아이들이다. 이 아이들은 애완동물을 키우지 않는 도시 아이들에 비해서 생물학적 특성들을 인간이 아닌 다른 유기체에 더 많이 적용하는 경향이 있다. 그리고 이 아이들은 인간을 생물학적으로 특별하게 여기지도 않고, 다른 유기체와 마찬가지로 인간도 같은 생물학적 원리의 지배를 받는다고 여긴다.[8] 도시 아이들이 자연으로부터 떨어져 살면서도 자연을 접할 수 있게 하는 해결 방안이 바로 애완동물인 것이다. 도시 사람들은 때론 애완동물에게 요리를 해주거나 스파에 데려가는 등 애완동물을 너무 인간처럼 취급하기도 한다. 그러나 이 애완동물들은 인간 또한 동물이라는 사실을 가르쳐주는 중요한 역할을 한다.

***

살아 있음에 대한 아이들의 생각이 다듬어지면, 이제 무엇이 죽고 왜 죽게 되는지에 대한 생각도 함께 다듬어진다. 죽음을 잠이나 여행과 같은 행동이라기보다 모든 생명체가 맞이하는 생물학적 정지 상태로 여기게 되는 것이다. 이러한 상황을 한 친구는 다음과 같이 요약했다. "의사가 전해줄 수 있는 가장 좋은 검사결과는 네가 다른 이유로 죽게 된다는 거야."라고.[9]

수십 년간, 학자들은 다음의 다섯 가지 생물학적 원리들에 대한 아이들의 이해를 바탕으로 아이들이 죽음에 대해 가지고 있는 생각을 조사했다.[10] 1) 죽음은 불가피하다. 2) 죽음을 되돌릴 수 없다. 3) 죽음은 살아 있는 개체들에게만 적용된다. 4) 죽음은 모든 생물학적 활동을 정지시킨다. 5) 죽음은 신체 기능에 문제가 생김에 따라 결국 생명의 유지에 반드시 필요한 기능들을 잃기 때문에 일어난다.

첫 번째 원리 "죽음은 불가피하다"에 대한 이해를 연구하기 위해 아이들에게 살아 있는 것들이 무언인지 그리고 그것들이 죽는지에 대해서 물었다. 이때 아이들이 사람을 언급하는지가 연구의 관심사였다. 나이가 많은 아이들은 사람을 언급했으나 어린아이들은 그렇지 않았다. 두 번째 원리 "죽음을 되돌릴 수 없다"에 대해서는 아이들에게 다음과 같은 질문을 했다. "만약에 사람이 죽었는데 오랜 기간 동안 무덤에 묻히지 않았다면 다시 살아날 수 있을까?" 나이가 많은 아이들은 아니라고 대답했으나 어린아이들은 그럴 수도 있다고 대답했다.

세 번째 원리 "오직 살아 있는 것들만 죽는다"를 연구하기 위해서는 죽지 않는 것들에 대해서 나열해보라고 했다. 나이가 많은 아이들은 살아 있지 않은 것들(가구, 옷, 도구)만 언급한 반면, 어린아이들은 종종 살아 있는 것과 살아 있지 않은 것을 모두 언급하는 경향이 있었다. 네 번째 원리 "죽으면 생물학적 활동이 정지된다"에 대해서는 죽은 사람들에게 음식, 물 또는 공기가 필요한지, 움직이는지, 꿈을 꾸는지 또는 화장실에 가는지에 대해서 물어보았다. 나이가 많은 아이들은 죽은 사람은 위와 같은 활동들을 하지 않는다고 대답했으나 어린아이들은 그렇다고 대답할 때도 있었다.

마지막으로, 다섯 번째 원리 "죽음은 신체 중요 기능의 소실에 의해 일어난다"를 연구하기 위해서는 사람을 죽게 하는 것들은 무엇인지 그리고 그것들이 왜 사람을 죽게 하는지에 대해 물었다. 어린아이들은 칼, 총, 독약 등 대체로 생명에 위협적인 도구들을 언급했으나 왜 이 도구들이 생명에 위협적인지에 대해서는 설명하지 못했다. 반면 나이가 많은 아이들은 그 이유를 설명할 수 있었으며(예: 칼은 사람의 살을 베고 피가 나게 한다), 물리적 폭력 이외에도 암이나 심장병과 같은 것들을 죽음의 이유로 언급했다.

아이들은 위의 다섯 가지 원리들을 한번에 깨닫지는 않는다. 죽음이 불가피하며(제1원리) 되돌릴 수 없다는(제2원리) 사실들을 먼저 이해하고, 죽음이 살아 있는 개체에만 적용되고(제3원리) 모든 생물학적 활동을 정지시킨다는 것(제4원리)을 이해하기까지는 1~2년이 더 걸린다. 죽음이 중요한 신체 기능의 소실에 의해 일어난다는 것(제5원리)을 이해하기까지는 몇 년이 더 걸린다.

이 순서는 각각의 원리들을 이해하기 위해 어떤 지식이 바탕이 되어야 하는지를 고려해보면 수긍이 간다. 제1, 2원리를 이해하려면 아이들은 끝없는 잠이나 피할 수 없는 여행처럼 죽음이 영원한 상태이며 피할 수 없다는 것을 알아야 하는데, 이는 죽음에 대한 어떠한 진정한 생물학적 이해가 없이도 가능하다. 하지만 제3, 4원리를 이해하려면 약간의 생물학 지식이 필요하다. 아이들은 어떤 것들이 살아 있는지, 그리고 어떠한 방식에 의해 삶이 지속되는지에 대해 알아야 한다. 하지만 생물학적 과정에 대해 구체적인 사항들을 알지 못해도 이 원리들을 이해할 수는 있다. 그러나 마지막 원리를 이해하려면 구체적인 사항들에 대해서도 이해해야 한다. 아이들은 어떤 과정들이 생명을 지속시키는지, 그리고 이 과정들이 어떻게 서로 연관되며 실제로 우리의 몸에서 어떻게 나타나는지도 알아야 하는 것이다.

대부분의 아이들은 10세가 되기 이전에 죽음에 대해 생물학적으로 성숙된 이해를 하게 된다. 정확히 몇 세부터 이런 사고가 가능해지는지는 아이가 속한 공동체의 어른들이 얼마나 자주 죽음에 대해 이야기하는지에 따라 다르다. 현대의 산업화된 사회의 아이들은 죽음에 대한 이야기를 많이 접하지 못하기 마련이다.[11] 사람의 죽음도 동물의 죽음도 주기적으로 접하지 않는다. 아이들과의 대화, 또는 아이들을 대상으로 하는 미디어에서도 죽음에 관한 이야기는 잘 등장하지 않는다. 아이들이 죽음에 대한 대화를 접하게 된다 하더라도, 그 대화는 죽음 자체보다는 죽음을 애도하는 것에 초점이 맞춰져 있기 마련이다. 예를 들면, 죽음에 관한 동화책은 슬픔, 분노 또는 죽은 이에 대한 그리움을 다루지만 죽음의 생물학적 과정은 거의 다루지 않는다.[12]

종교는 문제를 더 복잡하게 만든다. 사실 대부분의 어른들은 인간이 죽은 후에 지구상에서의 존재가 완전히 사라진다고 믿지 않는다. 적어도 죽은 사람을 특징짓는 어떤 요소들은 죽은 후에도 살아 있다고 믿는다. 따라서 어른들은 아이들과 죽음에 대해서 이야기할 때 영적인 또는 종교적인 표현들로 죽음의 실체를 가린다. 예를 들면 제4원리와는 정반대로, 인간의 활동은 죽음으로 멈추는 것이 아니라 달라지는 것이라고 이야기한다. 죽은 사람들도 계속해서 생각하고, 느끼며, 움직이지만 이러한 활동은 살아 있을 때와는 매우 다른 형태로(예: 천사가 되어) 다른 장소에서(예: 천국에서) 이루어진다고 표현한다. 이런 사고방식은 다음과 같은 인터넷 유행어에서도 나타난다. "우리는 영적인 체험을 하는 인간이 아니다. 우리는 인간의 체험을 하는 영적인 존재다."

한 연구[13]에 따르면 이러한 말들이나 표현은 어린아이들을 매우 혼란스럽게 만든다. 어린아이들이 죽음을 종교적인 의미로 생각하도록 유도하면—예를 들어, 신부님이 죽어가는 사람의 임종을 지킨다는 이야기를 듣는다면—죽음과 함께 생물학적 활동이 정지한다고 생각할 확률이 현저히 떨어지게 된다. 오히려 아이들은 죽은 후에도 사람이 계속해서 볼 수 있다거나 심장이 뛴다고 믿게 된다. 어린아이들이 가까스로 삶과 죽음의 구분을 이해하게 되었다 해도 죽음에 관한 종교적인 대화나 표현을 들으면 이러한 구분은 이내 사라지게 된다.[14]

죽음에 관한 종교적인 표현들은 놀라울 만큼 흔하다. 많은 문화권에서 대부분의 어른은 죽음을 생물학적 육신의 끝인 동시에 영적 존재로의 변신이라고 생각하며, 아이들에게 죽음의 양면성을 가르친다. 그러나 이와 같은 죽음의 양면적 개념은 인간의 존재를 이루는 물질적 요소(신체)와 비물질적인 요소(영혼)의 분리를 바탕으로 하고 있는데, 어린아이들은 아직 이 둘을 분리시키지 못한다.

그 이유는 어린아이들은 신체에 대한 개념을 아직 이해하지 못했기 때문이다. 아이들 또한 신체를 가지고 있으므로 물질적인 관점에서 신체가 무엇인지 알고 있지만 생물학적인 관점에서는 무지할 뿐이다. 생물학적 관점에서의 신체는 일종의 기계로서, 기계 내부 부품들의 조화로운 움직임을 통해 작동한다. 어른들은 영혼을 "기계 속의 유령"이라고 생각할지도 모르지만, 아이들은 이 기계에 대한 개념이 전혀 없기 때문에 이를 유령으로부터 구분하지 못하는 것이다.

***

신체에 대한 개념은 삶이라는 개념과 죽음이라는 개념 사이를 이어주는 접착제 같은 것이다. 모든 살아 있는 것들은 신체를 가지고 있으며, 모든 신체는 결국엔 망가지게 되어 있다. 이 신체라고 하는 것은 하나의 세포처럼 단순한 것에서부터 조직과 장기를 이루는 무수한 세포들처럼 복잡한 것에 이르기까지 다양하나, 이들은 모두 그 자체의 작동을 위한 내부 부품들을 갖고 있다는 공통된 특징이 있다.

유기체를 신체의 기준에서 생각하는 것은 아이들이 생물학적 사실들을 이해하는 토대가 된다. 즉 아이들에게 다음과 같은 깨달음을 준다.

1. 신체를 갖고 있는 개체들만이 살아 있다(따라서, 해와 바람은 살아 있지 않다).

2. 신체를 갖고 있는 모든 개체들은 살아 있다(따라서, 꽃과 나무는 살아 있다).

3. 외부적인 생물학적 기능은 내부의 생물학적 기능을 돕는다(따라서, 우리가 먹는 이유는 우리의 신체가 에너지를 필요로 하기 때문이며, 우리가 숨을 쉬는 이유는 우리의 신체가 산소를 필요로 하기 때문이다).

4. 죽음은 신체가 더 이상 작동하지 못하는 데서 비롯된다(따라서, 죽으면 생물학적 활동들은 정지된다).

5. 신체는 여러 방식으로 고장 날 수 있다(따라서, 폭력적이지 않은 죽음도 있다).

6. 모든 신체는 궁극적으로 고장 난다(따라서, 죽음은 불가피하며 되돌릴 수 없다).

이를 뒷받침하는 다른 연구 결과[15]로서, 어린이들 중에 인체 내부 기관들의 이름, 기능, 그리고 위치를 아는 아이들은 다른 생물학적 사실들에 대해서도 아는 경향이 있다. 그런 아이들은 꽃과 나무는 살아 있지만 바람과 해는 살아 있지 않고, 생물학적 활동들은 신진대사의 기능을 가지고 있으며, 죽으면 이 활동들은 정지되고, 죽음은 중요한 신체 기능의 소실 때문이라는 것을 알고 있다. 신체에 대해 많이 아는 아이들이 삶과 죽음을 포함해 일반적인 상식 수준이 높기 때문에 이러한 상관관계가 나타난다고 볼 수도 있겠지만, 연구에 따르면 그것 때문만은 아닌 것으로 나타났다.

한 연구[16]에서 심리학자 버지니아 슬로터Virginia Slaughter와 동료들은 주변 유치원들을 방문하며 유치원생 어린이들의 삶, 죽음 그리고 신체에 대한 이해를 연구했다. 그들은 아이들에게 신체에 대한 생물학적 사실들을 가르쳤고, 아이들이 신체에 대한 생물학적 사실들을 더 많이 알수록 삶과 죽음에 대해서도 더 잘 이해하게 되리라고 예측했다. 우선, 연구자들은 아이들에게 신체 내부 기관의 모형들이 붙어 있는 앞치마를 사용하여 신체에 관한 생물학적 사실들을 가르쳤다. 아이들은 각각의 모형들을 앞치마에 붙이고 떼어내며 신체 기관들이 어디에 자리잡고 있는지, 무슨 기능을 하는지, 그리고 서로 어떻게 연결되어 있는지 배웠다.

이 같은 교육을 시작하기 전, 연구자들은 아이들에게 죽음에 관한 다섯 가지 원리를 물어보는 "죽음의 인터뷰"를 시행했다. 아이들은 죽음에 대해 거의 이해하지 못했지만, 생명을 지속시키는 생물학적 기능에(예: "우리가 숨을 쉬는 이유는 우리의 신체가 산소를 필요로 하기 때문이다.")에 대해서는 어느 정도 이해하고 있었다. 교육을 마친 결과, 아이들의 삶과 죽음에 대한 이해가 뚜렷하게 향상된 것을 볼 수 있었다. 예를 들면, 죽음의 인터뷰에서 죽은 사람은 계속해서 먹고 숨을 쉰다고 말했던 아이들

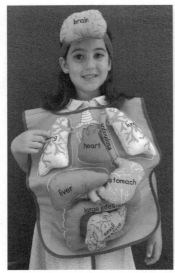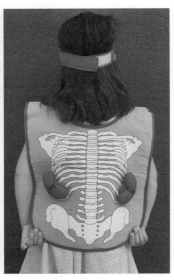

그림 4 아이들에게 신체 내부 기관의 위치와 기능을 가르치는 것은 아이들이 삶과 죽음에 대한 어려운 개념들을 이해하도록 돕는다.

도 교육을 받은 이후에는 모든 생물학적 활동은 죽음과 함께 정지한다고 대답했으며, 그전에는 총이나 독약으로 인해 죽는다고 말했던 아이들이 교육 후에는 중요 기관이 제 기능을 하지 못하면 죽는다고 대답했다. 이 연구는 아이들에게 죽음에 대해 어떠한 구체적인 사실을 가르치지 않았음에도 불구하고 죽음에 대한 이해가 향상될 수 있음을 보여주었다. 즉, 신체에 대한 지식을 얻는 것만으로도 죽음을 이해하기에 충분했다는 것이다.

  슬로터의 연구에 참여한 아이들의 부모들은 이 연구 결과에 대해서 어떻게 생각했을지 궁금하지 않은가? 자녀들이 인체에 대해서 배우려고 학교에 갔다가 죽음에 대해 배우고 돌아왔다는 사실에 대해서 말이다. 이 연구는 미국의 풍자 신문 〈어니언The Onion〉에 실린 가상의 뉴스를 떠오르게 한다.[17] 이 이야기에서는 한 기자가 남서부 지역에 사는 고릴라 '퀴글리Quigley'에게 죽음의 운명을 가르친 두 연구원의 실험실을 방문한다.

연구원 우리는 먼저 고릴라에게 "빨간색 블록", "파란색 블록", "초록색 블록"과 같은 패턴을 반복해서 가르쳤습니다. 그 다음에는 "고릴라가 태어난다", "고릴라는 자란다", "고릴라는 죽는다"와 같은 패턴을 반복해서 가르쳤죠.

기자 이 연구원들은 퀴글리에게 죽은 그리고 죽어가는 고릴라들의 사진을 보여주면서 "너도 언젠가는" 그리고 "선택은 없다."와 같은 문구의 의미를 전달했는데요.

연구원 수천 번의 반복을 거듭한 후에 퀴글리는 마침내 자기 자신과 사진의 죽어가는 육체와의 연관 관계를 깨닫게 되었습니다.

기자 연구원들은 퀴글리가 처음에는 자신의 죽음에 대한 근본적인 두려움만 표현했으나 금새 무관심과 자기혐오라는 조금 더 복잡한 감정들을 표현하기 시작했다고 말했습니다. 그리고 바로 이틀 전에 연구원들은 퀴글리에게서 공황 발작으로 여겨지는 행동들마저 목격했다고 말했습니다.

연구원 퀴글리는 매우 고통스럽게 울부짖으며 머리를 벽에 내리쳤습니다. 저는 이렇게 생각했죠, "우리가 해냈다!"

아이들에게 죽음을 가르치는 것은 퀴글리에게 나타난 것과 마찬가지로 죽음에 대한 두려움을 증가시키는가? 슬로터와 동료들은 이에 대해서도 연구했다.[18] 연구자들은 4세부터 8세까지의 아이들을 대상으로 다섯 가지 원리에 대한 죽음의 인터뷰를 진행하고, 이와 함께 "죽은", "죽어가는", "장례식", 그리고 "관"과 같은 죽음과 관련된 단어들에 대해 아이들이 얼마나 강한 두려움을 보이는지 살펴보았다. 죽음의 인터뷰에서 아이들의 점수는 두려움의 정도와 연관 관계가 있었으나 아마 대부분의 사람들이 예측하는 것과는 정반대로 관련이 있었다. 즉, 아이들이 죽음에 대해 더 잘 이해할수록 죽음에 대한 두려움은 줄어들었다.

아이들의 죽음에 대한 이해는 아이들의 정신 건강에 해를 미치는 것이 아니라 오히려 도움이 되었다. 이 결과는 죽음을 경험하고 슬퍼하는 아이들을 상담하는 의사들이 직접적인 상담 경험을 통해 오랫동안 믿어왔던 것과 일맥상통한다.[19] 의사들은 대부분 부모들에게 죽음에 대해서 피하거나 은유적으로 표현하기보다는 명료하고 구체적인 표현을 통해 죽음을 정면으로 이야기해주기를 권한다. 죽음에 대한 생물학적 설명은 아이들에게 당혹스러울지 모르겠으나, 그런 당혹스러운 설명이 어떤 설명도 해주지 않는 것보다 낫다는 것이다.

아이들은 죽음을 이해하기 한참 전부터 죽음에 대해서 알고 있다. 처음에는 죽음을 삶의 변형된 형태로 여긴다. 계속해서 음식과 물을 필요로 하는 사람을 땅에 묻는다거나, 여전히 생각하고 고통을 느끼는 사람을 화장한다는 것이 아이들에게는 얼마나 소름 끼치는 짓이겠는가. 사랑하는 사람이 집을 떠나 다른 곳에서 살고 있다는 것이 아이들에게는 얼마나 슬픈 일이겠는가. 죽음을 생물학적으로 이해하는 것은 (고릴라는 전혀 겪지 않겠지만) 아이들이 겪게 되는 이러한 근거 없는 두려움을 잠재울 수 있다.

***

성인은 아이들보다는 죽음에 대해서 더 잘 이해할지 모르나 여전히 혼란스러움을 느끼긴 마찬가지다. 이에 대한 단적인 예는 미 국방부가 70년보다도 더 예전에 있었던 진주만 전투에서 일본의 공격에 의해 사망한 무려 사백 명에 가까운 해병들의 유골을 발굴하기로 결정했다는 것이다.[20] 이 유골들은 현재 호놀룰루의 뒤섞인 무덤들 속에 파묻혀 있는데, 이 유골들을 발굴 후 유전자를 검사해 그들의 신원을 파악하려는 것이다. 미 국방부는 비록 매장된 해병들의 반 정도만이 신원 확인이 가능할 것이라고 추정하고 있으나 이렇게라도 신원이 확인된 유골들은 각자의 가족들에게 돌아갈 수 있을 것이다.

이 계획에는 수천만 달러의 비용이 들 것이다. 비용에 비해 이득이 더 큰지도 논쟁의 여지가 있다. 이 계획의 목적은 가족들의 한을 풀어주는 데 있으나 땅에 묻힌 사람들이 죽었다는 사실에는 의심의 여지가 없다. 죽은 해병들의 직계 가족들 또한 대부분 죽었다. 죽은 사람의 뼈를 묻혀진 장소에서 다른 장소로 옮긴다 한들 그것이 과연 죽은 이들에 대한 생각이나 이들을 향한 감정을 바꾸기라도 한다는 것인가?

우리는 뼈는 그저 뼈에 지나지 않을 뿐이라는 것을 알면서도, 다른 한편으로는 그것이 뼈 이상의 의미를 지닌다고, 즉 우리의 신체가 기능을 다한 후에도 그것을 초월하는 우리의 어떤 일부분이라고 여긴다. 많은 사람들은 죽음이 모든 인간 활동, 특히 심리적 활동에 마침표를 찍는다고 완전히 믿지 않는다.[21] 이를 반박할 만한 어떠한 직접적인 증거도 갖고 있지 않음에도 말이다. 우리가 죽음을 생물학적인 종결로 받아들이기를 꺼려하는 이유는 보통 "존재하지 않음"이라는 개념에 대한 우리의 감정적 반응에서 비롯되지만, 삶과 죽음 자체에 대한 혼동에서 비롯되기도 한다. 다시 말하면, 우리는 어린아이들처럼 이러한 혼동을 바로 드러내지는 않지만 여전히 간직하고 있는 것이다.

식물이 살아 있는지에 대해 어른들은 어떻게 이해하고 있는지 살펴보

자. 가장 좁은 의미로 생물을 정의한다 해도 식물은 분명 생물이다. (바이러스나 신체 내부 기관들을 생물로 볼 수 있는지는 생물을 어떻게 정의하느냐에 따라 달라진다.) 그럼에도 불구하고 우리는 식물에 대해 이야기하거나 생각할 때 그것을 살아 있는 것처럼 여기지 않는다. 동물에 대한 대화와 견주어 볼 때, 식물에 대한 대화 중에 우리는 "삶"이나 "살아 있다"라는 용어를 오 분의 일 정도만 사용한다.[22] 이 비율은 아이들보다 높은 게 아니다. 우리는 동물에 비해 식물에 대해 훨씬 더 적게 알고 있다. 우리는 수백 가지의 포유동물의 이름을 손쉽게 열거할 수 있지만 기억할 수 있는 나무의 이름은 소수에 불과하다.[23] 식물의 특성들에 대해서 물어보면 식물이 주변 환경을 감지한다든가, 서로 의사소통을 한다든가, 또는 스스로 움직이는 등의 어떤 의도가 있는 행동들을 보인다는 것에 부정적인 반응을 보이곤 한다.[24]

식물에 대한 우리의 모자란 지식을 보여주는 예 중 내가 가장 좋아하는 것은 대학교의 한 생태학 수업에 대한 것이다. 첫 수업 시간, 교수는 학생들이 생태학에 대해 어느 정도의 지식이 있는지 알아보고자 학생들에게 설문지를 나누어 주었다. 첫 번째 질문은 동물들이 상호 교류하는 방식을, 두 번째 질문은 식물들이 상호 교류하는 방식을 각각 다섯 가지씩 열거하라는 것이었다. 첫 번째 질문에 대한 대답으로 한 학생이 다음과 같이 썼다. "서로 잡아먹는다.", "서로 싸운다.", "서로 말한다.", "서로 쫓는다." 그리고 "서로 짝짓기 한다." 두 번째 질문에 대한 대답으로 그는 다음과 같이 썼다. "교류하지 않는다."

식물에 대해 잘 이해하지 못한다는 것을 극단적으로 보여주는 증거는 아마도 생물학 교수들을 상대로 한 연구가 아닐까 싶다.[25] 이 연구에서는 생물학 교수들에게 컴퓨터 화면을 통해 일련의 단어들을 보여주고 각각의 단어가 살아 있는 것을 지칭하는지 아닌지 최대한 빠르게 판단하라고 했다. 피험자들이 판단해야 하는 대상에는 동물(앵무새, 바다코끼리), 식물(피튜니아, 버드나무), 움직이는 사물(시계, 로켓), 움직이지 않는 사물(연필, 찻숟가락), 움직이는 자연물(간헐 온천, 쓰나미), 그리고 움직이지 않는 자연물(조약돌, 조개 껍데기) 등이 포함되어 있었다. 생명의 특성들에 대해 연구하는 것이 생물학 교수들의 직업인 만큼, 이들은 무엇이 살아 있는지 아니면 그렇지 않은지를 분간하는 것을 가장 잘하는 사람들이 아닐까? 그런데 생물학 교수들은 응답 시간이 제한되어 있을 때 동물들보다 식물들에 관한 단어들에서 더 많은 오류를 범하며, 식물을 살아 있는 것으로 분류하는 데 어려움을 보였다. 또한 조약돌과 조개 껍질 같이 움직이지 않는 사물보다 간헐 온천과 쓰나미 같은 움직이는 사물에 더 많은 오류를 범함으로써, 움직이는 사물을 살아 있지 않은 것으로 분류하는 데 어려움을 보이기도 했다. 설사 그들이 대상을 정확히 분류할 수 있었을 때도, 동물보다 식물을 판단할 때 시간이 현저하게 더 오래 걸렸다. 움직이지 않는 사물보다 움직이는 사물을 판단할 때도 더 많은 시간이 소요되었다.

움직이는지를 바탕으로 어린 시절 형성되는 "살아 있음"에 대한 개념은 우리가 생물학적 세계에 대한 이해도가 높아져서 심지어 전문가가 된다고 해도 분명히 우리의 사고 틀 안에 남아 있다. 우리는 이러한 사고 방식을 뇌 한 켠에 밀쳐 두었을 뿐 완전히 없애지는 않는다. 이는 마치 우리가 어린 시절에 형성된 물질(제1장), 열(제2장) 그리고 지구의 모양(제5장)에 대한 개념을 한쪽으로 제쳐 둘 뿐 없애지 못하는 것과 같다. 이런 어린 시절의 이해와 개념은 우리가 시간에 쫓기거나 우리의 뇌에 과부하가 걸렸을 때 다시금 모습을 드러낸다. 이는 또한 알츠하이머 병에 의해 기억력과 사고력이 손상되었을 때와 같이, 우리의 인지 능력에 문제가 생겼을 때에도 다시 모습을 드러낸다.

연구자들은 알츠하이머 병을 앓고 있는 사람들이 그들이 이전에 갖고 있던 생물학적 지식의 특정 부분(흔한 동물들의 이름이나 서식지, 행동패턴 등)을 잊어버린다는 사실을 오랫동안 관찰해왔다. 과학자들은 예전에는 알츠하이머 병을 앓고 있는 사람들이 단순히 생물학적 지식을 잃는다고 생각했으나, 이제 우리는 이들이 생물학에 관련된 개념적인 이해 또한 잃어버린다는 것을 알게 되었다. 이들을 대상으로 위에서 소개된 생물에 대한 실험들을 실행했을 때, 이들은 유치원생과 똑같은 사고를 보여주게 된다.[26]

알츠하이머 환자는 살아 있는 것이 어떤 의미인지에 대한 질문에 움직일 수 있는 능력을 종종 언급하긴 하지만 신진대사 기능(예: 먹는 것, 숨쉬는 것, 성장하는 것)을 언급하는 경우는 극히 드물다. 이들은 살아 있는 것들을 열거해보라는 질문에 거의 매번 동물을 언급할 뿐 식물은 거의 언급하지 않는다. 어떤 특정 개체가 살아 있는지에 대한 질문에 꽃이나 나무를 언급하는 경우는 드물지만, 종종 비, 바람, 그리고 불을 살아 있다고 판단한다. 이와 같은 결과는 알츠하이머 병이 주로 나이든 사람에게 나타나고 나이가 든 사람들은 대체로 건망증이 더 심하기 때문만은 아니다. 이 질병이 없는 동년배의 사람들은 생물학적 질문에 대해 올바른 대답을 하기 때문이다.

즉, 알츠하이머 병은 환자에게서 그들이 10세 즈음에 습득한, 신진대사를 바탕으로 한 생명에 대한 이해를 빼앗아간 후, 이들의 뇌를 생물학적 세계에 대한 탐구를 시작하는 아주 어린 아이의 순진한 상태로 되돌려 놓는 것이다. 이런 변화는 알츠하이머 환자들의 죽음에 대한 심리적인 반응에도 영향을 미칠 수 있을 것이다. 죽음에 대한 몰이해는 죽음에 대한 두려움을 키우기 때문에, 이 병이 죽음에 대한 생물학적인 이해를 지운다면 환자들은 무서움에 떨게 될지도 모른다. 하지만 이 병이 죽음에 관한 지식을 전부 지우게 된다면, 그들은 오히려 안심할 수도 있다. 만약에 자연이 자비롭다면 알츠하이머 환자들은 아무도 죽지 않는 왕국에서 살고 있는 어린아이들과 함께 죽음이 없는 왕국을 겪게 될 것이다.

제8장 성장

활력론의 끈질긴 생명력

아이들에게 생일 파티는 많은 것을 의미한다. 생일 파티가 있기 몇 주 전부터 누구를 초대할 것인지, 어디서 파티를 할 것인지, 그리고 무엇을 할 것인지 이야기한다. 그리고 그럴 만한 타당한 이유가 있다. 생일 파티는 한 아이의 삶에서 많은 중요한 일들이 한꺼번에 일어나는 사건이기 때문이다. 생일 파티는 사회적인 인지도를 쌓을 기회이며, 특별한 음식(케이크!)과 물질적인 보상(선물들!)을 받을 수 있는 기회다. 친구들 사이에서의 사회적 지위에 변화를 가져온다. 그리고 당연히 나이의 변화를 가져온다.

이 마지막 사건, 나이를 먹는다는 것은 가장 기이한 일이다. 생일은 우리가 태어난 날을 기념하는 것이다. 하지만 아이들은 자기가 태어난 날을 기억하지 못한다. 더군다나 아이들은 출생을 생물학적인 의미에서의 시작이라고 생각하지도 않는다. 그들이 알고 있기로, 그들은 독립적인 존재로서 항상 살아 있었고, 존재하지 않았던 때가 있었다는 걸 모른다. 따라서, 그들은 그들의 나이가 그들이 독립된 존재로 태어난 순간으로부터 얼마나 많은 해가 바뀌었는지를 반영한다는 것을 눈곱만큼도 알지 못한다.

아이들도 3살보다는 4살짜리 아이가 더 크고, 더 똑똑하고, 더 능력이 있고, 2살보다는 3살짜리 아이가 더 크고, 더 똑똑하고, 더 능력이 있다는 것을 안다. 하지만 아이들에게 있어서 나이를 나타내는 숫자 자체는 아무런 의미가 없다. 아이에게 나이란 이름이나 주소처럼 사회적인 신분을 나타낼 뿐이다. 내 아들 테디가 4살이 되었을 때 그는 그가 더 이상 3살이 아니라는 것을 기억하는 데 몇 달이 걸렸다. 나이를 물으면 테디는 늘 "세 살"이라고 말했고, 나는 아들에게 자기가 이제는 네 살이라는 것을 상기시켜주곤 했다. 한번은 누군가 테디에게 나이를 물었을 때, 테디는 나를 보고는 되물었다. "아빠, 나 까먹었어요. 내 숫자의 이름이 뭐에요?"라고.

나이는 본질적으로 생물학적인 개념이다. 즉 성장을 숫자로써 표기한 것이다. 아이들은 왜 그리고 어떻게 사람이 성장하는지를 이해한 후에야 사람이 왜 그리고 어떻게 나이를 먹는지 이해할 수 있다. 이에 따라, 유치원생들 사이에서 생일 파티와 더불어 나이의 변화가 가져오는 영향은 커다란 호기심의 대상이다. 많은 유치원생들은 생일 파티 자체를 나이 드는 과정과 연관시킨다. 어떤 아이들은 파티를 못하면 나이를 한 살 먹는 기회를 놓친다고 믿기까지 한다.

연구원들은 이와 관련된 아이들의 생각들을 알아보기 위해 아이들에게 다음과 같은 상황을 가정해보도록 했다. "한 남자아이가 있었는데 아이의 엄마가 편찮으시게 되어서 아들의 생일 파티를 열어줄 수 없게 되었어요. 그 다음 해에 엄마는 다른 아이들처럼 생일 파티를 한 번만 열어주는 것이 아니라 다른 친구들보다 나이가 더 많아질 때까지 계속해서 파티를 열어주기로 했답니다. 아들의 친구들과 같은 나이인 다섯 살을 위해 생일 파티를 한 번, 그리고 곧 여섯 살을 위해 또 다른 생일 파티를, 그리고 며칠이 지난 뒤 일곱 살을 위한 파티를 말이예요. 이에 대해 어떻게 생각하나요? 좋은 생각이라고 생각하나요?" 네 살에서 일곱 살 사이의 아이들에게 위와 같은 상황을 가정해보라고 했을 때, 거의 모든 어린아이들은 이런 식으로 나이를 늘리는 것에 대해 긍정적인 반응을 보였다.[1] 하지만 그보다 나이가 더 많은 아이들은 이를 긍정적으로 생각하는 경우가 매우 드물었다.

생일 파티를 못하면 나이 드는 것이 늦춰진다거나 생일 파티를 더 많이 여는 것이 더 빠르게 나이를 먹게 한다고 말하는 아이들에게는 심리학에서 말하는 '활력론적vitalistic' 개념이 결여되어 있다. 활력론이란 살아 있는 것들은 움직임과 성장을 가능하게 하는 내부의 에너지 또는 생명력을 갖고 있다는 이론이다. 생명력은 일상 활동을 하면서 고갈되지만, 먹고 마시고 자면 다시 보충될 수 있다.

과학적인 관점에서 볼 때 생명력이란 결국 에너지의 생화학적인 공급일 뿐이므로 활력론은 신진대사 기능을 칭하는 미사여구에 지나지 않을지 모른다. 그러나 활력론은 신진대사 기능을 담당하는 신체 조직이나 신체 기관에 대한 지식이 전혀 없어도 이해 가능하다. 생물학의 역사에 있어서 활력론은 물질론materialistic(또는 기계론mechanistic)에 비해 수천 년 앞서서 등장한다.[2] 다른 문화권에서 생명력이라는 개념은 생의 약동élan vital, 영적 동물spiritus animus, 차크라, 영혼, 기chi, 체액humors 등의 다른 이름으로 불렸다. 그러나 이런 개념들의 목적은 매한가지다. 쉽사리 설명이 되지 않는 건강, 운동, 지향, 지각, 성장, 그리고 발달의 과정들을 설명하기 위함이다.

가장 강한 의미에서의 활력론에서는 생명을 물질 이상의 것으로 간주

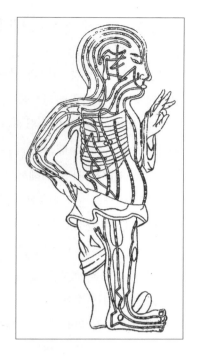

그림 1 고대 중국의 의학은 모든 신체 기능은 신체 내부의 생명력 또는 기(chi)에 의해 일어난다는 믿음에 기초하고 있다.

하기 때문에 생명에 대한 생화학적 접근에 부합하지 못한다. 하지만 약한 의미에서의 활력론에서는 일종의 내부에너지에 의해 외부 활동이 일어난다고 여기기 때문에 생명의 생화학적 관점에 부합한다. 활력론은 생명체가 어떻게 작동하는지에 대한 대략의 개요를 제공한다면, 생화학적 관점은 그 자세한 내용을 제공한다고 볼 수 있다.

발달학적 관점에서 볼 때, 활력론은 제7장에서 다룬 기계론적인 개념들과 마찬가지로 조금 더 복잡한 생물학 개념으로 넘어가는 디딤돌이 된다. 아이들은 생물학적인 현상들에 대한 기계론적 설명을 받아들이기 한참 전부터 활력론을 받아들인다.[3] 우리가 왜 먹는지를 설명하는 데 있어서 활력론에 근거한 설명("왜냐하면 우리의 위장은 음식으로부터 에너지를 얻기 때문에")과 기계론에 입각한 설명("음식이 위장에서 변환되어 몸속으로 흡수되기 때문에") 사이에서 유치원생과 초등학교 저학년 어린이들은 전자를 더 선호한다.

이는 다른 신체적 기능에 관해서도 나타난다. 우리는 왜 심장을 갖고 있는가에 대해서 어린아이들은 "심장은 피를 통해 에너지를 내보내는 일을 하기 때문에"라는 활력론의 설명을 "펌프처럼 작동하며 피를 순환시키는 일을 하기 때문에"라는 기계론적 설명보다 선호한다. 왜 우리는 공기를 마시는가에 대해서는, "우리의 가슴은 공기로부터 에너지를 받아들이기 때문"이라는 활력론적 설명을, "우리의 폐가 산소를 받아들여 이를 이산화탄소로 전환시키기 때문"이라는 기계론적 설명보다 선호한다. 반면, 조금 더 나이가 많은 아이들과 어른들은 활력론적 설명보다 기계론적 설명을 선호한다. 우리에게 활력론적 설명들은 이해가 얕은 것으로 여겨지는 것이다.

어린이들이 생명에 대한 기계론적인 개념 이전에 활력론적인 개념을 먼저 이해한다는 것을 확인할 수 있는 또 다른 현상은, 중요 신체 기능에 대해 아이들이 가지고 있는 개념이 무엇이 살아 있고 살아 있지 않은지에 대한 생각과 일치하지 않는다는 점이다. 다음의 것들을 생각해보자. 인간, 곰, 다람쥐, 새, 물고기, 딱정벌레, 지렁이, 나무, 덤불, 민들레, 바위, 물, 바람, 해, 자전거, 가위, 그리고 연필. 이들 중 자라는 것은 무엇인가? 이들 중 살아 있는 것은 무엇인가? 어른들은 이 두 질문에 동일한 대답을 한다. 우리는 위의 목록에서 자라는 것들은 살아 있고, 살아 있는 것은 자란다는 것을 알고 있다. 그러나, 유치원생들과 초등학교 저학년 어린이들은 이 두 질문에 서로 다른 대답을 한다.[4] 이 아이들은 첫 열 개의 항목(인간에서부터 민들레까지)들은 자라고 뒤의 일곱 개의 항목(바위에서부터 연필까지)들은 그렇지 않다고 여기면서도, 나무, 덤불, 그리고 민들레는 살아 있지 않다고 생각하고 바람과 해는 살아 있다고 생각한다.

아홉 살이 되어서야 비로소 아이들은 생명과 성장이 밀접하게 연관되어 있다는 것을 깨닫게 된다.

물을 필요로 하고, 영양소를 필요로 하고, 병을 앓는 것에 대해서도 마찬가지다. 식물이 살아 있다고 여기기 몇 년 전부터, 아이들은 위의 세 가지 사항들이 식물에도 적용된다고 생각한다.[5] 무언가가 살아 있다고 여기는 것은 생명현상에 대한 기계론적인 개념을 요구하는 반면, 그것이 먹고 마시고 자라고 병에 걸리는지를 아는 것은 활력론적인 개념만을 요구한다. 아이는 식물이 활력을 가지고 있다는 것을, 이 활력이 물리적으로 어디서 어떻게 발현되는지를 깨닫기 이미 오래전에 습득하게 된다.

활력론(에너지 기반)에 입각한 생명의 이해와 기계론(신체 기반)에 입각한 생명의 이해가 분리되어 있다는 사실은 생물학적 개념들을 배우는 데도 영향을 미친다. 예를 들면, 보통 유치원에서는 아이들이 기초적인 생리 현상을 배울 수 있도록 식물을 키우곤 하지만, 이것만으로 식물이 살아 있다는 것을 아이들에게 납득시키기에는 역부족이다.[6] 유치원에 들어갈 무렵 아이들은 식물이 자라고 성장한다는 것, 그리고 식물도 동물과 마찬가지로 물과 영양소를 필요로 한다는 것을 알고 있다. 그러나 그러한 과정을 직접 관찰한다고 해서, 동물과 식물이 내부 조직과 기관으로부터 생명력이 발현된다는 면에서 비슷하다는 사실을 습득하는데 도움을 주지 못한다. 이 나이의 어린아이들에게는 활력이라는 것이 딱히 생물학적인 의미를 제공하지 않는다.

성장에 대해서 다시 생각해보자. 어린아이들은 성장이 신체의 형태와 크기에 변화를 가져온다는 것은 이해하지만, 그것이 생명의 상태에 변화를 가져온다고는 생각하지 못한다. 아이들이 갖고 있는 성장이라는 개념은 결정체가 크거나 구름이 커지는 것과 같다. 결정체와 구름도 성장하긴 하지만, 여기서의 성장은 은유적인 표현이 아닌 말 그대로 '커짐'을 뜻하는 비생물학적인 과정의 부산물로서, 생명의 성장과는 다른 의미를 가진다. 결정체와 구름은 점점 더 커지지만 더 복잡한 상태로 커지는 것은 아니며 성장이 개체 전체에 어떤 기능적인 영향을 가져오지도 않는다. 아이들이 식물이 자란다고 말할 때, 이는 단지 식물이 커진다는 것을 의미할 뿐이다.

활력론은 성장을 생명과 연관시키는 발판을 마련해줄지는 모른다. 하지만 아이들은 생명이 신체의 내부적 활동으로 인한 것임을 알기 전까지는 성장이 삶에 기인한다고 생각하지 못한다. 성장을 관찰할 수는 있으나 그것을 해석하지는 못하는 것이다. 해석을 하려면 아이들은 눈에 보이지 않는 또 다른 차원의 현실을 설계해야만 한다—신체와 그 신체 안에 숨겨진 모든 기관들 말이다.

***

식물에 대한 생각 이외에도 아이들이 생명을 활력론에 입각해서 생각한다는 것을 단적으로 보여주는 테스트로 아이들이 음식의 영양적 가치를 어떻게 이해하는지가 있다. 음식은 성장과 건강에서뿐만 아니라 사회적 관습과 사회 규범에 있어서도 매우 중요하다.

우리가 먹는 것은 생물학적인 요소만큼이나 사회적 요소에 의해서도 규정된다. 예컨대 사회적 요소로는 하루 일과(시리얼은 아침식사로 먹지만 저녁으로는 먹지 않는다. 또한 햄버거는 저녁으로는 먹지만 아침으로는 먹지 않는다), 문화적 금기 사항(미국인들은 치즈라는 형태로 발효된 우유를 먹지만 발효된 배추는 먹지 않고, 한국인들은 김치라는 형태로 발효된 배추를 먹지만 발효된 우유는 먹지 않는다), 종교적 금기 사항(회교도 신자들은 소고기는 먹고 돼지고기는 먹지 않지만 힌두교 신자들은 돼지고기는 먹고 소고기는 먹지 않는다), 그리고 식단의 제한(채식주의자들은 유제품은 먹으나 고기는 먹지 않으며, 락토스[유당]를 체내에서 분해하지 못하는 사람들은 고기는 먹지만 유제품은 먹지 않는다) 등이 있다.

이러한 사회적 요소들에 더하여, 음식과 관련된 유행도 있다. 탄수화물, 글루텐, 항산화제, 식품 첨가물, 방부제, 가공식품, 프로바이오틱(유산균), 유기농, 방목, 홀그레인(전곡립) 등이 그것이다. 이 단어들은 전문적인 정의를 가지고 있지만, 유행어가 됨에 따라 윤리적인 의미—본질적으로 몸에 좋거나 본질적으로 몸에 나쁘거나—도 가지게 된다. 이러한 사회도덕적 정보는 아이들로 하여금 그들이 무엇을 먹어야 하고 먹어서는 안되는지를 결정하는 것은 고사하고 음식에 들어 있는 요소들의 기능이 정확히 무엇인지 알기 어렵게 만든다.

내 딸 루씨는 네 살 반 무렵 음식의 한 성분인 단백질에 무척 관심이 많았다. 우리는 루씨가 꾼 악몽에 대해 이야기하다가 예상치 못하게 루씨의 단백질에 대한 관심을 발견했다.

루씨　나쁜 꿈을 꿨어요. 내가 해적들로부터 쫓기고 있었어요.
나　다른 걸 생각하려고 해보렴. 행복한 것들에 대해서.
루씨　인어공주와 돌고래같이 행복한 것들에 대해서 생각하고 싶은데 내 머리가 그렇게 놔두지를 않아요.
나　네가 네 머리를 조종할 수 있어. 머리한테 인어공주와 돌고래에 대해서 생각하라고 말해주는 거야.
루씨　그렇게 안되요. 단백질을 충분히 먹지 않았어요.

학교에서 선생님들이 루씨에게 점심으로 단백질을 먼저 먹으라고(예: 과자를 먹기 전에 햄을 먼저 먹으라고) 했기 때문에 루씨는 신체의 기능에 단백질이 매우 중요하다고 생각하기 시작한 것이었다. 네 살 때, 루씨는 우리에게 접시에 놓인 음식 중 무엇이 단백질이고 단백질이 아닌지 알려주곤 했는데, 사실 맞는 건 거의 없었다. 대체로 루씨의 분석은 먹고 싶은 것("도너츠에는 단백질이 있어요")과 먹고 싶지 않은 것("달걀은 단백질이 없어요")에 의해 좌우되었다.

네 살짜리 어린이들은 대체로 식품의 영양학적 요소들을 분간하는 데 놀라울 만큼 형편없다. 아이들은 아직 먹는 행위의 사회적인 측면(우리는 다른 사람들이 먹는 것을 어떻게 보는가)이나 심리적인 측면(우리가 무엇을 먹고 싶어 하는가)으로부터 생물학적인 측면(우리가 무엇을 먹어야 하는가)을 구분하지 못한다. 한 연구[7]에서 연구자들은 네 살짜리 아이들에게 다음의 음식들─베이컨, 콩, 브로콜리, 케이크, 당근, 셀러리, 옥수수과자, 옥수수, 도넛, 초콜릿, 감자 칩, 그리고 빨간 피망─을 건강에 유익한 것과 그렇지 않은 것으로 구분하게 했다. 반은 채소이고, 나머지 반은 정크푸드였으나 아이들은 이 차이를 구분해내지 못했다. 아이들의 70퍼센트가 채소를 건강에 유익한 것으로 분류했고, 47퍼센트가 정크푸드를 유익한 것으로 여겼다. 사실, 많은 네 살짜리 아이들은 베이컨과 감자 칩이 셀러리와 빨강 피망만큼이나 건강식품이라고 생각한다는 것이다.

나의 아이들도 이와 비슷한 종류의 오개념을 가지고 있는 것을 발견한 적이 있다. 내 아들이 일곱 살, 그리고 내 딸이 세 살이었을 때 우리는 정기검진을 위해 소아과에 들르게 되었다. 소아과 의사가 내 딸에게 제일 좋아하는 채소가 무엇인지 묻자 내 딸은 "수박이요!"라고 외쳤다. "그건 채소가 아닌데요?"라고 의사 선생님이 정정해주었다. "수박은 과일이에요." 그런 후 의사 선생님이 내 아들에게 같은 질문을 했을 때, 테디는 "마카로니요!"라고 대답했다. "어이쿠!"하며 의사 선생님이 웃었다.

"너희 부모님이 창피해 하시겠는데!"

부모인 우리들에게는 다행스럽게도, 아이들이 가진 음식에 관련된 오해는 금방 바로 잡을 수 있다. 앞서 소개한 연구의 후속 연구[8]로 연구자들은 네 살짜리 아이들에게 건강한 식사에 관한 두 가지 지침서(지시형 지침서와 활력론 지침서) 중 하나를 제공했다. 지시형 지침서는 아이들에게 무엇을 먹어야 하고 무엇을 먹지 말아야 하는지에 대한 내용을 담고 있다. 예를 들면, "건강식품은 우리의 몸이 필요로 하는 것을 제공합니다. 여러분이 많이 섭취해야 하는 건강식품이 많습니다. 채소는 건강식품입니다. 채소에는 콩, 셀러리, 당근, 브로콜리, 그리고 옥수수 등이 있습니다. 여러분은 매일 채소를 먹어야 합니다."

활력론 지침서 역시 동일한 정보를 제공했으나 여기서는 이 정보가 활력론의 개념으로 표현되었다(이 정보는 이탤릭체로 표시했다). "건강식품은 우리의 몸이 필요로 하는 것을 제공합니다. *왜냐하면 이런 음식은 비타민을 다량 함유하고 있기 때문입니다. 비타민은 이 음식들 속에 있습니다. 비타민은 여러분의 성장을 돕고, 긴 시간 에너지를 지속시키며, 아프지 않게 합니다.* 여러분이 많이 섭취해야 하는 건강식품이 많습니다. 채소는 건강식품입니다. *왜냐하면 채소 안에는 비타민이 많이 들어 있기 때문입니다. 비타민을 다량 함유하고 있는 채소로는* 콩, 셀러리, 당근, 브로콜리, 그리고 옥수수 등이 있습니다. *이 음식들은 여러분의 성장을 돕고, 긴 시간 에너지를 지속시키며, 아프지 않게 합니다.* 여러분은 매일 채소를 먹어야 합니다." 지침서는 또한 건강에 도움이 되지 않는 음식에 대해서도 지시형("지방이 많은 음식은 매일 먹지 말아야 합니다.") 내지는 활력론("지방이 많은 음식은 성장을 돕는 비타민을 갖고 있지 않습니다.") 지침과 함께 언급했다.

두 지침서 모두 숙지하는 데 동일한 시간이 소요되었고, 어떤 음식이 건강에 도움이 되는지를 결정하는 데 있어서의 근거를 제공했다. 그러나 여기서는 활력론 지침서만이 효과가 있었다. 활력론 지침서를 받은 아이들은 어떤 음식이 건강에 도움이 되고 그렇지 않은지를 이전보다 훨씬 더 잘 판단했다. 또한 이 효과는 교육이 끝난 직후에는 물론 다섯 달이 지난 후에도 유지되었다. 음식의 활력론적인 특성들을 강조하는 것은 아이들이 음식을 쾌락(내지는 불쾌감)의 원천이 아닌 영양소(내지는 영양 부족)의 원천으로 그 개념을 재정립할 수 있도록 돕는다.

식품 산업에서도 활력론에 입각한 논리가 광고에 더 효과적이라는 것을 인식한 듯하다. 이들은 성인 대상의 건강식품을 선전할 때 영양소에 대한 정보를 더욱 강조한다. 어른들도 채소가 정크푸드보다 건강에 더 좋다는 것을 대략적으로는 알고 있긴 하지만, '홀푸드Whole Foods'와 '트레이더조Trader Joe's'와 같은 회사들은 그들이 판매하는 식품이 건강에 어떤 효과를 지니는지 짚어주는 것이 광고 전략으로서 매우 효과적이고 수익성도 높다는 것을 발견했다. 그에 따라 케일, 미역, 그리고 아사이베리가 맛없는 식물에서 '슈퍼푸드super food'로 급부상했다. 반면에, 초코바, 햄버거, 오렌지 탄산음료는 맛있는 군것질거리에서 '침묵의 살인자'로 전락하고 말았다.

식품에 대한 생각 이외에, 아이들이 생명에 대한 활력론적인 개념을 갖고 있는지를 더 확실하게 드러내는 테스트가 있다. 아이들이 다른 생물은 음식을 다른 형태로 섭취하기도 하며 인간은 먹지 않는 것들이라도 다른 생물에게는 영양학적 가치가 있다는 것을 아는지 조사해보는 것이다. 인간이 먹을 수 있는 것은 자연의 극히 일부에 불과하다. 인간이 먹을 수 없는 것으로는 나무껍질(흰개미와 딱정벌레가 먹는 것), 플랑크톤(고래와 해파리가 먹는 것), 그리고 다른 동물의 배설물(파리와 곰팡이가 먹는 것)이 포함된다.

인간이 먹을 수 없는 것들도 다른 생물들은 먹을 수 있다는 개념은 음식이 영양소의 원천이라는 것을 알아야만 이해 가능하다. 이와 같은 사실을 터득하지 못한 아이들의 생각은 당시 세 살 반이었던 내 아들 테디와 모기에 관해 나눈 대화가 잘 보여준다.

테디　모기가 물은 곳은 어떻게 생겼어요?

나　둥글고 빨갛고 가렵지.

테디　모기는 이빨이 커요?

나　아니, 작고 뾰족한 주둥이로 네 피를 빤단다.

테디　왜 내 피를 빨아요?

나　왜냐면 그게 모기가 먹는 음식이거든.

테디　피는 음식이 아니잖아요! 치킨이 음식이죠.

나　너는 치킨을 먹지만 모기는 피를 먹어.

테디　모기가 내 로봇도 물까요?

나　아니, 네 로봇은 피가 없거든.

테디가 갖고 있는 음식에 대한 이해는 자양물이 아닌 맛에 근거하고 있었다. 결국에는 테디도 음식을 자양물로 여기게 되었으나, 그렇게 되기까지는 생물학적 과정에 관한 사고에 있어서 활력론적 개념의 틀을 받아들이는 것이 필요하다.

이러한 이해 체계를 습득하는 것은 쉬운 일이 아니다. 지적 장애가 있는 사람들은 때로는 결코 습득하지 못하기도 한다. 지적 장애의 한 종류인 윌리엄스 증후군에 관한 연구[9]로부터 이와 같은 사실이 드러났다. 윌리엄스 증후군은 흔치 않은 유전적 장애로서, 낮은 지능을 초래하기도 하지만 언어 능력에는 큰 영향을 끼치지 않는다. 윌리엄스 증후군을 갖고 있는 어른들은 다른 사람들이 어린시절에 습득하게 되는 대부분의 지식을 습득하지 못하지만 언어 능력은 정상이기 때문에 다른 형태의 인지 장애가 있는 사람들과는 달리 자신이 가진 지식에 대해 다른 사람과 소통할 수 있다.

이런 특징을 흥미롭게 여긴 심리학자 수전 존슨Susan Johnson과 동료들은 윌리엄스 증후군을 갖고 있는 사람들도 생물학의 활력론적인 개념을 습득할 수 있는지 연구했다. 그들은 윌리엄스 증후군이 있는 성인들에게 삶, 죽음, 성장, 신진대사, 번식, 그리고 유전을 포함한 몇 가지 생물학적 개념에 관해서 물어보았다.

이를 연구하던 중, 존슨과 동료들은 평균 이하의 지능지수 그리고 평균적인 언어능력을 갖고 있는 21세의 여성이 흡혈귀 이야기에 빠져 있다는 것을 알게 되었다. 이 여성은 흡혈귀에 관한 책을 몇 권 읽었고, 연구자들에게 자신이 가진 드라큘라에 대한 지식을 무척이나 전달해주고 싶어 했다. 드라큘라는 이 연구의 목적이었던 생물학적 원리들을 정면으로 반박하는 것이었기에, 연구자들 또한 그녀가 들려주는 이야기에 관심이 많았다.

연구자들이 "드라큘라가 정확하게 무엇입니까?"라고 물었을 때, 그녀는 "아… 드라큘라는 한밤중에 여성들의 침실로 들어가 그들의 목을 깨무는 남자예요."라고 대답했다. 연구원들은 왜 드라큘라가 그런 행동을 하는지 물었고, 피험자는 그 질문에 깜짝 놀란 듯했다. "그것에 대해서는 미처 생각해보지 못했네요." 그녀가 말했다. 한참 후 그녀가 다시 설명하길 "드라큘라는 목을 상당히 좋아하는 게 틀림없어요."

오랫동안 흡혈귀에 대해 관심을 가졌음에도 불구하고 이 여성은 드라큘라의 주요 활동(피를 마시는 것)에 대한 활력론적인 해석을 구축하지 못했다. 활력론적인 해석을 하도록 유도 질문을 했을 때에도 그녀는 그러한 해석을 내놓는 데 실패했다. 그 대신, 흡혈귀가 피를 마시는 이유는 피를 마셔야 할 필요가 있는 것이 아니라 피를 마시고 싶어하기 때문이라는 심리적 해석을 내놓았다.

전반적으로, 존슨은 윌리엄스 증후군 환자의 대부분이 흡혈귀에 관련된 것만이 아니라 모든 생물학적 현상에 대한 활력론적 해석을 구축하지 못한다는 것을 발견했다. 윌리엄스 증후군이 있는 성인들은 수십 가지 동물들의 이름과 이들의 행동 양상에 대해서 알고 있었으나, 동물들이 왜 그와 같은 행동을 하는지 ─ 왜 먹고, 왜 자라며, 왜 죽는지 ─ 에 대해서는 거의 이해하지 못했다. 실제로, 생물학적 활동들에 대한 이들의 이해는 성인은 고사하고 아홉 살짜리 아이들도 아닌 네 살짜리 아이들의 이해에 더 가까웠다.

생물학적 사실에 대해서 많이 알고 있다고 해서 이 사실들에 대해 활력론적인 이해를 가지고 있다거나 혹은 구체적인 메커니즘을 이해하고 있다는 것을 의미하지는 않는다. 이 두 가지 이해 체계는 자체적으로 구축되어야 하는데 윌리엄스 증후군이 있는 성인은 이러한 구축을 가능하게 하는 인지능력이 부족한 것으로 보인다.

***

앞서 보았듯이, 생물학에 대한 우리의 이론은 식품에 대한 우리의 생각과 믿음(어떤 것이 먹을 수 있는 것이며, 왜 우리가 음식을 먹고, 음식이 성장과 건강을 어떻게 촉진시키는지)을 좌지우지한다. 생물학에 대한 우리의 믿음은 어릴 때 어떤 음식을 먹어야 하는지, 그리고 어떤 음식을 피해야 하는지에 관한 결정에도 영향을 준다. 아이들이 음식을 가려 먹는다는 것은 주지의 사실이다. 채소와 같이 비타민과 미네랄이 풍부한 음식은 거부하고 대신 빵처럼 당이 높거나 유제품과 같이 지방이 많은 음식을 선호한다. 아이들에게 채소를 먹이는 일만큼 어려운 일도 없다. 그러나 만약 아이들에게 채소를 먹어야 하는 이유에 대해 활력론을 바탕으로 설명해 주면 아이들 스스로 채소를 먹도록 만들 수도 있다.[10]

심리학자 세라 그립쇼버Sarah Gripshover와 동료들은 유치원생들의 음식 선택과 그들이 가진 음식에 대한 영양학적 가치를 비교하는 연구를 하던 중 이와 같은 사실을 발견했다. 이들은 유치원생들에게 다음의 다섯 가지 활력론의 원리를 가르쳤다. 1) 사람은 단 한 가지가 아닌 여러 종류의 음식을 먹어야 한다. 2) 같은 종류의 음식은 다양한 형태를 띨 수 있다. 3) 음식은 영양소라는 미세한 성분을 지닌다. 4) 이 영양소들은 우리의 배 속에서 음식으로부터 추출된 후 피를 통해 신체의 다른 부분으로 보내지게 된다. 그리고 5) 영양소는 달리기와 등산과 같이 많은 에너지를 요하는 활동에서부터 생각하고 글 쓰는 것과 같은 활동까지 모든 생물학적 활동들에 필요하다.

아이들이 이런 원리들을 배우면 그들의 식습관도 덩달아 바뀐다. 활력론을 배운 아이들은 간식 시간에 자발적으로 아홉 조각의 채소를 선택했는데, 이는 활력론을 배우지 않은 아이들이 선택한 개수보다 2배나 많았다. 활력론을 배운 아이들은 심지어 미국 농림부가 제작한 영양 관련 교육 자료를 학습한 아이들에 비해서도 더 많은 채소를 접시에 담았다. 그립쇼버의 교육 자료와는 달리, 농림부의 교육 자료는 건강한 식사가 가져오는 생물학적 이득을 강조하지 않았다. 대신 건강한 식사가 주는 즐거움을 강조했는데, 이는 아이들에게 전혀 설득력이 없었다.

건강한 식사와 영양에 관한 믿음의 연관성은 어른에게 있어서도 마찬가지다.[11] 어른들은 아이들이 채소는 등한시한 채 달고 기름진 음식만 좋아하는 것을 염려하지만, 사실 대부분의 어른들—특히 미국인들—

또한 달고 기름진 음식들의 유혹에 쉽게 넘어가곤 한다. 미국 사람들은 예전 그 어느 때보다 체중이 많이 나간다. 수십 년간 미국인들은 필요 이상의 칼로리를 섭취하고(과식), 섭취한 칼로리에 비해 적은 칼로리를 소모했다(운동부족). 과식과 운동부족은 모두 체중 증가에 기여한다. 그런데 그중에서 무엇이 더 근본적인 원인일까?

의학 전문가들은 과식을 주된 원인으로 꼽는다.[12] 과식을 먼저 해결하지 않는다면 운동 자체는 체중에 근소한 영향만 미칠 뿐이다. 그런데도 많은 사람들은 반대의 견해를 갖고 있고, 따라서 그들의 건강에 나쁜 영향을 끼치는 선택을 내리곤 한다. 체중 증가의 근본적 원인으로 운동부족을 꼽는 사람들은 과식을 꼽는 사람들보다 체질량 지수BMI: body mass index에서 9퍼센트 높은 수치를 보였다.

이 연구 결과는 여러 국가들—미국, 프랑스, 중국, 그리고 한국—에서 동일하게 나타났으며, 사람의 BMI에 영향을 준다고 알려져 있는 성별, 교육 수준, 하룻밤의 수면 시간, 만성 스트레스 정도, 갖고 있는 질병, 현재의 사회 경제적 지위, 유년기의 사회 경제적 지위, 임신 여부, 직업의 유무, 자가 건강 진단, 영양에 대한 관심, 흡연, 자존감과 같은 요소들과는 독립적으로 영향을 미쳤다. 즉, 이 모든 사항을 통제한 상황에서도 운동이 식단보다 체중에 더 중요하다고 말한 사람들은 그 반대로 말한 사람들보다 여전히 높은 BMI 수치를 보인다는 것이다.

실제로 연구자들은 운동의 영향을 더 중요하게 여길 때 발생할 수 있는 치명적인 영향을 직접 관찰할 수 있었다. 한 연구[13]에서는 피험자들에게 초콜릿을 군것질로 먹을 수 있도록 하면서 동시에 체중과 관련된 믿음과 행동에 대해 설문지를 작성하도록 했다. 각 피험자들은 개별 포장된 초콜릿을 담은 컵을 받았는데 식단보다는 운동이 체중 증가에 더 큰 영향을 미친다고 평가한 사람들은 그렇지 않은 사람들에 비해 더 많은 초콜릿을 먹었다. 다시 말하면, 비만인 성인들은 자신들의 체중 증가에 대한 설문지를 작성하는 중에 자신의 체중을 증가시키는 행동을 했다는 것이다. 분명, 이러한 상황은 중재가 필요하다.

***

지금까지 우리는 성장을 증진시키는 것, 그리고 좀 더 일반적으로 건강을 증진시키는 개념에 초점을 맞춰 성장에 대해 논의했는데, 성장에 관한 우리의 직관적인 개념에는 또 다른 면이 있다. 그것은 성장때문에 일어나는 변화에 관한 개념이다. 이러한 개념은 활력론이 아니라 본질주의 또는 본질론essentialism이라고 하는 또 다른 인지적 편향에 의해 영향을 받는다.

본질론은 생물체의 외부 생김새나 행동이 내부의 속성, 또는 '본질essence'의 결과물이라는 생각이다. 생물체가 성장하면서 그 생김새나 행동이 변할지 모르나 본질은 유지된다는 것이다. 사실상, 이 본질이라는 것은 생물의 생김새와 행동의 변화를 주도하는 것으로 여겨진다. 이와 같은 견해에 따르면 생물체는 본질을 그의 부모로부터 물려받으며, 그와 함께 종 특유의 특성들을 발현시킬 잠재성 또한 물려받는다. 예를 들면, 소와 돼지는 근본적으로 다른 본질을 물려받는다고 여겨진다. 소의 본질은 소들로 하여금 뿔, 소젖, 그리고 풀에 대한 식욕을 가지도록 하며, 돼지의 본질은 돼지들이 핑크색 피부, 말린 꼬리, 그리고 음식 찌꺼기에 대한 식욕을 가지게 하는 것이다.

우리는 본질이라는 용어를 일상적으로 사용하지 않지만 이 개념은 성장과 발달에 대한 우리의 사고 전반에 스며들어 있다. 우리에게 친숙한 이야기들 중에는 불운이나 뜻밖의 사건으로 인해 주인공의 본래 특성이 가려져 있었으나 종국에는 이 특성이 발현된다는 내용의 이야기가 매우 많다. 미운 오리 새끼, 개구리 왕자, 여우와 사냥개, 신데렐라, 미녀와 야수, 아더왕의 검, 공주와 완두콩, 이 이야기들 대부분이 동물이 아닌 사람에 관한 것이지만 그 줄거리는 하나 같이 본질론적이다. 주인공은 다른 주변 사람들에게 보여지는 외적인 모습과는 다른 본질을 가지고 있고, 외적인 모습으로 인한 주변의 인식에 끝내 저항한다는 내용이다. 어떤 새끼 오리들은 백조가 될 운명이고 어떤 시골 처녀들은 공주가 될 운명이다.

어린이들과 어른들 모두 똑같이 본질론적인 이야기들을 좋아하기 때문에 아이들이 본질론적인 개념을 따로 배울 필요는 없다. 즉, 본질론적 개념은 특별한 경험이나 가르침 없이 자연스럽게 발달하는 듯하다. 심리학자들은 이에 대해 연구해왔으며 그 연구 결과는 위의 추측을 뒷받침한다. 어떻게 그리고 왜 생물체가 성장하고 변화하는지를 생각하기 시작하는 바로 그 순간부터 아이들은 본질론자가 된다.

어린아이들이 지니는 본질론에 대한 연구를 개척한 심리학자는 수전 겔만Susan Gelman이다. 겔만과 동료들은 여러 방식으로 아이들의 본질론에 대한 직관을 연구했는데, 그중 가장 간단한 방법은 미운 오리새끼와 비슷한 내용의 이야기를 들려주는 것이다.[14] "'이디스Edith'라고 하는 소에 대한 이야기를 들려줄게요. 이디스가 태어난 직후 아주 작은 송아지였을 때, 이디스는 돼지가 아주 많이 살고 있는 농장으로 보내졌어요. 이 돼지들이 이디스를 보살펴 주었습니다. 이디스가 다른 돼지들과 농장에서 커가면서 다른 소는 본 적이 없었어요. 이디스가 어른이 되었을 때 이디스의 꼬리는 어떻게 되었을까요? 꼬리가 말려 있을까요. 아니면 곧을까요? 이디스가 어른이 되었을 때 어떤 소리를 낼까요? '음메'라고 할까요, 아니면 '꿀꿀'이라고 할까요?"

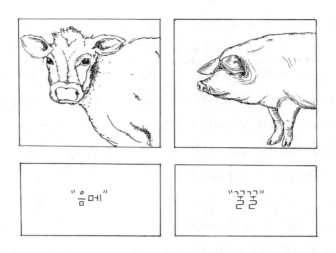

"음메" "꿀꿀"

그림 2 아이들은 소가 낳고 돼지가 기른 동물은 자라서 돼지가 아닌 소의 외적인 속성들(예: 살이 흰색으로 되는지 분홍색으로 되는지)과 행동 속성들(예: "음메"라고 하는지 "꿀꿀"이라고 하는지)을 가지게 된다고 대답한다.

이러한 사고 실험thought experiment은 종 특유의 성장의 근원으로 양육과 혈통을 대립시키는데, 아이들에게 이 둘 중 하나를 고르게 하면 아이들은 주로 혈통을 고른다. 네 살이 된 아이들은 이디스가 커서 곧은 꼬리를 가지며 음메하는 소리를 낼 것이라고 대답한다. 만일 이디스가 돼지로 태어나 소에 의해 길러졌다면 아이들은 이디스가 자라서 말린 꼬리를 가지고 꿀꿀 소리를 낸다고 대답한다.

이 이야기에 담겨 있는 동물의 종류나 그 동물 특유의 속성들이 중요한 것이 아니다. 네 살짜리 아이들은 염소에 의해 길러진 캥거루는 나중에 높은 산을 오르기를 잘하는 것이 아니라 깡충 깡충 뛰어다니는 것을 잘한다고 대답하며, 말에 의해 길러진 호랑이는 자라서 줄무늬가 있는 털을 갖게 될 것이라고 대답하고, 원숭이에 의해 길러진 토끼는 자라서 바나나가 아니라 당근을 먹을 것이라고 대답한다. 네 살짜리 아이들은

222

오렌지 농장에 뿌려진 레몬 씨는 나중에 오렌지가 아니라 레몬 나무가 된다는 것조차 알고 있다. 이 나이 때의 아이들에게는 식물이 살아 있다는 개념조차 없다는 것을 고려해보면 대단한 일이 아닐 수 없다.

연구자들은 브라질 어린이, 이스라엘 어린이, 멕시코에 사는 마야Maya 부족 어린이, 마다가스카르에 사는 베조Vezo 부족 어린이, 그리고 미국 위스콘신 주에 사는 메노미니Menominee 부족 어린이들에게 다른 생물종 간의 입양에 관한 이야기를 들려주었는데,[15] 모두들 입양된 동물은 커서 양부모가 아닌 친부모의 특성들을 보여주게 될 것이라고 답했다. 성장에 대한 본질론적 믿음은 이처럼 전세계 아이들에게서 공통적으로 나타나는 것처럼 보인다. 실제로 이 믿음은 너무나 흔하게 나타나서 명백히 부적합한 상황에서도 불쑥 고개를 내밀곤 한다.

그러한 상황 중 하나는 인간의 사회학적 이해다.[16] 인종, 민족, 직업, 종교, 그리고 사회 경제적 지위와 같은 사회적 구분에는 생물학적 근거가 거의 없다. 그런데도 우리들 중 많은 이들이 본질론에 입각하여 이러한 범주를 받아들이고 여기에 고정된, 분리 가능한, 획일적인, 그리고 심리적인 정보가 담겨 있다고 여긴다. 아이들은 특히나 이 사회적 구분에 본질론적으로 접근하는 경향이 있다. 그들은 서로 다른 사회적 계층에 속하는 사람들이 서로 다른 종에 속하는 생물 개체만큼이나 다르다고 생각하는 것이다.

일곱 살짜리에게 다른 사회적 범주의 사람들—예를 들어 아랍인과 유대인, 또는 부자와 가난한 사람들—간에 서로 비슷한 정도를 점수로 매겨보라고 하면, 다른 종에 속하는 두 동물이 유사한 정도보다 아주 조금 더 비슷하다고만 할 뿐이다. 예를 들면, 그들은 코끼리와 사자가 생김새, 행동, 선호 사항, 그리고 생리적인 면에서 다른 것만큼이나 부자와 가난한 사람이 다르다고 말한다. 즉, 아이들은 사회적 분류를 생물학적 분류처럼 생각하며, 서로 다른 사회적 범주에 속하는 사람들에게 선천적으로 다른 속성을 부여한다.

성장에 대한 본질론적 개념이 잘못 적용되는 또 다른 예는 장기 기증에서 볼 수 있다.[17] 본질이 생물 전체의 특성이라고 믿는 것과 마찬가지로, 신체 장기도 원래 주인의 본질을 지닌다고 여겨지는 경향이 있다. 다음과 같은 가능성을 상상해보라. 의사들이 당신의 심장에 문제가 있다는 것을 발견하고 훗날 발생할지 모를 심각한 건강 문제를 예방하기 위해서 다른 심장을 이식받아야 한다고 한다. 누군가의 심장을 당신의 몸으로 이식해야 하는데, 불행히도 심장 기증자들은 몇 명 되지 않고 그 중 가능한 기증자는 오직 연쇄 살인범뿐이다. 당신은 연쇄 살인범의 심장을 받을 것인가? 조현병 환자의 심장은 어떤가? 돼지의 심장은?

대부분의 사람들은 위의 기증자들 중 누구의 심장도 받기를 꺼린다. 왜냐하면, 심장에 기증자의 본질이 담겨 있다고 생각하기 때문이다. 이와 같은 장기 이식 이후에 그들에게 어떤 변화가 있을지에 대해 상상해보라고 하면, 대부분의 사람들은 자신들의 성격과 행동이 기증자의 성격 및 행동과 비슷하게 바뀔 것이라고 생각한다. 이러한 인식은 심장 이식에만 국한되는 것은 아니다. 수혈이나 유전자 치료 또한 사람의 성격과 행동을 바꿀 것이라고 생각한다. 한 중년 여성은 맥주와 오토바이를 사랑했던 18세 남성으로부터 심장과 폐를 이식받은 후 자신의 성격과 관심사가 이 남자와 비슷하게 되었다는 내용의 회고록을 썼다. 그녀는 자신의 회고록에 "심장의 변화A Change of Heart"라는 꽤나 적절한 제목을 붙였다.[18]

과학적 관점에서 볼 때 한 사람에서 다른 사람으로 또는 하나의 종에서 다른 종으로 본질을 이동시킬 수 있다는 믿음은 터무니없는 것이다. 그러나 본질론은 과학적인 것이 아니다. 활력론이 신진대사론의 전과학적 개념인 것처럼, 본질론은 유전학의 전과학적 개념인 것이다. 본질론은 성장과 발달이라는 개념뿐만 아니라 이 책 후반에 다루게 될 그 이외의 세 가지 생물학적 개념들—유전학(제9장), 진화적 적응(제11장) 그리고 종의 기원(제12장)—에도 대혼란을 일으킨다.

***

본질론은 그것이 야기할 수 있는 온갖 문제들에도 불구하고, 송아지에서 소로, 새끼 돼지에서 돼지로, 병아리에서 닭으로, 발달 단계에 따라 서로 다른 신체적 상태에 있는 유기체들을 동일한 유기체로 여길 수 있도록 한다는 점에서 유용하다. 우리는 심지어 애벌레에서 번데기를 거친 호랑나비, 알에서 올챙이를 거친 개구리, 씨앗에서 묘목을 거친 나무처럼 서로 엄청나게 다른 신체적 상태를 가지는 유기체 또한 같은 유기체로 여길 수 있다. 우리는 유기체가 자라면서 종의 정체성을 계속 유지하는 것은 물론이고 시간이 흐르면서 그 종의 특성들이 생김새와 행동들로 나타난다는 것 또한 알고 있다.

재밌게도, 우리는 시간에 따른 종의 정체성 변화, 특히 우리 자신의 정체성의 변화를 추적하는 데 큰 어려움을 겪는다. 유치원생의 눈에는 사람들은 절대 변하지 않는다. 변한다 해도 그다지 많이 변하지는 않는다. 어떤 사람들은 처음부터 아이로, 다른 사람들은 처음부터 어른으로 지구상에 나타났다고 여긴다. 어린이가 자라서 어른이 된다는 생각은 보기와는 달리 직관적이지 못하다. 심리학자인 수전 케리Susan Carey가 딸 엘리자가 세 살 반이었을 때 나눈 다음의 대화를 예로 들어보겠다.[19]

딸　　내가 자라면 엘리자라고 불리는 아이는 더이상 없을 거예요.

엄마	맞아.
딸	엄마는 나가서 또 다른 엘리자를 살 건가요?
엄마	아니! 우리는 지금의 엘리자를 사랑하고 있으니 다른 엘리자를 살 필요가 없어. 네가 자라면 어떤 일이 벌어질 거라고 생각하니?
딸	선생님이 될 거예요.
엄마	근데 너의 이름은 무엇일까?
딸	사투(그녀가 가장 좋아하는 유치원 선생님의 이름)에요.

엘리자는 어떻게 자신이 아이에서 어른으로 변했을 때도 같은 사람일 수 있는지에 대해 이해하려 했고, 케리와 딸은 이와 비슷한 대화를 몇 주 동안 하게 되었다. 그 결과 마침내 엘리자는 이 수수께끼를 이해하게 되었다. 케리에게 다음과 같이 말했던 것이다. "엄마, 엄마가 어렸을 때 엄마 이름은 수전이었죠?"

테디에게도 이와 비슷한 일이 있었다. 테디가 네 살 반이었을 무렵, 우리는 카드의 순서를 맞추는 게임을 하고 있었다. 이 게임의 원칙은 어떤 인과적 순차에 따라 시작부터 끝까지 시간 순서대로 네 장의 카드를 늘어놓는 것이다. 예를 들어 주어진 카드에 사과파이, 나무에 달린 사과, 잘려진 사과, 그리고 사과 더미가 그려져 있다면 이는 사과파이를 만들기 위한 과정으로서, 나무에 달린 사과 – 사과 더미 – 잘려진 사과 – 사과파이 순서로 카드를 정렬해야 한다는 것을 의미한다.

어른들에게는 별것 아닌 과제지만, 유치원생들에게 이 게임은 매우 어렵다. 테디는 특히 아기, 어린이, 젊은 남자, 노인으로 이루어진 카드 묶음을 어려워했다. 테디는 이 카드들의 바탕이 되는 인과 관계가 성장이라는 것을 깨닫지 못했다. 그를 대신해 내가 카드를 정렬하자 그는 매우 놀란 것 같았다. "왜 이게 맞는 순서예요?"라고 테디는 물었다. 그리고는 카드들을 열심히 쳐다본 후 말했다. "나도 노인이 되는 거예요?"

이 게임 이후 한 달간 우리는 성장과 노화에 관한 고뇌로 가득한 대화를 하게 되었다. 한번은 잠자리에서 테디와 대화하면서, 테디의 고뇌의 원인이 무엇인지 깨닫게 되었다.

> **나**　　이제 자야지. 잠을 많이 자야 클 수 있어.
>
> **테디**　나는 점점 더 커질 거예요. 그리고... 나는 할아버지가 되는 건가요?
>
> **나**　　그렇게 되려면 아주 아주 오랜 시간이 걸려. 우선은 큰 소년이 되고 그 다음에는 청소년, 그 다음에는 청년, 그 다음에는 아버지가 되는 거야.
>
> **테디**　근데 내가 할아버지가 되면, 어떻게 본래의 나로 돌아가요?
>
> **나**　　본래 너?
>
> **테디**　어떻게 내 팔을 되돌려 받아요? 내 다리는요?

테디는 어떻게 그의 신체가 노인의 신체처럼 될 수 있는지 전혀 감을 잡을 수 없었다. 그의 현재의 신체는 어디로 가게 되느냐 말이다. 테디가 살아온 4년의 시간 동안 그는 노화가 일어나는 과정을 많이 보지 못했기 때문에 노화의 점진적이고 지속적인 속성에 대해 이해할 수 없었다. 테디가 알기로 자기가 만난 나이든 사람들은 항상 나이가 들어 있었다는 것이다. 어떤 자연의 잔인한 속임수가 젊은이를 노인으로 변신시키는가?

내 딸 루씨가 다섯 살일 때, 테디의 경우와는 다르지만 루씨 또한 성장에 대해 그만큼 중대한 오해를 지닌 것을 볼 수 있었다. 과학박물관에서 루씨는 자신의 장래 모습을 그리는 체험을 하게 되었다. 루씨는 세

그림 3 노화는 연속적인 것이지만 우리는 노화를 단계로 생각한다. 특히나 어린이들은 그들의 현재 삶의 단계, 과거 삶의 단계(유아기), 그리고 미래의 삶의 단계(어른) 사이의 연속성을 이해하는 데 어려움을 겪는다.

개의 그림을 그렸는데, 각각에 "나는 부자다," "나는 부자이고 늙었다," 그리고 "나는 죽었다."라고 썼다. 루씨는 모든 그림에 우리 가족 전체를 그렸는데 "난 죽었다."의 그림에는 우리들 모두 나란히 관 속에 있었다. 그리고 모든 그림에서 루씨는 자신을 엄마 아빠의 크기의 반으로 그렸다. 즉, 루씨는 자신을 항상 아이로 그렸다. 언젠가는 나이가 들고 죽는다는 것은 알고 있었으나 그것이 생물학적으로 어떤 의미를 갖는지 아직 알아차리지 못한 것이다. 또한 루씨는 자신의 부모가 자신이 죽기 오래전에 이미 죽었을 것이라는 점도 알아채지 못했다.

아이들은 아직 노화와 성장을 연결시키지 못하기 때문에, 노화에 대한 아이들의 혼동은 일반적인 생물학적 과정에 대한 혼동과 함께 나타난다. 학교에 들어간 후 저학년 시기 동안 아이들은 노화와 성장을 연결

228

시킬 수 있게 되는데, 이 연관이 주는 파급 현상들을 평생 완벽하게 이해하지 못할 수도 있다. 어른이 되어서도 우리는 나이가 들면서 일어나는 불가피한 육체적 변화(흰 머리, 처진 피부, 늘어나는 허리둘레 등)와 심리적 변화(새로운 태도, 새로운 가치관, 새로운 관심사)를 받아들이기 어려워한다.[20] 심리학자들은 우리가 특히나 후자에 대해 망각하고 산다는 것을 발견했다.

스무 살 된 청년들에게 지난 십 년간 그들이 선호하던 것들(예: 음악, 음식, 취미, 그리고 친구 등)이 얼마나 변했는지 물어보면 그들은 그들의 선호 사항들이 엄청나게 바뀌었다고 말할 것이다(평균 40퍼센트). 그런 다음, 이들에게 다음 십 년간 현재의 선호하는 것들이 얼마만큼 바뀔지 예상하느냐고 물어보면, 그들은 이들이 별로 바뀌지 않을 것이라고 대답한다(평균 25퍼센트). 즉, 그들은 테일러 스위프트를 다른 가수보다, 초밥을 다른 음식보다, 그리고 요가를 다른 취미보다 늘 선호했던 것은 아니라는 것을 알면서도 다음 십 년간 계속에서 테일러 스위프트, 초밥, 그리고 요가를 좋아할 것이라고 생각하는 것이다.

스무 살 청년들이 지금 그들이 좋아하는 것들을 앞으로도 계속 좋아할 것이라고 생각하는 것은 어쩌면 옳은지도 모르겠다. 청소년기는 매우 빠른 성장시기고 그 시기가 끝날 무렵에 생기는 취향들은 그 이전의 것들보다 더 안정적일지도 모른다. 다만 이 같은 해석의 허점은 서른 살 먹은 사람들도 스무 살 청년들과 같은 이야기를 한다는 데 있다. 그리고 사십 살이 되어도, 오십 살이 되어도 같은 기대를 갖고 있다는 것이다.

이렇듯이 모든 연령대의 사람들은 현재 좋아하는 것들이 과거에 좋아했던 것들에 비해 더 변함없을 것이라고 생각한다. 우리는 지난 십 년간의 삶이 앞으로의 십 년간의 삶보다 우리의 정체성—성격(예: 개방적인, 양심적인, 외향적인, 상냥한, 그리고 신경이 예민한)과 핵심 가치관 (예: 성취, 쾌락, 자기주도성, 자비, 전통, 순응, 안정 그리고 권력에 우리가 부여하는 가치)—의 형성에 더 크게 기여한다고 믿는다.

　다시 말해, 어른들조차도 개인의 정체성이 시간에 따라 어떻게 변화하는지에 대해 그릇된 이해를 갖고 있다. 우리 어른들은 그러한 변화를 직접적으로 자주 접해왔으나, 여전히 미래에 일어나게 될 변화에 대해서는 평가절하한다. 우리는 매 순간 우리가 정체성을 형성하는 과정에 있어서의 마지막 지점, 즉 우리의 인성 발달에 있어서의 정점에 도달해 있다고 생각한다. 우리는 아이들보다 나이가 들면서 생기는 육체적 변화의 가능성을 인지하는 데는 더 나을지는 모르나, 나이가 들면서 생기는 정신적 변화의 가능성을 인지하는 데는 딱히 더 뛰어나지 않다. 현재의 나 자신은 항상 "진짜 나"이고, 그것은 과거의 그리고 미래의 나의 정체성이다.

제9장 유전

본질론으로는 유전을 이해하기 힘들다

인터넷에서 "클론clone"을 검색해보면 여러 종류의 끔찍한 그림들을 발견하게 될 것이다. 머리가 두 개인 소, 다리가 여섯 개인 개, 눈이 하나인 아기 고양이, 사이보그, 통 속에 들어 있는 아기들. 마찬가지로, "유전공학genetic engineering"을 검색하면 또 다른 종류의 끔찍한 이미지들을 접하게 될 것이다. 야광 고양이, 이빨 달린 딸기, 피로 가득 찬 사과, 다람쥐와 독거미를 혼합한 동물. 실제로 이러한 이미지들은 복제나 유전공학과는 어떠한 관련도 없다. 이 이미지들은 조작된 것이거나(예: 이빨이 달린 딸기) 자연적으로 발생한 기형 생물(예: 머리가 두 개인 소)이다.

복제와 유전공학은 실제보다 사람들의 상상 속에서 훨씬 더 공포스럽다. 복제는 유전적으로 동일한 유기체를 생산하는 일에 지나지 않으며, 유기체가 지구상에서 생식과 번식을 해왔던 기간만큼이나 오랫동안 존재해온 번식법이다. 일례로 모든 대리석무늬가재marbled crayfish는 모체의 복제인데, 이는 모든 브라미니장님뱀Brahminy blind snake, 모든 모어닝게코

mourning gecko(도마뱀붙이의 일종), 모든 뉴멕시코채찍꼬리도마뱀New Mexico whiptail lizard도 마찬가지다. 이 종들은 무성생식을 한다. 다시 말하자면, 두 번째 부모의 유전 물질이 필요하지 않다는 것을 의미한다. 그렇기에 이 종에 속하는 모든 개체는 조상들의 복제물인 셈이다. 마찬가지로 일 란성 쌍둥이는 소, 고양이, 인간(맙소사!)이든 상관없이 자신의 쌍둥이의 복제물이다.

유전공학 또한 지구상에서 수천 년간 실제로 이루어져 왔다. 인간은 최근 한 유전체(이를테면 물고기의 유전체)에서 다른 유전체(이를테면 토마토 유전체)로 유전자를 직접 이식할 수 있는 기술을 획득했다. 그러나 인간 이 다른 종의 유전체를 엉망으로 만든 지는 상당히 오래되었다. 더 통통 하고 영양가가 풍부한 낱알을 생산하게 만들기 위해 인간이 야생풀들을 선택적으로 교배하지 않았다면 지금과 같은 옥수수는 없었을 것이다. 이는 사과, 오렌지, 딸기, 아몬드, 돼지, 닭, 말, 그리고 개에 있어서도 마 찬가지다. 식품, 노동력 또는 인간의 친구로서 인간이 키우는 유기체의 대부분은 선별적 교배를 통한 유전공학으로 생겨난 것들이라 할 수 있 다. 누군가가 야생에서 주인을 찾아 돌아다니는 푸들을 발견한 것이 아 니다. 푸들은 일종의 유전공학을 통해 늑대로부터 변이시킨 동물이다.

현대 사회에서 가장 논쟁거리가 되는 기술들 중 몇몇은 유전학과 관 련이 있다. 복제, 취업 지원자 대상의 유전자 검사, 태아 유전 감식, 개 인의 혈통에 대한 유전자 탐색, 산업용 박테리아의 유전자 변형, 작물의 유전자 변형, 가축의 유전자 변형, 그리고 유전자 변형 식품의 판매 등 이 그것이다. 미국을 비롯한 여러 나라에서 대부분의 사람들은 이러한 기술들에 대해 높은 경각심을 가지고 있다. 그러나 유전자가 무엇인지, 또는 유전자가 무엇을 하는지에 대해서 실제로 이해하는 사람들은 거의 없다.[1]

그림 1 살아 있는 유기체에서 얻어지지 않은 식품들을(예: 소금, 베이킹 파우더, 물)에까지 "유전자 변형식품이 아님(Non GMO)"이라고 표기하는 관행은 우리 사회에 널리 퍼져 있는 유전학에 대한 무지를 보여준다.

한 연구[2]에서, 미국인 82퍼센트가 유전자 변형 식품 표기를 의무화하는 것을, 그리고 거의 동일한 비율인 80퍼센트가 "DNA를 포함한 식품"의 표기를 의무화하는 것을 지지하는 것으로 나타났다. 80퍼센트의 대중이 거의 모든 음식은 식물이나 동물로부터 얻어지는 것이기에 거의 모든 음식은 DNA를 포함한다는 것을 모른다는 의미인데, 그렇다면 유전자 변형 식품에 대한 그들의 의견에 과연 무슨 의미가 있겠는가?

유전학은 어려운 주제이고, 많은 이들이 학교에서 적절한 유전학 교육을 받은 적이 없는 것이 사실이다. 당신의 유전학 관련 지식을 시험해보기 위해 다음 항목들의 옳고 그름을 판단해보라.

- 일란성 쌍둥이 형제는 선천적으로 동일한 유전자를 갖고 있다.
- 한 개인은 평균적으로 절반 정도의 유전자를 형제자매들과 공유한다.
- 다른 인종에 속하는 두 명의 사람들보다 같은 인종의 두 명의 사람

은 언제나 유전적으로 더 비슷하다.

- 성별이 같은 두 사람은 성별이 다른 두 사람보다 항상 유전적으로 더 비슷하다.
- 우리 신체의 각기 다른 부분에는 서로 다른 종류의 유전자가 있다.
- 하나의 유전자는 그에 상응하는 특정 행동을 결정한다.

사람들은 대부분 위의 모든 문장이 옳다고 판단한다.[3] 그러나 사실은 처음 두 문장만이 옳고 나머지는 다 사실이 아니다.

유전자와 신체적 특징 간의 관계는 우리가 생각하는 것보다 훨씬 더 복잡하다. 인간은 대략 2만 개 정도의 유전자를 가지고 있는데, 이 유전자들은 연속적으로 일어나는 상호 의존적인 생화학 반응들을 통해 발현된다. 인종이나 심지어 성별을 결정하는 단일한 유전자는 존재하지 않으며, 같은 인종이나 같은 성별의 두 사람이 공유하는 유전자는 그들이 공유하지 않는 수백 개의 유전자에 비하면 너무나 사소할 만큼 적다.[4] 같은 인종의 사람들 사이에서 나타나는 유전적 다양성은 서로 다른 인종의 사람들 사이의 유전적 다양성만큼이나 크다. 이러한 연유에서 대부분의 과학자는 인종을 사회적으로 구성된 개념으로 간주한다.[5]

사람들이 유전에 대한 지식이 부족한 이유[6]는 적절한 교육을 받지 못했기 때문이기도 하지만 사람들의 본질론적인 사고방식 때문이기도 하다. 앞 장에서도 설명했듯이, 본질론이란 한 생물체에 있어서 눈에 보이는 특징들이 눈에 보이지 않는 내부의 그 무언가, 즉 본질에 의해 결정된다는 견해다. 사람들은 본질은 불변하며(호랑이는 언제나 호랑이다.), 일관적이고(모든 호랑이는 근본적으로 같다.), 다른 것들로부터 구분될 수 있으며(호랑이는 다른 동물들과는 근본적으로 다르다.), 선천적(호랑이의 본질은 태어나면서부터 주어지는 것이다.)이라고 생각한다.

아이들은 한 유기체의 성장과 발달이 그 유기체의 본질에 의해 규정된다고 생각하나, 유기체의 어떤 부분이 본질을 이루는지는 그것이 생물 내부에 있는 무언가라는 것 이외에는 알지 못한다.[7] 반면에, 어른들은 본질을 유전자와 연관시킨다. 우리는 유기체의 형질들이 유전자에 의해 결정된다는 것을 알고 있으며 유전자야말로 유기체의 본질이 자리 잡고 있는 곳이 틀림없다고 여긴다. 그러나 본질에 대해 우리가 가지는 개념들은 유전자에는 적용되지 않기 때문에, 본질과 유전자를 연관시켜 생각하게 되면 문제가 생길 수 있다.

유전자는 변한다. 즉, 암을 일으키는 물질이 있거나 복제에 문제가 있으면 유전자 변이가 발생한다. 유전자는 균일하지 않다. 즉, 유전자는 여러 종류의 다양한 형질이 발현하는 과정에 관여한다. 유전자는 서로 구분되지 않는다. 즉, 유전자는 다른 몇몇의 유전자와 더불어 활동한다. 그리고 유전자는 선천적인 것이 아니다. 유전자는 그것이 어떻게 메틸화되며(즉, 화학적으로 변형되며) 어떻게 발현되는지에 있어서 유기체의 일생에 걸쳐 변화한다.

유전자와 본질을 연관시켜 생각하는 것은 적절하지 못한 태도와 행동들을 야기할 수 있다.[8] 우리는 부모로부터 유전될 가능성이 높다고 여기는 특성들(예: 지능, 충동성, 정신병)에 유전자가 기여하는 정도를 과대평가하여, 이러한 형질들이 변하지 않고 결정적이라고 생각한다. 사회적 구분(예: 인종, 성별, 성적 성향)이 유전적으로 결정되는 것으로 여길 때 우리는 각각의 사회적 범주에 속하는 사람들의 차이점을 지나치게 강조하게 된다. 우리는 범죄적 행동들이 유전적이라고 여길 때(예: 약물 남용, 가정 폭력, 강간), 이러한 범죄에 가담한 개인들의 도덕적 책임을 최소화시킨다. 그리고 우리는 유전자 변형—한 종의 유전체에서 다른 종의 유전체로의 유전자 이식—을 통해 생산된 음식을 섭취하는 것을 꺼린다.[9] 이 음식들을 먹어도 안전하다고 이미 입증되었음에도 말이다.

유전에 대한 정보를 본질론적 사고방식으로 이해하는 것은 정확하지도, 그렇다고 생산적이지도 않다. 하지만 유전에 대한 우리의 사고방식은 보편적으로 본질론에서 출발하므로, 우리가 이러한 정보들을 해석하는 데 있어서 본질론은 계속해서 장애물이 된다. 유전공학자들조차도 한때는 생물학적 세계를 구분 가능한, 불변의 본질로 이해하고자 했던 유치원생들이었으니 말이다.

***

그렇다고 해서 본질론이 모두 나쁜 것은 아니다. 본질론은 유기체의 겉모습과 속한 환경이 변한다 해도 그 정체를 추적할 수 있게 하고, 제8장에서 논의한 바와 같이 종 특유의 형질이 어떻게 발달할지도 예측할 수 있게 한다. 그러나 이러한 형질들이 부모로부터 자손으로 어떻게 전달되는지에 대해 본질론은 어떠한 설명도 제공하지 못한다. 아이들은 부모가 같은 종의 자손을 생산한다고 알고 있고 그 자손들이 종 특유의 형질들을 발달시키게 되리라는 것도 알고 있지만 왜 그러한지, 즉, 왜 어떤 유기체는 오리가 될 선천적 잠재성을 물려받고 또 다른 개체는 백조가 될 선천적 잠재성을 물려받는지는 알지 못한다.[10]

다시 말하면, 본질론은 아이들에게 성장에 관한 직관적 이론을 제공하는 것이지 유전에 관한 직관적 이론을 제공하는 것이 아니다. 유전에 대한 올바른 개념 없이는 이 주제에 대해 몇 가지의 그릇된 믿음들을 갖게 된다. 이를테면 1) 정신적 형질들이 신체적 형질처럼 유전된다는 생각, 2) 친척은 친자관계가 아닌 사회관계를 지칭하는 용어라는 생각, 3) 유기체의 생리적 특성이 충분히 변하면 그것이 속한 종도 변할 수 있다는 생각이 그것이다.

위의 첫 번째 오개념과 관련하여, 유치원생들이 다른 종의 동물들에 의해서 길러진 새끼 동물도 자라서 친부모의 형질을 갖게 될 것이라고 여긴다는 사실을 기억해보자. 아이들은 소에 의해 길러진 아기 돼지는 자라서 말린 꼬리를 갖게 되고 '꿀꿀'하는 소리를 낼 것이라고, 돼지에 의해 길러진 송아지는 자라서 곧은 꼬리를 가지며 '음메'하고 울 것이라고 생각한다. 이러한 판단을 하는 데 있어서 전 세계 네 살짜리 아이들은 양부모보다 친부모의 영향력을 더 우선시하면서도 *왜* 친부모가 더 중요한지는 이해하지 못한다. 즉, 친부모의 형질이 자손의 몸 안에 프로그램되어 있고, 이렇게 프로그램된 것이 자손의 출생 이전부터 작동한 메커니즘에 의해 부모로부터 자손에게로 물려진다는 것을 알지 못하는 것이다.

형질이 어떻게 유전되는지에 대해 얼마나 이해하고 있는지 유치원생들에게 직접적으로 물어보기는 어려우나 실험을 통해서 간접적으로 알아볼 수는 있다. 한 개체의 몸 안에 프로그램화 되지 않은, 그렇기 때문에 출생 이전에 부모에서 자식으로 *전달되지 않는* 형질들에 관해 아이들의 사고방식을 조사하는 것이다. 정신적 형질들이 바로 이런 형질들에 부합한다. 비록 아이들은 부모의 믿음, 가치관, 그리고 관습을 물려받게 되지만 이러한 정신적 형질들의 상속은 유전보다는 교육을 통해서, 선천적으로 타고나기보다는 후천적인 양육에 의해서 다음 세대로 전달된다. 만약에 아이들이 유전에 대한 생물학적 이해를 갖추고 있다면 신체적 형질들은 태어날 때 이미 결정되어 있으나 정신적 형질들은 양육의 영향을 훨씬 더 많이 받는다는 것을 인지할 것이다.

심리학자 그레그 솔로몬Gregg Solomon과 그의 동료들은 이를 연구하기 위해[11] 네 살부터 일곱 살 사이의 아이들에게 아기 돼지를 입양한 소 이야기와 비슷하지만 동물 대신 인간이 주인공인 이야기를 들려주었다. 예를 들면 다음과 같다. "아주 오랜 옛날 왕이 살았어요. 왕은 아이를 가질 수 없었지요. 그런데 왕은 너무나 아이를 갖길 원했어요. 그래서 그는 자신의 왕국에 살고 있던 많은 자식을 둔 한 양치기를 만났어요. 왕은 그의 사내 아기를 입양하고 자신의 친아들처럼 키우고 싶다고, 그리고 그 아기는 커서 왕자가 될 것이라고 말했지요. 양치기는 동의했고 왕은 양치기의 아기를 입양해서 궁궐로 데리고 왔어요. 왕은 아기를 사랑했고 아기는 왕을 사랑했어요. 아기는 왕과 함께 궁궐에서 자랐고 왕자가 되었지요."

이 이야기를 들려준 후, 솔로몬은 아이들에게 장성한 왕자가 몇 가지 특성들에 있어서 왕을 더 닮았을지, 아니면 양치기를 더 닮았을지 물어보았다. 어떤 질문은 신체적 특징, 그리고 어떤 질문은 정신적 특징에 대해서였다. 예를 들어, 아이들에게 왕의 눈은 초록색이고 양치기의 눈을 갈색이라고 말해주고는, 이 왕자가 어른이 되었을 때 왕처럼 초록색 눈을 갖고 있을지 아니면 양치기처럼 갈색 눈을 갖고 있을지 물었다. 신체적 특징으로는 머릿결(곱슬머리 또는 생머리), 목소리(고음 또는 저음), 그리고 키(장신 또는 단신), 정신적 특징으로는 개미핥기의 식성에 대한 생각(채식 또는 육식), 빨간 신호등이 의미하는 바(서시오 또는 가시오) 그리고 기름이 물에서 어떻게 작용하는지(뜨는지 가라앉는지)를 포함했다.

일곱 살 이상의 어린이들은 신체적 특징과 정신적 특징에 따라 서로 다른 판단을 내렸다. 즉, 이들은 왕자는 양치기(친부)의 신체적 형질과 왕(양부)의 정신적 형질을 갖게 될 것이라고 대답했다. 반면에 일곱 살 미만의 아이들은 뚜렷한 패턴이 없이 어떤 형질에서는 친부를 고르고 또 어떤 형질에서는 양부를 골랐으며, 친부와 신체적 형질, 그리고 양부와 정신적 형질을 각각 연결시키지 못했다.

즉, 일곱 살 미만의 아이들은 왜 아이들이 부모를 닮는지에 대해 전혀 이해하지 못했다. 이 아이들도 선천적인 잠재성에 대한 이해는 갖추고 있었으나 이런 판단을 내릴 때는 아무런 도움도 되지 못했다. 왜냐하면 친부와 양부 모두 같은 종에 속했으며 신체적 형질과 정신적 형질 모두 종 특유의 것들이기 때문이었다.

후속 연구에서 솔로몬은 아이들이 유전에 관해 갖게 되는 생각이 딱히 생물학적이지 않다는 것을 뒷받침하는 더 강력한 증거를 제시했다.[12] 여기서 솔로몬은 신체적 형질과 정신적 형질을 대조하는 대신에, 신체적 형질을 철저하게 임의적인 형질(옷 색)에 대조했다. 그는 아이들에게 다음과 같은 이야기를 들려주었다. "여기 보이는 두 사람, 스미스 부부에게는 여자 아기가 있었어요. 다시 말하면, 아기는 스미스 아주머니의 뱃속에서부터 나왔어요. 아기는 스미스 아주머니의 배에서 나오자마자 다른 두 사람, 존스 부부와 살게 되었어요. 아기는 그들과 함께 살았고 존스 부부는 아기를 돌보았어요. 아기를 먹이고, 옷을 사주고, 슬퍼할 때면 안아주고 뽀뽀해주었어요. 부부는 아이를 매우 사랑했고 아이도 이 부부를 사랑했지요. 그들은 아이를 '딸'이라고 불렀고, 아이는 존스 부부를 '엄마' 그리고 '아빠'라고 불렀어요. 자, 이 아기가 커서 작은 소녀가 되었어요. 여기 두 그림이 있어요. 어떤 그림이 이 소녀를 나타내고 있는지 말해주겠어요?"

이 이야기의 한 가지 형태에서 스미스 부부는 흰색 피부를 갖고 있고 존스 부부는 검은색 피부를 갖고 있는 것으로 묘사되었고, 연구자들은 아이들에게 소녀가 흰색 피부를 가질지 아니면 검은색 피부를 가질지 물어보았다. 또 다른 형태의 이야기에서, 스미스 그리고 존스 부부는 똑같은 피부색을 갖고 있으나 스미스 부부는 빨간색 셔츠를, 존스 부부는 파란색 셔츠를 입고 있는 것으로 묘사되었고, 아이들은 소녀가 빨간색

그림 2 유전에 대해 어린아이들이 갖는 생각은 이 사진에서 보여지는 것과 비슷하다. 어린아이들은 생물학적 수단으로 전달되는 형질들을(예: 피부색)과 사회적 수단으로 전달되는 형질들을(예: 옷 색)을 구분하지 못한다.

티셔츠를 입을지 아니면 파란색 티셔츠를 입을지에 대해서 결정해야 했다. 엄밀히 따지면 이 두 번째 질문에는 정답이 없으나 솔로몬의 연구에 참여한 유치원생들은 그렇게 생각하지 않았다. 아이들은 두 경우 모두, 친부모(스미스 부부)가 입은 옷의 색상을 선택했는데 옷의 색이 피부색처럼 유전된다고 생각한 모양이다.

옷 색의 유전성에 대한 아이들의 생각을 고려한다면, 아이들이 피부에 대해서든 다른 신체적 형질의 유전에 대해서든 생물학적으로 충분히 이해하고 있다고 여기기는 어려울 것으로 보인다. 아이들은 생물학적으로 얻은 형질과 사회적으로 얻은 형질들을 전혀 구분하지 못한다.

이것은 아이들이 사회적으로 얻는 형질들에 대해서 많은 경험을 쌓았을 때도 마찬가지다. 예를 들면, 유아기 때 새로운 나라로 이사를 가거나 두 언어를 사용하는 프로그램에 참여함으로써 새로운 언어를 배우게 된 아이들은 사회적으로 얻는 특징(언어)에 대해 직접적인 경험을 하게 되고, 따라서 사회적으로 얻는 특징과 생물학적으로 얻는 특징의 차이에 대해 이해하게 될 수도 있을 법하다. 그러나 이 아이들조차도 위의

240

입양 이야기에 등장하는 두 가지 종류의 형질들을 구분해내지 못한다.[13]

이렇게 순차적으로 두 개의 언어를 배운 아이들(한 언어를 먼저 배우고 다른 언어를 배우는)은 하나의 언어만 구사하는 아이들과 마찬가지로 입양 이야기에 올바르게 답하진 못하지만, 이들이 내놓는 오답에는 매우 특이한 경향이 있었다. 다른 아이들은 신체적 형질과 사회적으로 습득하는 형질 모두에 친부모를 고르거나 아예 일관성 없이 친부모와 양부모를 고르지만, 이 아이들은 주로 양부모를 고른다. 즉, 이 아이들은 언어의 사회적인 근원에 대한 지식을 습득하게 되면서, 이로 인해 눈 색깔과 머릿결을 포함한 모든 형질이 사회적 방식으로 습득된다고 잘못 생각하는 것이다. 문화 상대주의를 새로운 극단으로 몰고 간 셈이다.

***

어린아이들에게 유전의 생물학적 개념이 부족하다는 것을 보여주는 또 다른 예는 친족의 명칭에 대한 것이다. 친족 간의 명칭은 신체적 형질과 마찬가지로 부모로부터 물려받는 것이다. '아들'이라는 명칭은 출생에 따른 것이지, 성장하며 이루는 것이 아니다. 사내 아기는 태어나는 순간 '아들'이란 명칭을 포함해 다른 친족 관련 명칭들(예: 사촌, 조카, 오빠)을 얻게 된다.

이 명칭들은 선천적으로 생물학적이다. 즉, 같은 가족을 이루는 구성원들 간의 생식과 혈연의 관계를 보여주는 도식과 같다. 누가 누구를 낳았고, 누가 누구의 자손이며, 누가 같은 조상의 후손인지를 표시한다. 그러나 어린아이들은 이와 다른 방식으로 친족 명칭들을 이해한다. 아이들은 친족 관련 명칭들을 순전히 사회적 관계를 지칭하는 것으로 해석한다.

물론, 친족의 사회적 측면은 생식적인 면보다 더 두드러진다. 적어도 병원에서 출산이 이루어지는 사회에서는 아이들이 자신의 어린 형제자매나 사촌이 태어나는 것을 직접 보기 어렵다. 그리고 이 세상 어느 아이도 부모나 조부모는 물론, 손위 형제들이나 사촌들의 출생을 직접 목격하지 못했다. 따라서 아이들은 형, 삼촌, 또는 사촌이라는 명칭이 무엇을 의미하는지 아무런 설명도 듣지 못한 채 이러한 명칭으로 불리는 사람들로 둘러싸이게 되었고, 결국 이 명칭들에 대한 사회적 설명을 스스로 고안해낸다. 이를테면, 삼촌이란 부모님과 비슷한 나이의 친한 남성으로, 형이나 동생은 자신과 나이가 비슷한 친한 남자아이로 생각한다. 그리고 형제는 같은 집에서 사는 반면 삼촌은 다른 집에서 살고, 형제는 관심사를 공유하는 반면 삼촌은 다른 관심사를 갖고 있다고 말이다.

내 아들 테디가 막 네 살이 되었을 무렵, 우리는 그가 친한 친구들을 "형제"라고 부르는 것을 보았다. 아직 동생이 없었던 테디는 그 당시 형제자매를, 특히나 남자 형제가 있기를 무척 바랐고, 우리가 형제를 "찾아오기"까지 마냥 기다리고 있지만은 않았다. 테디는 특히 사촌들을 형제로 삼으려고 노력했다. 테디에게는 세 명의 사촌이 있었는데, 두 살 위인 맷과 찰리 그리고 몇 살 어린 케빈이 그들이다. 나는 테디가 맷과 찰리만을 형제라고 지칭하는 것을 본 후, 왜 그런지 물었다.

나 넌 형제가 있니?

테디 네, 맷과 찰리요.

나 맷과 찰리는 너의 사촌이 아니니?

테디 아니요, 제 형제들이예요.

나 케빈은?

테디 케빈은 아기잖아요!

나	그럼 아기는 형제가 될 수 없는 거야?
테디	될 수 없어요.
나	왜?
테디	우유병이나 빨고 아기 장난감만 갖고 놀잖아요.
나	그럼 케빈이 네 형제가 아니면 누구니?
테디	[잠시 멈춤] 걔는 제 사촌이 되면 되겠네요.

테디가 형제란 "비슷한 또래의 친한 남자아이"를 뜻한다고 생각했을 그 시기에, 그는 이 정의에 반하는 대화를 듣게 되었다. 가족 행사가 있던 날, 테디는 할아버지의 형제들 중 한 명(나의 삼촌)이 다른 한 명을 "형제"라고 부르는 것을 보았다. 그리고 테디의 궁금증이 시작되었다.

테디	할아버지의 형제가 누구에요?
삼촌	댄 삼촌이 내 형제지. 그리고 너의 할아버지 스티브도 나의 형제야. 우리는 모두 형제지.
테디	[눈이 커지며] 그걸 도대체 어떻게 알게 되었어요?!

테디가 갖고 있던 형제의 정의에 따르면 세 명의 어른이 형제일 수는 없었다. 왜냐면 그들은 형제가 되기에는 나이가 너무 달랐기 때문이다. 이 어른들은 서로의 관계에서 테디가 자신의 형제(실제로는 그의 사촌)들과의 사이에서 느꼈던 보이지 않는 유대감을 감지했던 것이 틀림없다.

물론 친족의 명칭들은 생물학적인 의미로만 사용되는 것은 아니다. 어른들 또한 사회적 관계를 지칭할 때 친족의 명칭을 사용하기도 한다. 예컨대 신부님을 아버지라고 부르고, 혈연이 아닌 사람과 의형제를 맺고, 산타클로스를 '산타 할아버지'라고 부르며, 미국 대학 사교클럽 멤버들은 서로를 형제 또는 자매라고 부르고, 미국 사람들은 종종 미국 정부를 '엉클 샘Uncle Sam'이라고도 칭한다. 그러나 어른들은 이러한 친족 명칭의 사용이 그저 은유에 지나지 않음을 알고 있다. 하지만 아이들은 그렇지 못하다.

다음의 연구[14]가 이러한 사실을 아주 잘 보여준다. 5세에서 10세 사이의 아이들에게 2살밖에 되지 않은 삼촌이나, 서로 떨어져 다른 가족과 살고 있는 쌍둥이 자매와 같은 일반적이지 않은 친족 관계에 대한 이야기를 들려주었다. 더 구체적으로 말하자면 다음의 두 사람에 대해서 알려주었다. 한 사람은 친족의 사회적 특성을 갖고 있으나 생물학적 특성은 갖고 있지 않은 사람이고, 또 한 사람은 친족의 생물학적 특성을 갖고 있으나 사회적 특성은 갖고 있지 않은 사람이다. 그런 후에, 아이들에게 이 사람들이 각각 진정한 친족인지 물어보았다. 예를 들면, 다음과 같은 가공의 두 삼촌들에 대해서 알려주었다. "너의 아빠와 나이가 같은 이 남자는 너와 너의 부모님을 사랑하지만 너의 부모님과 가족관계는 아니야. 그러니까 그 사람은 너의 엄마의 형제이거나 아빠의 형제이거나 그런 게 아니야. 이 사람은 네 삼촌이 될 수 있을까? 자, 이제 너의 엄마에게 여러 명의 남자형제가 있다고 치자. 나이가 매우 많은 남자형제, 그리고 나이가 아주 많이 어린 남동생도 있다고 생각해봐. 엄마의 남동생들 중 한 명은 너무 어려서 2살밖에 안 돼. 이 사람은 네 삼촌이 될 수 있을까?"

이 연구에 참여한 아이들 중 가장 나이가 어린 아이들은 아기가 삼촌이 될 수 있다는 것을 강하게 부정했으나 혈연이 아닌 친구는 삼촌이 될수 있는 것으로 생각했다. 실제로, 9세 아이들조차도 가족과 혈연관계가 아닌 친구를 엄마의 어린 아기 남동생보다 삼촌이라고 여기는 경향이더 높았다. 그들이 이러한 판단을 하도록 이끄는 추론의 원리는 분명히 생물학적인 것이 아니다.

> **연구원** 아기가 삼촌일 수 있을까요?
> **어린이** 아니요. 왜냐하면 아기는 너무 작고, 2살밖에 안되요.
> **연구원** 삼촌은 몇 살이어야 하는데요?
> **어린이** 한 24살이나 25살이요.
> **연구원** 2살이면 삼촌이 될 수 있나요?
> **어린이** 아니요⋯ 사촌은 될 수 있어요.

아이들에게 '사촌'이란 아무나 될 수 있는 친족의 종류인 듯하다. 한 가족 구성원이 '삼촌'이나 '형제'라는 사회적 개념에 맞지 않으면, 그 사람은 사촌인 것이다. 사실, 이러한 생각에는 어느 정도 일리가 있다. 생물학적 관점에서 볼 때, 우리는 (정확한 사촌은 아니더라도) 모두 사촌 관계라고 할 수 있다. 우리의 가계도를 거슬러 올라가다보면 하나로 모인다. 몇 세대를 거슬러 올라가야 할지 모르지만 언뜻 보면 관계가 없는 듯한 누군가와도 동일 조상을 공유했다는 것은 분명하다. 이 책을 읽고 있는 당신과 나, 우리도 사촌 지간이다. 나의 29세대 전 조상과 당신의 할머니의 29세대 전 조상이 사촌이었을지언정 여전히 우리는 사촌이다. 이러한 점은 친족에 대한 성숙된 개념과 풍부한 생물학적 지식을 갖고 있는 어른들조차도 종종 간과하는 친족에 관한 사실이다.

***

어린아이들이 유전에 관한 생물학적 개념이 부족하다는 것을 보여주는 세 번째 예는 H. G. 웰스H. G. Wells의 소설《모로 박사의 섬Island of Doctor

Moreau》에 나오는 종간 변이cross-species transformation에 대한 이야기다. 이 소설에서는 한 의사가 수술을 통해 동물의 생체 구조와 생리기능들을 바꿈으로써 인간으로 만들려고 시도하게 된다. 의사는 동물들의 털을 깎고, 꼬리와 발톱을 없애고, 발바닥과 얼굴을 바꾸고, 행동과 본능을 재교육시켰다.

그러나 이러한 시도는 결국 실패하고 마는데, 그것은 의사가 동물의 외부 특징을 바꾸는 데에는 성공했으나 동물의 내부적 특성, 즉 본질을 바꿀 수 없었기 때문이다. 의사의 섬을 방문한 사람은 의사의 수술 결과를 보고 다음과 같이 묘사한다. "이 모든 창조물들은 인간의 형태를 지녔음에도 불구하고, 그 안에, 움직임에, 얼굴 표정에, 그리고 그 존재 자체에, 억누를 수 없는 돼지의 흔적이, 돼지의 기미가, 확실한 짐승의 증거가 담겨 있다."

이 디스토피아적인 이야기의 바탕에 깔린 전제, 즉 동물의 종 특유의 본성은 고정되어 있고 불변한다는 생각은 어른들에게는 통하나 아이들에게는 통하지 않는다. 아이들은 종 특유의 형질이 유전되는 것은 물론, 변화하는 것도 가능하다고 생각한다. 앞서 설명했듯이 아이들은 돼지로 태어난 아기 동물은 돼지라는 종 자체를 바꾸지 않는 한 자라서 돼지의 특성을 갖게 되며, 소에 의해 키워진다고 돼지의 종 자체를 바꾸기에는 충분하지 않다고 생각한다. 하지만 아이들은 수술을 통해 종을 바꾸는 것은 가능할지도 모른다고 생각한다.

아이들은 한번도 수술을 통해 동물을 한 종에서 다른 종으로 바꾸는 것을 본 적이 없으나, 실제로 시도한다면 어떤 일이 벌어질지에 대한 직관을 갖고 있다. 이러한 사실은 심리학자 프랭크 카일Frank Keil의 연구로부터 밝혀졌다. 그는 5세에서 10세 사이의 아이들에게 모로 의사의 이야기와 같은 상황을 들려주고 사고 실험을 하도록 했다.[15] "의사들이 너구리를 데려와서는 털을 조금 깎았다고 상상해보세요. 남은 털을 모두 검정색으로 염색하고 등 가운데 한 줄을 흰색으로 탈색시켰어요. 그런 후에는 수술을 통해 너구리의 몸 안에 스컹크가 갖고 있는 것과 똑같은 아주 지독한 냄새를 뿜는 주머니를 넣었어요. 그럼 이 동물은 이제 스컹크일까요 아니면 너구리일까요?" 7세 미만의 아이들은 이 동물이 이제 스컹크라고 생각하는 경향이 있다. 이에 대해 어떤 아이들은 꽤나 확신에 찬 모습이다.

> **아이**   이 동물은 이제 스컹크가 되었어요.
>
> **연구원**   왜 그것이 스컹크라고 생각하나요?
>
> **아이**   왜냐하면 스컹크처럼 생겼고, 스컹크 냄새가 나고, 스컹크처럼 행동하고, 스컹크처럼 소리를 내기 때문이죠. [이 동물이 내는 소리에 대해서는 아이에게 이야기해준 바가 없었다]
>
> **연구원**   이 동물의 엄마 아빠가 너구리였는데도 이 동물이 스컹크가 될 수 있을까요?
>
> **아이**   네.
>
> **연구원**   이 동물이 낳은 새끼들이 너구리여도 이 동물은 스컹크가 될 수 있나요?
>
> **아이**   네.

아이들은 스컹크처럼 생기도록 변형된 너구리에 대해서 뿐만 아니라 말을 닮도록 변형된 얼룩말, 호랑이를 닮도록 변형된 사자, 양을 닮도록 변형된 염소, 다람쥐를 닮도록 변형된 쥐, 그리고 타조를 닮도록 변형된 닭에 대해서도 같은 반응을 보인다. 아이들은 동물의 특징을 충분히 변형시키면 그 동물의 종도 바뀐다고 생각하는 것이다.

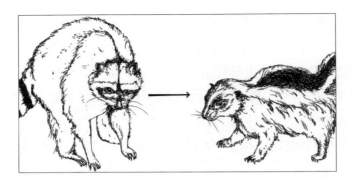

그림 3 너구리가 스컹크가 된 이야기를 들은 아이들은 너구리의 변화가 분장으로 인한 것이면 여전히 너구리라고 생각한다. 그러나 너구리의 변화가 수술로 인한 것이면 스컹크로 변할 수 있다 생각한다.

그러나 모든 변화를 똑같이 취급하는 것은 아니다. 수술로 인한 변화와 주사나 약 등을 통해 신체 내부를 바꾸는 변화는 종을 변형시킨다고 생각하지만 분장으로 인한 외적인 변화는 그렇지 못하다고 생각한다. 만약에 아이들에게 스컹크 복장을 입힌 너구리에 대해 물어본다면, 그들은 너구리가 스컹크라는 사실을 부정한다. 변형된 동물이 스컹크와 동일하게 생겼다는 것을 사진으로 확인시켜준다 해도 말이다. 아이들이 단순히 동물의 겉모습에 좌우되는 것은 아니다. 겉모습보다는 겉모습 아래에서 어떤 변화가 일어났는지를 더 중요하게 여기는 것이다. 외적인 변화가 더 깊은 내적인 변화를 드러낸다고 생각될 때만이 종 특유의 특성과 관련된다고 여긴다.

종 특유성에 관해 아이들이 가진 본질론적 사고는 종국에는 어른들이 갖고 있는 유전에 대한 개념과 비슷한 것으로 바뀐다. 그리고 그렇게 되면 아이들은 이제 왜 종 간 변형이 일어날 수 없는지에 대해 생물학적으로 이해할 수 있기 때문에 종 간 변형 가능성을 부정하게 된다. 염소를 양으로 바꿀 수 있는지에 대해서 연구원과 9살짜리 아이가 나눈 대화를

살펴보자.[16]

> **아이** 엉망이 되었네요. 이제 그 동물은 양인 부분도 있고 염소인 부분도 있을 것 같아요.
>
> **연구원** 어떻게 그럴 수 있죠? 왜 양인 부분도 있고 염소인 부분도 있을 거라 생각하는지 말해줄 수 있나요?
>
> **아이** 글쎄요. 태어났을 때는 염소였는데 의사가 비타민 주사를 놓았을 때 그 주사가… 음… 염소의 내부를 바꿨을지도 몰라요.
>
> **연구원** 그 동물이 양에 더 가까운지 아니면 염소에 더 가까운지 판단해야 한다면, 어떻게 해야 할까요?
>
> **아이** 짝짓기를 시켜서 어떤 아기 동물이 태어나는지 보겠어요.

이 아이는 종이란 특성을 유전과 연결시켰고, 그것을 선천적인 것으로 보고 있다. 그러므로 염소가 양으로 바뀔 수 있는지의 문제는 더 이상 추리의 영역 안에만 머무는 문제가 아니다. 이제 그것은 교배로써 결정할 수 있는, 실증적 연구가 가능한 문제인 것이다.

심리학자가 어린아이들에게 괴기 공포 소설에서 따온 이야기를 생각해보도록 하는 것이 이상해보일지 모르겠으나, 이 연구에 실질적으로 영감을 준 것은 H. G. 웰스가 아니라 장 피아제다. 제1장에서 이야기했듯이 피아제는 아이들에게 물질의 겉모습에는 변화를 가져오나 질량에는 변화를 가져오지 않는 여러 가지 예(예: 찰흙 한 덩어리를 눌러서 납작하게 만든다)를 보여주며 유명한 질량 보존 과제를 시행했었다. 즉, 카일의 종 간 변형 실험은 생물학 영역에 있어서의 보존 과제인 셈이다. 이 과제에 성공하려면 피험자들은 동물의 겉모습에 변형이 일어나도 내적 요소들(예: DNA)이 바뀌지 않는 한 동물의 종 자체는 보존된다는 것을 알고 있어야 한다.

외적으로 드러나는 변화에 관한 테스트는 모든 나이대의 아이들이 성공할 수 있지만, 좀 더 미묘한 변화에 대해서는 9살이 넘는 아이들만이 성공할 수 있었다. 이 능력은 물질의 보존 테스트에 성공하는 능력보다 발달 단계상 훨씬 늦게 나타난다. 종의 보존은 물질의 보존보다 이해하기 더 어렵다는 것을 뜻한다. 사실, 이와 같은 능력의 점진적 변화는 아이들뿐만 아니라, 알츠하이머 병을 갖고 있는 사람들에게도 마찬가지로 나타난다.[17] 알츠하이머 환자들이 치매로 인해 생물학적 개념에 관한 지식을 잃게 되면, 그들은 종의 보존에 대한 이해를 물질의 보존에 대한 이해보다 먼저 잃어버린다. 즉, 너구리의 털을 밀고, 염색하고, 수술을 하면 종이 변화한다고 생각하게 되는 현상은 납작한 용기에 담긴 물을 길고 가는 용기에 부으면 물의 양이 변화한다고 생각하기 이전에 나타난다. 발달 단계상 나중에 얻게 되는 통찰력은 노쇠의 과정에서 종종 가장 먼저 사라지게 되는 것이다.

***

정신적 형질의 유전성, 친족의 명칭에 대한 의미, 그리고 종이란 특성을 결정짓는 요소들에 대해 아이들이 갖고 있는 오해들은 유전에 관해 아이들이 가장 처음에 가지게 되는 개념들이 생물학적으로 올바르지 못하다는 것을 시사한다. 사실 아이들은 유전에 관한 문제들에 대해 나름대로의 생각을 갖고 있으며, 그저 고개를 갸우뚱하고만 있지는 않는다. 하지만 그 생각들은 생물학이 아닌 본질론에 그 바탕을 두고 있다. 그렇다면 아이들은 유전에 대한 진정한 생물학적 이론을 어떻게 습득하게 되는가? 알고 보니 이 문제는 아기가 어디서 오는가에 관해 배우는 것만큼이나 단순한 것으로 밝혀졌다. 성과 생식에 관한 충격적인 사실들을 자세하게 배울 필요는 없다. 그저, 아기는 엄마의 자궁 안에서 난자로부터 발달한다는 사실만 배우면 된다.

내 딸 루씨는 네 살 반이었을 무렵 아기가 어디서 오는지에 대해 특이한 생각을 하고 있었다. 루씨도 아기가 "엄마의 배"에서부터 나온다는 것은 알고 있었지만 그것이 무엇을 뜻하는지는 딱히 알지 못했다. 루씨에게 있어서 배와 관련된 것은 주로 먹는 것이었으며 따라서 루씨는 아기가 엄마 뱃속에 들어가려면 먼저 엄마가 아기를 먹어야 한다고 가정했다. 한번은 루씨가 내 아내에게 이렇게 설명한 적이 있다. "내가 먼저 살아 있었는데 죽었고, 그리고 엄마가 나를 먹었죠. 내가 엄마 뱃속에 있었고, 엄마가 트림을 해서 나를 꺼냈어요."

우리는 루씨에게 루씨는 엄마가 먹은 음식이 아니라 엄마의 몸 안에 있는 알에서 시작했다고 설명해주었으나, 루씨는 이 설명을 이해하지 못했다. 몇 주가 지난 후 루씨와 나는 다음과 같은 대화를 나누었다.

루씨 내가 부화한 알의 사진 좀 볼 수 있어요?
나 루씨, 너는 알에서 부화한 게 아니야. 너는 엄마의 뱃속에서 나왔어.
루씨 알아요! 나는 엄마 배 *안에서* 알이었잖아요. 엄마가 아주 많은 알을 먹었고, 나는 그중 하나의 알 속에 있었고요. 그리고 나서 내가 나왔잖아요. 부화했다고요.

아이들은 보통 아홉 살이나 열 살 무렵에 생식에 대한 생물학적 사실들을 배우게 된다. 그리고 이 즈음이 되면 왜 생물체의 신체적 형질, 친족의 역할, 종의 특성 등 어떤 부분은 선천적으로 고정되어 있고, 어떤 부분은 그렇지 않은지 분간할 수 있게 된다. "탄생에 대한 사실"에 대해 배우기 전과 후에 아이들이 유전에 대해 갖고 있는 생각을 살펴본 연구들은 이러한 사실을 습득하는 것이 아이들의 지식에 광범위한 결과를 가져온다는 것을 보여준다. 한 연구[18]에서 심리학자 켄 스프링거Ken Springer는 4살에서 7살 사이의 아이들에게 다음의 세 가지 주요한 사실을 가르쳤다. 1) 아기는 몸 안에서 생긴다. 2) 아기는 태아로 삶을 시작한다. 3) 아기는 엄마의 자궁 안에서 태아에서 아기로 성장한다.

이 사실들을 배우기 전에 아이들은 유전에 대해 몇 가지 잘못된 생각들을 가지고 있었다. 서로 닮은 타인들이 서로 닮지 않은 친족들만큼이나 많은 형질을 공유한다거나, 후천적으로 얻은 형질(예: 염색한 머리카락)도 타고난 형질(예: 곱슬머리)처럼 유전된다거나, 생존에 적절치 않은 형질(예: 약한 심장)은 생존에 적합한 형질(예: 건강한 심장)에 비해 유전될 가능성이 낮다고 믿고, 또한 부모는 자신의 자식들에게 어떤 형질들을 물려줄지 결정할 수 있다고 생각한다. 하지만 아기의 임신과 탄생에 대한 위의 세 가지 사실을 배우고 나면 유전에 대한 아이들의 생각은 바뀐다. 서로 닮지 않았다고 해도 친족은 비슷하게 생긴 타인들보다 더 많은 형질들을 공유한다는 것, 후천적으로 얻는 형질들은 유전되지 않는다는 것, 생존에 도움이 되지 않는 형질들도 생존에 필요한 형질들처럼 유전된다는 것, 더 나아가서 부모는 자손들에게 물리적인 방식으로, 즉 태어나기 전 엄마에서 아기로 전달되는 "아주 작은 물질들"에 의해서 형질들을 물려준다는 것까지 이해하게 된다.

이러한 생각들을 바탕으로, 아이들은 처음으로 진정한 유전 이론을 구성하게 된다. 그 다음으로 아이들이 배우게 되는 것은 유전자다. 중학생들은 대체로 유전자, 유전적, 그리고 DNA라는 용어들을 알고 있고 이 용어들을 유전과 연관시킨다. 그러나 아직은 유전자가 신체적으로

어떻게 발현되는지는 고사하고 실제로 유전자가 유전에 어떻게 기여하는지는 전혀 이해하지 못한다.[19]

어떤 중학생들은 유전자가 호르몬과 같이 피 안에서 순환한다고 생각한다. 어떤 아이들은 유전자가 영양소처럼 음식으로 섭취된다고 생각한다. 그리고 또 어떤 아이들은 세포들처럼 신체의 서로 다른 부분에는 서로 다른 종류의 유전자가 있다고 생각한다. 기능에 관련해서 대부분의 중학생들은 유전자가 단백질에 대한 정보가 아니라 형질에 대한 정보를 담고 있다고 생각한다. 아이들은 유전자와 형질이 서로 일대일의 관계를 가지며, 각각의 유전자는 서로 구분될 수 있는 독립적인 형질을 만들어내는 데 필요한 정보를 담고 있다고 보는 것이다. 대부분의 어른들의 생각도 마찬가지다.[20] 실제로는, 유전자에 의해 합성되는 것은 단백질이고 그렇게 합성된 단백질들이 상호작용을 함으로써 각 형질들을 발현시키므로, 하나의 형질이 발현되는 데는 다수의 유전자가 기여한다. 단백질 없이는 실시간으로 벌어지고 있는 성장과 발달 과정에서 유전자들 간에 정보전달을 담당하는 메커니즘이 존재하지 않게 된다.

따라서 유전에 대해 배우는 것은 두 단계의 과정으로 이루어진다고 볼 수 있다. 먼저 아이들은 유전을 선천적 잠재성을 중시하는 본질론을 바탕으로 이해하다가 그 다음에는 형질을 바탕으로 하는 정보 전달의 과정으로 이해한다. 최종적으로 아이들은 분자 개념을 기반으로 유전자 발현과 유전자 조절을 이해하게 된다. 첫 번째 과정은 수정과 임신에 대한 기본적인 사실을 배우는 아동기 동안에 일어나지만, 두 번째 과정은 사람마다 일어나는 시기가 다르다. 이 단계는 세포 과정cellular processing들에 관한 자세한 교육을 필요로 하는데 대부분의 어른들은 이런 교육을 받은 적이 없다.

하지만 과연 일반인에게 유전에 대한 자세한 생화학적 이해가 필요할까? 아니면, 간단한 형질을 바탕으로 하는 이해만으로도 충분할까?[21] 우리가 사는 현대 유전체학 시대에는 나날이 증가하는 유전학 관련 뉴스나 미디어를 이해하기 위해 상당히 정교한 지식이 필요하다. 2010년과 2011년 사이에 〈뉴욕 타임즈〉에 실린 유전자, 유전학 또는 DNA와 관련된 기사는 200개가 넘는다. 니콜 셰이Nicole Shea라는 교육학 연구원은 그 기사들이 어떤 종류의 지식을 필요로 하는지 분석한 결과, 유전자 관련 기사를 이해하려면 독자들은 몇 가지의 생화학적 사실들을 꼭 알아야 한다는 것을 발견했다.

1. 유전자는 단백질을 생성하는 데 필요한 설명서를 담고 있으며 이 설명서는 모든 생물체에 있어서 똑같은 분자들만의 언어로 쓰여져 있다.
2. 단백질은 분자들을 운반하거나 화학적 반응을 조절하는 것과 같은 세포 기능을 수행하고, 이 기능들은 단백질 구조에 의해 결정된다.
3. DNA의 염기 서열은 종마다 (또는 개인마다) 다르고, 이러한 다양성은 서로 다른 유전적 구조가 어떻게 서로 다른 형태 구조를 이루게 되는지를 알려준다.
4. 환경적 요인들은 유전자 변이를 일으키며 유전자 발현도 바꿀 수 있다.

만약 대부분의 어른들이 "DNA를 포함한 음식의 표기를 의무화해야 한다."라고 생각한다면, 이들은 유전학에 대해서 앞에 서술한 정도의 이해력을 갖고 있지 않은 게 분명하다. 앞에서 열거한 수준의 이해력은 어떤 음식을 먹어야 하는지, 어떤 의학적 검사를 받아야 하는지, 어떤 약을 먹어야 하는지 등의 유전과 관련된 사항들에 대해 소비자들이 올바

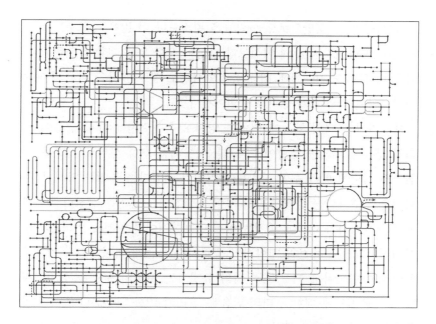

그림 4 세 가지 물질 대사 네트워크(크렙스 회로, 요소 회로, 지방산의 베타 산화)를 보여주는 이 예술적인 도면은 생화학 구조의 본질적인 복잡함을 보여주고 있다. 유전자와 단백질 간의 상호작용의 복잡함을 이해할 수 있어야 이 작품을 제대로 감상할 수 있을 것이다.

른 결정을 내릴 수 있도록 돕는다. 하지만 이것만이 유전에 대한 지식이 중요한 이유는 아니다. 유전자에 대한 올바른 이해는 유전과 행동 간의 관계에 대한 정보가 주어졌을 때 우리가 어떻게 대응하는지에도 영향을 미친다.

유전자는 우리의 모든 행동에 어느 정도 관여하며, 유전학자들도 특정한 유전자와 특정한 행동 간의 상관관계를 확인하기 시작했다. 그리고 이러한 연결관계를 알게 되면, 우리는 이 연결에 필요 이상으로 높은 중요성을 부여한다. 예를 들면, 비만이 유전적 원인 때문이라는 설명을 받아들이는 사람들은 이를 의심하는 사람들보다 스스로 체중을 조절할 수 없다고 생각하는 경향이 있다. 비만에 대해 유전학적으로 설명한 신문 기사를 읽는 것만으로도 사람들은 평소보다 더 많은 정크푸드를 먹게 된다.[22] 마찬가지로 왜 여성보다 남성이 수학 또는 과학에 관련된 직업을 더 많이 가지는지에 대해 유전학적으로 설명한 글을 읽은 후에는 여성들의 수학 점수가 현저하게 떨어진다.[23]

유전자가 우리의 행동에 미치는 영향보다 유전자에 대한 믿음이 우리의 행동에 미치는 영향이 더 크다. 이를테면 수학 성취도의 경우, 선천적인 성별에 따라 수학 성취도에 차이가 생긴다는 증거는 약하나, 사회적으로 부과되는 성별에 따라 차이가 생긴다는 증거는 강하다.[24] 과학자들은 유전자가 행동에 미치는 영향이 제한적이라는 것도 밝혀냈지만, 아이러니하게도 유전의 영향력이 조금이라도 존재한다는 인식 자체가 우리를 운명론자로 이끈다. 우리의 유전자는 우리의 운명을 결정짓지 않으나, 유전자에 대한 우리의 믿음은, 우리가 이를 허용한다면, 우리의 운명을 결정할지도 모른다.

제10장 질병

바이러스를 상대하기엔 턱없이 부족한 우리의 직관

자연 현상에 대한 지식 중 인간이 진화 과정에서 얻게 된 선천적 지식이 있다면 그것은 질병에 대한 지식일 것이다. 병균과 기생충은 생존과 번식을 위협하기 때문에 병을 피하는 것은 진화론적 관점에서 분명히 이로운 일이다. 그리고 실제로 전 세계 공통적으로 인류는 병균과 기생충을 포함하고 있는 것에 대해 혐오감을 가진다. 신체 분비물(토사물, 배설물), 신체 분비액(침, 땀), 신체를 감싸는 표면의 침입(신체의 훼손과 피), 눈에 띄는 감염의 증상(살이 붓고, 색이 변하는 것), 기생충(진드기, 구더기), 그리고 부패한 유기물(썩은 고기, 상한 우유)이 그것이다.

이러한 것들을 접했을 때 우리가 짓는 표정은 전 세계 누구든 그것이 혐오감을 나타내는 표정임을 알아볼 수 있다. 이 표정은 찌푸린 코와 쑥 내민 혀가 특징인데, 그 두 가지 특징은 실제로 도움이 된다. 찌푸린 코는 오염된 공기를 들이마시는 것을 제한하며, 내민 혀는 입으로부터 오염된 물질을 뱉어내게 한다.

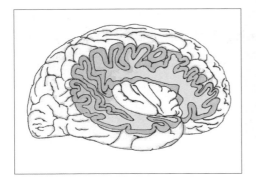

그림 1 뇌의 중심부에 위치한 섬 피질 (흰색으로 표시된 부분)은 우리가 혐오감을 느낄 때, 그리고 다른 사람이 혐오감을 표현할 때도 작동된다.

유해한 물질에 대한 우리의 혐오감은 '섬 피질insular cortex'이라고 하는 진화상 초기 단계에 형성된 뇌 영역에 의해 중재된다. 이 뇌 영역은 다른 포유동물도 가지고 있는데, 직관적 감각과 의식적 자각의 연결을 담당하는 더 큰 신경계의 한 부분이다. 신기하게도, 섬 피질은 우리가 혐오감을 느낄 때 말고도 다른 사람들이 혐오감을 느낄 때, 즉 다른 사람들이 코를 찌푸리고 혀를 내미는 것을 볼 때에도 활성화된다.[1] 유독한 물질을 직접 접할 때뿐만 아니라 간접적으로 접할 때도 (신경 수준에서) 혐오감이 촉발된다는 것은, 우리의 뇌는 다른 사람이 역겨워하는 무언가는 나도 역겹게 할 것이라는 가정 하에 작동한다는 것을 의미한다. 이는 우리 모두가 동일한 질병에 취약할 가능성이 높다는 점에서 합리적이다. 누군가의 혐오 표정을 보면 우리의 면역 체계도 반응한다. 즉, 우리의 몸은 질병이 들끓는 외부 물질과 접촉하게 될지도 모른다고 예측하여 병과 싸우는 단백질을 더 많이 생산하게 되는 것이다.[2]

질병이 야기할 수 있는 대상은 그 생김새와 냄새가 매우 다양하지만, 그중에서도 특히 우리 인류가 공통적으로 혐오감을 느끼는 종류의 것들이 있다. 한 광범위한 연구[3]에서 연구자들은 세계 곳곳에 사는 4만 명이 넘는 성인들에게 다음과 같은 사물이 얼마나 혐오감을 일으키는지 평가하도록 했다. 가래로 덮인 접시, 고름이 묻은 수건, 열이 나는 듯한 얼굴, 붐비는 지하철 안, 기생충 한 무리, 그리고 머릿니가 실험 대상이었다. 모든 사람은 위의 사물들과 겉모습은 비슷하나 질병과 관련이 없는 것들(젤리로 덮인 접시, 잉크가 묻은 수건, 건강한 얼굴, 텅 빈 지하철 안, 애벌레 무리, 그리고 말벌)에 비해 위의 사물들에 대해 혐오감을 더 강하게 느낀다고 대답했다. 평균적으로 남성보다는 여성이, 그리고 나이든 사람들보다는 젊은 사람들이 질병과 관련 있어 보이는 사물들에 대해 더 강한 혐오감을 느꼈지만, 모든 사람이 적어도 어느 정도는 위의 사물들을 역겨워하고, 혐오스럽다고 생각했다.

혐오감에 대한 진화적 논리는 일리가 있어 보인다.[4] 그러나 여기에는 더 생각해볼 거리가 있다. 다음의 상황을 고려해보자.

- 상한 우유를 마시는 것
- 토사물을 밟는 것
- 누군가 나에게 재채기를 하는 것
- 낚시 바늘이 손가락에 박히는 것
- 시체를 화장한 후 그 재를 만지는 것
- 새 콘돔을 풍선처럼 입으로 부는 것
- 소독된 파리채로 저은 스프를 먹는 것
- 개똥 모양의 초콜릿을 먹는 것

위의 각각의 상황은 일반적으로 어느 정도의 혐오감을 일으키지만 처음 네 개의 상황과 나머지 상황은 서로 질적으로 다르다. 처음 네 개는 실제로 감염의 위험이 있는 반면 나머지 넷은 그렇지 않다. 마지막 네 가지는 연상association 작용에 의해 혐오감을 일으킨다. 즉, 질병이 들끓는 사물에 대한 시각적 연상(똥 모양의 초콜릿), 기능적 연상(새 콘돔, 소독된 파리채), 또는 역사적 연상(화장한 후의 재)이 혐오감을 일으키는 것이다. 구역질을 일으키는 대상은 실제로 위험이 되지 않는 것에까지 쉽사리 확장된다. 그 이유는 질병을 옮길지도 모르는 무언가를 만지거나 섭취하는 것보다 질병이 없는 무언가를 피하는 것이 궁극적으로 더 바람직하기 때문이다. 진화론의 관점에서 볼 때 질병이 없는 사물을 피하는 것은 중요하지 않지만 질병으로 들끓는 사물에 노출되는 것은 치명적이다.

전염의 위협에 민감한 반응을 보이는 것은 단지 가상적 상황을 떠올릴 때만 그런 것이 아니라 우리의 실제 행동에서도 나타난다.[5] 개똥 모양의 초콜릿을 한 조각 받은 사람들은 대체로 그것을 먹기 거부한다. 비록 초콜릿이 오염되지 않았다는 것을 너무나 잘 알고 있을 때도 말이다. 소독된 바퀴벌레를 넣고 휘저은 오렌지 주스가 있을 때, 그것이 전혀 오염되지 않았다는 것을 알아도 마시려 하지 않는다. 마찬가지로 대부분의 사람들은 토사물처럼 생긴 납작한 플라스틱을 이빨로 물고 있는 것을, 새로 산 요강에 스프를 담아 먹는 것을, '청산가리'라는 라벨이 붙은 그릇에 담긴 설탕을 먹는 것을(비록 그 그릇에 청산가리라는 라벨을 붙인 사람이 자신이라 해도) 거부한다.

그중에서도 가장 비합리적으로 보이는 행동은, 대부분의 사람들이 자신이 직접 침을 뱉은 그릇에 담긴 스프를 먹거나 자신이 침을 뱉은 유리잔에 담긴 물을 마시기를 거부한다는 것이다. 우리가 입안으로 떠 넣은 스프나 물은 혀가 거기에 닿는 순간 침과 섞일 것이고, 우리 자신도 이 사실을 잘 알고 있는데도 말이다. 이 모든 행동은 신체적으로 전혀 유해하지 않으나, 심리적으로는 여전히 유해하다.

역겨운 무언가를 떠올리는 것만으로도 혐오감을 느끼게 되는 것은 인간의 특이한 인지 작용에 지나지 않을지도 모른다. 우리는 실제로 역겨움을 느껴야 하는 것들에 대해 전혀 혐오감을 느끼지 않기도 하기 때문이다. 인간은 콜레라로 오염된 물이나 천연두로 가득한 담요 같은 것에 혐오감을 느끼지 않았기 때문에 수 세기 동안 콜레라나 천연두와 같은 전염성이 강한 질병이 산불처럼 확산될 수 있었다. 이렇게 질병으로 오염된 사물들은 생명에 치명적인 어떤 특징도 드러내지 않기 때문에 사람 간의 접촉보다 더 효과적으로 질병을 퍼뜨린다. 여전히 인류는 클라미디아 성병이나 에이즈와 같이 감염을 피할 수 있는 질병들에 괴롭힘당하고 있다. 이 성병들을 퍼뜨리는 행위는 혐오감보다는 즐거움을 연상시키기 때문이다.

결국, 우리는 기생충이나 병균을 피하기 위해 역겨움이란 기능을 진화시켰으나 이러한 기능은 완벽하지 않은 것으로 보인다. 우리는 시각적 또는 청각적으로 질병이 연상되기만 해도 혐오감을 느끼지만, 정작 병원균과 기생충으로 득시글대는 일상의 사물들은 아무렇지도 않게 느끼는 것이다. 우리가 역겨워하는 것들이라 해서 꼭 위협적인 것은 아니며, 우리를 위협하는 것들이라 해서 꼭 구역질을 일으키는 것도 아니다.

***

혐오감에 대한 진화론적 관점이 예측하듯이 아이들은 어른들이 역겨워하는 많은 것들에 대해 똑같이 역겨워한다. 부패한 냄새를 맡는다거나 더러운 양말을 만지는 것은 아이들도 싫어한다.[6] 사람의 얼굴에서 뽑아낸 것처럼 보이는 유리로 된 눈알을 들고 있는 것도 별로 좋아하지 않는다. 그러나 아이들의 혐오감에는 어른들과는 크게 다른 부분이 있다.

우선, 7세 미만의 아이들은 바퀴벌레, 소변 또는 죽은 동물과 같이 질병이 겉으로 드러나지 않는 유해한 것들은 역겨워하지 않는다. 또한 어린이들은 다른 사람들이 혐오감을 느끼는 것을 알아채는 데 어려움을 겪는다.[7] 늦게는 8살이 될 때까지 혐오 표정을 화가 난 표정으로 오해한다. 찌푸린 코와 내민 혀가 구역질과 연관되는 표정임을 알아채지 못한다는 것은 구역질이 난다는 단어를 이해하지 못하기 때문은 아니다. (5세 이상의 아이들은 이 단어를 이해한다.) 그들 스스로 구역질 난 표정을 짓지 못해서도 아니다. (갓난아기 때부터 이 표정을 지을 수 있다.) 그것은 화난 표정과 혐오 표정은 많은 공통점을 지니고 있기 때문이다. 즉, 두 표정 모두 부정적인 감정이며, 둘 다 생리적으로 각성된 상태이고, 둘 다 거부 그리고 회피와 관련이 있다. 따라서 아이들은 구역질이 화가 난 상태의 한 종류라고 생각한다.

혐오감에 대해 아이와 어른이 보이는 가장 큰 차이는 아마도 아이들은 질병의 외적 요소로 인해 오염된 사물은 역겨워하지 않는다는 것이다. 어린아이들에게 대변 훈련을 시키거나 공중 화장실 사용을 가르쳐 본 사람이라면 누구나 이 사실에 동의할 것이다. 내 아들 테디가 남자 소변기를 이용할 수 있을 만큼 자랐을 때, 테디는 소변기 안쪽에 놓인 분홍색 변기세척제에 끊임없이 관심을 가졌고 종종 그것을 집으려고 했다. 일단 나는 테디가 그것을 만지지 못하도록 하는 데는 성공했지만, 그 후에도 나는 테디가 맨손으로 소변기의 주변을 만지려고 하는 것을 저지해야만 했다. 그뿐만이 아니라 나는 테디가 바지를 너무 많이 내려서 소변기 밑에 고여 있는 액체에 바지가 젖지 않도록 해야 했다.

한 아이 엄마는 나에게 이보다 더 구역질나는 이야기를 들려주었다. 그녀의 네 살짜리 아들은 혼자서 공중 화장실을 사용하고 싶어 했는데, 그녀는 혹시 화장실에 소아성애자가 숨어 있을지도 몰라 아들이 혼자 공중 화장실에 가는 것을 걱정했다. 하루는 쇼핑을 하던 중, 상점에 있는 한 칸짜리 화장실 안을 들여다보고 그 안에 아무도 없는 것을 확인한 후 아들이 혼자서 화장실을 사용하도록 했다. 몇 분 후, 매우 흡족한 표정으로 아이가 걸어 나왔고 모든 것이 잘 진행되는 듯했다. 아이가 무언가를 씹는 것을 발견하기 전까지는 말이다. 알고 보니 아이는 화장실 벽에 붙어 있던 껌을 떼어서 씹고 있었던 것이다.

심리학자 폴 로즌Paul Rozin과 그의 동료들은 아이들의 혐오감 내지는 혐오감의 부재를 체계적으로 연구했다. 로즌은 한 연구[8]에서 4세부터 12세 사이의 아이들에게 다음과 같은 상황을 상상해보게 했다. "메뚜기가 호수에서 목욕을 해요. 목욕을 다 마친 후 메뚜기는 어느 집안으로 뛰어 들어갔어요. 집안에선 엄마가 냉장고에서 우유를 꺼내고 있어요. 엄마가 컵에 우유를 따르고 있어요. 너는 그 우유를 얼마만큼 마시고 싶나요?" 연구자는 아이들에게 찡그린 얼굴에서부터 무표정, 그리고 웃는 얼굴까지, 감정의 정도가 표시되어 있는 이모티콘들을 제시하고는 우유를 마시는 것에 어떤 감정이 드는지를 가장 잘 보여주는 얼굴을 고르라고 했다.

아이들이 이모티콘을 선택하고 나면 이야기를 계속 들려주었다. "메뚜기는 우유가 있는 쪽으로 뛰어 올랐어요. 이제는 얼마만큼 우유를 마시고 싶나요? 메뚜기가 유리잔 위로 뛰어서 잔 안에 빠졌어요. 이제 얼마만큼 그 우유를 마시고 싶나요? 엄마가 메뚜기를 유리잔에서 꺼냈어요. 이제는 얼마만큼 그 우유를 마시고 싶나요? 엄마가 우유를 엎질렀어요. 엄마는 같은 유리잔에 새로 우유를 따랐어요. 이제 새 우유를 얼마만큼 마시고 싶나요? 엄마가 유리잔을 세제로 닦고 세 번 물로 헹군 뒤 새로 우유를 따랐어요. 이제 얼마만큼 그 우유를 마시고 싶나요?"

실험을 시작할 때, 모든 아이는 새 (오염되지 않은) 우유를 마시는 것에 대한 자신의 감정을 나타내는 이모티콘으로 웃는 얼굴을 선택했다. 그러나 메뚜기가 우유 속으로 빠졌다는 것을 들은 후에는 대부분이 찡그린 얼굴을 선택했다. 그 이후부터는 나이가 많은 아이들과 어린 아이들의 대답이 달라졌다. 8세 이상의 아이들은 우유를 쏟아 버리고 우유잔을 씻기 전까지 우유를 마시는 것을 탐탁치 않아 했다. 하지만 6세 미만의 아이들은 메뚜기를 건져내자 마자 우유를 마시고 싶어 했다.

메뚜기를 "개똥"으로 바꾸어도 결과는 같았다. 나이가 많은 아이들은 잔을 씻고 새 우유를 따르기 전까지 개똥이 떨어진 우유를 마시는 것을 거절했다. 그러나 어린아이들은 개똥을 건져내자 마자 우유를 마시겠다고 대답했다. 같은 내용으로 실험하면, 어른들은 일반적으로 오염물을 제거하는 가장 극단의 상태(잔을 씻고 새 우유를 따르는 것)에도 만족하지 않았다.

로즌과 동료들은 나이가 어린 아이들이 나이가 많은 아이들과 다르게 대답한 것이 혐오감을 느끼는 정도에 덜 민감해서가 아니라 그들의 상상이 덜 뚜렷하기 때문일지도 모른다고 우려했다. 이 가능성을 테스트하기 위해 후속 연구를 진행했는데,' 이번에는 가상의 상황을 들려주는 대신 아이들에게 실제 사물을 보여주었다. 아이들에게는 누군가 사용한 빗으로 저은 주스, 죽은 메뚜기가 담긴 주스, 그리고 '말린 메뚜기 가루'를 뿌린 과자 등 이런저런 원인으로 오염된 음식물이 주어졌다.

이 음식들 중 그 어떤 것도 실제로 오염된 것은 없었다. 빗과 죽은 메뚜기는 소독된 것이었으며, 메뚜기 가루는 녹색으로 착색한 빵 부스러기에 불과했다. 그러나 아이들이 이 사실을 알고 있을 리 없었다. 결과는 이전의 연구들과 마찬가지로, 7세 이상의 아이들은 제공된 그 어떤 음식도 섭취하기를 거부했으나 그보다 어린 아이들(6세 이하)은 종종 이 음식들을 먹었다. 무려 77퍼센트나 되는 아이들이 '사용된' 빗으로 저은 주스를 마셨으며, 66퍼센트가 죽은 메뚜기가 담긴, 심지어 여전히 안에 메뚜기가 떠 있는 주스를 마셨고, 45퍼센트가 '메뚜기 가루'가 뿌려진

과자를 먹었다.

왜 어린아이들은 간접적으로 오염된 것에 대해 혐오감을 느끼지 않을까? 한 가지 가능성은 이런 형태의 혐오감은 현대의 산업화된 사회에서 살아가는 이들만 누릴 수 있는 사치라는 것이다. 인류의 역사 대부분에서 소독되지 않은 도구로 만든 음식을 거부한 사람은 굶어 죽었을 가능성이 높았을 것이고, 완벽하게 깨끗하지 않거나 냄새가 나는 물을 마시기 거부한 사람은 목말라 죽었을 가능성이 높다. 이는 오늘날 개발도상국에 살고 있는 사람들에게도 해당되는 사실이다. 음식이 땅에 떨어지는 순간 먹지 못하게 된다는 보편적인 믿음은 여분의 음식이 있는 이들에게만 적용되는 사치인 것이다. 음식도 다른 모든 물체들처럼 또 다른 표면에 접촉하면 추가로 박테리아를 얻게 되지만, 이렇게 얻게 되는 박테리아의 양은 음식의 종류, 표면의 종류, 표면의 위생 상태, 그리고 음식과 표면 사이의 접촉 기간에 따라 다르다.[10] 대부분의 상황에서 바닥에 떨어진 음식을 먹는 행위는 감염 위험성이 높지 않으나 우리들 중 많은 사람은 땅에 떨어진 음식을 생명에 치명적인 것인 양, 쓰레기통에 바로 버려야 하는 것으로 취급한다.

혐오감이 발달 단계상 매우 천천히 나타나는 또 다른 이유는 혐오 반응은 아이들이 성장할 때의 주변 환경에 맞춰져야만 하기 때문이다. 혐오감의 주된 기능은 우리의 신체를 유해한 물질로부터 방어하는 것이기 때문에 혐오감은 항상 음식과 강하게 연결되어 있다. 우리는 음식을 우리 몸 안으로 기꺼이 받아들이고자 하는데 우리의 몸 안이 바로 병균과 기생충이 있고 싶어 하는 곳이다. 따라서 혐오감은 몸 안으로 받아들이기에 안전한 음식을 그렇지 않은 음식으로부터 구분하는 데 도움을 주는 문지기 같은 역할을 한다.

몇몇 생물 종은 진화 과정에서 그 동물의 선조들이 살던 환경에서 흔하게 발견되던 것들 중 무엇에 대해 혐오감을 느끼는지에 대한 감각을 획득하게 되었다. 예를 들면, 까마귀는 삼키면 쏘는 벌과 섭취하면 구역 질을 일으키는 왕나비에 선천적인 혐오감을 갖고 있다. 까마귀는 벌을 삼키면 쏘일 수 있다거나 왕나비를 먹으면 속이 메스꺼워진다는 것을 시행착오를 겪으면서 배울 필요가 없다.[11] 진화 과정에서 자동적인 방어 기제를 획득했기 때문이다.

반면에 인간은 서로 너무나 다른 환경에서 살아왔고 그 환경에서 정 착하여 사는 경우가 많기 때문에, 서로 먹는 음식이 겹치는 정도가 매 우 적다. 진화는 이 모든 다양한 환경에 존재하는 음식과 관련된 위험을 예견할 수 없었을 것이다. 환경의 어떤 부분이 안전한지, 먹어도 되는지 아니면 그렇지 않은지 인간은 스스로 발견해야 한다. 우리는 우리가 어 렸을 때 접한, 우리의 양육자가 제공한 음식은 먹어도 안전하지만 어릴 적 접하지 않은 음식은 안전하지 않다는 규칙을 습득하고 따르게 되었 다.[12] 이에 따라, 북미 해안지역에서 자라는 어린이들은 (보호자들이 그들 에게 먹인) 게에 대한 미각을 발달시키지만 (보호자들이 먹이지 않은) 개미 에 대해서는 혐오감을 느낀다. 반면, 중부 아프리카에서 사는 어린이들 은 개미에 대해서는 미각을 발달시키지만 게에 대해서는 혐오감을 느끼 게 되는 것이다.

개미와 게는 모두 절지동물이며 영양학적 관점에서 비슷하나, 우리 는 어떤 동물은 먹을 수 있는 것으로 여기고 어떤 동물은 꺼리는지에 대 한 강한 감정을 가지게 된다. 유년기 동안 접하지 않은 음식에 대해서, 우리는 그 음식이 맛이 없는 정도가 아니라 혐오스럽다고, 인간이 섭취 할 수 있는 음식이 아니라고 간주하게 된다. 따라서 먹을 수 있는 음식 들 중 전 문화권에 걸쳐 보편적으로 혐오스럽다고 여겨지는 음식은 거 의 없다. 아이러니하게도, 혐오감의 발달을 연구하는 서양의 연구자들

그림 2 서양 문화권에서 메뚜기는 혐오의 대상이지만 몇몇 비 서양 문화권에서는 별미로 여겨진다.

은 메뚜기를 혐오 자극 도구로 사용해왔다. 그러나 메뚜기는 중국, 인도네시아, 태국, 일본, 멕시코, 그리고 우간다에서는 맛있는 음식이다. 어린아이들이 메뚜기가 들어간 과자를 먹고 메뚜기가 들어간 음료수를 마시는 것은 앵글로 유럽계의 관점에서만 직관에서 벗어나는 셈이다.

***

혐오감이 박테리아, 바이러스, 균, 그리고 기생충에 의해 생기는 전염병에 대한 우리가 가진 가장 강한 방어일지 모르나, 사람들이 병이 드는데는 다른 이유들이 있고 따라서 병에 대한 우리의 개념에도 다른 측면들이 있다. 때때로 우리는 영양부족으로 아프기도 하고(예: 구루병, 괴혈병), 유전적 기형으로 아프기도 한다(예: 헌팅턴 병, 낭포성 섬유증). 그리고 때로는 유전적 요인과 환경적 요인이 복합되어 병에 걸리기도 한다(예: 당뇨, 심장병, 암). 의학자들은 오랫동안 인간이 걸리는 병의 원인을 밝히기 위해 노력해왔으나 병의 원인을 유전적 요인 및 환경적 요인으로 분류한 것은 비교적 최근에야 이루어진 혁신이다. 인류 역사의 대부분의 기간 동안 모든 병을 설명해온 주류 이론은 우리 내부의 '체액humors'의

불균형이었다.[13]

히포크라테스에서부터 시작해서 의사들은 병을 네 가지 주된 체액으로써 분석했다. 활기의 피, 냉정함의 가래, 다혈질의 노란 담즙, 그리고 우울함의 검정 담즙이 그것이다. 각각의 체액은 다른 신체 기관(피는 심장, 가래는 뇌, 노란 담즙은 간, 검정 담즙은 비장), 다른 계절(피는 봄, 가래는 겨울, 노란 담즙은 여름, 검정 담즙은 가을), 그리고 다른 창조의 요소(피는 공기, 가래는 물, 노란 담즙은 불, 검정 담즙은 땅)와 연관이 있다고 여겼다.

질병 또한 체액의 불균형으로 설명되었다. 과도한 피는 두통을, 과도한 가래는 간질, 과도한 노란 담즙은 열, 그리고 과도한 검정 담즙은 우울증을 초래한다고 여겨졌다. 이러한 질병을 치료하기 위한 처방법은 구토, 배변 또는 방혈을 통해 신체의 과도한 액체를 완화시키는 것이었다. 이들 치료법 중 마지막 방혈은 현대의 관점에서 유독 기이해 보인다. 방혈은 모든 대륙의 사회에서 보여지는 공통적인 관습이었으나 이득보다는 해가 더 많다. 실제로 조지 워싱턴 대통령은 호흡기 관련 병을 치료하기 위해 신체 피의 절반 가량을 흘렸고, 이런 이유로 사망했다. 현대 의사들도 이따금 치료의 한 방편으로써 거머리 사용을 받아들이기는 하지만 거머리의 특효는 방혈에 있는 것이 아니라 그들의 침에 있는 항응고성에 있다.

방혈은 체액의 균형을 복원하기 위한 방편으로써 많이 사용되었다.[14] 체액의 불균형을 일으키는 원인으로는 유전, 나쁜 식습관, 무분별한 행동, 날씨의 변화, 거취의 변화, 나쁜 공기 등이 있는 것으로 여겨졌다. 나쁜 공기, 또는 '독기miasma'는 흑사병이나 콜레라와 같은 감염에 의해 퍼지는 질병들에 대해 가장 널리 퍼진 설명이었다. 옛날 의사들에게 있어서 질병의 전염성은 질병과 관련된 악취(나쁜 공기)로 가려졌던 셈이다. (하기야 죽어가는 사람들에게는 좋은 냄새가 나지 않는다). 물론 나쁜 공기는 죽음의 원인이 아니다.[15] 죽음이 나쁜 공기의 원인이었다. 말라리아 또한 나쁜 공기 탓으로 여겨졌다("말라리아malaria"는 이탈리아어로 "나쁜 공기"라는 뜻이다). 그러나 말라리아 또한 나쁜 공기와는 관련이 없었다. 말라리아는 늪의 증기를 들이마심으로써 발병한다고 여겼는데, 실제로는 그 늪에서 서식하는 모기들에 의해 발병했다.

이런 허점에도 불구하고, 질병에 관한 4체액설은 고대 시대부터 19세기 중반까지 수천 년 동안 각광 받았다. 이 이론의 계승자인 균 이론은 더디게 그 모습을 드러냈다.[16] 균 이론의 등장은 이르게는 1546년에 이탈리아의 의사였던 지롤라모 프라카스토로Girolamo Fracastoro가 출판한 논문까지 거슬러 올라갈 수 있다. 그는 "세미나리아seminaria"(씨앗)라고 불리는 감지할 수 없는 입자의 수축으로 인해 균형 잡힌 체액을 갖고 있는 사람들조차도 아플 수 있다고 주장했다. 프라카스토로의 씨앗 개념은 전염의 역할을 강조했다는 점에서 체액설에서 한발 나아간 것이었으나, 그는 씨앗을 생물학적인 개념으로 간주하지 않았다.

한 세기가 넘어서 1676년, 네덜란드의 과학자 안토니 반 레벤후크 Antony van Leuwenhoek는 처음으로 현미경을 통해 박테리아를 관찰했다. 자신의 치아에서 긁어낸 박테리아였다. 그는 그가 본 것을 애니몰큘레스 animalcules, 또는 "작은 동물들"이라고 명명했으나 이것을 질병과 연결시키지 않았다. 처음으로 질병과 박테리아를 연결시킨 사람은 200년 가까운 시간이 흐른 뒤인 1857년, 프랑스의 과학자 루이 파스퇴르였다.

파스퇴르는 맥주와 와인의 발효에 있어서 이스트의 역할을 연구하던 중, 이스트가 살아 있다는 것을 깨닫게 되었다. 그는 이스트가 전분의 세포를 소화시킨 후 알코올을 배출하는 미생물임을 밝혔으며, 이러한 발효 과정에서의 이스트의 역할이 질병에서의 균의 역할과 비슷할 것이라고 추측했다. 독일의 과학자 로베르트 코흐Robert Koch는 더 나아가 파

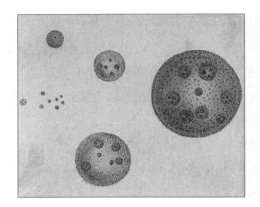

스퇴르의 생각을 일련의 시험 가능한 가설로 발전시켰고, 이를 파스퇴르와 함께 탄저병과 광견병의 실험을 통해 확인했다. 이 실험의 결과로 질병에 대한 새로운 이론(균 이론)이 등장한 것은 물론, 생물학의 새로운 분야(미생물학)가 탄생했다.

오늘날, 세균의 개념은 대중들의 의식과 담론에 침투해 있다. 걸음마를 배우는 아기들조차도 균에 대한 메시지들을 쉴 새 없이 듣는다. "그건 먹으면 안 돼. 세균이 있어", "세균이 죽도록 비누로 손을 씻어라", "재채기를 할 때는 코와 입을 가려라. 세균을 퍼뜨리지 않게." 세균에 대한 이 모든 이야기는 아이들이 질병에 대해 생각하는 방식에 영향을 미치게 되었다.[17] 유치원생들은 상한 음식에 세균이 있다는 것을, 그리고 그 상한 음식을 먹으면 아프게 된다는 것을 알고 있다. 그들은 아픈 사람들은 세균을 갖고 있고 아픈 사람과 접촉하면 병에 전염될 수 있다는 것도 알고 있다. 그들은 오염된 것들(예: 죽은 곤충)로부터 오염되지 않은 것들(예: 한 잔의 우유)로 세균이 전이될 수 있다는 것도 알고 있다. 그리고 그들은 균은 너무 작아서 우리의 눈으로 볼 수 없으며, 따라서 우리의 눈에 보이지 않게 한 사물에서 다른 사물로 세균이 옮겨갈 수 있다는 것도

그림 4 어린아이들은 다른 사람이 재채기한 음식도 거리낌 없이 먹었다. 이들은 오른쪽 그림의 깨끗한 그릇과 왼쪽 그림의 오염된 그릇 사이에서 특별히 하나를 선호하지 않았다.

알고 있다.

그러나 이러한 지식에도 불구하고, 앞서도 설명했듯이, 아이들은 세균으로 오염된 사물을 만지고, 세균으로 오염된 음식을 먹기를 꺼리지 않는다. 아이들이 세균에 무감각하다는 것을 보여주는 충격적인 연구가 있다.[18] 연구원들은 아이들에게 시리얼이 담긴 두 그릇을 보여주었다. 한 그릇은 깨끗했고, 다른 그릇은 누가 그 안에 재채기를 하는 척한 그릇이였다. 유치원생들은 두 그릇에 담긴 시리얼을 동일한 양만큼 먹었으며 두 그릇의 시리얼이 동일하게 맛있다고 평가했다. 아이들이 갖고 있는 세균에 대한 지식은 분명히 부족한 점이 있다.

과학자들이 세균 이론을 발견하기까지 수백 년이 걸렸다는 점을 감안하면, 유치원생들이 일상적으로 균에 관한 이야기를 자주 듣는다고 해서 이 세균 이론을 습득할 수 있다고 믿기는 어려울 것 같다. 전염의 개념은 이해하기는 쉬울지 몰라도, 세균의 개념은 그렇지 못하다. 아이들에게 세균은 그저 사람을 아프게 하는 무언가에 대한 명칭일 뿐이다. 그들은 세균이 살아 있다는 것은 둘째 치고 다른 유독한 물질들(살충제, 살균제, 유독가스, 중금속, 환경오염)과 다르다는 것을 전혀 모른다.

이 점은 아이들의 균에 대한 이해와 독에 대한 이해를 비교한 연구에서 잘 드러난다.[19] 본 연구의 첫 번째 파트에서는 4세에서 10세 사이의 아이들에게 다음과 같은 질문을 했다. "수전이라는 여자아이가 우연히 어떤 세균을 들이 마시고는 콧물이 나기 시작했어요. 한 친구가 수전네 집에 놀러간다면, 그 친구는 수전으로부터 콧물이 옮을까요? 씨드라는 남자 아이가 독을 들이 마시고는 얼마 지나지 않아서 기침을 심하게 하게 되었어요. 한 친구가 씨드의 집에 놀러간다면, 그 친구는 씨드로부터 기침이 옮을까요?" 그 다음으로 두 번째 파트에서는 아이들에게 세균이 먹고 생식하고 스스로 움직이는지, 그리고 독이 먹고 생식하고 스스로 움직이는지를 물어보았다.

본 연구의 두 파트 모두에서, 10세 미만의 아이들은 균과 독을 구분하지 못했다. 아이들은 독으로 인한 질병은 세균으로 인한 질병만큼이나 전염성이 있다고 대답했으며 독이나 세균 모두 생물학적 특성을 갖고 있지 않다고 말했다. 반면에, 10세가 된 아이들은 세균에 의한 질병이 독에 의한 질병보다 더 전염성이 강하다고, 그리고 세균은 생물학적 특성을 갖고 있으나 독은 그렇지 않다고 정확하게 대답했다. 그러나 그들이 세균에 부여하는 생물학적 특성의 비율은 반 정도밖에 안됐다. 이 비율은 식물에 부여하는 정도와 비슷한데 이것은 제7장에서 논의한 아이들의 발달 패턴과 일치한다.

이와 같은 맥락을 아주 잘 보여주는 또 다른 연구로, 아이들이 세균에 의한 질병과 유전에 의한 질병의 차이를 어떻게 이해하는지 살펴본 실험이 있다.[20] 이 연구에서 연구자는 아이들에게 제8장과 제9장에서 설명한 입양 이야기를 질병 이야기로 각색한 이야기를 들려주었다. "여기 보이는 두 사람, 로빈슨 부부에게는 여자 아기가 있었어요. 다시 말하면, 아기는 로빈슨 아주머니의 뱃속에서부터 나왔어요. 아기가 로빈슨 아주머니의 배에서 나오자마자 다른 두 사람, 존스 부부와 살게 되었어요. 존스 부부는 아기를 엘리자베스라고 불렀지요. 엘리자베스는 그들과 함께 살았고 부부는 엘리자베스를 돌보았어요. 그녀를 먹이고, 옷을 사주고, 안아주고, 그리고 그녀가 슬퍼하면 뽀뽀를 해주었지요. 그런데 로빈슨 부부는 어떤 색들을 보는 것에 문제가 있었어요. 그들은 노란색을 볼 수 없었지요. 존스 부부는 색을 보는 데 아무런 문제가 없었어요. 그들은 노란색을 볼 수 있었어요. 엘리자베스가 크면 어떻게 될 것 같아요? 그녀는 존스 부부처럼 노란색을 볼 수 있을까요, 아니면, 로빈슨 부부처럼 노란색을 볼 수 없을까요?"

연구자들은 이 입양 이야기를 색맹과 같은 유전적 질병에 대해서, 그리고 독감과 같은 전염병에 대해서 각색하여 들려주었다. 10세 미만의 아이들은 이 두 가지 경우를 확실하게 구분하지 못했다. 그들은 두 가지 경우를 모두 친부모에 기인하는 것으로 답했다. 즉, 아이들은 엘리자베스의 친부모가 색맹이면 엘리자베스도 색맹일 것이라고 답했을 뿐만 아니라, 친부모가 독감에 걸리면 엘리자베스도 독감에 걸릴 것이라고 답했다. 만약에 아이들이 전염병이 접촉에 의해 전달된다는 것—즉, 세균의 물리적 전달—을 이해한다면, 그들은 엘리자베스의 양부모가 전염병에 걸렸을 때만 엘리자베스도 전염병에 걸린다고 대답했을 것이다. 그러나, 아이들은 엘리자베스의 양부모가 그녀의 현재 건강 상태에 영향을 미친다고 생각하지 않았다. 그들은 전염병도 유전병과 마찬가지로 선천적으로 물려받는다고 생각하는 듯했다. 확실히, 아이들에게 세균과 병의 연관성은 불분명한 것으로 보인다.

＊＊＊

균과 병의 관계는 어른들에게도 분명하지 않다. 흔히들 추위에 노출되면 감기에 걸린다고 생각한다. 동서양 문화권을 막론하고 어른들은 이러한 생각을 갖고 있어서, 감기를 쫓는 방법으로 무거운 외투, 두꺼운 목도리, 그리고 따뜻한 양말을 처방하곤 한다. 그러나 단순히 추위에 노출되는 것만으로 감기에 걸리는 확률이 높아지는 것은 아니다. 면역학자들은 한 세기에 걸친 여러 연구들을 통해 추위와 감기는 상관성이 없다고 밝혔다.[21] 추위로 인해 감기에 걸려서 죽을 수도 있다는 생각은 그저 할머니들이 하는 이야기, 또는 심리학자들의 용어를 빌리자면 '민간신앙folk belief'에 지나지 않는다.

병에 대한 민간신앙은 질병의 전염에 대한 어떠한 지식도 요하지 않으면서도 예방책을 제공하기 때문에 호소력이 있다. 병이 균으로 인해 생긴다고 믿든지 또는 4체액에 의해서 발생한다고 생각하든지 상관없이, 누구든 몸을 따뜻하게 하고, 공기를 건조하게 유지하라는 조언을 따를 수 있다. 그러나 민간신앙은 틀릴 때가 많으며, 따라서 그에 따른 처방법 또한 종종 부적절하다. 병의 인과 관계에 대한 지식만이 건강을 지키는 가장 확실한 방법이다.

이와 관련해 심리학자 테리 킷퐁 오Terry Kit-fong Au와 동료들은 지식에 초점을 맞춘 건강 교육 프로그램에 관한 연구를 시행했다. 이들은 앞서 설명한 연구 결과를 바탕으로 감기와 독감을 예방하는 것과 관련된 인과관계의 원리들을 가르치는 건강 교육 프로그램 "생물학 생각하기Think Biology"를 개발했다.[22] 기존의 건강 교육 프로그램이 행동(감기와 독감을 예방하는 데 있어서 해야 할 것과 하지 말아야 하는 것들)에 초점을 두었다면, 본 프로그램은 지식(감기와 독감의 발생 원인)에 초점을 두었다. 본 프로그램의 주된 목적은 학생들이 세균을 독약과 같은 비활동성 물질이라기보다는 살아 있는, 생식을 하는 생물체로 이해하도록 하는 것이었다. 프로그램은 다음과 같은 네 가지 원리를 강조했다. 1) 바이러스는 아주 작은 생물체로서, 너무 작아서 우리의 눈에는 보이지 않는다. 2) 감기와 독감 바이러스는 선선하고 습한 공기에서 몇 시간 동안 생존할 수 있으나, 열과 살균에 의해 바로 죽는다. 3) 오직 살아 있는 바이러스만이 감기와 독감을 일으킨다. 4) 감기와 독감 바이러스는 눈, 코, 입을 통해 몸 안으로 들어온다.

새로운 교육의 효과를 알아보기 위해 테리 오는 이 프로그램을 홍콩의 초등학교 3학년 학생들에게 실시했고, 이 학생들과 기존의 다른 교육 건강 프로그램에 참여한 3학년 학생들을 비교했다. 기존의 프로그램은 감기와 독감의 전염에 대한 어떠한 생물학적 근간도 다루지 않았고, 그 대신 감기와 독감의 증상, 치료, 합병증, 예방법(해야 하는 것들), 그리고 위험 행동(하지 말아야 하는 것들)을 다루고 있었다.

프로그램을 실시하기 전후로 감기와 독감의 전염에 대한 어린이들의 이해도를 측정하기 위해 세 가지의 과제를 시행했다. 첫 번째는 감기나 독감에 걸리게 하는 행동들을 서술하고 그 이유를 설명하라는 것이고, 두 번째는 일상 생활을 담은 비디오를 시청하고 감기와 독감에 걸릴 위험이 있는 상황들을 찾도록 하는 것이었다(예: 눈을 비비고, 손톱을 입으로 뜯고, 지우개에 재채기를 한 후 그 지우개를 다른 사람에게 건네주는 행동들). 세 번째 과제는 좀 더 어려웠다. 각각의 어린이들을 교실로부터 떨어져 있는 방으로 불러서 간식 시간에 먹을 과자를 비닐백에 담는 일을 돕도록 했다. 과자와 봉지는 테이블에 놓여 있었는데 그 옆에는 손 세정제가 있었다. 이때 연구자들은 어린이들이 과자를 만지기 전에 과연 그들의 손을 자발적으로 소독하는지 지켜봤다.

교육이 끝난 후, 두 프로그램에 참여한 모든 어린이는 병에 걸리는 이유가 세균의 전파 때문이라는 것을 전보다 더 잘 설명할 수 있었다. 그러나, "생물학 생각하기" 프로그램에 참여한 어린이들만이 왜 세균의 전달이 해로운지(즉, 균이 일단 전달되면, 옮겨간 새로운 곳에서 번식할 수 있기 때문에)를 설명할 수 있었다. 그리고 이 어린이들은 감기와 독감의 전염 원인으로 추운 날씨나 습한 날씨를 드는 경향이 덜했다. 감기와 독감에 걸리는 위험 행동들을 찾는 과제에 있어서, 기존의 프로그램으로 교육받은 어린이들은 교육 과정에서 학습한 위험 요인들(예: 재채기하는 것)은 찾을 수 있었으나, 교육받지 않은 것들(예: 친구와 음료수를 나눠 마시는 것)은 찾지 못했다. 반면에 "생물학 생각하기" 교육을 받은 어린이들은 교육받은 것과 교육받지 않은 위험 요소들을 모두 찾았다. 가장 중요한 것은, "생물학 생각하기" 프로그램을 받은 어린이들만 음식을 봉지에 담을 때 손 세정제를 사용하는 빈도가 증가했다는 사실이다. 프로그램 실시 이전에는 15퍼센트의 학생들이 손 세정제를 사용한 반면 프로그램 실시 후에는 41퍼센트의 학생들이 손 세정제를 사용하여, 손 세정제 사용 비율이 두 배 이상으로 증가했다.

테리 오와 동료들은 청소년을 대상으로 성병의 전염에 관한 생물학적 이해를 돕도록 고안된 프로그램으로 이와 흡사한 성공을 거두었다.[23] 이러한 프로그램들의 위력은 아이들이 더 정확하게 사고하도록 만드는 것과 함께 더 유연한 사고를 갖도록 돕는 데 있다. 어떤 건강 프로그램도 특정 질병이 퍼지는 것과 관련된 모든 행동들을 다룰 수는 없고, 설령 가능하다 하더라도 학생들이 그 목록을 다 기억하기는 쉽지 않을 것이다. 보다 효과적인 프로그램은 학생들에게 병과 관련된 새로운 상황이 전개될 때 그때 당면한 위험 요소들을 평가할 수 있는 개념적 도구를 제공하는 것이다.

이 점을 잘 보여주는 일례로, 테리 오와 동료들은 그들이 감기와 독감 관련 프로그램을 실행한 홍콩 초등학교의 학생들에게서 병의 예방과 관련된 흥미로운 현상을 관찰했다. 이 학교에 다니는 학생들은 점심을 먹기 전에 의무적으로 손을 씻었는데, 씻은 지 몇 분 지나기도 전에 그들은 그들이 착용한 안면 마스크를 만짐으로써(2003년 당시에는 사스의 발병을 방지하기 위해 학교에서 마스크를 착용했다) 또 다시 스스로를 질병에 노출시키곤 했다. 이 안면 마스크는 아이들이 하루종일 들이마시고 내보내는 공기로부터 걸러진 세균으로 덮여 있었기 때문에, 아이들의 환경에서 가장 오염된 물체였다.

　"안면 마스크를 만지지 마라"는 독감 예방에 관한 기존의 프로그램에서는 다루지 않은 규칙이었다. 그러나 이 규칙은 "생물학 생각하기" 프로그램에서 학습하는 일반적인 원리들로부터 유추할 수 있는 것이었다. 실제로 본 프로그램에 참여한 많은 아이가 이 규칙을 유추해냈고, 그 아이들은 생물학 프로그램에서 실행한 위험 요소 영상을 찾아내는 과제에서 안면 마스크를 만지는 것을 위험 요소로 꼽았다.

***

테리 오의 연구들에서, 감기와 독감의 미생물적인 특성에 대해 배운 아이들은 더이상 전염병의 원인으로 추운 날씨와 습한 기후를 거론하진 않았지만, 전염병의 원인에 대한 또 다른 '민간신앙'은 여전히 간직하고 있었는데 그것은 바로 초자연적인 특성의 민간신앙이었다. 여기서 질병은 속세의 영역을 넘어서 신, 천사, 조상, 그리고 영혼과 관련된 문제로 여겨진다.

　기독교인들과 유대인들에게 병으로부터의 해방은 그들이 신에게 올리는 가장 흔한 기도 중 하나다.[24] 이들은 폐렴이나 간염과 같은 전염병을 치료하는 데 있어서도 신의 도움을 구한다. 이는 그들이 세균에 의해 전염병이 발생한다는 것을 인지하지 못해서가 아니라, 신과 세균을 상호 보완되는 것으로 보기 때문이다. 신은 인간의 건강을 관장하는 원격적 행위자이고 세균은 근접적 행위자다. 다시 말하면, 신은 왜 우리가 병에 걸리는가라는 질문에 대한 답이고, 균은 우리가 어떻게 병에 걸리는가라는 질문에 대한 답이다.

서구인들은 병에서 낫게 해달라고 신에게 기도를 올리는 것은 별로 이상하게 여기지 않지만, 결핵이 마법에 의한 것이라는 미국 남부 크리올Creole 사람들의 믿음, 간질이 귀신에 씌어서 생기는 것이라는 먀오 족의 믿음, 에이즈AIDS가 주술에 의해 걸리는 병이라는 아프리카인들의 믿음 등 다른 문화권에서 나타나는 초자연적인 믿음은 우스꽝스럽다고 생각한다. 하지만 심리학자들은 이러한 믿음들이 신이 인간의 건강에 관여한다는 유대-기독교 믿음과 같은 형태를 지니고 같은 역할을 한다는 것을 발견했다.

에이즈가 주술에 의해서라는 민간신앙에 대해 생각해보자.[25] 이 믿음은 아프리카인들이 에이즈 질병, 그리고 에이즈를 일으키는 바이러스인 HIV에 관한 과학적 정보를 받아들이는 것을 방해할 수도 있다. 따라서 보건 관련 종사자들은 아프리카인들이 이러한 믿음에서 벗어날 수 있도록 돕기 위해 엄청난 노력을 기울였다. 그러나 대부분의 아프리카 성인들, 그리고 많은 아프리카 어린이들은 이미 HIV에 대한 기본적인 지식은 갖고 있다. 그들은 HIV가 성적인 접촉이나 혈액의 접촉을 통해 전달된다는 것, HIV가 피부 접촉을 통해서는 전달되지 않는다는 것, HIV 보균자가 에이즈의 증상을 갖고 있지 않을 수도 있다는 것, 그리고 에이즈에 걸리면 마르고 신체에 힘이 없어지지만 마르고 허약한 신체 때문에 에이즈에 걸리는 것은 아니라는 것을 알고 있다. 이 모든 지식을 갖고 있으면서도, 그들은 에이즈가 주술에 의해서—예를 들어 질투심에 찬 이웃이나 노한 조상이 일으키는 주술에 의해서—발생할 수 있다고 믿는다.

어떻게 에이즈가 바이러스와 주술 모두에 의해서 생길 수 있느냐는 질문에, 아프리카 사람들은 다음과 같이 인과적으로 그럴듯해 보이는 몇 가지 설명을 내놓는다.

- 상대에게 주술을 걸어서 에이즈에 걸린 사람과 잠자리를 갖게끔 홀릴 수 있다.
- 주술사는 콘돔을 약하게 그리고 찢기게 만들 수도 있다.
- 그녀를 증오한 사람들이 마녀를 고용하여 그녀가 가는 길에 바이러스를 놓았다.
- 그는 마술에 걸려서 에이즈에 걸린 사람들과 잠자리를 가졌다.
- 마녀는 당신을 죽이기 위해 어떤 것이든, 흑마술이든 HIV이든 사용할 수 있다.

많은 아프리카인들의 생각 속에 주술에 관한 믿음과 바이러스에 관한 믿음은 서로 뒤엉켜 있다. 실제로, 이 두 가지에 대한 믿음은 동시에 발달한다. 아이들이 HIV 감염에 관한 생물학적 지식을 얻은 후에도 이에 대한 초자연적인 믿음을 가질 수 있는 것이다. 에이즈에 대한 원인으로 마녀를 지목하는 이들은 생물학적 이해가 미흡한 아이들이 아니라 바로 어른들이다.

이와 비슷한 발달적 특성은 인도와 베트남에서도 발견된다.[26] 이들 나라에서도 많은 성인이 질병에 대해 생물학적 요소와 초자연적인 요소가

혼합된 설명을 받아들이는 반면, 어린이들은 초자연적인 설명을 받아들이기 이전에 생물학적인 설명을 먼저 받아들인다는 것이다. 미국에서조차 아이들이 어른들에 비해 질병에 대한 초자연적인 설명─특히 질병은 부도덕적인 행동으로 인해 야기된다는 설명─을 믿지 않는 경향이 더 높다.

질병은 어떠한 도덕적 규범도 따르지 않는다. 사악한 사람들만큼이나 도덕적으로 선한 사람들도 질병으로 고통받는다. 하지만 어른들, 심지어 대학 교육까지 받은 어른들조차 마음속으로는 다른 믿음을 갖고 있다. 질병의 도덕적 근간에 관하여 어른들과 아이들이 갖고 있는 믿음을 연구하기 위해 사용된 다음 이야기를 보자.[27] "피터와 마크는 원인 모를, 치명적인 질병에 막 걸린 한 사람에 대해 이야기를 나누었다. 그 사람은 건강한 삶을 살았고, 왜 이 사람이 질병에 걸리게 되었는지 어떤 이유도 알지 못했다. 피터가 말했다. '나쁜 일들이 좋은 사람과 나쁜 사람 모두에게 일어날 수 있다는 건 알고 있어. 하지만 나쁜 사람들에게 나쁜 일들이 일어날 확률이 더 높다고 생각해. 이 사람은 좋은 사람이 아니었을 거야. 그는 남을 속이고 거짓말하고 많은 사람들로부터 돈을 훔쳤을 거야. 뿌린 대로 거두는 법이거든.' 마크가 말했다. '난 동의하지 않아. 좋은 사람들이 심각한 질병에 걸리는 만큼이나 나쁜 사람들도 심각한 병에 걸려. 뿌리는 대로 거두는 건 아니야.'"

12살짜리 아이들에게 이 이야기를 들려준 후, 누구의 의견에 동의하는지 물었을 때 80퍼센트의 아이들이 마크의 편을, 20퍼센트가 피터의 편을 들었다. 똑같은 이야기를 듣고 난 후, 성인들은 60퍼센트가 마크의 편을, 40퍼센트가 피터의 편을 들었다. 다시 말하면, 아이들보다 두 배나 많은 어른들이 어떤 사람이 병에 걸리는 이유가 그의 악한 인성 탓이라고 생각한다는 것이다. 이 연구 결과는 암에 걸리는 사람들은 그들 자신이 암을 생기게 한다는 어른들의 흔한 믿음을 그대로 반영한다. HIV가 아프리카인들에게 중대한 질병이라면 암은 미국인들에게 중대한 질병이다.[28] 그리고 미국인들은 예방접종 이외에 그 어떤 건강 관련 주제에도 이처럼 반지성적인 반응을 보이지 않았다. 암에 대한 돌팔이 정보가 인터넷과 자기개발서, 토크 쇼에 넘쳐나기 시작하면서, 암의 원인(설탕, 레몬, 곰팡이, 현대의 생활 방식, 부정적 생각)과 치료법(대마초, 베이킹 소다, 생강, 명상, 커피를 이용한 관장)에 대한 괴담을 부추긴다.

어른들은 아이들보다 질병과 질병의 전이에 대해 더 많이 알지만, 우리가 어떻게 아프게 되는지를 안다고 해서 우리가 왜 아프게 되는지를 알게 되는 것은 아니다. 그리고 이 두 번째 질문은 전 세계 모든 어른들을 괴롭히곤 한다. 우리가 또는 우리가 사랑하는 이들이 질병을 마주했을 때 이 질문은 우리를 고통에 빠뜨리며, 과학의 영역에서 초자연의 영역으로 우리를 귀의하게 만든다. 생물학적 지식에 상관없이 전 문화권의 사람들이 단순한 우연 이상의 설명을 찾게 되는 것이다. 질투심에 찬 마녀나 복수심에 찬 신을 탓하는 것이 때로는 탓할 이가 아무도 없는 것보다 나은 법이니 말이다.

제11장 적응
진화에 대한 오해의 견고한 뿌리들

내가 어렸을 적, 아이작 뉴턴이 "중력을 발견했다."라는 것을 배웠을 때 나는 혼자 이렇게 생각했다. "세상에나, 그 당시에는 과학이 쉬웠나 보다." 받쳐주는 것이 없는 사물은 낙하한다는 것을 깨닫는 데 굳이 천재일 필요는 없어 보였다. 물론 뉴턴이 단순히 중력이 있다는 것만을 발견한 것은 아니다. 그는 중력에 대한 설명을 발견했다. 즉, 뉴턴은 중력은 질량의 부산물이며, 두 물체의 질량을 곱한 값에 비례하고, 두 물체 사이의 거리를 제곱한 값에 반비례하는 힘으로 그 물체들을 끌어당긴다는 것을 발견했다.

찰스 다윈과 "진화의 발견"도 마찬가지다. 다윈은 진화의 사실만을 발견한 것이 아니다. 진화는 고대시절부터 하나의 이론적 가능성으로 고려되었고,[1] 다윈이 태어나기 전에도 수십 년 동안 하나의 생물학적 사실로서 연구되어 왔다. 다윈의 명성은 진화에 대한 설명, 즉 진화는 몇 세대에 걸쳐서 다른 종들에 비해 특정 종이 선별적인 생존과 번식을 거침에 따라 일어난다는 이론을 발견한 데에 있다.

다윈이 발견한 것은 진화에 대한 메커니즘(즉, 자연선택)이며, 이 발견은 일련의 연결된 통찰력을 낳았다.[2] 그중 첫 번째는 생물체의 개체군은 기하급수적으로 증가할 수 있는 번식적 잠재력을 지닌다는 것이다. 이것은 생물학적 사실인 동시에 수학적 사실이다. 만약 개체군 안의 각 개체가 자손을 둘씩 남긴다면, 그 개체수는 한 세대를 거칠 때마다 두 배로 증가할 것이다(제1세대에서 2개체, 제5세대가 되면 32개체, 그리고 제10세대에서는 1024개체).

다윈 자신도 그의 대표작 《종의 기원》에서 한 쌍의 코끼리가 고작 500년 안에 1,500만 마리가 넘는 자손을 남길 수 있다고 설명하면서 이 같은 사실을 보여주었다.[3] 물론, 개체군은 그렇게 많이 증가하지 않는다. 지구가 코끼리 또는 다른 어떤 종류의 유기체들로 뒤덮여 있지 않은 것을 보면, 사실 대부분의 유기체들은 자손을 많이 남기지 못한다는 것을 알 수 있다. 이것이 다윈의 두 번째 통찰이었다. 즉, 개체군의 증가는 제한된 자원으로 인해 억제된다는 것이다. 환경은 오직 제한된 양의 식량, 제한된 양의 거주지, 그리고 제한된 수의 번식 상대자만을 지니고 있어서, 개체들은 이러한 자원들을 차지하기 위해 싸워야 한다. 심지어 같은 종에 속하는 구성원들끼리도 말이다. 모든 개체들은 생존을 위해서 고군분투하며, 아주 소수의 개체들만이 살아남아서 번식을 하게 되는 것이다.

누가 이 싸움에서 살아남는가? 바로, 제한된 자원을 차지하고 포식자를 피할 수 있게 도와주는 형질들을 가지고 태어난 개체들이다. 생존을 위한 싸움은 동일선상에서 이루어지지 않는다는 것이 다윈의 세 번째 통찰이다. 어떤 개체는 운 좋게도 그러한 싸움에서 살아남을 수 있는, 그리고 다음 세대에 자손을 남길 수 있게 해주는 형질들을 가지고 태어난다. 또한, 그 자손들은 그들의 부모를 생존하고 번식하게 해주었던 그 형질들을 그대로 물려받게 된다. 이러한 형질들이 유전된다는 것이 다윈의 네 번째 통찰이다. 유전에서 성공한 개체는 그들의 성공을 자손들에게 물려주게 되는 것이다.

다윈의 마지막 통찰은 이 과정이 반복된다는 것이다. 유용한 형질들을 지닌 개체는 덜 유용한 형질들을 지닌 개체보다 더 오래 살고 더 활발히 번식하기 때문에 유용한 형질들을 지닌 개체의 수는 증가할 것이며, 궁극적으로는 이런 형질들이 그 개체군 전체의 형질이 된다. 더 긴 코, 더 딱딱한 껍질, 더 날카로운 발톱 등, 한 개체에서 임의적으로 일어나는 변이로부터 시작된 형질이 끝없는 생존 투쟁에서 계속적으로 유용하다면 그 형질은 종 전체의 주요한 형질로 자리 잡을 것이다.

다윈의 주요 통찰을 요약하면 다음과 같다. 1) 개체들은 주변 환경이 감당할 수 있는 것보다 더 많은 자손을 낳는다. 2) 따라서 개체들은 생존을 위한 투쟁에 처하게 된다. 3) 어떤 개체들은 그들이 갖고 있는 본연의 형질 차이로 인해 생존 투쟁에서 더 잘 이겨낸다. 4) 이 형질의 차이는 유전된다. 5) 덜 유용한 형질들을 갖고 태어나는 개체들은 소멸하고(유전적 실패자) 더 유용한 형질들을 갖고 태어나는 개체들이 개체군을 장악하게 되면서(유전적 성공자), 이 차이들은 시간에 걸쳐 더욱 더 두드러지게 될 것이다.

이러한 다윈의 통찰은 진화에 대해 이전과는 질적으로 다른 관점으로 이어졌다. 적응된 개체들의 출현보다는 적응하지 못한 개체들의 소멸, 그리고 개체 각각의 변화보다는 개체군의 변화가 강조되기 시작한 것이다. 다윈이 왜 종들이 그들의 환경에 적응하게 되었는지라는 질문에 관심을 가진 첫 번째 생물학자는 아니었다. 이러한 질문에 대해, 다윈 이전 시대 학자들과 동시대의 학자들은 몇 가지 이론들을 제시하기도 했다. 그러나 이 이론들은 생물계를 잘못 기술하고 있었는데, 종을 다양한 개체로 이루어진 개체군이 아닌 전체론적인 것으로, 진화를 차별적 생존이 아닌 환경에 대한 통일화된 적응으로 취급했다.[4]

다윈 이론의 대안이론 중 가장 유명한 것은 프랑스의 생물학자 장-바티스트 라마르크Jean-Baptiste Lamarck의 이론이다. 라마르크에 따르면 개체들은 살아 있는 동안 기존에 가지고 있던 형질들을 사용하거나 또는 사용하지 않는 과정들을 거쳐서 적응을 위한 형질들을 얻게 되며, 이러한 형질들을 자손들에게 물려줄 수 있다고 한다. 예를 들면, 기린은 나무에 높이 나 있는 잎을 먹기 위해 목을 끊임없이 늘리게 되었고, 그 결과로 긴 목을 갖게 되었다거나, 독수리는 멀리 있는 먹이에 끊임없이 초점을 맞춤으로써 시력이 발달하게 되었다는 것이다. 이러한 변화들은 그 개체의 자손들에게 전달되므로, 다음 세대의 기린들은 조금 더 긴 목을, 그리고 다음 세대의 독수리는 조금 더 나은 시력을 갖고 태어난다는 것이다.

하지만, 라마르크는 획득된 형질들이 유전된다고 주장하는 점에서 오류를 범하고 있다. 자손들은 부모가 살아가는 동안 획득한 형질들은 물려받지 않는다. 그러나 비단 이것만이 그의 이론과 다윈의 이론을 질적으로 다르게 만드는 것은 아니다. 라마르크의 이론은 어떤 종의 모든 개체들이 집단적으로 그리고 하나의 응집된 단위로서 진화한다고 가정한다. 모든 기린은 더 긴 목을, 모든 독수리는 더 발달된 시력을 위해 분투하며, 그 결과 다음 세대는 모두 그 전 세대보다 환경에 조금 더 잘 적응할 수 있도록 태어난다는 것이다.

그러나 실제로는 다음 세대의 모든 개체들이 환경에 적응적으로 태어나도록 만드는 생물학적 메커니즘은 존재하지 않는다. 어떤 생물체들은 환경에 적응적으로 태어나고, 다른 생물체들은 그렇지 않게 태어난다.

후자는 자손 없이 죽게 되므로 단지 유전자 풀에서 제거될 뿐이다. 다윈이 깨달은 것은, 그리고 라마르크가 깨닫지 못한 것은, 생물학적 적응이 단일한 과정이 아니라 '돌연변이'와 '선택'이라는 두 과정으로 구성된다는 점이었다. 돌연변이는 마치 장님과 같다. 즉, 자손들이 그들이 부모들과, 그리고 다른 형제자매와 얼마나 다르게 될지는 예측할 수 없다. 반면에 선택은 분별력이 있다. 선택은 적응력이 없는 돌연변이를 적응력이 있는 돌연변이로부터 솎아내며, 적응할 수 있는 돌연변이의 전체적 지형을 바꾸게 되는 것이다. 이러한 변이와 선택의 결과는, 더 적응적인 개체들로 이루어진 개체군이 아니라 더 많은 개체들이 적응한 개체군으로 이어진다.

다윈 이론이 얼마나 천재적인지를 과학계가 알아차리기까지는 수십 년이 걸렸다. 그가 이론을 내놓은 지 50년 후에도,[5] 많은 생물학자들이 여전히 테오도르 아이머Theodor Eimer의 정향진화설orthogenesis(진화를 유기물법칙의 부산물로 설명하는 이론)이나, 에드워드 코프Edward Cope의 가속 성장 이론(진화를 태아 발달의 가속된 형태로 설명하는 이론), 심지어 라마르크의 획득형질 유전 이론과 같은 다른 이론들을 선호했다. 생물학자들이 다윈 이론이 옳았다는 것을 마침내 받아들이게 된 것은, 다윈이 죽은 지 수십 년이 지난 후 유전에 대해 유전자적 관점이 등장하고 이를 다윈 이론과 통합하게 된 이후부터다. 다윈도 짐작하긴 했으나 설명은 하지 못했던 유전자 개념은 형질 변화의 기원에 대한 설명을 제공했다. 오늘날, 생물학자들은 진화에 대한 설명으로 자연선택을 채택했을 뿐만 아니라, 자연선택에 의한 진화를 생물학의 통합적인 체계로서 받아들이고 있다. 어떤 현대 생물학자 말을 빌리자면, "생물학의 그 어떤 것도 진화의 테두리 밖에서는 말이 되지 않는다."[6]

***

역사는 반복된다. 자연선택의 중요성을 이해하지 못했던 20세기 초 생물학자들은 이미 죽고 없지만, 오늘날 생물학 수업을 듣고 있는 학생들 역시 그 중요성을 이해하지 못하기는 마찬가지다. 많은 학생들이 진화가 일어난다는 것 자체를 믿지 않으며, 생물학적 적응에 대한 설명으로 진화론 대신 창조론을 받아들인다(제12장에서 더 설명하겠다). 설령 진화를 받아들이는 학생들조차도 많은 학생들이 진화가 어떻게 일어나는지 이해하지 못한다.

다음과 같은 상황을 고려해보자. 최근 생물학자들이 외딴 섬에서 고립되어 서식하고 있는 딱따구리를 발견했다고 가정하자. 이 딱따구리들은 평균적으로 1인치의 부리를 가지고 있고, 그들의 유일한 먹잇감은 나무에 사는 곤충들인데, 이 곤충들은 평균 1.5인치 두께의 나무껍질 안에서 서식한다. 만약에 두 마리의 딱따구리가 짝짓기를 하면, 그들의 자손은 어떤 부리를 갖게 될까? 1) 두 부모가 갖고 있는 것보다 긴 부리, 2) 두 부모가 갖고 있는 것보다 짧은 부리, 또는 3) 긴 부리나 짧은 부리(반반의 가능성).

자손들은 그들의 부모로부터 무작위하게 변이하기 때문에 정답은 3번이다. 자연선택은 짧은 부리보다 긴 부리를 더 선호할지 모르나, 부모에서 자손으로 변이를 일으키는 메커니즘, 즉 돌연변이와 유전자 재조합genetic recombination은 자손에게 어떠한 형질이 유리한지를 알 길이 없는 것이다. 그런데 대부분의 사람들은 3번을 정답으로 고르지 않는다. 진화로 인해 부모 세대보다 자손 세대가 환경에 더 적합하게 태어날 것이라는 생각에, 대부분의 사람들은 1번을 고른다. 1번을 선택하게 된 이유로는 "음식을 얻기 위해서는 더 긴 부리가 필요하다," "생존을 위해서 필요하다." "그들은 그들의 환경에 적응할 것이다." 또는 단순히 "그것이 진화다." 등이 있다.

이 질문은 나와 내 동료들이 학생들이 진화에서 자연선택의 역할을 이해하는지를 평가하기 위해 개발한 질문들 중 하나다.[7] 이 책에서 다루고 있는 모든 직관적 이론들 중에, 진화에 대한 직관적 이론은 내가 가장 잘 알고 있는 이론이다. 나는 십 년이 넘게 진화의 내용, 체계, 그리고 기원을 연구해왔다. 그런데 이러한 이론들은 놀랍게도 다윈 이전의 진화 이론들과 매우 유사하다. 진화에 대해서, 우리들 대부분은 다윈의 이론이 아닌 라마르크의 이론에 끌리게 된다. 마치 다윈이 전혀 존재하지 않았던 것처럼, 그리고 자연선택이라는 개념이 전혀 나오지 않은 것처럼 말이다. 학생들은 유기체가 그들이 속한 환경에서 잘 자라기 위해서 필요한 형질들을 부모로부터 물려받으며, 이 과정이 모든 개체에 동일하게 일어난다고 생각하게 된다. 돌연변이와 선택은 대부분의 사람들이 진화를 이해하는 데 아무런 영향을 주지 못하는 것이다.

대부분의 사람들이 진화에 대해 잘못 생각하는 개념은 또 있다. 다음 질문을 보자. "19세기 동안, 영국의 토종나방인 회색가지나방peppered moth(*Biston betularia*)은 산업혁명에 따라 발생한 환경 오염에 대한 반응으로 어두운 색을 띄게 진화되었다. 생물학자들이 이 나방의 샘플을 1800년에서 1900년 사이에 25년을 주기로 한 번씩 무작위로 채집했다고 하자. 각 시기별로 나방의 색은 어떻게 변해왔을 것으로 예측되는가?" 이 질문에 대한 대답을 위해, 당신에게 가로세로 각각 다섯 마리의 나방(총 25마리의 나방)의 윤곽이 그려진 표가 주어진다. 표의 가로줄에는 1800, 1825, 1850, 1875, 그리고 1900년이란 연도가 명시되어 있다. 당신의 과제는 각 줄에 그려진 나방에 색을 칠하여 해당 기간 동안 채집된 나방 샘플의 변화를 나타내는 것이다.

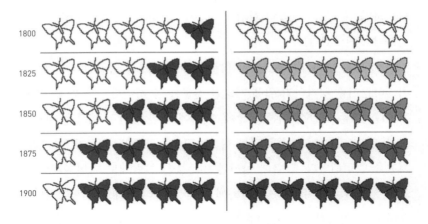

그림 1 사람들은 진화를 종종 종의 일부에서 일어나는 선별적 생존과 생식이라고 이해하기보다(왼쪽 그림) 종 전체에 일어나는 전체론적인 변이로(오른쪽 그림) 잘못 이해한다.

정답은 시간의 흐름에 따라 색칠된 나방의 수를 늘려감으로써 개체군 내에 무작위한 돌연변이(어두운 색깔)의 빈도가 늘어나는 것을 보여주는 것이다. 첫 번째 줄은 4마리의 흰색 나방과 1마리의 회색 나방, 두 번째 줄은 3마리의 흰색 나방과 2마리의 회색 나방, 세 번째 줄은 2마리의 흰색 나방과 3마리의 회색 나방 등등. 하지만 정답을 내놓은 사람은 오직 소수에 불과했다. 더 인기가 있는 답변은, 시간의 흐름에 따라 나방의 색을 점점 더 어둡게 칠하는 것이다. 즉, 첫 번째 줄의 모든 나방을 흰색으로 남겨두고, 두 번째 줄 모든 나방을 옅은 회색으로, 세 번째 줄의 모든 나방을 짙은 회색으로 칠하는 것이다.

이 두 답변의 중요한 차이점은, 같은 세대 내의 변이(나방의 색)를 표현하는지의 여부다. 첫 번째 대답은 세대 내의 그리고 세대 간의 변이를 표현했다면, 두 번째 대답은 오직 세대 간의 변이만 표현하고 있다. 즉, 각각의 나방은 다른 나방들과 발맞추어서 어두운 색을 띠도록 진화하는 것으로 그려지고 있는 것이다.

내가 이 과제를 처음 고안할 당시, 실험 초반에 한 피험자의 답변을 듣고 이 과제가 진화를 (자연선택에 의해 이루어지는 과정으로) 이해하는 사람들과 그렇지 못한 사람들을 성공적으로 구분할 수 있을 것임을 깨달았다. 이 피험자는 세로줄 하나를 점차로 짙게 칠한 후 "모든 줄을 칠해야 하나요?"라고 물었다. 나는 "네."라고 대답하면서도 왜 모든 줄을 칠하지 않아도 된다고 생각하는지 선뜻 이해가 되지 않았다. 그녀는 나머지 세로줄을 첫 번째 세로줄과 동일하게 흰색, 옅은 회색, 중간 회색, 짙은 회색, 그리고 검은색으로 칠했다. 그녀는 이 패턴을 첫 번째 세로줄 하나로만 분명히 표현할 수 있었으므로, 더 이상 칠할 필요가 없다고 생각했던 것이다.

나방에 색을 칠하는 과제는 사람들이 종 내 변이가 적응을 위한 선행 조건임을 이해하고 있는지 평가한다. 이는 내가 동료들과 함께 진화를 이해하는 사람들과 그렇지 않은 사람들을 구분하기 위해 개발한 수십 개의 과제들 중 하나다. 다른 과제에서는 유전, 개체군 변화, 가축화, 종 분화, 그리고 멸종과 같은 진화의 여러 측면들을 측정한다. 이러한 과제들을 진행한 결과, 진화와 관련하여 한 가지 주제에 오개념을 가지고 있는 사람들은 다른 주제에 대해서도 오개념을 가지고 있는 것으로 드러났다. 이를테면, 앞서 예로 든 딱따구리에 관한 질문에 대해 1번의 답을 선택함으로써 돌연변이는 방향이 정해져 있다고 믿는 피험자들은, 나방을 색칠하는 과제에서도 세대 내 변이를 간과한 답변을 내는 경향이 있었다.

멸종과 종 분화는 특히나 흥미로운 경우다. 다윈 이론의 관점에서 보면 멸종은 엄연히 선택이다. 즉, 사망률이 출산율을 초과하면 그 종은 멸종하게 되는 것이다. 마찬가지로, 종 분화도 지리학적으로 떨어져 있는 개체군에서 일어나는 선택이다. 즉, 같은 생물체의 국지적 개체군들이 각기 다른 환경에서 서로 다른 진화적 선택의 압박에 놓이게 되면, 점차 서로 달라지다 결국 새로운 종이 나타난다. 그러나 대부분의 사람들은 멸종과 종 분화를 이런 식으로 생각하지 않는다. 멸종은 한 종이 자연재해(이를테면, 혜성이나 홍수)로 인해 지구상에서 없어지는 드문 현상이라고 생각하고, 종 분화는 진화에 의해 한 개체군이 다른 개체군으로 탈바꿈하는(이를테면 원숭이에서 유인원으로) 드문 현상이라고 생각한다.

다윈 이전의 생물학자들도 이런 견해를 가지고 있었다. 그들에게 멸종과 종 분화는 자연선택의 일반적인 작용이라기보다는 특수한 환경으로 인해 일어나는 드문 현상들로 여겨졌다. 오늘날 진화를 배우는 학생들도 다윈 이전의 생물학자들과 마찬가지로 진화에 대한 그릇된 생각을 갖고 있는 것을 보면, 이러한 오해는 몇몇의 형편없는 선생님들이나 오해를 불러일으킬 만한 교과서들로 인해 생겨난 문제는 아닌 것 같다. 오히려 이러한 오개념들은 다윈 이후의 돌연변이와 선택의 개념이 결여된 진화 이론에서 기인한, 아주 뿌리 깊은 오해로 볼 수 있다.

진화에 관한 오해는 견고하고 널리 퍼져 있다.[8] 진화에 대한 어떠한 교육도 받지 않은 학생들뿐만 아니라, 수년간의 교육을 받은 학생들도 이러한 오해를 갖고 있다. 초등학생은 물론, 중학생과 고등학생, 그리고 대학 교육을 받은 어른들도 이러한 오해를 갖고 있다. 진화에 대해 좀 더 정확한 지식을 갖고 있을 것이 분명한 생물학 전공의 대학생들, 의대생들, 생물학 교육을 전공하는 석사과정 학생들, 그리고 심지어 고등학교 생물학 선생님들도 진화에 대한 오개념을 가지고 있는 것으로 드러났다. 진화에 대한 그릇된 생각들을 깨트리기는 참으로 어려운 노릇이다. 생물학 전공 학생들이 획득된 형질이 유전된다고 믿는다거나(라마르크의 이론), 진화가 가속화된 태아 발달에 의해서라고 믿는다(코프의 이론)는 것이 문제가 아니다.[9] 문제는, 이들이 적응이 종 구성원의 필요에 맞춰서 그 종의 모든 개체에 일률적으로 일어나는 현상이라고 믿는다는 점이다. 그들이 생각하는 진화란 세부적인 내용을 떠나서, 전반적인 개념이 잘못된 다윈 이전의 사고방식인 것이다.

***

물리학자들은 자연이 진공 상태를 혐오한다고 말하고, 생물학자들은 자연이 '범주'를 혐오한다고 말한다.[10] 지구상의 생명은 엄청나게 다양하기 때문에, 일정 범주에 맞춰 깔끔하게 정리할 수가 없다. 다윈은 그 이전의 어느 생물학자보다 이 사실을 잘 알고 있었다. 그는 20대 초반에 갈라파고스 군도를 여행하면서 몇 가지 종류의 갈라파고스핀치들을 관찰하게 되었는데, 이 새들은 그에게 하나의 종(또는 속)이 얼마나 다양할 수 있는지를 보여주었다.[11]

그러나 다윈의 변이에 대한 이해는 동시대의 생물학자들뿐만 아니라 일반 사람들과 달랐다. 대부분의 사람은 변이를 오류 정도로, 또는 어떤 것의 '진짜' 형태로부터의 이탈 정도로 생각한다. 애완견 대회는 이러한 사고를 극명하게 보여준다. 심사위원들과 참가자들은 어떤 개가 그 종을 가장 잘 대표하는지에 대한 결정에 매우 고심한다. '보통'의 코보다 짧다거나 '보통'의 다리보다 긴 변이는 결점으로 취급되는데, 사실 이러한 변이들이 바로 그들의 자산이다. 이러한 차이들은 사육자들로 하여금 늑대로부터 개를, 달마시안으로부터 닥스훈트를, 그리고 로트와일러로부터 리트리버를 만들 수 있게 했다.

생물학자 스티븐 제이 굴드Stephen Jay Gould는 생물계에 내재한 변이를 우리가 얼마나 잘못 이해하고 있는지에 대해서 자세히 설명했다. 우리는 세터setter 코의 평균 길이라든지 닥스훈트의 평균 다리 길이 등과 같

그림 2 애완견 대회는 본질론적 사고방식을 전형적으로 보여준다. 각각의 개들은 이상적인 표준과 비교되고 그 표준으로부터의 차이는 자연스럽게 일어날 수 있는 것이라기보다는, 비정상적이고 문제가 되는 것으로 여긴다.

은 생물계의 평균값에만 관심을 갖고, 극단에 있는 수치에 대해서는 무시하거나 묵살한다. 굴드는 이러한 변이에 대한 우리의 오해가 플라톤까지 거슬러 올라간다고 본다. 플라톤은 동굴의 벽에 비친 물체의 그림자는 물체의 환영일 뿐인 것처럼, 세상의 사물들에 대한 우리의 지각도 더 본질적인 실재를 가리는 환영이라고 주장했다. 굴드에 따르면, "[우리에게] 플라톤이 남긴 유산은 평균값과 중간값을 견고한 '실재'라고 여기게 하는 반면, 이들 값을 산출하게 하는 변이는 숨겨진 본질의 일시적이고 불완전한 측정값으로 여기게 한 것이다. (중략) 그러나, 모든 진화생물학자는 변이 그 자체야말로 자연에서 더 환원될 수 없는 유일한 본질이라는 것을 알고 있다. 변이는 견고한 실재이지, 중심으로 향하려는 경향성의 불완전한 측정들이 아니다. 평균값과 중간값은 단순히 추상적인 값일 뿐이다."

굴드는 우리가 '숨겨진 본질'을 가정하는 이유로 플라톤을 지목하지만, 본질론은 제8장과 제9장에서 본 바와 같이 인간 사고의 핵심적인 특징이다. 플라톤이 없었다 하더라도 우리는 여전히 본질론자일 것이다. 한스 크리스티안 안데르센Hans Christian Andersen의 동화 《미운오리 새끼》를 생각해보자.[12] 우연히 오리의 둥지로 들어온 알에서 백조 한 마리가 부화한다. 어린 백조 새끼는 자라서 자신의 본연의 모습과 행동(백조)을 보이기 전, 오리의 생김새와 행동을 보이지 않아서 놀림거리가 된다. 이 이야기는 걸음마를 배우는 아기들을 포함해 모든 나이대의 독자에게 쉽게 수용될 수 있는데, 그 이유는 안데르센의 말을 빌리자면 "농장의 오리 둥지에서 태어났다는 것은 백조의 알에서 부화한 새에게 그 어떤 영향도 주지 않는다는 것"을 우리가 본능적으로 알고 있기 때문이다.

　미운오리 새끼는 그것이 무엇을 먹고 어디에서 살았는지 또는 무엇을 원했는지와는 전혀 상관없이, 자라서 아름다운 백조가 되리라는 것을 우리는 알고 있다. 그 미운오리 새끼는 단순히 백조로 태어났던 것이다. 그리고 그 부모 또한 그들이 무엇을 먹었고 어디서 살았는지 또는 무엇을 원했는지와는 전혀 상관없이 백조였음이 틀림없음을 우리는 알고 있다. 그 부모들 역시 백조들로 태어났던 것이다. 콩 심은 데 콩 나고, 팥 심은 데 팥이 날 수밖에 없지 않은가. 어떤 개체가 속한 종은 그 개체의 형질들에 대해 신뢰할 수 있는 예측을 가능하게 하기 때문에, 우리가 개체의 특징에 대해서 추론할 때에는 이 같은 가정이 유용하게 쓰인다. 다시 말해, 어떤 개체가 백조라는 것을 아는 것은, 그 개체가 장차 어떤 외양을 가지게 될지(새끼 때는 갈색이지만, 커서는 흰색), 어디서 살게 될지(물가에서), 무엇을 먹을지(초식), 그리고 어떻게 번식을 할지(난생)에 대한 정확한 예측을 가능하게 한다.

　그러나 본질론은 비록 개체에 대한 추론에는 유효할지 모르나 개체군에 대한 추론에는 치명적이다. 자손은 부모를 닮지만, 완전히 똑같이 닮지는 않는다. 모든 개체는 독특하며, 모든 개체군은 변이로 가득 차 있다. 그러나 본질론은 이러한 변이들을 간과하거나 중요치 않은 것으로 취급하게 한다. 백조는 백조일 뿐인 것이다.

생물학적 유형들을 본질론에 입각하여 생각하는 성향은 애완견 대회나 꽃 대회와 같은 문화 행사뿐만 아니라 우리의 언어에도 담겨 있다. 우리는 생물학적 유형들을 "오리" 또는 "백조"와 같이 단일명으로 지칭하는데, 이 명칭들은 우리로 하여금 그 유형에 속하는 한 개체에 대해 우리가 알고 있는 것들을 그 유형 전체로 확대 적용하게 한다.[13] 누군가가 당신에게 백조는 태어나자마자 바로 수영할 수 있다고 알려주었다면 (사실임), 당신은 그 사람이 *대부분의* 백조가 태어나자마자 수영할 수 있다고 말한 것으로 생각하지 않을 것이다. 당신은 모든 백조가 수영할 수 있다고 받아들였을 것이며, 백조로 태어났다는 사실은 그 생물체가 태어나자마자 수영할 수 있는 본질적인 능력을 부여받았음을 의미한다고 받아들였을 것이다.

이 같은 현상을 연구하기 위해서, 나의 연구실에서는 피험자들로 하여금 서로 다른 유기체에 존재하는 형질들이 얼마나 다양한지를 가늠하도록 했다. 한 연구[14]에서 우리는 4세에서 9세까지의 아이들과 어른들에게 기린, 캥거루, 판다, 메뚜기, 개미, 그리고 벌 등 여섯 종류의 동물들을 제시하고, 각각의 동물이 다양한 형질들에 대해서 변이가 있는지를 결정하게 했고, 행동학적 형질과 두 가지의 해부학적 형질들(외부적 형질과 내부적 형질)에 대해서 물어보았다.

기린에 대해 예를 들면, 서서 자는 행동학적 형질, 몸 표면에 무늬를 띄는 외부적 형질, 또는 추가의 목 관절을 갖고 있는 내부적 형질들에 대해서 (이 모든 것은 사실임) 기린들이 서로 다른지 물어보았다. 마찬가지로, 개미에 대해서는 먼지 구덩이에서 서식하는 행동학적 형질, 머리에 더듬이를 갖고 있는 외부적 형질이나 튜브 모양의 심장을 가진 내부적 형질들에 대해서 (이는 모두 사실임) 개미가 서로 다른지 물어보았다.

우리는 질문을 두 가지로 나누어서 물었다. 우선 해당 동물의 모든 개체가 그 형질을 갖고 있는지, 아니면 대부분 그 형질을 갖고 있는지 물어본 후("모든 기린이 몸 표면에 무늬를 갖고 있는가, 아니면 대부분의 기린만이 몸 표면에 무늬를 갖고 있는가?"), 그 동물이 그 형질에 있어서 다르게 태어날 수도 있는지 물어보았다("기린이 다른 종류의 무늬를 갖고 태어날 수 있는가?"). 첫 번째 질문은 현재 개체군에서 나타나는 형질들의 실제 변이에 대한 사람들의 생각을 알아보기 위한 것이었고, 두 번째 질문은 미래의 개체군에서 나타날 수 있는 형질들의 잠재적 변이에 대한 생각을 알아보기 위함이었다.

동물이나 그 동물이 지닌 형질에 상관없이, 대부분의 아이들은 동물들이 실제로 다양한 형질들을 갖고 있다는 것을 부정했으며, 그 형질들이 미래에 변할 수 있다는 것에 대해서는 불분명한 태도를 취했다. 아이들이 변이에 대해서 가장 많이 인정한 것은 행동학적 형질들이었는데, 이것은 아마도 동물이 행동을 제어할 수 있고 따라서 바꿀 수 있다고 생각했기 때문일 것이다. 반면에, 성인들은 진화에 대한 이해도(이는 별개의 테스트로 측정했다)에 따라서 서로 다른 답변을 했다. 먼저, 진화를 이해하는 성인들은 모든 종류의 형질에 대해 실제 변이뿐만 아니라 잠재적 변이도 있다고 대답했다. 그들이 형질의 변이를 부정한 경우는 거의 대부분이 내부적 형질에 대한 것이었는데, 이는 내부적 형질의 변이가 그 동물의 생존력을 낮출 수도 있다고 믿기 때문이었다. 반면에 진화를 이해하지 못한 성인들의 대답은 어린이들과 같았다. 그들은 행동학적 형질의 변이를 더 받아들이는 경향을 보이기는 했으나, 동물의 형질에 변이가 있다는 것을 부정했다.

모든 형질들은 다른 무언가로부터 발생한 것이다. 따라서 모든 형질은 한 동물의 진화 과정에서 한때는 다른 형태로 존재했어야 한다. 그러나 진화를 선택에 의해 진행되는 과정으로 이해하는 어른들만이 이러한 사실을 이해했다. 진화를 이해하지 못하는 어른들, 그리고 진화에 대해서 아직 배우지 않은 어린이들은 변이를 생물학적 유형의 비정상적인 특성이라고 생각하는 듯했다.

한 후속 연구[15]에서는 아이들에게 변이를 그림으로 보여주었지만, 그럼에도 불구하고 여전히 아이들은 형질의 변이를 부인했다. 이 연구를 진행한 연구원들은 우리가 이전에 실시한 연구에서 아이들이 변이의 가능성을 부정한 이유가 이 아이들이 변이를 상상할 수 없었기 때문일지도 모른다고 생각했었다. 이를테면, 기린이 무늬가 없다면 어떤 모습일까? 그리고 개미가 먼지 구덩이에서 살지 않으면 과연 어디에서 살까?

이 문제를 살펴보기 위해, 연구원들은 5세에서 6세 사이의 아이들에게 처음 보는 가상의 동물들과 가상의 형질들을 그림으로 보여주면서 그림에서 보이는 형질들의 변이에 대해서 물어보았다. 예를 들면, 아이들에게 털이 보송보송한 귀를 가진 "헤르곱"이라고 불리는 설치류과의 동물을 보여주고, 모든 헤르곱은 털이 있는 귀를 갖고 있는지 아니면 단지 몇몇의 헤르곱만 털이 있는 귀를 갖고 있는지 물었다. 첫 번째 선택지는 털이 난 귀를 갖고 있는 네 마리의 헤르곱의 그림, 두 번째 선택지는 두 마리의 헤르곱은 털이 난 귀를 갖고 있고 또 다른 두 마리의 헤르곱은 털이 나지 않은 귀를 갖고 있는 그림이었다. 이때도 아이들은 "동물들이 형질의 변이를 보이지 않을 것이다."라고 대답했다. 그들이 본 첫 번째 헤르곱 그림은 다른 헤르곱들이 어떤 모습을 지니게 될지를 결정했다. 헤르곱 한 마리를 보면 다른 헤르곱들은 본 것이나 마찬가지였던 것이었다.

***

변이에 대해 안다고 해서 변이가 진화에서 어떤 역할을 하는지를 아는 것은 아니다. 다윈이 살던 시대의 생물학자들은 그들이 수집한 방대한 양의 동식물 표본으로부터 거기에 변이가 암시되어 있음을 분명히 알고 있었다. 그러나 그러한 변이를 진화와 관련지어서 생각하지 않았다. 다윈 이전의 진화론으로부터 다윈 이후의 진화론으로의 전환을 분석한 과학사학자들은 변이에 대한 다윈의 해석을 그의 이론과 동시대 다른 학자들의 이론을 구분하는 중요한 차이점으로 꼽았다. 하지만, 선택에 대한 다윈의 해석 역시 그만큼 중요하고, 또한 그만큼 반직관적이다.

이 점은 〈어니언〉의 풍자뉴스, "자연선택이 3만 8천조 마리의 생명체를 죽인 역사상 가장 끔찍했던 날"에서 잘 표현되고 있다.[16] "갈등으로 점철된 아프리카 사하라 남부, 태평양 지역, 그리고 대류권 지역에 자연선택이 죽음의 자취를 남겼습니다. 사상자들 중에서는 황제펭귄, 산호뱀, 그리고 청록색 해조류뿐만 아니라 파란 날개의 말벌들, 여러 종류의 히아신스hyacinth, 오랑우탄 131마리, 그리고 다양한 미생물들이 포함되어 있었습니다. 이 모두는 그들의 생태계를 휩쓸고 간 테러를 피하기 위한 장비를 갖추고 있지 못했던 것으로 알려졌습니다. 살인자는 가장 괴물스런 전략으로, 그의 살인적인 광란에 가장 연약한 생물체, 즉 어리고 육체적으로 나약한 생물체들만 골라서 인정사정없이 살육을 저질렀으며 다른 생물들은 공포에 질려 도망쳤습니다."

살아 남기 위한 몸부림은 아름답지 않다. 다윈은 제한된 자원이 인구 증가에 미치는 영향에 대해 기술한 경제학자 토머스 맬서스Thomas Malthus로부터 많은 정보를 얻었다.[17] 맬서스는 수학과 논리를 이용하여, 인구는 제어되지 않은 채로 증가할 수 없고, 만약에 그렇게 된다면 빈곤과 분쟁이 일어날 것임을 보여주었다.

그러나 오늘날의 산업화된 사회에서는 인구 수가 과잉으로 치닫고 있음에도 불구하고 빈곤과 분쟁은 오히려 줄어들고 있다. 농업, 건축, 그리고 의학 기술의 발전으로 인해 우리는 다른 생물 종들을 얽매고 있는 생존 투쟁으로부터 좀 더 자유로울 수 있었다. 사실, 우리는 생존에 대한 투쟁을 느끼지 못한다. 산업화된 사회에서 살고 있는 대부분의 사람은 충분한 식량을 갖고 있고 두려워할 포식자도 없어서, 다른 생물체들도 이와 마찬가지일 것이라고 가정하게 되는 것이다. 이를 잘 드러내는 대목이 기초생태학 수업을 듣는 학생들을 대상으로 한 연구인데,[18] 학생들은 안정적인 생태계가 1) 충분한 식량, 물, 그리고 서식지, 2) 개체수 과잉과 멸종의 조화로운 균형, 3) 지구와 지구상의 생명체 사이에 상호 유익한 관계 형성, 그리고 4) 모든 종이 생존하고 번식할 수 있는 능력과 같은 특징들을 지닌다고 생각했다.

나는 한 연구를 진행하던 중, 맬서스의 세계에 대한 관점이 얼마나 직관에 반하는 것인지를 발견했다. 대학교육을 받은 성인들에게 200가지의 과학적 진술들에 관해 그것이 사실인지의 여부를 고르도록 한 설문지의 결과를 분석하던 중, 다른 항목들에 비해 눈에 띄는 진술 하나를 발견했다. "대부분의 유기체들은 자손을 남기지 않고 죽는다." 이 항목에는 오직 33퍼센트의 사람들만이 사실이라고 답변했는데 이는 "세균은 DNA를 가지고 있다."(71퍼센트), "얼음은 열을 갖고 있다."(66퍼센트) 그리고 "원자는 대부분 빈 공간이다."(50퍼센트)를 사실이라고 답변한 사람들의 수보다 훨씬 더 적은 수치였다.[19]

이 결과에서 아이디어를 얻어, 나는 대학생들의 진화에 대한 이해도와 그들이 자연에 대해 가지는 생각, 즉 자연을 평화롭고 협동적인 장소로 보는지 아니면 공격적이고 경쟁적인 장소로 보는지를 비교해보기로 했다.[20] 자연에 대한 생각을 측정하기 위해, 나는 사람들에게 동물들이 몇 가지의 구체적인 행동들(어떤 행동들은 바람직한 행동들이고 어떤 행동들은 그렇지 않은 행동들이다)을 얼마나 자주 보여주는지 가늠해볼 것을 요청했다. 바람직한 행동들에는 종 내에서의 협동(예: 혈연관계가 아닌 같은 종에 속한 다른 멤버의 자손을 돌보는 것allonursing)과 다른 종 간의 협동(예: 다른 종에 속하는 동물과 둥지 또는 굴을 공유하는 것)이 포함되었다. 반면에 바람직하지 않은 행동들에는 종 내에서의 경쟁(예: 같은 종에 속하는 다른 구성원을 잡아먹는 것)과 다른 종 간의 경쟁(예: 다른 종에 속하는 동물을 속여서 자신의 새끼들을 돌보게 하는 것)이 포함되었다.

각각의 행동은 6개의 동물들과 짝지어졌고, 학생들은 각 동물이 그 행동을 보이는지 또는 보이지 않는지 결정해야 했다. 나는 사람들에게 비교적 잘 알려지지 않은 동물들(예: 물떼새, 청줄청소놀래기)을 선택했는데, 사람들이 정답을 알고 있을 가능성이 낮아서 정답을 추측하게 만들기 위해서였다. 실제로는, 절반 정도의 동물들은 질문의 행동을 보여주었고, 나머지 반은 그렇지 않았다.

대체로, 사람들은 경쟁적인 행동들보다 협력적인 행동들의 빈도를, 특히나 같은 종에 속하는 다른 구성원들에게 보여주는 협동적인 행동들을 과대평가했다. 그들은 여섯 종류의 동물들이 새끼 보호와 같은 행동들을 같은 구성원들을 잡아먹는 행동들보다 더 많이 보여줄 것이라고 생각했다. 더 중요한 사실은, 협력적인 행동들을 과대평가하면 할수록, (별개의 테스트로 측정한) 진화에 대한 이해도는 떨어졌다는 사실이다. 다시 말해, 자연에 대한 낙관적 견해, 즉 동물들은 자원을 얻기 위해 경쟁한다기보다 자원을 공유할 것이라는 견해를 가진 사람들은 진화를 한 종에 속하는 모든 구성원들의 일률적 적응으로 이해했다. 반면에, 자연에 대해 더 사실에 가까운 견해를 갖고 있는 사람들은 진화를 종 내 다

그림 3 에드워드 힉스(Edward Hicks)의 작품 〈평화로운 왕국(Peaceable Kingdom)〉(1826)은 사람들이 자연선택, 즉 생물체들은 생존을 위해 경쟁하며 대부분은 자손을 남기지 않고 죽는다는 생각과는 다른 견해를 가지고 있음을 보여준다.

른 구성원에 대한 선택적 생존과 차별적 번식으로 이해했다.

실증적인 관점에서 자연이 평화로운 왕국인지 아니면 이와 발톱이 피로 물들어 있는 상태인지에 대해서는 (생물학자들은 물론 두 모습 모두 자연의 특징이라고 주장해왔다) 논란의 여지가 있으나, 후자가 진화에 대한 더 정확한 이해를 돕는 듯하다.[21] 실제로, 사람들의 자연에 대한 견해와 진화에 대한 이해도 사이의 상관관계에서 가장 중요한 것은 경쟁 자체를 이해하는 것이 아니라 같은 종 내에서의 경쟁을 이해하는 것이다. 같은 종에 속하는 구성원들이 자원을 놓고 싸운다는 것을 더 잘 이해할수록 진화에 대한 이해도도 높았다.

새하얀 토끼들이 영역 다툼을 한다거나, 갈색 솜털로 뒤덮인 여우가 죽은 시체를 놓고 싸우는 이미지는 우리의 마음을 불편하게 만들 수 있

그림 4 대부분의 사람은, 어떤 유기체는 선천적으로 배고픔, 약탈, 또는 질병에 더 쉽게 노출된다는 사실을 받아들이기 어려워한다.

다. 이를 잘 보여주는 예로, 물수리 둥지나 독수리 둥지를 생방송으로 보는 대중들의 반응을 살펴보자.[22] 이 둥지들은 "나쁜" 행동들로 가득 찬 장소다. 갓 부화한 새끼들이 서로 공격하고 서로에게서 먹이를 빼앗는 다. 어미새들은 둥지에서 키우던 애완동물을 새끼들에게 먹이로 주기도 한다. 어미새가 아기새를 돌보지 않을 때도 있으며 자신의 새끼를 잡아 먹기도 한다. 이러한 행동들을 본 대중들은 학대 받고 방치된 아기새들을 구하자는 캠페인을 벌였고, 독설로 가득 찬 답글을 소셜미디어에 남기기도 했다. "이것이 자연이라는 것을 알지만 그래도 (중략) 우리에게는 도움이 필요한 새들을 구할 책임이 있습니다," "나는 이 둥지에서 아기새들을 구하기 위한 싸움을 멈추지 않을 것이다. (중략) 여기에 관련된 모든 이들, 부끄러운 줄 알아라," "당신이 미치광이 부모 새로부터 새끼 새를 구하지 않는 것은 구역질 나는 일이다."

생존 투쟁에 대한 혐오감을 매우 잘 보여주는 또 다른 예는, 인터넷 상에 떠도는 생물학 퀴즈에 대한 어떤 학생의 답변이다. 세 개의 그림이 있는 도표를 해석하는 문제로, 첫 번째 그림에서는 세 마리 기린이 키가 큰 나무의 잎을 뜯어먹고 있는데 그중 키가 작은 기린 한 마리는 잎에 닿지가 않아서 먹지 못하고 있었다. 두 번째 도면에서는 키 작은 기린이 키 큰 두 기린의 발 옆에 누워 있고, 두 큰 기린은 여전히 만족하며 잎을 뜯어먹고 있었다. 세 번째 도면에서는 키 작은 기린이 죽어서 그 뼈가 쌓인 모습을 담고 있었다.

도표 옆에는 이 도표를 가장 잘 나타내는 원리를 고르라는 설명이 있었다. 가) 라마르크의 진화에 대한 이론, 나) 다윈의 진화에 대한 이론, 다) 맬서스의 원리, 또는 라) 라이엘의 변천에 관한 이론. 그런데 이 선택지 아래에 연필로 쓰인 또 다른 답변이 있었다. "마) 기린은 무자비한 동물이다." 우리는 모든 동물이 자기 종의 다른 구성원들을 보살필 것이라고 믿고 싶으나, 만약 그랬다면 종 내부에는 경쟁이 없을 것이고 따라서 진화도 없을 것이다. 기린의 위엄 있는 긴 목은 거저 생겨난 것이 아니다. 목이 짧아 잎을 충분히 먹지 못한 기린들의 희생으로 인해 생겨난 것이다.

***

이제껏 살펴보았듯이, 진화는 생물학 세계에 대해 뿌리 깊이 자리 잡은 두 가지의 오해를 풀어준다. 그중 첫 번째 오해는 한 종의 모든 구성원들은 본질적으로 같다는 것이고, 두 번째 오해는 한 종의 모든 구성원들은 충분한 자원을 갖고 있다는 것이다. 생물교육자들이 이러한 오해들을 뿌리 뽑고 더욱 심화되는 것을 막으려면, 생물학 교육과정에서 진화를 최대한 빨리 다루어야 한다. 그러나 미국의 교육 과정은 그 정반대로 가고 있다. 미국에서는 고등학교 이전의 교육 과정에서 진화를 배제하고 있다. 예를 들어, 미연방과학교육자협회는 초등학생들이 해부학, 생리학, 분류학, 그리고 생태학을 배울 것을 권장하고 있으나, 여기에 진화는 포함되어 있지 않다.[23] 그 결과로 초등학생들은 생물학적 적응을 이끄는 영향력이나 그 형태 또는 기능에 대한 설명을 배우지 못한 채 생물학적 적응에 대해 학습하게 된다. 어떤 학교 시스템에서는 진화가 고등학교 교육과정에서도 배제되어 있어서 학생들이 이러한 설명을 전혀 접하지 못하게 되기도 한다.[24]

학생들이 마침내 진화를 접하게 되었을 때, 그들의 생물학적 적응에 대한 이해는 분열된 모습을 보인다.[25] 어떤 때는 적응을 선택의 관점에서 분석하지만, 일반적으로는 본질론(그 생물의 주요한 본성은 무엇인가?), 의도성(그 생물은 무엇을 *원하는가?*), 또는 목적론(그 생물은 무엇을 *필요로 하는가?*)의 관점에서 분석한다. 필요를 바탕으로 한 추론, 즉 목적론은 특히나 치명적이다. 각 개체들의 필요는 그 종 전체의 진화와는 무관한 것이다. 진화가 각 개체들에게 그들이 필요한 형질들을 주는 것이 아니다. 어떤 개체들은 그런 형질들을 가지고 태어났을 뿐이며, 그런 개체들이 다른 개체보다 더 장수하고 더 많이 번식할 뿐이다.

적응에 대한 진화론적 설명을 배운 학생들도 여전히 선택에 대한 고려와 필요에 대한 고려를 분리시키는 것을 어려워한다. 그들은 적응을 설명할 때 이 두 가지를 동시에 고려하는데, 앞에서 예로 든 딱따구리 질문에 대한 다음의 답변들에서 이를 엿볼 수 있다. "딱따구리가 생존하기 위해서는 더 긴 부리가 필요하기 때문에, 그 자손들은 긴 부리를 갖고 태어날 것이다," "긴 부리가 딱따구리 종의 생존을 보장할 것이다," "딱따구리는 더 많이 먹고 더 오래 살기 위해, 긴 부리를 갖고 태어날 것이다." 적응은 연장된 생존과 늘어난 번식의 결과물이지 그 원인이 아니다. 따라서 여기 답변들에서 나타나는 논리는 선후관계가 바뀐 것이다.

필요에 바탕을 둔 추론을 버리고, 오직 선택을 바탕으로 하는 추론만을 받아들이는 것이 왜 그토록 어려운 것일까? 이것은 대중미디어에서 진화를 필요를 바탕으로 한 과정으로 묘사하고 있기 때문일 가능성이 있다. 예를 들어, "스포어Spore"라고 하는 비디오게임에서 게임플레이어들은 자신의 아바타가 처한 현재 환경을 극복하는 데 필요한 형질을 선택함으로써 아바타를 "진화"시킨다. 마찬가지로, 2001년 개봉한 영화 〈진화Evolution〉에서는 외계생명체가 지구에 도착해서 이 환경에 최적화된 자손을 낳는데, 각각의 자손은 살아가면서 겪는 어려움들을 극복하는 데 필요한 모든 형질을 물려받는다.

우리가 필요에 바탕을 둔 설명에 매달리는 게 되는 이유는 단지 우리가 진화에 대한 잘못된 견해를 갖고 있기 때문만은 아닐 것이다. 선택에 근거한 설명에는 우리의 마음을 불편하게 만드는 무언가가 있다. 선택을 기반으로 하는 설명들은 왜 각각의 개체들이 그들의 환경에 적응했는지에 대한 질문에 대답을 제공하지 않는다. 대신, 왜 종들이 그들의 환경에 적응할 수 있었는지에 대해 설명을 제공함으로써, 진화는 각각의 개체들에 대해 전혀 관심이 없다는 불길한 암시를 남긴다. 각각의 개체들은 그저 왔다가 갈 뿐이며, 그들의 번식 성공은 무작위적인 유전적 운에 의해 크게 좌지우지된다. 오직 종만이 견디고, 따라서 오직 종만이 진화하는 것이다.

생물학적 적응은 무수한 세대를 거쳐 일어나는 무수한 개체들 간의 집단적 상호작용으로부터 생겨난다. 이런 점에서, 진화는 열이나 압력과 같은 창발적 현상으로 볼 수 있다. 그러나 제2장에서 지적한 바와 같이 우리는 창발적 현상들을 좋아하지 않는다. 창발적 현상들은 단순한 분석(예: 한 종의 모든 구성원들은 기본적으로 같다) 또는 단순한 설명(예: 생물체들은 그들이 물려받을 필요가 있는 형질들을 물려받는다)과는 어울리지 않는다. 다윈이《종의 기원》에서 시사한 바와 같이 삶에 대한 이러한 관점이 비록 장엄할지는 모르겠으나, 여기에는 의문과 불확실성 또한 존재한다. 왜 생명체들이 그들의 환경에 그토록 정교하게 적응할 수 있었는지에 대한 이유로 진화를 받아들이기 위해서는 진화된 마음이 필요한 것이다.

제12장 계통

창조설이 그럴듯하게 들리는 이유

나의 아들 테디가 일곱 살, 그리고 딸 루씨가 두 살일 무렵, 우리는 동물원에서 짖는원숭이howler monkey들을 보게 되었다. 원숭이들은 털을 다듬고, 놀고 다투며 인간과 흡사한 행동을 보였고, 나는 이를 기회 삼아 아이들에게 인간과 원숭이가 매우 비슷한 이유는 우리가 같은 조상을 갖고 있기 때문이라고 설명했다. 테디는 고개를 끄덕이며 루씨에게 자신만의 방식으로 다시 설명해주었다. "저 원숭이 보여, 루씨? 저 원숭이가너의 조상이야!"

테디는 인간과 원숭이가 조상을 공유한다기보다는 직계조상 관계라고 생각했다.[1] 나의 설명에도 불구하고 원숭이가 우리와 사촌지간이 아닌 조상이라고 생각한 것이다. 인간과 원숭이의 관계에 대해 이와 같이 이해하는 것은 진화에 대해 가장 전형적인 묘사에서도 나타난다. 즉, 원숭이, 유인원, 원시인, 인간을 순서대로 정렬한 영장류의 행진 그림은 원숭이는 유인원을 낳고, 유인원은 원시인을, 원시인은 인간을 낳았다는

그림 1 진화는 종종 일종의 변형(metamorphosis)으로, 즉 분류학적 가계도의 한 구성원(예: 침팬지)이 다른 구성원(예: 인간)으로 탈바꿈하는 것으로 표현되곤 한다.

것을 암시한다.

그러나 이것은 잘못된 개념이다. 현재의 원숭이(마모셋, 짧은꼬리원숭이, 꼬리감기원숭이)는 현재의 유인원(침팬지, 고릴라, 오랑우탄)을 낳지 않았다. 그들은 원숭이도 유인원도 아닌, 이 둘의 공통된 조상을 갖고 있다. 마찬가지로, 현재의 유인원은 현재의 인간(그리고 원시인 또한)을 낳지 않았다. 이 둘 역시 유인원도 인간도 아닌 공통된 조상을 갖고 있다. 유인원은 인간보다 더 원시적으로 보일지 모르나, 인간과 유인원은 각각 오랜 시간 동안 독립적으로 진화해 왔다. 유인원은 우리의 현존하는 가장 가까운 친척이지 현존하는 가장 가까운 조상은 아니다. 유인원을 조상으로 오인하는 것은 사촌을 할머니로 오인하는 것과 같다.

공통조상이라는 개념이 그토록 반직관적인 이유는 우리가 단순한 연결 관계(원숭이가 유인원을 낳고, 유인원이 인간을 낳았다) 대신 중첩된 상하구조 관계(인간과 유인원은 공통조상을, 유인원과 원숭이는 공통조상을 갖고 있다.)를 떠올릴 수 있어야 하기 때문이다. 이것이 시사하는 바는, 유인원이

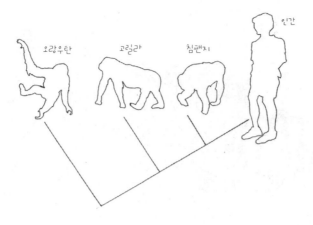

그림 2 모든 살아 있는 생물체는 공통조상으로 연결된다. 다시 말하면 침팬지, 고릴라, 그리고 오랑우탄은 우리의 사촌이지 조상이 아니다.

인간보다는 원숭이와 더 비슷하게 생겼고 더 비슷하게 행동한다는 일반적인 생각(또는 잘못된 생각)에도 불구하고, 사실 유인원은 원숭이보다 인간과 더 가까운 관계라는 점이다. 우리는 유인원을 원숭이로 착각할지 모르지만 유인원을 인간으로 착각하진 않는다.

　이 점을 잘 드러내는 것이 만화 〈호기심 많은 조지Curious George〉다. 이 만화에 등장하는 영장류는 해부학상으로 유인원이다. 그는 유인원처럼 팔이 다리보다 길고 원숭이와 다르게 꼬리를 갖고 있지 않다. 그러나 책과 텔레비전에서 그는 "호기심 많은 어린 원숭이"라고 묘사된다. 그리고 그 누구도, 심지어 교육적 이유로 이 만화를 제작한 PBS 방송사 직원들조차도 이를 개의치 않는다. 우리는 유인원과 원숭이가 인간과는 너무나 다르다고 생각하기 때문에, 그리고 원숭이와 유인원이 어디서 왔는지 잘 알지 못하기 때문에 이 둘을 하나로 취급한다. 우리는 종의 분화speciation를 이해하지 못하는 것이다.

　과학적인 관점에서, 물리적 거리와 물리적 장애물로 인해 분리된 개체군 각각에 자연선택이 가해지면 그 부산물로 새로운 종이 등장한다. 인간과 유인원은 단 하나의 영장류에서 나온 것이 아니라 영장류 전체의 개체군에서부터 나왔고, 이 개체군은 서로 다른 하위 개체군으로 갈라졌다. 각각의 하위 개체군들은 서로 독립적으로 진화했다. 하위 개체군에서 살아남은 개체들은 서로 약간씩 다른 유전자들을 남김으로써 개체군의 유전자풀 또한 조금씩 달라지게 된다. 하위 개체군 사이의 이런 작은 유전적 차이는 시간이 흐름에 따라 점점 더 커진다. 결국 이 차이가 너무 커지면 두 하위 개체군 사이의 교배가 불가능해지는 시점에 이르게 된다.

자연선택을 바탕으로 한 진화론의 관점에서 볼 때, 위와 같은 것이 종분화의 특징이다. 그러나 제11장에서도 언급했듯이, 대부분의 사람들은 진화에 대해 자연선택을 바탕으로 한 견해를 갖고 있지 않다. 대신에 그들은 본질론적 관점을 갖고 있는데, 이 관점에 따르면 한 종의 모든 구성원은 다함께 진화 과정을 거치고, 그들의 운명은 공통된 본질에 의해 긴밀히 연결되어 있다. 이 관점에서 볼 때, 한 개체군이 둘로 분리되었는지는 별 의미가 없다. 왜냐하면 그 개체군의 모든 구성원은 하나의 공통된 본질로 통합되어 있기 때문이다. 그 이전의 종에서 새로운 종이 등장하는 유일한 방법은 이전 종이 새로운 종으로 탈바꿈하는 것이다. 즉, 원숭이가 유인원으로, 그리고 유인원이 인간으로 바뀌었다고 간주하는 것이다. 진화를 탈바꿈으로 여기는 관점은 '유인원의 행진'에서만이 아니라 진화를 바탕으로 하는 게임인 '스포어'나 '포켓몬고Pokemon Go'에도 나타난다. 포켓몬고에서 한 생명체(예: 피카추)를 진화시키기 위해 피카추 개체군 전체를 선택적인 생존과 번식 상황에 처하게 만들 필요는 없다. 오직 단 하나의 피카추에게 먹이를 주고 키워서 충분한 자라면 더 발전된 형태('라이추Raichu')로 탈바꿈하는 것이다.

이 같은 진화의 형태는 '선형 진화anagenesis'라고 불리는데, 이와 대비되는 것이 '분기 진화cladogenesis'다. 선형 진화는 본질론적 관점과는 일맥상통하나 자연선택을 바탕으로 하는 관점과는 일치하지 않는다. 즉, 선형 진화는 실제와 일치하지 않는다. 그리고 선형 진화는 이전의 생명체가 새로운 형태로 탈바꿈을 한 뒤에도 여전히 존재한다는 점을 설명하지 못하기 때문에 딱히 만족스러운 관점이 아니다. 원숭이가 유인원으로 탈바꿈했다면 왜 여전히 원숭이가 존재하는 것인가? 유인원이 인간으로 탈바꿈했다면 왜 여전히 유인원이 존재하는 것인가? 창조론을 믿는 사람들은 진화에 대한 믿음을 받아들일 수 없는 이유로 이러한 질문을 던지곤 한다. 그러나 그러한 질문들은 질문자가 실제로 진화가 어떻게 이루어지는지를 정확하게 이해하지 못한다는 것을 보여줄 뿐이다. 종의 분화는 탈바꿈이 아닌 분화의 과정이고, 공통조상과 그 후손들의 관계는 선형 관계가 아닌 분기의 관계다.

***

진화론이 제공하는 가장 심오한 통찰 중 하나는 모든 삶의 형태가 서로 연관되어 있다는 것이다. 지구상의 모든 유기체는 공통조상으로 서로 연결되어 있다. 인간은 유인원 및 원숭이뿐만 아니라 참새, 개구리, 해파리, 그리고 해조류와도 공통된 조상을 갖고 있다. 인간과 해조류의 공통 조상은 아주 오래전, 수십억 년 전에 살고 있었으며 인간보다는 해조류와 분명 더 많이 닮아 있었다. 아무도 이 조상의 표본을 발견하지 못했으나, 인간과 해조류가 세포 단계에서 너무나 흡사한 이유를 설명할 다른 방법이 없기 때문에 우리는 공통의 조상이 존재했다고 확신한다. 인간과 해조류는 유전적 정보를 전달하는 메커니즘(DNA와 RNA)은 물론,

염색체, 리보솜, 미토콘드리아, 그리고 소포체를 공유한다.

공통조상은 생물계와 그 속에서의 인간의 위치를 이해함에 있어서 심오한 함의를 지닌다. 생물학자들은 수십 년간 이러한 함의를 이해하기 위해 노력해왔다. 하지만 생물학자가 아닌 대부분의 사람은 종들은 아주 극소하게만 연결되어 있다고 생각하기 때문에 이 의미들에 대해 별 관심을 갖지 않는다. 본질론적 관점에서 볼 때[2] 인간이 다른 영장류들과 근본적인 본질을 공유한다는 것은 있을 법한 얘기로 들리지만, 인간이 해파리나 해조류와 근본적인 본질을 공유한다는 것은 상상하기 어려울 것이다.

생물학 교육자들은 이 문제점을 더욱 더 인지하게 되었고 이에 대한 대책으로 교과 과정에 '진화분기도cladograms'와 같은 공통조상의 시각적 표현을 포함시키기 시작했다. 이 같은 공통조상의 시각화는 생명체들이 언제 그리고 어떻게 서로 분화되었는지를 보여주기 위해 1960년대에 생물학자들에 의해 개발되었다.[3] 최근 들어 진화분기도는 과학적 영역을 넘어서 대중의 영역에까지 보급되면서 과학 교과서와 과학박물관에서 진화를 보여주기 위해 흔히 사용되는 도표가 되었다.[4] 아래는 네 종류의 유인원의 진화론적 관계를 보여주는 분기도의 한 형태다.

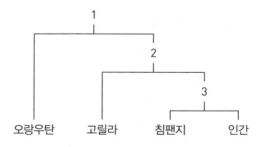

이는 310페이지에서 보여준 분기도(오랑우탄, 고릴라, 침팬지, 그리고 인간의

실루엣이 담긴 그림)와 내용은 같지만 그 구성 방식이 다르다. 분기도는 공통조상을 가지로써 표현한다. 다른 종들에 비해 시간상 더 최근에 공통조상으로부터 갈라져 나온 종들은 하나의 교점으로 연결된다. 교점은 두 종의 공통조상을 표현한다. 그리고 이 쌍은 다른 종들과 같은 원리로 연결된다. 즉, 더 근래의 조상을 공유하는 종들은 그렇지 않은 종들보다 먼저 연결되며 결국에는 모든 종이 서로 연결되는 것이다. 새로운 연결이 생길 때마다 새로운 교점이 생기는데, 더 깊숙이 자리잡고 있는 교점은 시간상 더 오래된, 그리고 더 많은 자손들에 의해 공유되는 조상을 의미한다.

예를 들면, 위의 분기도는 인간과 침팬지는 다른 어떤 쌍들에 비해 더 가까운 조상(교점 3)을 공유한다는 것을 나타낸다. 또한 인간과 침팬지는, 오랑우탄보다는 고릴라와 더 가까운 조상(교점 2)을 공유한다. 오랑우탄은 이 유인원들 중에서 가장 동떨어진 일원이다. 그들은 다른 종들과 시간상 가장 오래된 공통조상(교점 1)을 갖고 있다. 오랑우탄, 고릴라, 그리고 침팬지는 엄밀히 말해서 종이 아니라 '속', 즉 분류상의 상위 범주인데, 같은 이치가 다른 분류 범주─종Species, 속Genus, 과Family, 목Order, 강Class, 문Phylum, 또는 계Kingdom─에도 적용될 수 있다.

유전자 염기서열 분석을 통해 분자 수준에서 공통조상을 분간하는 것이 가능해진 이후, 분기도는 현대의 진화 연구에서 대들보 같은 존재가 되었다. 그러나 이 같은 분기도로부터 어떤 통찰을 얻기 위해서 그 배경지식을 이루는 유전에 대해 알아야 할 필요는 없다. 분기도는 다른 유기체들이 서로 어떻게 연관되어 있는지에 대한 일반적인 상식을 상당히 바꿀 수 있다. 몽구스, 족제비, 하이에나, 그리고 자칼 사이의 진화적 관계를 생각해보자. 겉모습만을 놓고 보면 몽구스와 족제비, 그리고 하이에나와 자칼을 짝지어야 할 것 같다. 그러나, 유전학적 분석 결과를 통

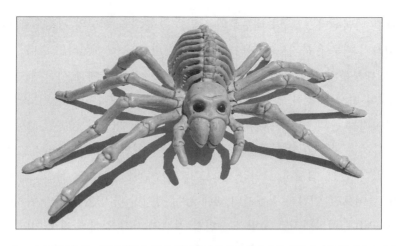

그림 3 이런 종류의 할로윈 장식품은 살아 있는 유기체 사이의 관계에 대한 우리의 무지를 보여준다. 척추동물만 뼈를 갖고 있다. 거미를 포함한 무척추동물은 5억 년도 더 이전에 척추동물에서 분화되었다. 뼈를 가진 거미나 날개를 가진 거미는 생물학적으로 말이 되지 않는다.

해 얻은 분기도에 따르면 몽구스는 족제비보다는 하이에나와 더 가깝고, 족제비는 몽구스보다는 자칼과 더 가까운 것으로 나타난다. 바다소, 돌고래, 코끼리, 그리고 소 사이의 진화적 관계에 대해서도 살펴보자. 그들의 서식지만 놓고 보면 바다소와 돌고래, 그리고 코끼리와 소를 짝지어야 할 것 같다. 그러나 유전학적 분석 결과에 의해 도출된 분기도에 따르면 바다소는 돌고래보다는 코끼리에 더 가깝고, 돌고래는 바다소보다 소와 더 가깝다.

분기도, 그리고 분기도의 구축을 위해 필요한 유전학적 분석은 겉모습과 행동에서의 피상적인 유사성을 뛰어넘어 더 깊고 의미 있는 관계를 드러낸다. 이들은 현재의 생명의 형태에서 드러나는 가시적인 특징들에 가려진, 숨겨진 진화적 압력의 역사를 보여준다.

이 모든 이점에도 불구하고 일반인들에게는 분기도 또한 매우 혼란스러워 보이기는 마찬가지다. 분기도는 분기 진화, 또는 분기 분화의 형태를 나타낸다. 그러나 대부분의 사람들은 분화를 선형의 과정으로 이해하기 때문에 분기도가 나타내고자 하는 바를 잘못 해석하곤 한다.[5] 우선, 대부분의 사람들은 분기도의 끝지점을 따라서 종에 순서를 부여하고 이 순서에 맞춰 정보를 읽는데, 이는 잘못된 해석이다. 분기도에서 보여지는 종의 순서는 대체로 임의적이다. 가장 최근의 공통된 조상을 공유하는 종들은 서로 가깝게 놓여 있어야 하지만 그 순서는 달라도 상관없다. 인간, 침팬지, 고릴라, 그리고 오랑우탄을 포함하는 분기도를 예로 들어보면, 인간은 침팬지의 옆에 놓여 있어야 하지만, 좌우의 위치는 상관없다. 마찬가지로 고릴라는 인간/침팬지 가지 옆에 놓여 있어야 하지만, 이 가지의 왼쪽에 있어도, 오른쪽에 있어도 의미는 같다. 즉, 위의 네 가지 대형 유인원을 정렬하는 방식에는 생물학적으로 올바른 8가지의 방법이 있다. 다음은 그중 하나다.

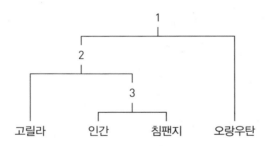

가능한 연결 방법이 여러 가지인 이유는 분기도에서 두 종 사이의 연결은―형제들이 사촌들보다 더 가까운 조상을 공유하는 것과 마찬가지로―이 두 종이 다른 종들보다 더 가까운 조상을 공유한다는 것을 의미할 뿐이기 때문이다. 그러나 대부분의 사람들은 분기도에 있는 종들이 가장 오래된 종에서 덜 오래된 종의 순서 또는 가장 원시적인 종에서 덜 원시적인 종의 순서로 정렬되어 있다고 잘못 생각한다.

이와 관련된 또 다른 오개념은 분기도의 끝부분에 있는 두 종이 서로 멀리 떨어져 있을수록 서로 덜 관련되어 있다는 생각이다. 앞의 분기도를 예로 들어보면, 오랑우탄은 인간보다 침팬지에 더 가까운 것처럼 나타나지만 이는 인간과 침팬지가 정렬된 방식에서 생겨난 우연일 뿐이다. 오랑우탄은 인간과는 별개의 독립적인 진화과정을 거쳐왔듯이 침팬지와도 별개로 독립적인 진화과정을 거쳐왔고, 따라서 인간과 침팬지 중 어느 하나에 더 가깝다고 할 수 없다. 이 세 종의 유인원은 교점1에서 공통조상을 가진다. 비록 인간과 침팬지는 오랑우탄보다 더 가까운 조상을 공유하지만 말이다.

분기도에 대한 또 다른 오개념 두 가지는 종과 교점을 연결하는 선이 그 종의 연대에 대해 알려준다는 것(더 길수록 그 종이 더 오래되었다)과, 종 사이 교점의 수가 종 간의 근연도를 알려준다는 생각(교점이 많을수록 그 종 간의 연관성이 떨어진다)이다. 실제로는, 분기도에서 선의 길이는 교점의 숫자만큼이나 임의적인 것이다. 선의 길이와 교점의 숫자 모두 어떤 종이 그 분기도에 포함되는지에 달려 있다. 예를 들면, 앞의 분기도에서 오랑우탄과 교점 1을 잇는 선이 가장 긴 이유는 오로지 오랑우탄을 하위그룹으로 세분화하지 않았기 때문이다(예: 보르네오 오랑우탄 대 수마트라 오랑우탄). 그리고 오랑우탄과 인간 사이의 교점 수가 오랑우탄과 고릴라 사이의 교점 수보다 많은 이유는 이 분기도에 침팬지가 포함되어 있기 때문이다. 만약 침팬지를 빼게 되면 교점 3이 사라지고, 오랑우탄과 인간 사이의 교점 수는 오랑우탄과 고릴라 사이의 교점 수와 동일하게 된다.

생물학을 전공하지 않은 사람들 대부분은 다른 도표(선 그래프, 플로우차트, 로드맵, 또는 블루프린트)에서 선의 길이와 교점의 빈도수가 중요한 특징으로 다뤄지기 때문에 분기도에 나타나는 선의 길이와 교점의 빈도수에도 의미가 있으리라 생각한다. 문제를 더 악화시키는 것은 교과서를 만드는 사람들과 박물관 관장들이 분기도에 생물학적 의미가 전혀 없는 디자인 요소들을 첨가시킴으로써 (선들의 굵기나 방향성이 서로 다르고, 꼭짓점의 색이나 위치도 임의적이며, 교점의 모양이나 명칭도 서로 다르다) 분기도를 더 화려하게 만들곤 한다는 점이다.[6] 이러한 요소들은 단순히 전시를 위해서 포함된 것이기에 생물학자조차도 이를 해석할 수가 없다. 이런 여타의 특징들은 그래픽 디자이너들의 말을 빌리자면 "차트 쓰레기"일 뿐이다.[7]

＊＊＊

분기도는 많은 정보를 보여주지만, 어떤 정보들—생물학 전공자가 아닌 사람들에게 도움이 될 만한—은 분기도가 나타내지 못하기도 한다. 예를 들면, 대체로 분기도에는 살아 있는 종과 멸종된 종들 간의 관계에 대한 정보가 빠져 있다. 이 정보가 배제되는 이유는 주로 방법론적 이유에서다. 분기도는 객관적인 유전학적 정보로부터 구축될 수 있다는 점 때문에 생물학의 주류 이론이 되었다. 예를 들어, 해부학적 정보로도 분기도를 구축할 수 있지만, 이러한 정보만으로는 두 종에서 공통적으로 관찰되는 형질이 공통조상으로부터 물려받은 것인지(원숭이의 꼬리와 여우원숭이의 꼬리), 아니면 분리된 혈통에서 독립적으로 생겨난 것인지(박쥐의 날개와 새의 날개) 분명히 구분할 수 없기 때문에 그 정보는 본질적으로 덜 정확하다.

분기도에 멸종된 종을 포함시키는 것은 그 종에 대해 우리가 아는 것이 거의 항상 해부학적 지식에 국한되기 때문에 문제가 될 수 있다. 멸종된 종도 화석을 남기지만 화석은 돌덩이에 불과하고 돌덩이는 DNA를 갖고 있지 않다. 그 결과로, 멸종된 종들은 분기도에서 아예 배제되거나, 유전적 정보가 없음에도 불구하고 마치 이 종들이 살아 있는 종들의 공통조상인양 분기도의 가지들 사이에 놓인다.[8] 멸종된 종들이 남긴 자손이 지구상에 여전히 살아 있을 확률은 그렇지 않을 확률보다 훨씬 낮다.[9] 한때 존재했던 종들의 99.9퍼센트가 현재 멸종되었으며, 분기도는 살아남은 0.1퍼센트의 종들의 작은 하부 조직만을 보여줌으로써 진화 과정의 결과를 왜곡하게 된다. 하나의 꼭짓점마다 999개의 표현되지 않은 꼭짓점이 있다는 것이다.

분기도는 또한 변이와 선택이라는 맹목적이고 난잡한 과정을 일련의 정돈된 일직선들로 표현한다는 점에서 진화 과정 자체를 왜곡한다. 진화의 역사에서 잘못된 시작과 막힌 길들을 싹 지워버리고, 오늘날 현존하는 '성공한' 혈통들만 남기는 것이다. 나는 제자들과 함께 로스엔젤레스 국립 역사박물관에서 진행한 연구에서, 분기도에서 멸종된 종을 배제한 것이 생물학 전공자가 아닌 사람들을 얼마나 혼란스럽게 만드는지 직접 경험했다.[10] 이 연구는 박물관에서 열린 "포유류의 시대"라는 전시와 함께 진행되었다. 본 전시에서는 19가지 종의 포유류로 구성된 인터엑티브 전자분기도가 진열되었다. 분기도에서 각 종을 나타내는 아이콘을 선택하면 그 종의 진화에 대해서 배울 수 있다. 또한 스크린 하단에 있는 슬라이더를 옆으로 움직이면 그 종이 시기적으로 가장 오래전에 분화되었을 때(태반이 있는 포유류와 캥거루와 같은 유대류 사이의 분화)부터 가장 최근의 분화(바다소와 코끼리 사이의 분화)까지, 분화의 역사적 순서를 볼 수도 있었다.

분기도 옆에는 1600만 년 전에 멸종된, 오늘날의 돼지와 사촌지간인 고대 포유류 '엔텔로돈트entelodont'를 포함한 몇 가지 멸종된 종들의 뼈가 전시되어 있었다. 엔텔로돈트는 분기도에는 나타나 있지 않았는데, 우리는 박물관을 방문한 손님들에게 분기도에 엔텔로돈트를 나타낼 수 있는지, 분기도의 어디에 그려질 수 있는지 물어보았다. 사실 모든 응답자들이 엔텔로돈트가 분기도 어딘가에 그려질 수 있다고 대답했지만, 그것이 사슴, 말, 소, 그리고 돼지를 포함하는 발굽동물 가지에 놓여야 한다고 대답한 사람은 극히 소수에 불과했다. 대부분의 사람들은 엔텔로돈트는 분기도의 뿌리 교점―가장 오래된 공통조상을 표현하는 교점―에 위치하거나 혹은 완전히 다른 가지에 놓여야 한다고 생각했다. 다시 말하면, 대부분의 사람들은 엔텔로돈트를 모든 포유류의 공통조상 내지는 어떤 포유류와도 가깝지 않은 동떨어진 혈통이라고 취급하는 경향을 보였다.

멸종된 종들이 분기도에서 배제되는 것처럼, 살아 있는 많은 종들도 같은 분류군에서 배제된다. 앞에서 소개한 유인원을 나타내는 분기도를 고려해보자. 이 중 "인간"이라고 표기된 지점만이 단일종을 나타내며, 다른 세 꼭짓점은 각각 두 가지 종을 나타낸다. 보르네오 오랑우탄*Pongo pygmaeus*과 수마트란 오랑우탄*Pongo abelii*, 동양 고릴라*Gorilla beringei*와 서양 고릴라*Gorilla gorilla*, 그리고 일반침팬지*Pan troglodytes*와 보노보*Pan paniscus*(피그미침팬지)가 그것이다. 유인원의 가계도는 대부분의 분기도가 제시하는 것보다 실제로는 거의 두 배 가까이 다양하다.

분기도는 일반적으로 다양한 분류군들을 하나의 꼭짓점으로, 그 군을 대표하는 한 종의 명칭을 달아 표현한다. 이러한 관행은 이들 분류군에 대한 우리의 생각에 영향을 미칠 것이다. 예를 들어, 생물분류학상 속Genus에 해당하는 '침팬지*Pan*'는 거의 언제나 우리가 동물원에서 볼 수 있는 '일반침팬지*Pan troglodytes*'로 표현되지만, *Pan*속에는 보노보(피그미침팬지) 또한 포함된다. 이 두 종은 행동학적으로 현저하게 다르다. 일반침팬지는 적대적이고, 부계사회를 이루며, 육식을 하는 반면, 피그미침팬지는 온순하고, 모계 사회를 이루며, 초식동물이다. 우리 인간은 일반침팬지나 피그미침팬지 둘 모두에 비슷한 정도로 가깝지만(인간은 일반침팬지와 피그미침팬지가 분화되기 350만 년 전에 침팬지들로부터 분화되었다.), 인간과 일반침팬지와의 관계를 인간과 피그미침팬지의 관계보다 좀 더 강조한다. 분기도에서 일반침팬지가 피그미침팬지에 비해 얼마나 자주 표현되는지를 봐도 알 수 있다.

나는 영장류의 성행위(사실 보노보 사회는 문란한 걸로 유명하다.)에 대한 강의를 준비하면서 인간이 일반침팬지만큼이나 보노보에도 가깝다는 사실을 처음으로 배우게 되었다. 이 사실을 알게 되었을 때 나는 믿을 수가 없었다. 사람들이 진화에 대해 가지는 오해에 대해 연구하는 사람인 내가, 보노보가 침팬지의 한 종류이며, 따라서 일반침팬지처럼 보노보도 인간과 유전자의 98퍼센트를 공유한다는 사실을 어찌 알지 못했단 말인가?

나는 나의 무지를 영장류의 분기도에서 보노보가 배제되어 있는 탓으로 돌렸다. 이 같은 배제는 진화적 계통을 처음 시각화할 때부터 행해졌다. 이를 가장 최초로 시행한 에른스트 헤켈Ernst Haeckel의 "생명의 나무tree of life"로 거슬러 올라가보자.[11] 1866년도에 출간된 헤켈의 《일반생물형태학General Morphology of Organisms》에 등장하는 이 나무는 곤충에서부터 포유류까지 모든 형태의 유기체의 조상들 간의 관계를 그리고 있다. 그러나 각각의 생물체에 할당된 비율은 생물체의 실제 빈도수와 상응하지 않는다. 헤켈은 나무의 꼭대기에 있는 가지들 모두를 포유류에 할당했고 인간을 그 중심에 놓았다. 반면, 곤충은 포유류에 비해 수적으로 훨씬 많음에도 불구하고(종의 단위에서 175 대 1의 비율) 오직 하나의 가지만이 할당되었다. 단일 가지로 표현되어야 할 생물체가 있다면 그것은 바로 포유류인데도 말이다.

물론, 분기도는 특정 군들(예: 포유류) 사이에서의 계통적 관계를 특정

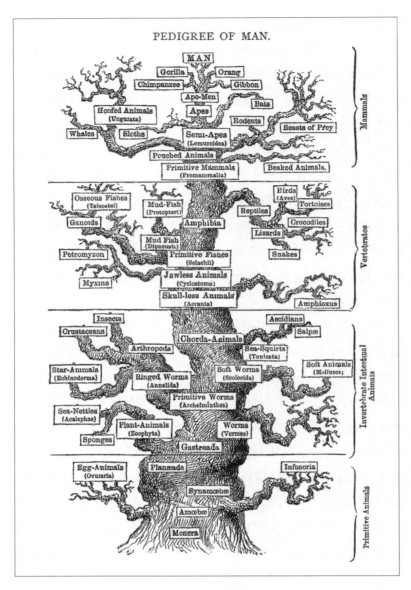

그림 4 19세기 생물학자 에른스트 헤켈은 "생명의 나무"라는 개념을 세상에 처음으로 소개했지만, 이 나무는 특정 생물들에 비해(예: 포유류) 다른 종류의 생물들(예: 곤충)의 다양성을 극히 왜소화시켜 표현한다.

322

단계에서 추상적으로(예: "목Order") 그리는 것이고, 따라서 이러한 군들의 다양성을 그리는 것은 분기도의 목적에서 벗어나는 것이다. 그러나 같은 군 내에서 수십 또는 수백 가지 종들을 관례적으로 배제시킨다면, 이는 진화에 대한 우리의 미성숙한 본질론적 개념을 더욱 악화시킬 것이다. 한 분기도에 보여지는 대표적인 종들은 분기도 아래에 감춰진 수많은 종의 연속선상에서 골라낸 소수의 종일 뿐이다. 만약 모든 영장류 분기도가 7종의 모든 대형 유인원이나 22종의 모든 유인원종(7종의 대형 유인원과 15종의 대형 유인원이 아닌 긴팔원숭이)을 포함한다면 생물학적 세계 속에서 인간의 위치에 대한 우리의 생각은 어떻게 바뀔까? 또는 모든 영장류 분기도가 400종의 모든 영장류(7종의 대형 원숭이, 15종의 대형원숭이가 아닌 유인원, 18종의 안경원숭이, 100종이 넘는 여우원숭이, 그리고 260종이 넘는 원숭이)를 포함한다면? 여기에 화석으로부터 알게 된 수십 종의 멸종된 영장류까지 더한다면, 이 모든 다양한 형태 사이에서 인간을 한눈에 찾기는 어려울 것이다.

그리고 이것은 영장류만 고려했을 때의 이야기다. 영장류는 현재 살아 있는 대략 5,400종의 포유류, 66,000종의 살아 있는 척추동물, 780만종의 살아 있는 동물, 그리고 870만 종의 살아 있는 생물체의 작은 하부집단이다.[12] 다른 생물체와 우리 인간이 맺는 관계의 깊이와 넓이는 이관계들의 지난 역사만큼이나 방대하다.

생물학자 데이비드 힐리스David Hillis는 4,000종의 유기체를 포함한 분기도를 만들었는데, 이는 여태껏 만들어진 분기도 중에서 가장 큰 것이다. 이 분기도는 모든 살아 있는 종의 0.1퍼센트 미만을 포함하고 있는데도 불구하고, 끝지점에 적힌 명칭들을 읽을 수 있으려면 분기도의 길이를 1.5미터까지 확대해야만 한다.[13] 이처럼 큰 도표는 진화에 대한 구체적인 정보(예를 들면, 일각고래가 알락고래와 범고래 둘 중 무엇에 더 가까운

지)를 찾기에는 별로 유용하지 않을지 모르나 인간의 진화를 이해하는
데 있어서 새로운 관점을 부여할 것임에는 틀림없다.

**

지금까지 분기도와 그것이 나타내는 종 분화 과정이 일반인들에게 어떤
혼동을 가져오는지 살펴보았다. 그러나 분기도를 보고 혼동을 일으키려
면, 일단 분기도가 생명의 가장 근본적인 사실을 표현한다는 것을 받아
들여야 한다. 즉, 현재의 모든 생명체가 고대의 생명체로부터 진화되었
다는 사실을 수용해야 한다. 하지만 많은 사람은 이를 사실로서 받아들
이지 않는다. 그들은 분기도를 상상의 결과물, 심하게는 거짓말로 여긴
다. 그들 대부분은 종의 기원으로 창조론의 설명을 선호하는데, 그중에
는 오늘날 존재하는 종들이 신에 의해 현재의 모습으로 창조된 지 만 년
도 채 되지 않았다고 믿는 사람들도 많다.

　창조론적 설명은 인간 역사상 줄곧 각광받아 왔고, 여기에는 그럴 만
한 이유가 있다. 창조는 진화보다 훨씬 더 단순하기 때문이다. 창조는
한 번에 일어나는 것인 반면, 진화는 더디고 복잡하다. 창조는 우리에게
익숙한 의도적 설계 과정을 거쳐 일어나지만, 이에 반해 진화는 변이와
선택이라는 그다지 잘 이해되지 않는 과정을 거쳐 일어난다. 창조는 완
벽한 형태를 낳는 반면에, 진화는 (생존에) 적합한 형태를 낳는다. 그리고
창조는 종이 영원하다는 것을 함의하는 반면, 진화는 종이 상당 부분 예
측 불가능한 방식으로 변화해왔고 그리고 계속해서 변하고 있다는 사실
을 함의한다.

　창조는 진화보다 간단하기 때문에, 아이들은 종의 기원에 대한 설명
으로 창조를 선호하는 경향이 있다. 유치원생이나 어린 초등학생들에게

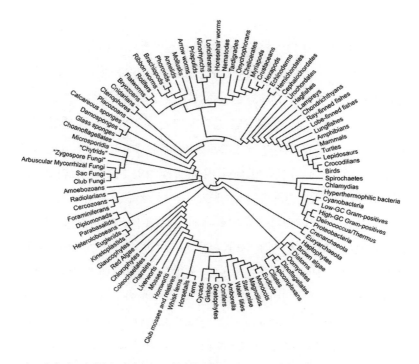

그림 5 현대 계통발생학을 바탕으로 그린 생명의 나무. 97종의 생명체를 포함하고 있으며 생물학자 데이비드 힐리스가 고안했다. 이러한 진화계통도에서 포유류가 차지하는 위치는 기존의 생명의 나무와는 달리 우리를 겸손하게 만든다.

어디서 도마뱀이 처음 생겨났는지, 또는 어디서 곰이 처음 생겨났는지 물어보면, 대체로 창조—신에 의한 창조("신이 동물을 만들었다."), 혹은 그보다 덜 구체적인 형태의 창조("무언가가 만들었다.", "누군가가 만들었다.", "어느 날 그냥 나타났다.")—를 언급한다.[14] 이것은 진화가 하나의 선택 답변으로 제시되었을 때 ("신이 만들었을까, 아니면 다른 형태의 동물로부터 변화되었을까?")도 마찬가지다. 가장 놀라운 것은, 아이들은 그들의 부모들의 믿음(창조론이냐 진화론이냐)과 상관없이 창조적 설명을 선호한다는 것이다. 즉, 그들의 부모가 같은 질문에 대해 진화를 언급한다 할지라도 아이들은 창조를 언급한다.

창조론에 대한 어린이들의 선호는 이후 신학적으로 더욱 정교한 믿음 체계(예: 창세기에 묘사되는 창조에 걸린 7일)로 이어진다. 이러한 믿음들은 결국 아이들이 자라서 진화를 받아들이는 것을 차단시키는 식으로 영향을 준다. 몇몇의 연구[15]에 따르면 진화에 대한 회의적 태도를 가장 잘 예측하는 지표는 종교적 믿음인 것으로 나타났다. 종교는 나이, 성별, 교육 수준, 정치적 견해, 유전학에 대한 지식, 분석적인 사고력, 그리고 과학에 대한 태도보다도 진화에 대한 태도를 더 잘 예측한다.

나라별 신앙심의 정도 역시 진화에 대한 수용을 예측한다. 터키나 이집트와 같이 신앙심이 깊은 나라는 진화를 덜 받아들이는 반면, 프랑스와 덴마크처럼 신앙심의 정도가 낮은 나라는 진화에 대한 수용도가 높은 것으로 보고되고 있다.[16] 미국 내에서도 전체 인구의 60퍼센트가 진화를 받아들이는 반면 40퍼센트는 그렇지 않은데, 모든 주를 비교해보면 신앙심과 진화에 대한 수용이 음의 상관관계를 보이는 것을 알 수 있다. 앨라배마와 미시시피와 같이 신앙심이 높은 주들은 진화에 대한 수용도가 낮은 반면, 버몬트와 뉴햄프셔 등 신앙심이 낮은 주들은 진화에 대한 수용이 높은 것으로 보고되고 있다. 이런 결과는 고등학교 졸업률, 대학 진학률, 교사들의 월급, 일반적인 과학 지식 정도, 그리고 일인당 국내 총생산을 모두 고려했을 때에도 마찬가지였다.[17]

이런 종류의 인구 통계 자료는 흥미롭긴 하지만, 실제로 많은 사람들이 얼마만큼 격렬히 진화를 거부하는지는 보여주지 못한다. 그 격렬한 거부는 유명한 진화론자이자 무신론자인 리처드 도킨스Richard Dawkins가 받는 수많은 협박 편지들이 더 잘 보여준다.[18] 여기에 몇 가지 예시들이 있다.

- "나는 너와 네 진화론에 진절머리가 난다. 너는 원숭이로부터 진화되었는지 모르겠으나 나는 거기에서 제외시켜라. 혹시 원숭이와 사귀어보고 싶진 않냐? 네가 그랬다 해도 놀랍지 않을 것 같다."
- "빌어먹을 멍청한 무신론자 쓰레기… 너는 네가 믿고 싶은 것만을 믿고 너의 조부모의 조부모의 조부모가 실제로 박테리아였고 그렇게 네가 진화했다는 흔들리지 않는 믿음을 가지고 있다. 무언가 이상한 이유로, 너는 인간이기보다는 박테리아이길 원한다."
- "여보게, 당신은 완전 멍텅구리네. 당신의 그 유명한 지능은 하나님의 방귀보다도 하찮네."
- "아마도 지구에서 가장 혐오스러운, 추악한 똥 무더기인 네가 어떻게 진화론을 해명할 수 있을까?"
- "리처드 도킨스, 그는 정말 나쁜 ××고 비행기 사고나 화염 사고로 죽어야만 한다."
- "리처드 도킨스, 네가 광견병으로 죽었으면 좋겠다."

이와 같은 진화에 대한 (그리고 진화론을 옹호하는 사람들에 대한) 반감은 특히 미국의 과학교사들이 수업 시간에 진화를 가르치고자 하는 의욕을 저하시키고 있다.[19] 최근의 한 설문조사에서는 미국의 고등학교 생물교사들 중 고작 28퍼센트만이 진화를 논란의 여지가 없는 과학적 사실로서 가르친다고 응답했다. 즉, 28퍼센트의 생물교사만이 수업 시간에 진화가 정확하게 무엇인지, 어떤 증거가 진화를 뒷받침하는지 설명한다는 것이다. 대부분의 교사(60퍼센트)들은 이 주제를 피하려고 한다. 예를 들어, 어떤 교사들은 인간과 먼 종들에게서 일어나는 소진화(적응)에 대해서만 가르치거나, 진화를 다루는 것이 표준 교육에 대한 국가적 기준이라며 합리화하거나("진화가 마치 사실인 양 생물 교과 과정에 포함되어 있기 때문에 진화를 배워야 한다."), 진화론과 창조론을 모두 대등한 설명으로 제시하기도 한다.

나머지 12퍼센트의 생물교사들은 창조론을 옹호한다. 그 이유를 묻자 한 생물교사는 다음과 같이 대답했다. "내 생명과학 수업에서는 진화론을 가르치지 않고, 내 지구과학 수업에서는 빅뱅 이론을 가르치지 않습니다. (중략) 이런 것들은 좋게 말해봐야 형편없는 과학인데, 그걸 수업 시간에 가르칠 필요가 있나요?" 또 다른 교사는 다음과 같이 말했다. "나는 진화론과 창조론이 사실 또는 거짓인 것처럼 다루어지는 것에 대해 항상 놀라곤 합니다. 그 둘 모두 결코 실제로 또는 온전하게 증명될 수 없고 반증될 수도 없는 믿음 체계입니다." 두 교사는 창조론을 옹호하는 것이 불법인 미국 공립학교의 교사들이다.

***

진화론의 시작, 즉 다윈의 머릿속에 자연선택의 개념이 반짝하고 떠올랐을 때부터, 종교와 진화는 서로 대립해왔다.[20] 다윈은 신앙심이 깊은 기독교인으로서 영국 국교회 목회자가 되고자 했으나, 케임브리지 대학을 다니는 동안 생물학을 공부하기로 결심했다. 이 결정으로 인해 다윈은 어려서 받아들인 종교적 믿음과 어른이 되어서 받아들인 과학 사이에서 일생 내내 갈등해야 했다. 생물학 공부를 시작한 후 얼마 지나지 않아 다윈은 생명에 대한 견해로서 진화론과 창조론이 일치하지 않는다는 것을 깨달았다. 《종의 기원》이 출간되기 15년 전 다윈은 친구 조지프 돌턴 후커 경Sir Joseph Dalton Hooker에게 보낸 편지에 이렇게 쓴 적이 있다. "나는 (나의 기존 의견과는 정반대로) 종들은 불변하는 게 아니라는 것을 거의 확신한다네(이것은 마치 살인을 고백하는 것과 다름없는 기분이네)."[21] 어린

다윈에게 종들이 변한다는 것을 인정하는 것은 "마치 살인을 고백하는 것"과 같았다.

오늘날에도 많은 사람들은 여전히 종교와 진화를 근본적으로 서로 양립할 수 없는 것으로 보고 있으나, 어떤 사람들은 그 둘을 보완적이라고 본다. 갤럽이 조사한 지난 30년간의 데이터로부터 이 사실을 알 수 있다. 갤럽은 다음과 같은 질문으로 미국인들의 진화에 대한 태도를 조사했다.[22] "다음의 서술 중 어느 것이 인간의 기원과 발달에 대한 당신의 견해와 가장 가깝습니까?" 1) 인간은 덜 발달된 생명의 형태에서부터 수백만 년이 넘게 발달되어 왔으며, 신이 이 과정을 이끌었다. 2) 인간은 덜 발달된 형태의 삶에서부터 수백만 년이 넘게 발달되어 왔으며, 신은 이 과정에 어떤 관여도 하지 않았다. 3) 신이 만 년 전쯤 한 번에 현재의 형태로 인간을 창조했다."

이러한 설문 결과가 나오면 뉴스의 헤드라인은 보통 "미국인 10명 중 4명은 철저한 창조론자."라고 나온다. 하지만 본 설문 결과는 미국인 10명 중 4명이 "인간은 덜 발달된 생명의 형태에서부터 수백만 년이 넘게 발달되어 왔으며, 신이 이 과정을 이끌었다."라고 생각한다는 것 또한 보여준다. 다시 말해, 40~45퍼센트의 미국인이 3번(철저한 창조론)을, 10~15퍼센트가 2번(세속적 진화론)을, 그리고 35~40퍼센트가 1번(유신 진화론)을 고른다.[23] 철저하게 창조론만을 믿는 사람이 꽤 많긴 하지만 그래도 과반수가 되지 않는 것에는 틀림없다.

과학 교육자들과 과학 옹호자들은 미국인의 40퍼센트만이 유신 진화론을 인정한다는 사실에 기뻐해야 하는가? 사회학적인 관점에서, 나는 그렇다고 대답하겠다. 미국의 교육 시스템에서 진화의 주제가 금기 사항에서 벗어나게 된 것은 채 백 년도 안 되는 일이다. 이제 진화는 미국 공립학교 생물학 교과 과정의 필수 사항이 되었다. 고작 3세대의 시간이 흐르는 동안 진화에 대한 태도가 급격하게 바뀌었다. 유신 진화론의 광범위한 수용이 바로 이러한 변화를 보여준다. 그러나 미국 일부 지역에서는 여전히 (유신 진화든 아니든) 진화에 대한 회의적인 태도를 견지하고 있다. 그곳에서 진화론을 믿는다고 말하는 것은 당신이 부도덕하고, 충성심 없고, 법을 등한시하고, 사악하다고 말하는 것과 같다. 진화에 대한 믿음은 단지 실증적 사실에 대한 입장에 그치는 것이 아니라 진보, 프로초이스(임신중절에서의 선택우선론자), 또는 페미니스트와 같은 명칭들처럼 강력한 사회적 정체성을 의미한다.

그러나 종교와 진화를 꼭 양립하는 것으로 볼 필요는 없다. 종교적인 이유로 진화를 거부하는 많은 사람들은 종교적 가르침과 일치하지 않는 다른 과학적 사실들(한때 공룡이 지구를 지배했었다는 사실, 지진과 홍수가 자연적 힘에 의해 발생한다는 사실, 그리고 지구가 우주의 중심이 아니라는 사실)은 받아들인다. 한때는 이러한 사실들을 인정한다는 것 자체만으로도 화형에 처해졌으나 오늘날에는 종교인과 세속인들 모두가 이를 사실로서 받아들인다. 진화 역시 사회정치적인 양상을 띄게 된 많은 과학적 사실들 중 하나지만, 많은 사람들이 진화를 사실로 받아들인다면 이러한 양상은 사라질 수 있다. 설령 신이 그 과정에서 어떤 역할을 한다고 여기면서 진화를 받아들인다 해도 말이다.

따라서 많은 사람이 유신 진화론을 받아들이는 것은 사회적으로 볼 때 좋은 현상이라고 할 수 있다. 하지만 유신 진화는 논리적으로 문제가 있기 때문에 인지적 측면에서는 그다지 바람직한 현상이라고 할 수 없다. 변이와 자연선택이라는 진화의 메커니즘(제11장 참고)은 신이 개입할 틈을 주지 않는다. 적어도 과학자들이 신의 존재에 대한 가정 없이 진화에 대해서 알아낼 수 있는 것 이상으로 '신성한 개입'이 설명할 수 있는 것은 없다. 유신 진화는 대부분의 사람들이 신에 대해 믿고 있는 것들―즉, 신이 전지하고(모든 것을 다 알고), 전능하며(절대적인 힘을 갖고 있고), 전적으로 선한(항상 자비롭다) 존재라는 믿음에 정면으로 배치된다. 왜 전능한 존재가 진화적 변화의 시작점으로써 정향 변이나 간단한 창조 대신에 무작위적인 변이를 선택하겠는가? 왜 전지적 존재가 인간의 꼬리뼈, 고래의 엉덩이뼈, 뱀의 다리 뼈, 타조의 날개, 또는 토끼의 위(토끼의 위는 영양분을 흡수하기에 너무도 비효율적이어서 토끼는 자신의 대변을 먹어서 음식을 두 번 소화해야만 한다)와 같은 불필요한 또는 불완전한 형태를 창조하겠는가?

설명하기 가장 곤란한 부분은 전적으로 선한 존재가 창조의 수단으로 왜 자연선택을 사용하는가다. 제11장에서 설명했듯이, 자연선택은 잔인한 과정이다. 대부분의 생물체들은 번식 가능한 시기에 도달하기도 전에 굶주림, 포식, 또는 질병으로 죽는다. 신은 범고래가 수십 마리의 새끼 바다표범을 익사시키는 것을 보면서 설마 즐거워할까? 말벌 유충이 나방의 애벌레를 속에서부터 파먹으면서 겉까지 뚫고 나오는 것을 볼 때는? 바이러스에 의해 어린아이들을 포함한 수많은 생명이 죽어가는 것을 볼 때는? 수십억의 '신의 창조물'이 난폭하고 고통스러운 죽음을 맞이해왔고, 지구에 존재했던 종의 99.9퍼센트가 멸종되었다. 왜 전지전능하고 항시 자비로운 존재가 모든 생명체를 창조한 후 종국에는 파괴하는가?

신의 본성에 대한 이러한 논리적 문제점들을 통틀어서 가장 문제가 되는 것은 자연에서의 인간의 위치에 대한 도덕적인 측면이다. 종교는 인간이 모든 생명의 형태 중에서 최정상에 위치한다고 말하는 반면, 진화는 인간이 생명이라는 거대한 나무의 한 가지에 불과하다고 말한다. 종교는 인간이 비물질적인 '영혼'이라는 축복을 받았다고 말하는 반면, 진화는 인간이 철저하게 물질로만 이루어졌다고 말한다. 그리고 종교는 선한 사람들은 불멸의 구원을 맞을 운명이라고 말하는 반면, 진화는 인간의 삶이 짧고, 잔혹하고, 불공평하다고 말한다.

자연에서 인간의 위치에 대한 진화적 해석은 종교적 관점에서는 불쾌하게 느껴질지 모르나, 세속의 관점에서 볼 때 오히려 삶에 대한 의욕을 고취시킬 수 있다. 인간이 생명이라는 거대한 나무의 수백만 가지 중 하나의 가지에 지나지 않는다는 생각은 자연에 대한 일체감을 주고 자연 보존을 위한 행동을 촉구할 수 있다. 인간이 물질로 이루어졌다는 생각은 지금 바로 이 순간에 대한 더 깊은 이해를 돕고, 자아이해와 자아실현을 촉구할 수 있다. 또한 삶이 본질적으로 불공평하다는 생각은 광범위한 차별 행위를 자각하게 하고, 사회 정의를 위한 행동에 나서게 할 수 있다.

진화론자들은 악인 중에서도 가장 악한 사람—"혐오스러운, 추악한, 똥 무더기"—으로 책망받았다. 그러나 진화를 받아들이는 것이 결코 잔인함, 이기심, 또는 방관으로 이어지지는 않는다. 그 반대로, 인간의 존재를 소중하고 경이로운 선물로 받아들이고, 나 자신과 다른 사람들을 위해서 이 선물을 최대한 알차게 활용하는 쪽으로 이끈다.

***

제7장에서 제12장까지 우리는 생물학적 세계에 대한 몇 가지 직관적 이론을 다루었다.

1. 생명에 대한 직관적 이론에서는 동물을 생명을 지탱하는 신체 기관들로 이루어진 유기적 기계라기보다는 정신적인 존재라고 본다.
2. 성장에 대한 직관적 이론에서는 음식의 섭취를 영양 공급보다는 욕

구 충족의 수단으로, 노화는 하나의 연속적인 변화가 아닌 일련의 단계별 변화로 받아들인다.

3. 유전에 대한 직관적 이론에서는 부모와 자식 간의 유사성을 유전적 정보가 생식 과정을 통해 전달된 결과라기보다는 양육의 결과로 본다.

4. 질병에 대한 직관적 이론에서는 병을 미생물의 전이라기보다 비도덕적인 행위들의 결과로 본다.

5. 생물학적 적응에 대한 직관적 이론에서는 진화를 개체군 내 하위 조직들의 적자생존과 번식과정이라기보다 개체군 전체의 획일적인 변화라고 본다.

6. 계통에 대한 직관적 이론에서는 종 분화를 공통조상으로부터 갈라져 나오는 과정이라기보다 직계 조상으로부터 선형적으로 이어지는 과정으로 본다.

위에 이론들은 자연 현상에 대해 체계적인 설명을 제공한다는 점에서 제1장에서 제6장까지 다룬 직관적 이론과 유사하나 그 근원은 다르다. 이 이론들은 관련된 현상들에 대한 관찰이 근본적으로 편향되어 있기 때문이 아니라 관찰 자체에 한계가 있기 때문에 생긴다. 우리는 우리 눈으로 신체 내부 기관들 사이의 기능적 관계들, 성장과 노화의 생화학적 과정, 유전의 유전학적 바탕, 세균으로 인해 질병에 감염되는 경로, 한 개체군에서의 각개 구성원들의 선별적 생존, 또는 다양한 생명의 형태들 사이에서 존재하는 공통조상의 연관성을 관찰할 수 없다. 생물학적 체계가 내부적으로 어떻게 작동하는지 직접 지각할 길이 없으므로 더 일반적인 형태의 논리—정령숭배, 활력론, 본질론, 목적론, 또는 지향적 설계론intentional design—에 의지하게 되는 것이다. 이런 형태의 논리들은 생물학적 세계에 대한 어느 정도의 이해를 제공할 수는 있지만, 일관된 정확한 예측을 내리거나 일관된 최적의 결정을 내리기 위해서는 충분치 못하다. 이를 위해서는 생물학적 현상에 대한 자세하고 기계론적인 이해가 필요한데, 이는 과학 이론에 의해서만 가능하다.

나가며

세상에 대한 오해를 바로잡을 수 있는 방법

1802년, 미국 매사추세츠 주 사우스 해들리의 한 농장에서 아버지의 밭을 갈던 소년이 특이한 것을 발견했다.[1] 플라이니 무디Pliny Mood라는 이 소년은 커다란 새 발자국 같은 모양이 몇 개 새겨진 돌덩어리를 발굴했다. 이 발자국은 최초로 기록된 공룡의 흔적들 중 하나였지만 무디 가족은 공룡에 대해서 아는 것이 전혀 없었다. 그들은 이 돌을 현관문 앞 계단에 놓아두었고 이웃 사람들은 이 가족이 매우 커다란 닭을 사육하는 줄로만 생각했다.

몇 년 후 엘리후 드와이트Elihu Dwight라는 의사가 이 돌을 사게 되었고 그는 자신이 노아의 까마귀가 남긴 흔적을 발견했다는 소문을 퍼뜨렸다. 성경에 따르면 노아는 대홍수가 잠잠해지자 마른 땅을 찾기 위해 까마귀를 날려보냈다고 한다. 그렇다면 이 까마귀는 사우스 해들리에서 새로운 보금자리를 찾은 것이 되니 노아의 방주로는 되돌아가지 않은 것일까? 한편, 고생물학자들은 돌에 새겨진 흔적이 2억 년 전 즈음 코

그림 1 1802년 미국 매사추세츠 주의 한 농장에서 발견된 공룡의 흔적. 이때는 아직 공룡이 존재했다는 것을 알기 이전이었기 때문에 노아의 까마귀가 남긴 발자국이라고 해석되었다.

네티컷 강 주변을 배회하던 새처럼 생긴 공룡, 아노모이푸스 스캄부스 *Anomoepus scambus*의 것임을 확인했다.

이 발자국이 발견되었을 당시에는 이를 정확하게 해석하기 위한 생물학 그리고 지질학적 이론이 아직 발달되지 않았기 때문에 드와이트는 자신의 직관에 의존해야만 했다. 그는 이 발자국이 새의 발자국 같이 보였기에 조류의 것이리라고 생각했고, 매우 오래된 것처럼 보였기에 (자신이 알고 있는 역사상 가장 오래된 시점인) 창세기에 나오는 대홍수의 시기에 생긴 것이라고 생각했다.

이 해석은 앞 장들에서 설명한 직관적 이론들의 몇 가지 특징들을 잘 보여준다. 첫째로, 직관적 이론은 세상에 대한 우리의 생각들뿐만 아니라 세상에 대한 지각 자체에도 영향을 준다. 그 발자국 화석은 무려

12인치(30.5센티미터)로 까마귀의 발보다 훨씬 크지만 그와 상관없이 드와이트는 그 발자국을 까마귀가 남긴 것으로 보았다. 차라리 칠면조라고 했다면 그나마 더 일리가 있는 추측이었겠지만 드와이트는 그 발자국이 왜 화석이 되었는지도 설명해야만 했다. 노아의 대홍수는 이에 대한 설명을 가능하게 한다. 성경에 나오는 대홍수는 발자국이 화석화될 만큼 충분히 오래된 일이기도 하며, 지구를 온통 진흙투성이로 만들어 3파운드밖에 안 되는 새가 발자국을 남기기에 적절한 상황을 제공할 수도 있었을 것이다.

드와이트의 해석은 직관적 이론의 인간중심적인 측면 또한 보여준다. 인간의 시간 단위, 인간의 관점, 그리고 인간이 갖는 가치관과 목적 내에서 이 세상을 이해하는 성향 말이다. 그의 해석은 인간에게 알려진 수천 년 전이라는 시간, 인간이 알고 있던 까마귀라는 동물, 그리고 인간을 벌주기 위해 신이 일으킨 홍수라는 인간에게 중요한 사건을 담고 있다. 반면에 그 발자국에 대한 정확한 해석은 인간이 존재하기도 훨씬 전(과거 2억 년 전), 인간이 한 번도 본 적이 없는 동물(공룡), 그리고 인간과 전혀 관련이 없는 사건(고대 파충류의 일상적 하루)을 담고 있다.

마지막으로 드와이트의 해석에서 나타나는 직관적 이론의 특징은 그것이 경험을 바탕으로 형성되지만 문화에 의해 다듬어진다는 점이다. 노아의 방주라는 성경 이야기가 아니었더라면 드와이트는 그 발자국의 주인이 까마귀라 생각하지는 않았을 것이다. 성경의 이야기가 달랐더라면—노아가 육지를 찾는 데 까마귀 대신에 올빼미를 보냈다면, 또는 지구상의 동물들을 홍수가 아닌 화염에서 구해냈다면—그 발자국의 해석 또한 분명히 달라졌을 것이다(예: 석화된 재에 새겨진 올빼미의 발자국).

과학 이론도 직관적 이론처럼 문화의 산물이다. 따라서 드와이트가 발자국을 공룡의 것으로 보지 못한 것에 대해 그를 탓할 수는 없다. 그가 살던 당시에는 진화나 멸종, 그리고 더 오래된 시간들에 대한 개념은 둘째치고 공룡에 대한 개념조차도 아직 형성되지 않았었다. 우리가 갖고 있는 직관적 이론의 한계를 뛰어 넘기 위해서는 개개인의 역량도 중요하겠지만, 문화적 성취 또한 갖추어져야 한다. 드와이트는 그 발자국을 알아보지 못했지만, 오늘날 사우스 해들리에 사는 그 누구든, 심지어 아이들까지도, 그 발자국을 공룡의 것이라 알아볼 것이다. 과학은 인간의 사고를 정교하게 다듬고 확장시켜서 이전에는 생각하지 못한 것들을 생각하게 한다. 우리가 우리의 직관적 이론들에 완전히 종속되지 않는 한 말이다.

* * *

이 책의 주된 목적은 독자들, 즉, 당신에게 당신이 갖고 있는—과거 어린 시절에는 의식적으로 믿었고 지금은 은연중에 믿고 있는—직관적 이론들을 소개하기 위함이었다. 이 책에서 다룬 12가지 직관적 이론이 인간이 갖고 있는 직관적 이론의 전부는 아니다. 예를 들어, 우리는 또한 심리(예: 지식과 기억)에 대한 직관적 이론과 수학(예: 산수와 유리수)에 대한 직관적 이론들도 갖고 있다. 그러나 여기에서 논의된 12가지의 이론만으로도 직관적 이론이란 단 하나의 틀에 끼워 맞출 수 없다는 것을 충분히 알 수 있다. 비록 몇몇 직관들의 원인에는 공통점이 있긴 하지만 각각의 직관적 이론은 서로 다른 이유로 인해 생겨난다.

그중 하나의 공통점은 직관적 이론은 지각에 바탕을 두고 있다는 것이다. 우리는 우리가 직접 지각할 수 없는 특징들에 대해서는 인식하지 못하고 지각할 수 있는 특징들에만 의존해 직관적 이론을 구성한다. 우리가 지각할 수 있는 특징들과 지각할 수 없는 특징들은 서로 구분되지 않는 경우가 많다. 예를 들어, 물질의 직관적 이론은 지각할 수 없는 물성인 '밀도'를 지각할 수 있는 물성인 '묵직함'이나 '큼직함'으로부터 구분하지 못한다. 온도의 직관적 이론은 지각할 수 없는 특징인 '열'과 지각할 수 있는 특징인 '따뜻함'을 구분하지 못한다. 직관적 이론에 부재하는 여타의 지각할 수 없는 특징들로는 원자, 원소, 분자, 전자, 광자, 힘, 관성, 중력, 궤도, 지질 구조판, 신체 기관, 유전자, 세포, 영양소, 태아, 세균, 공통조상, 그리고 자연선택이 있다.

직관적 이론은 또한 개별적인 물체를 바탕으로 하는 경향이 있다. 과학 이론들이 현상을 과정으로 나눈다면 직관적 이론은 동일 현상을 개별적인 유형물로 나눈다. 열, 소리, 전기, 번개, 불, 자성, 압력, 기후, 날씨, 지진, 조류, 무지개, 구름, 생명, 활력. 이것들은 과정이지 물체가 아니다. 이들은 (전기가 전자들의 집합적인 상호작용으로부터 생성되는 것처럼) 시스템의 하부 단계에서 일어나는 물질적 체계의 집합적 상호작용으로부터 생성되는 '과정'이다. 역사적으로 창발적 현상을 물체에서 과정으로 재분류한 것은 몇몇 과학 영역을 구축하는 데 있어서 중요한 첫 번째 단계였다.[2] 하지만 제2장에서 말했듯이 체계를 바탕으로 한 사고 방식은 인지적 부담이 크기 때문에 그러한 재분류는 대중의 의식에 스며들기 매우 힘들다.[3]

마지막으로 직관적 이론은 상황보다는 대상에 초점을 두는 경향이 있다. 상황에 따라 변화하는 특징들을 그 대상의 고유한 특징으로 해석하는 것이다. 부력을 예로 들면, 부력은 모 아니면 도의 특성을 갖고 있는 것이 아니다. 물질은 어떤 액체에서 뜨고 다른 액체에는 가라앉을 수 있다(산딸기는 물에는 뜨지만 기름에는 가라앉는다). 마찬가지로, 무게는 고도에 따라 변하고, 부피는 온도에 따라 변하며, 그리고 색상은 시각적 환경에 따라 변한다. 직관적 이론은 '보편적' 사실(예: 바나나는 인간의 눈에 노란색으로 보여지는 파장을 제외한 다른 파장을 흡수한다)이 아니라 '전형적' 사실(예: 바나나는 노랗다)에 관한 것이기 때문에, 상황을 고려하기 위해서는 직관적 이론이 제공할 수 있는 것보다 더 넓은 관점이 필요하다.

다시 말해, 직관적 이론은 지각할 수 없는 것보다는 지각 가능한 것에, 과정보다는 물체에, 그리고 상황보다는 사물에 더 중점을 둔다. 이 같은 특성들 각각은 몇몇의 직관적 이론들에 드러나지만 모든 직관적 이론에서 나타나는 것은 아니다. 직관적 이론들은 그 형태와 기능에서 각기 다르므로, 모든 이론을 하나의 범주로 묶으려는 것은 실수일 것이다. 열전달에서 분자 활동의 역할을 이해하지 못하는 것은 화산 활동에서 지질 구조판의 역할을 이해하지 못하는 것과는 상당히 다르고, 무게의 지각적 경험으로부터 밀도의 개념을 도출하지 못하는 것은 전염의 지각적 경험으로부터 세균의 존재를 도출하지 못하는 것과는 상당히 다르다. 학생들이 그들이 가진 직관적 이론을 직시하고 이를 바로잡도록 도와주려는 교육자라면 각각의 이론들에 맞춰 알맞은 설명을 해야 할 필요가 있다.

그러나, 이 모든 직관적 이론들을 관통하는 적어도 한 가지의 공통된 특성이 있다. 그것은 이 이론들이 과학 이론들에 비해 설명할 수 있는 대상이 협소하며, 그 설명 방식 또한 얕다는 것이다. 직관적 이론들은 현재의 상황, 바로 여기서 지금을 대처하는 이론들이다. 반면에 과학 이론은 과거에서 미래까지, 관찰할 수 있는 것들에서부터 관찰할 수 없는 것들까지, 아주 작은 것에서부터 방대한 것까지, 전체적인 인과 관계에 대해 이야기한다.

예를 들어, 우주에 대한 우리의 직관적 이론은 지구를 우주의 중심으로 보지만 과학 이론은 지구를 수많은 은하계 중 하나에 속하는 수많은 태양계 중 하나에 위치한 여러 개의 행성 중 하나로 본다. 생명에 대한 우리의 직관적 이론은 신체를 구조적으로 그리고 기능적으로 통일된 것으로 보지만 과학 이론은 신체를 분자들의 모임으로 구성된 세포기관들, 이 세포기관들이 모여 구성된 세포, 이 세포들이 모여 구성된 신체 기관들의 집합체로 본다. 또한 혈통에 대한 우리의 직관적 이론은 우리 인간을 창조의 최정상에 놓지만, 과학 이론에서 인간의 위치는 생명이라는 거대한 나무에서도 동물, 동물들 중에서도 척추동물, 척추동물 중에서도 포유류, 포유류 중에서도 영장류라는 많은 가지들 중 하나에 놓인다. 직관적 이론은 생명에 대한 사소한 질문들에는 대답을 줄지 모르지만(예: 무엇을 먹어야 하는가, 어디로 걸어야 하는가, 어떻게 건강해질 수 있는가?), 거대한 질문들에 대한 대답을 줄 수 있는 것은 과학 이론밖에 없다(예: 우리는 누구인가, 우리는 어디서 왔는가, 우리는 어디로 가는가?).

***

서문에서 나는 새로운 지식의 습득을 새로운 레고 조립물을 만드는 것에 비유했다. 기본적인 레고 블록을 사용해서 새로운 레고 조립물을 만들 수 있는 것처럼 우리는 선천적으로 타고난 지식 개념들로부터 많은 형태의 지식을 만들 수 있다. 그러나 어떤 조립물은 바퀴, 자축, 기어와 같은 새로운 종류의 레고 부품을 필요로 하듯이, 새로운 형태의 지식은 새로운 종류의 개념(예: 활성, 행성, 세균)을 필요로 한다. 이 비유는 직관을 바탕으로 한 지식과 과학적 지식 간의 차이를 잘 나타내지만 우리가 그 간극을 어떻게 좁힐 수 있는지, 그리고 우리가 어떻게 과학적 개념을 습득하게 되는지는 잘 표현하지 못한다. 그저 레고 가게 옆에 개념을 파는 가게로 가서 반짝거리는 새로운 개념을 사올 수는 없는 일이다. 우리는 우리가 갖고 있는 개념들로부터 우리가 갖고 있지 않은 새로운 개념을 점차적으로 습득해나가야 한다.

이 과정에 더 걸맞은 비유는 제3장에서 말했던 바다 한가운데서 배를 만드는 것에 대한 노이라트의 비유다. 일단 항해를 시작하면 선원들은 그 배에서 벗어날 수 없듯이, 인지적 동물들은 일단 세상을 관찰하고 세상과 교류하기 시작하면 특정 사고들에서 벗어날 수 없다. 항해 중 부딪힌 어려움들에 맞서기에 그들의 배가 적합하지 않다는 것을 깨달았다고 해서 바다 한가운데서 배를 처음부터 다시 지을 수는 없다. 그러나 배를 이루고 있는 부분들을 다른 용도로 사용함으로써 배를 재구축할 수는 있다. 마찬가지로, 우리가 살면서 부딪힌 어려움들에 맞서기에 우리의 지식이 적합하지 않은 것을 깨달았다고 해서 처음부터 지식을 다시 구축할 수는 없다. 그러나 우리의 지식을 구성하는 개념들을 다른 용도로 사용하면서 지식을 재구축할 수는 있을 것이다.

그렇다면 과연 우리는 이 일을 어떻게 이룰 수 있을까? 우리의 지식은 우리가 갖고 있는 기존의 생각들과 진화로 얻은 인지능력으로 인해 제한되어 있는데, 이를 어떻게 재구성할 수 있는가? 이렇게 추상적으로 질문하면, 문제는 실제보다 더 어렵게 들리기 마련이다. 어차피 지식의 재구축은 추상적인 단계에서 이루어질 수 없다. 우리의 지식을 재구축하기 위해서는 지식 자체의 세부사항들을 수정해야 한다. 우리가 가지고 있는 개념들을 새로 구분하고, 있던 구분들은 무너뜨리고, 재분석하고, 버려야 하는 것이다.

이것을 잘 보여주는 한 예가 태어난 지 하루밖에 안 된 병아리의 성별을 구분하는 교육 프로그램이다.[4] 병아리의 성별 구분은 놀랄 만큼 어렵다. 어린 병아리는 크기, 모양, 그리고 깃털로 암컷과 수컷을 구분하는 것이 불가능하다. 장닭의 머리에 나는 벼슬과 같이 성별을 구분 짓는 특징들은 태어나서 몇 주가 지나야 나타난다. 하지만 양계장 주인 입장에서는 그때는 이미 알도 낳지 못하는 수컷들에게 불필요한 자원을 많이 낭비한 후다. 그것 뿐만 아니라 수컷 병아리는 암컷 병아리가 먹이와 물을 먹는 것을 방해하여 부화장을 운영하는 데도 지장을 준다. 따라서 하루라도 빨리 암컷과 수컷 병아리를 구분해내는 것은 양계업자들의 경제적 우선사항이다.

그러나 이를 위해서는 핀끝만큼 작은 병아리의 생식 융기("돌기")를 살펴보아야 하는데, 훈련받지 않은 사람들의 눈에는 수컷과 암컷의 돌기가 별로 달라 보이지 않는다. 반면에 훈련을 받은 사람들은 태어난 지 하루 된 병아리의 성별을 1초에 두 마리씩, 99퍼센트의 정확도로 감별해낼 수 있다. 이 정도의 숙련도는 전문 성별감별사로부터 수 년간의 시행착오를 거듭하며 배워야 가능하다.

시각 연구자들은 이 같은 흥미로운 문제에 대해 알게 된 후, 무작위로 나타나는 특징들로부터 반복적으로 나타나는 패턴을 구분해내는 분석적 도구를 이용해 수백 장의 병아리 생식 돌기 사진을 분석했다. 수컷과 암컷의 생식기는 크기, 위치, 표면의 질감, 또는 마디 구조에서 뚜렷한 차이를 보이지 않으나 하나의 특징에서는 일관된 차이점을 보였다. 그것은 바로 볼록함이다. 수컷의 생식 돌기는 암컷보다 일반적으로 좀 더 볼록했다. 연구자들은 이러한 측면에 초점을 맞춰 비전문가가 수컷과 암컷을 구분해낼 수 있도록 가르치는 프로그램을 개발했다.

결과는 매우 효과적이었다. 병아리의 생식기를 본 적도, 보고 싶어 한 적도 없는 초보자들에게 병아리 생식기 사진 18장을 보여주고 그 성별을 구분하게 했다. 그들은 교육 프로그램을 접하기 전에는 사진을 무작위로 구분했으나 교육을 받은 후에는 90퍼센트의 정확도로 암수를 구분했다. 이는 같은 사진들을 구분한 전문가들의 정확도와 비슷했다. 전문가들은 평균 3년의 병아리 성별 구분 경험을 갖고 있었던 반면 초보자들은 고작 5분의 교육을 받았을 뿐인데 말이다.

제4장에서 논의된 바와 같이, 관련 분야의 지식을 심층적으로 분석한 후 이를 바탕으로 설계한 집중적 훈련은 비유도(또는 최소의 유도의) 학습에 비해 몇 배 더 효과적이다. 이를 보여주는 또 다른 예는 초등학교 2학년 학생들에게 수학적 동치 관계를 가르치는 방법에 대한 연구다. 산수에서 미적분까지 수학의 모든 분야는 수량은 등식상에서 다르게 표현될 수 있다는 사실을 기본으로 하고 있다. 등호의 왼쪽에 놓인 수량(예: 1+5)은 오른쪽의 수량(예: 8-2)과 같아야 한다. 양쪽을 분리하는 부호인 등호 표시는 "같다"라는 것을 의미한다.

그런데 어린아이들은 등호 표시를 이렇게 이해하지 않는다. 아이들은 그저 그 표시를 계산을 하라는 지시로 해석한다. 예를 들어 4+3=___에서 등호 표시는 4와 3을 더해서 그 합을 빈칸에 채우라는 지시로 해석한다. 수학 연산이 등호 표시의 오른쪽에 놓이거나(___=4+3) 양쪽에 놓이게 되면(4+3=___+1) 아이들은 혼란에 빠진다. 이러한 배열은 엄밀한 절차적 해석에 반하기 때문이다. 수학 교육자들은 어린이들이 등호의 개념에 대해 제대로 이해하지 못한다는 것을 오랫동안 알고 있었다. 하지만 이를 해결하기 위해 어른들이 취하는 접근 방식은 대체로 같은 종류의 문제들을 더 많이 풀어보게 하는 것, 즉 "연산=대답"으로 구성된 문제들을 더 많이 풀게 하는 것이었다. 많은 교사들은 아이들이 등호 표시의 절차적 정의가 잘 적용되는 표준 문제들을 푸는 법을 배운 후에 비표준적 문제로 넘어가야 한다고 생각한다.

결국 수학적 동치를 가르치기 위해서는 표준적인 문제만 풀게 하는 것보다 표준적 문제와 비표준적인 문제들을 함께 풀도록 하는 것이 더 효과적이라는 사실이 드러났다. 한 연구[5]에서 연구원들은 수학 연습 문제풀이 교재 두 권을 만들었다. 하나는 표준적인 문제들만 담고 있었고

(예: 4+3 =__) 다른 하나는 비표준적인 방식(예: __=4+3)으로 배열한 문제들만 담고 있었다. 초등학교 2학년 학생들에게 각각의 교재에 실린 문제를 풀게 한 후에, 표준적 문제와 비표준적 문제를 푸는 능력을 측정했다. 예상할 수 있다시피, 표준적인 문제들만 연습한 아이들보다 비표준적인 문제들을 연습한 아이들이 비표준적 문제들을 더 많이, 더 정확하게 풀었다. 그러나 비표준적 문제를 연습한 아이들은 표준적 문제도 더 많이, 더 정확하게―실제로 2배 정도로 더 많이―풀었다. 그리고 이 차이는 6개월이 지난 후에도 마찬가지였다. 두 그룹의 아이들은 내용면에서는 같은 문제들을 연습했으나 문제 배열에서의 미세한 차이가 아이들의 학습 정도에서 크고 확실한 차이를 가져온 것이다.

병아리 성별 연구와 더불어 이 연구의 의의는 단순히 어떤 학습자료가 다른 학습자료보다 더 낫다는 것이 아니라, 효과적인 교육은 어떤 개념을 습득하고 그 개념들이 어떻게 전달되는지에 대한 깊이 있는 분석을 필요로 한다는 것이다. 이 책 전반에 걸쳐서 우리는 개념에 대한 교육의 다른 예들을 소개했다. 캐럴 스미스의 물질의 입자성 개념에 대한 교육(제1장), 미셸린 지의 열의 운동론에 대한 교육(제2장), 존 클레멘트의 힘의 편재성에 대한 교육(제4장), 마이클 래니의 인위적 기후 변화에 대한 교육(제6장), 버지니아 슬로터의 생물학적 활동들의 활력론에 대한 교육(제7장), 세라 그립쇼버의 음식의 신진대사적 측면에 대한 교육(제8장), 캔 스프링거의 유전의 생물물리학적 특성에 대한 교육(제9장), 그리고 테리 오의 질병에 대한 미생물적 설명 교육(제10장)이 그것이다.

이 교육 프로그램들이 효과적이었던 이유는 병아리 성별 구분 교육과 수학적 동치 교육에서도 활용된 바 있는 분석력을 갖고 있기 때문이다. 이들은 각 개념적 영역에 대한 분석을 바탕으로 하는데, 학습자들이 사실이라고 생각하는 개념들이 잘못됐다면 이를 교정하고, 맞지만 정확하지 않다면 다듬고, 불완전하다면 보충해준다. 효과적인 교육은 그 영역에서 학습자가 갖고 있는 직관적 이론과 전문가들이 습득한 이론 사이에 길을 놓는 것이다. 그 길이 유일한 길은 아니지만 하나의 길임에는 틀림없다. 이러한 길을 놓지 않은 교육 형태로는 (제4장에서 이야기했듯이) '숫자 넣고 돌리기' 방식의 문제 풀이, 마이크로 월드에서의 자유로운 탐구, 그리고 특정한 설명이 없는 실험들이 있다. 이런 형태의 교육은 학생들이 여전히 그들의 직관적 이론에 빠져 있게 하기 때문에 학생들로 하여금 기존의 오개념들을 대면하고 이를 바꾸거나 교정하도록 만들지 못한다.

효과적이지 못한 또 다른 교육 방식은 비판적 분석, 수학 논리 또는 탐구 능력과 같은 일반적 능력들을 키우는 것이다. 이 능력들은 직관적 이론에 내재되어 있는 개념적 문제들을 다루지 않기 때문이다. 잘 설계된 물리 실험을 어떻게 시행하는지 배운다 해서 기동력 이론을 가진 사람이 뉴턴 이론을 가진 사람으로 바뀌지는 않듯이, 천문학 분석 방법을 배운다 해서 지구평면설을 믿는 사람이 지구구체론을 믿게 되지는 않을 것이다. 학생들에게 필요한 것은 그들이 가진 직관적 이론에 대해 배우고, 그 직관적 이론들에 왜 문제가 있는지, 그리고 같은 현상을 설명함에 있어서 어째서 직관적 이론보다 과학 이론이 더 뛰어난지를 이해하는 것이다. 물론 비판적 분석, 수학 논리, 그리고 탐구 능력을 발달시키는 것도 중요하지만, 이러한 능력의 개발이 특정 영역의 과학적 오개념을 바로잡는 치료법은 아니다.

과학은 본질적으로 영역 특수적 학문이다. 특정 분야의 과학자(예: 고질학자)들이 특정 가설(예: 어떤 화석이 다른 것에 비해 오래되었다)들을 시험해보기 위해 특정한 실험(예: 방사성 탄소를 이용한 연대 측정법)을 통해 특정한 데이터(예: 방사성 붕괴의 속도 차이)를 분석하는 것이다. 과학을 하는 것이 영역 특수적이듯이 과학을 배우는 것도 영역 특수적이다. 특정 수업(예: 미생물학)을 수강하는 학생들은 특정 현상(발효, 부패, 질병)과 관련된 특정 이론(예: 세균 이론, 세포 이론)에 담긴 특정 개념(예: 박테리아, RNA, 미토콘드리아)을 배워야 한다. 직관적 이론과 과학적 이론이 가지는 영역 특수성을 무시한 교육은 핵물리학자가 면역학에서 중요한 발견을 하거나 면역학자가 핵물리학에서 중요한 발견을 할 만큼이나 힘든 일이다. 가능할 수도 있으나, 기다리다 지치기 십상이다.

***

직관적 이론에서 과학 이론으로 넘어가는 것을 더 어렵게 만드는 것은 우리가 우리의 직관적 이론이 가진 한계를 종종 깨닫지 못한다는 데 있다. 직관적 이론들은 우리의 이해가 적절하고 충분하다는 느낌을 갖게 하기 때문에 우리는 스스로의 이해를 향상시키려고 하지 않는다.

무지개라는 현상을 살펴보자. 당신은 살면서 아마도 무지개를 여러 번 보았을 것이다. 당신은 무지개의 모양, 색, 그리고 색의 순서를 알고 있고, 무지개가 일시적인 현상이고 만질 수 없다는 것을 알고 있다. 당신은 아마도 무지개가 나타나는 조건들도 알고 있을 것이다. 그렇다면 당신은 무지개를 잘 이해하고 있다고 말하겠는가? 1이 "잘 이해하지 못함", 그리고 7이 "전문가 수준의 이해도"라고 할 때, 당신의 이해력은 1에서 7 사이에 어느 정도인가?

우리의 직관적 이론이 갖는 한계에 관한 책을 한 권 끝까지 읽은 사람이라면 빛과 시각에 대한 본인의 직관적 이론이 무지개의 실제 특성들을 파악하는 데 부적절할 수도 있다는 것을 인식하고 자신이 갖고 있는 무지개에 대한 지식을 확신하는 데 조심스러워할지도 모르겠다. 그러나 보통 사람들은 전혀 조심스러워하지 않는다. 사람들은 대부분 자기가 실제로 알고 있는 것보다 훨씬 더 많이 알고 있다고 생각한다. 무지개나 다른 자연 현상들(예: 지진, 혜성, 조류)에 대한 그들 자신의 이해력을 평가해보라고 하면 대부분의 사람들은 "중간 정도의" 이해력(4 정도)으로 평가한다. 그런 후, 사람들에게 이 현상들에 대해 설명해달라고 하면(예: "자 그럼, 무지개가 어떻게 형성되는지 말씀해주시겠어요?"), 스스로의 이해력에 대한 자신감이 4에서 3으로 떨어진다. 그리고 이들이 가진 지식의 수준을 진단하기 위한 질문을 하면("왜 무지개는 일직선이 아니라 아치형일까요? 왜 무지개의 색들은 항상 같은 순서로 나타날까요?"), 그들의 자신감은 3에서 2로 떨어진다.

자연 현상에 대한 스스로의 이해를 과대평가하는 경향은 '설명적 깊이에 대한 착각illusion of explanatory depth'이라고 불린다. 이는 직관적 이론에 바탕을 둔 우리의 설명적 지식이 실제 그런 것보다 더 깊다고 여기는 착각이다. 이 착각은 4살부터 40살에 이르는 다양한 나이대의 사람들에게서 나타나며, 과학을 그다지 많이 접해보지 못한 사람들부터 대학원 수준의 교육을 받은 사람까지, 다양한 교육 수준의 사람들에게서 나타난다.[6] 관련 영역에 관해 상당한 수준의 직접적 경험을 쌓은 사람들도 마찬가지다(예: 사이클링 선수에게 자전거의 역학을 설명해보라고 했을 때).[7] 나는 심리학 박사 학위를 받은 이 분야의 전문가임에도 불구하고, 심리학 주제들에 대해 새로운 강의를 준비할 때마다 어김없이 설명적 깊이의 착각에 빠진다. 한 시간 분량의 수업을 꽉 채울 만큼 수업 주제에 대해 충분히 알고 있다고 확신하면서 강의 준비를 시작하지만, 금세 내가 가진 지식이 5분 분량의 강의를 할 만큼밖에 되지 않는다는 것을 발견한다. 내가 처음 교수로 부임하고 1년간은 설명적 깊이의 착각으로의 힘들고도 긴 여행이었다.

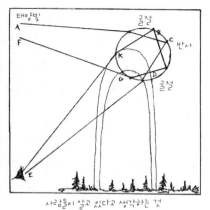

사람들이 실제로 알고 있는 것　　　　　　사람들이 알고 있다고 생각하는 것

그림 2 무지개와 같은 자연현상이 어떻게 일어나는지에 대해 우리가 지닌 지식은 우리가 생각하는
것보다 얕다.

　설명적 깊이의 착각에 대한 연구들에 따르면, 이것은 운전능력이나
경제적 투자 능력에 대한 자기 과신과 같은 일반적인 자기 과신의 문제
만은 아니다. 설명적 깊이에 대한 착각은 복잡한 인과관계의 구조—복
수의 인과관계 경로, 복수의 분석 단계, 보이지 않는 메커니즘, 그리고
미결정된 최종 상태 등—에 관한 문제다. 그 결과, 이러한 특성이 나타
나지 않는 지식에는 착각이 작용하지 않는다. 예를 들어, 설명적 깊이에
대한 착각은 초콜릿 칩 쿠키를 굽는 방법과 같은 절차에 관한 지식이나,
영화 〈스타워즈〉의 줄거리와 같은 이야기에 관한 지식에는 적용되지 않
는다. 당신이 초콜릿 칩 쿠키를 구울 수 있다고 생각한다거나 스타워즈
의 줄거리를 이야기할 수 있다고 생각한다면, 아마도 그것은 사실일 것
이다.
　따라서 자연 현상에 대한 우리의 지식은 양쪽에서 시달리게 된다. 한
쪽으로는 자연 현상들을 (정확한 용어로) 설명하기에 부족한 능력에 시달

리고, 다른 한쪽으로는 이 부족한 능력을 깨닫지 못하는 데서 시달린다. 우리는 우리가 눈이 멀었다는 사실을 보지 못하는 것이다.

직관적 이론에서 과학 이론으로 옮겨 가는 과정을 어렵게 만드는 또 다른 요인은 우리의 직관적 이론이 가진 놀라운 회복력이다. 경제학자 존 메이너드 케인스John Maynard Keynes는 이론의 수정 과정에 대해서 이렇게 말한 적이 있다. "새로운 아이디어를 개발하는 것보다 이전의 아이디어에서 벗어나는 것이 더 어렵다."⁸ 이 책 전반에 걸쳐서 우리는 새로운 개념들을 분명하게 설명할 수 있는 경우에도 이전의 개념들이 그 새로운 개념을 이해하는 데 방해가 되는 많은 예들을 보았다. 그런 사례들을 열거해보자면, 물리 영역에서, 부력은 밀도에 의해 결정된다는 것을 아는 사람들도 특정 물체가 뜨는지 가라앉는지를 판단함에 있어서 여전히 그 물체의 무게를 무시하지 못한다(제1장). 전기 회로를 완성하기 위해서는 전선 두 개가 필요하다는 것을 아는 사람들도 전기가 전원에서 전극까지 하나의 전선을 통해 흐를 수 있다는 것을 부정하는 데 어려움을 보인다(제2장). 또한 서로 다른 질량의 두 물체가 같은 속도로 땅에 떨어진다는 것을 아는 사람들도 여전히 납으로 된 공이 나무로 된 공보다 빨리 떨어질 것 같다는 느낌을 떨쳐내지 못한다(제4장). 그리고 지구가 원형이란 것을 아는 사람들도 도시 간의 거리를 측정할 때는 마치 지구가 평면인 것처럼 측정한다(제5장).

우리는 생물학 영역에서도 같은 경향을 보인다. 식물이 살아 있다는 것을 아는 사람들도 시간에 쫓기거나 다른 것에 집중하고 있으면 여전히 식물을 "살아 있지 않은 것"으로 구분하곤 한다(제7장). 나이가 들면서 자신의 정체성 일부가 변화했다는 것을 충분히 이해하는 사람들도 미래에 자신이 계속해서 변화하리라는 것을 부정한다(제8장). 전염병은 세균을 통해 감염된다는 것을 배웠음에도 불구하고 병에 걸리는 이유로 초자연적인 힘을 탓한다(제10장). 그리고 인간이 아닌 동물로부터 인간이 진화했다는 것을 아는 사람들도 인간이 모든 생명체들과―하찮은 단세포 생물조차와도―공통조상을 통해 연결된다는 것을 부정한다(제12장).

이 같은 발견들이 시사하는 바는, 과학적 지식이 세상에 대한 우리의 이해를 향상시킨다기보다 기존에 우리가 갖고 있는 해석 위에 또 다른 해석을 추가함으로써 우리의 머리를 더 복잡하게 만든다는 것이다. 개념적 변화에 대해 이런 방식으로 접근하는 연구가 시작된 것은 불과 십 년도 되지 않은 꽤 최근의 일이다. 그 이전에 행해진 개념적 변화에 관한 연구에서는 과학 이론이 직관적 이론을 덮어 쓰는 것으로 여겨졌는데, 아마도 그 이유는 연구의 초점이 과학의 초보자(예: 중학교 3학년 학생)와 과학 전문가(예: 물리학 박사)의 차이점을 찾는 데 맞춰졌기 때문일 것이다. 전문가도 시간에 쫓기거나 인지적 부담이 가중되었을 때, 혹은 주의를 빼앗겼을 때 초보자와 비슷한 반응을 보인다는 새로운 현상에 대한 연구는 시작된 지 얼마되지 않았고, 그래서 아직 모르는 것이 많다. 왜 직관적 이론은 과학 이론에 의해서 완전히 대체되지 않는가? 어떤 상황에서 직관적 이론이 작동하고 어떤 상황에서 과학 이론이 작동하는가? 직관에 의한 사고와 과학에 근거한 사고의 차이점을 인식하기 위해서는 어떠한 기술이 필요한가? 직관보다 과학을 우선시하려면 어떤 기술이 필요한가?

마지막 질문과 관련해서는, 과학적 지식을 많이 아는 것만으로는 충분치 않은 듯 보인다. 즉, 우리는 과학자처럼 사고하는 것이 필요하다. 예를 들면, 생물학적 세계에서 인간의 위치를 이해하기 위해서는 공통조상이 있다는 것을 아는 것만으로는 부족하다. 진화의 나무로부터 각 생물들이 유전적으로 어떻게 연관되어 있는지를 분별할 수 있는 능력도 필요하다. 마찬가지로, 세균의 존재를 아는 것만으로 전염병의 생물학적 기반을 이해할 수는 없다. 세균을 살아 있는, 번식하는 생물체로 생각하는 능력이 필요하다. 과학이 주는 혜택을 얻기 위해 과학자처럼 생각해야 한다면, 교육자들은 과학적 개념을 단순히 지식의 총체로서가 아니라 사고의 한 방법으로서, 문제에 대한 해결책이 아니라 문제에 대한 접근 방식으로서 소개해야 한다. 직관적 이론은 일상의 문제들에 대한 일상적인 접근 방식을 제공한다. 이것이 직관적 이론의 존재 이유다. 우리가 시간에 쫓기거나 주의가 분산되었을 때 직관적 이론으로 귀의하는 이유는 아마도 우리가 과학 이론을 같은 방식으로 배운 적이 없기 때문일지도 모른다.

* * *

나는 대학원에서 과학 인지 발달부터 도덕 인지 발달까지 여러 가지 인지 발달을 가르치는 심리학 수업의 조교로서 일한 적이 있다. 도덕 인지는 마지막 주제였는데, 이 수업을 진행한 강사는 도덕 인지 발달이 과학 인지 발달보다 사회적으로 더 중요하다고 말하면서 강의를 마쳤다. 그가 말하기를 당신의 이웃이 도덕적 덕목을 갖추고 있는지 그리고 당신을 도덕적 존엄체로 대하는지가 중요하지, 당신의 이웃이 생물학이나 물리학에 대한 정확한 이해를 갖고 있는지는 중요하지 않다는 것이었다. 그의 견해는 도덕적 사고의 오류는 공적이고 영향력이 큰 반면, 과학적 사고의 오류는 사적이며 큰 영향력이 없다는 것이었다.

　나는 이 비교가 잘못되었다고 생각했다. 그 강사가 도덕적 사고의 중요성을 지나치게 강조해서가 아니라 과학적 사고의 중요성을 충분히 강조하지 않았기 때문이다. 자연 현상에 대한 이해는 세상에 대한 우리의 행동과 반응에 광범위한 영향을 미친다. 걷기에 안전한 평지인지, 만지기에 안전한 물체인지, 물체를 어떻게 들어올리는지, 물체를 어떻게 쌓아 올리는지, 지진에 대비하기 위해 어떤 계획을 세워야 할지, 홍수에는 어떻게 대비할지, 우리가 먹는 음식을 어떻게 고를지, 입을 옷은 어떻게 선택할지, 노화에 어떻게 대처할지, 죽음에 어떻게 대처해야 할지, 피검사의 결과를 어떻게 해석할지, 유전 검사의 결과를 어떻게 받아들일지, 질병을 어떻게 피할지, 질병을 어떻게 치료할지, 그리고 다른 동물들을 어떻게 대할지 등, 몇 가지만 예를 들자면 이렇다.

자연 현상에 대한 우리의 이해는 사회적으로도 광범위한 영향력을 가진다. 예방 접종, 살균, 줄기세포 연구, 복제, 불임 치료, 식품의 유전자 변형, 미생물의 유전자 변형, 항생제, 살충제, 극저온학, 우주 탐사, 원자력, 기후 변화 등, 이 같은 과학적 문제들은 사회 전체에 엄청나게 큰 영향을 준다. 이와 같은 이슈들은 과학자들만 이해하는 것이 아니라 우리 모두가 이해할 필요가 있다. 이 문제들을 해결하기 위해 어떤 정책이 필요한지 그리고 이들을 연구하기 위해 어떤 자원들이 필요한지에 대해서는 사회가 집단적으로 결정해야 하기 때문이다.

집단적 이해와 집단적 행동의 중요성을 보여주는 가장 명백한 사례 중 하나가 예방 접종이다. 예방 접종은 천연두나 폴리오 같이 생명을 위협하는 바이러스에 대한 면역성을 키우는 방법으로, 1796년 에드워드 제너Edward Jenner에 의해 개척되었다. 예방 접종은 죽었거나 활동하지 않는 바이러스 세포를 신체에 투여하여, 살아 있는 바이러스에 감염되기 전에 신체의 면역 체계가 그 바이러스에 대응하는 항체를 만들도록 하는 것이다.[9] 특정 질병에 대해 충분한 수의 사람들이 예방 접종을 받으면 질병의 전이가 줄어들어 결국 그 질병은 박멸될 수 있다. 미국에서 홍역은 홍역 백신이 소개된 후 40년도 안 된 1990년대 말경에 박멸되었다. 한때 거의 모든 미국의 어린이들을 전염시키고 매년 수백 명을 죽인 이 질병은 사실상 미국에서 자취를 감추었다.[10]

그런데 2014년에 홍역이 위협적으로 다시 나타났다. 두 차례의 주요 발병에서 600명이 넘는 사람들이 감염되었다.[11] 예방 접종을 받기에 너무 어리거나 면역 체계가 약한 사람들 뿐만 아니라 고의로 백신 접종을 회피한 사람들 또는 부모들이 의도적으로 예방 접종을 시키지 않은 아이들에 의해 홍역이 다시 발병한 것이다. 이 부모들은 불가사의한 "화학 물질" 속을 떠다니는 비활성 바이러스를 아이들에게 투여한다는 개념을 이해할 수 없었고, 따라서 아이들의 건강을 자연이나 신에게 맡겼다. 그리고 그 결과는 공공 보건의 참사로 이어졌다. 수백 명의 아이들이 200년 전에 이미 치료법이 알려진 병으로부터 고통 받고 심지어 죽어갔다. 다행히도 이 홍역 집단 발병 사건은 미국 사회에 경각심을 불러일으켰다.[12] 많은 주에서 개인적인 또는 종교적인 이유로 예방 접종을 시행하지 않는 것을 제한하는 법을 통과시키고 있고, 많은 지역 사회가 대중들에게 예방 접종을 받지 않을 때의 위험성을 가르치는 교육 프로그램을 개발하고 있다.

이 안타까운 예방접종 사건에서 알 수 있듯이, 현대의 발전된 과학 기술은 직관적 이론만을 바탕으로 이해할 수 없다. 계속 직관적 이론에 의존하는 것은 더 생산적인 경제, 더 건강한 사회, 그리고 더 살기에 알맞은 환경을 추구하는 것을 저해할 것이 분명하다. "과학 아저씨"라고 불리는 빌 나이Bill Nye는 교육적 관점에서 이에 대해 주장해왔다. 그는 과학에 대한 거부가 우리의 지적인 삶뿐만 아니라 사회 전체의 행복과 건강을 위협한다고 생각한다. "어른들이여," 그는 촉구했다, "당신이 과학을 거부하고 과학자들의 관찰과 완전히 어긋나는 당신만의 세계에서 살고 싶다면, 그렇게 하세요. 그러나 당신들의 아이들이 그렇게 되도록 내

버려 두지는 마십시오. 우리는 아이들이 필요합니다. 모두의 미래를 위해 과학적 정보를 이해할 수 있는 미래의 투표권자들과 납세자들이 필요합니다. 새로운 것들을 창조하고 문제 해결 능력을 갖춘 엔지니어들이 우리는 필요합니다."[13]

과학을 거부하는 것은 사회적 관점에서는 문제적 현상이지만 심리적 관점에서는 피할 수 없는 일이다. 각각의 사람이 갖고 있는 인지적 능력과 현재 사회가 요구하는 인지적 능력은 근본적으로 단절되어 있다. 과거 2천 년이 넘는 시간 동안, 인간은 글을 읽고 쓰는 고도의 인지적 과정들은 물론, 과학적 개념 및 과학적 이론들 같은 고도의 인지적 창조물들의 숙달을 요구하는 사회를 만들었다. 한때 과학 탐사의 최전선에 놓여 있던 개념과 이론이 이제는 어린아이들에게 일상적으로 교육되고 있다. 과학에 대해 무지한 사람은 과거의 사회에서는 아무 탈 없이 살 수 있었으나 오늘날의 사회에서는 그렇지 못하다. 오늘날의 사회를 살아가기 위해서는 요리, 청소, 몸단장, 집수리에 필요한 기본적인 능숙함만큼이나 과학에 대한 기본적 능숙함도 요구한다.

현대의 삶의 방식은 과학에 의존하고 있기 때문에, 우리는 과학의 이해를 가로막는 장애물, 즉, 우리 자신의 직관적 이론들에 대해 진지하게 고민해봐야 한다. 우리는 우리가 이 직관들을 인지할 수 있도록 돕는 환경을 구성하고 교실 안팎에서 그 직관들을 극복할 수 있도록 돕는 교육을 설계해야 한다. 직관적 이론은 각 세대에서 각각의 어린이들이 재창조하는 것이기 때문에 인류와 영원히 함께할 것이다. 그러나 우리가 어렸을 때 구축한 이 이론들이 어른이 되어서 우리가 이루고자 하는 가능성들을 가로막도록 놔두지는 않아야 할 것이다.

감사의 말

나는 이 책에서 반직관적인 과학 이론을 배우는 데 적합한 비유는 노이라트의 배라는 점을 지적했다. 항해 도중 배가 항해에 적합하지 않다는 것을 발견했을 때, 배를 수리하고 고치면서 항해를 지속해 나가는 것이다. 노이라트의 배는 이 책에 대한 비유로서도 적합하다. 이 책은 집필이라는 항해에서 몇 번씩 수리하고 고치는 과정을 거쳤는데, 나의 많은 친구들과 동료들의 지도와 도움이 없었더라면 불가능했을 일이다.

우선, 이 책의 항해를 시작하는 데 도움을 준 사람들이 있다. 문헌적인 길잡이가 되어 준 폴 블룸Paul Bloom, 앨리슨 고프닉Alison Gopnik, 스티브 핑커Steve Pinker, 마이클 셔머Michael Shermer, 그리고 카를로 발데솔로Carlo Valdesolo, 그리고 출판사에 깊은 감사를 드린다. 대중서를 언제 그리고 어떻게 써야 하는지에 대해 귀중한 충고를 주고, 이 길에 입문할 수 있도록 도와준 스티브 핑커에게 특히 감사의 마음을 전한다.

두 번째로, 이 책의 가능성을 보고 항해할 가치가 있는 것으로 다듬어 준 맥스 브록먼Max Brockman, TJ 켈러허TJ Kelleher, 그리고 헐린 바설러미

356

Helene Barthelemy에게 감사를 표한다. 나의 대리인 맥스는 내 생각을 정교하게 표현하는 데 도움을 주었고 편집자 TJ는 글이 더 흥미롭고 이해하기 쉽도록, 그리고 편집자의 직원 헐린은 삽화를 (합법적으로) 구하는 데 도움을 주었다.

세 번째로, 이 원고의 초본에 피드백을 준 맥스 래트너Max Rattner, 샤랑 티쿠Sharang Tickoo, 조시 벨카셀Josh Valcarcel, 앤드리아 빌라로보스Andrea Villalobos, 그리고 닐 영Neil Young이 있다. 책 전체를 읽고 피드백을 준 샤랑, 앤드리아, 그리고 닐에게 특별한 감사의 말을 전한다. 그들의 피드백은 이 책을 한층 더 발전시켰다.

마지막으로, 이 책을 시각적으로 돋보이게 도와 준 이언 실버스틴Ian Silverstein과 서머 핏Summer Peet이 있다. 이언은 만화, 유명한 예술작품, 뇌의 그림을 그렸고, 서머는 실험 과제, 도구, 그리고 도표를 그렸다. 그들의 일러스트는 내가 상상한 것 이상으로 더 선명하고 창의적이었다.

이들 이외에도, 생각을 정리하도록 도와준 많은 사람들이 있다. 직관적 이론과 개념의 변화에 대한 연구를 함께 토론한 수많은 동료들 엘리자베스 앨런Elizabeth Allen, 멜리사 앨런Melissa Allen, 에릭 암셀Eric Amsel, 데이브 바너Dave Barner, 앤디 배런Andy Baron, 힐러리 바스Hilary Barth, 이고르 바스캔지브Igor Bascandziev, 제이크 벡Jake Beck, 조너선 베이어Jonathan Beier, 피터 블레이크Peter Blake, 스테판 블랑크Stefaan Blancke, 리즈 보너위츠Liz Bonawitz, 다프나 부시바움Daphna Buchsbaum, 루크 버틀러Luke Butler, 프라시드 캐러비Prassede Calabi, 모린 캐러넌Maureen Callanan, 에릭 체리스Eric Cheries, 미키 지Micki Chi, 존 컬리John Coley, 세라 코르데스Sara Cordes, 캐틀린 코리뷰Kathleen Corriveau, 스티브 크로커Steve Croker, 피어리 쿠시먼Fiery Cushman, 주디스 다노비치Judith Danovitch, 야로 던험Yarrow Dunham, 내털리 에먼스Natalie Emmons, 리사 파이젠슨Lisa Feigenson, 애나 피셔Anna Fisher, 제이슨 프

렌치Jason French, 오리 프리드먼Ori Friedman, 에린 퍼택Erin Furtak, 패트리샤 가니Patricia Ganea, 수전 겔먼Susan Gelman, 탬신 저먼Tamsin German, 윌 저바이스Will Gervais, 탈리아 골드스틴Thalia Goldstein, 노아 굿먼Noah Goodman, 새라 고틀립Sara Gottlieb, 탐 그리피스Tom Griffiths, 저스틴 핼버다Justin Halberda, 카일리 햄린Kiley Hamlin, 폴 해리스Paul Harris, 팻 홀리Pat Hawley, 벤 헤디Ben Heddy, 바버라 호퍼Barbara Hofer, 브루스 후드Bruce Hood, 젠 집슨Jen Jipson, 수지 존슨Suzie Johnson, 척 칼리시Chuck Kalish, 뎁 켈러멘Deb Kelemen, 케이티 킨즐러Katie Kinzler, 조시 크노브Josh Knobe, 멜리사 쾨니그Melissa Koenig, 바버라 코슬로프스키Barbara Koslowski, 타마 쿠시너Tamar Kushnir, 애쉴리 랜드럼Asheley Landrum, 존 레인Jon Lane, 마티유 르코르Mathieu Le Corre, 이상아Sang Ah Lee, 크리스틴 리가르Cristine Legare, 마리아나 린드먼Marjaana Lindeman, 더그 롬바르디Doug Lombardi, 타니아 롬브로조Tania Lombrozo, 제시커 마시Jessecae Marsh, 에이미 매스닉Amy Masnick, 코린 맥크링크Koleen McCrink, 브래드 모리스Brad Morris, 스텔란 올슨Stellan Ohlsson, 크리스티나 올슨Kristina Olson, 존 오퍼John Opfer, 조너선 필립스Jonathan Phillips, 패트리스 포트빈Patrice Potvin, 린지 파월Lindsey Powell, 샌딥 프라사다Sandeep Prasada, 마이크 랜니Mike Ranney, 마저리 로즈Marjorie Rhodes, 베카 리처트Bekah Richert, 리바 로센버그Reba Rosenberg, 칼 로센그린Karl Rosengren, 조시 로트먼Josh Rottman, 마크 사바흐Mark Sabbagh, 딜런 사보Dylan Sabo, 빌 샌도벌Bill Sandoval, 로리 샌토스Laurie Santos, 바버라 사네카Barbara Sarnecka, 리베카 색스Rebecca Saxe, 마이클 슈나이더Michael Schneider, 로라 슐츠Laura Schulz, 앤 셍하스Ann Senghas, 비비언 세이라야니Viviane Seyrayani, 카리사 샤프토Carissa Shafto, 팻 샤프토Pat Shafto, 애나 슈스터먼Anna Shusterman, 크리스틴 슈츠Kristin Shutts, 게일 시나트라Gale Sinatra, 캐럴 스미스Carol Smith, 에린 스미스Erin Smith, 제시 슈데커Jesse Snedeker, 데이브 소벨Dave Sobel, 그레그 솔로몬Gregg Solomon, 리즈

스펠키Liz Spelke, 마헤시 스리니바산Mahesh Srinivasan, 크리스티나 스타먼스Christina Starmans, 엘스베스 스턴Elsbeth Stern, 조시 테넌바움Josh Tenenbaum, 에릭 치센Eric Thiessen, J. D. 트라우트J. D. Trout, 데이비드 우탈David Uttal, 테사 반 슈인델Tessa van Schijndel, 스텔라 보스니아두Stella Vosniadou, 로라 와그너Laura Wagner, 캐런 워커Caren Walker, 샌디 왁스먼Sandy Waxman, 디나 와이스버그Deena Weisberg, 마이클 와이스버그Michael Weisberg, 조지프 제이 윌리엄스Joseph Jay Williams, 네이선 윙클러-로즈Nathan Winkler-Rhodes, 저스틴 우드Justin Wood, 재키 울리Jacki Woolley, 데비 자이칙Debbie Zaitchik, 그리고 코린 짐머만Corinne Zimmerman에게 감사한다..

직관적 이론과 개념의 변화를 연구하는 데 도움을 준 많은 나의 제자들, 케이티 애벌슨Katie Abelson, 엘라 아프캐미자드Ella Afkhamnejad, 새라 아로노-워너Sarah Aronow-Werner, 앨리슨 밴Alison Ban, 새라 버코프Sarah Berkoff, 질리언 비니Gillian Binnie, 샘 버랜드Sam Boland, 발레리 버라사Valerie Bourassa, 이사벨 체카Isabel Checa, 리자 코마트Liza Comart, 알렉산더 플로드-브리즈먼Alexander Flood-Bryzman, 제시카 게일Jessica Gale, 로지 글릭리치Rosie Glicklich, 이라나 글로서Ilana Glosser, 토리 할로트Tori Halote, 줄리아 해밀턴Julia Hamilton, 켈시 해링턴Kelsey Harrington, 하퍼 헤이예스Harper Hayes, 루크 힐리Rourke Healey, 새라 헤네시Sarah Hennessy, 젠 히카르Jen Hichar, 이사벨 허바드Isabel Hubbard, 닉 헝Nick Hung, 제스 잉글Jess Ingle, 메리엄 캔딜Mariam Kandil, 캐서린 키앙Catherine Kiang, 윌리엄 크라우스William Krause, 토리 레온Tori Leon, 알렉스 레빈Alex Levin, 자이 레빈Jai Levin, 가브리엘 링퀴스트Gabrielle Lindquist, 매데인 롱Madalyn Long, 리사 마츠카타Lisa Matsukata, 케이트 맥컬럼Kate McCallum, 케이틀린 모건Caitlin Morgan, 록시 미럼Roxie Myhrum, 아니샤 나라얀Anisha Narayan, 카라 닐Cara Neal, 앨리슨 파워스Allison Powers, 매들린 라쉬Madeline Rasch, 맥스 래트너Max Rattner, 하이디 라이너Heidi Reiner, 리 리

처드슨Lee Richardson, 댄 루빈-윌리스Dan Rubin-Wills, 어맨다 쉬리트Amanda Schlitt, 탐 셀스태드Tom Selstad, 컬럼비아 샤퍼Columbia Shafer, 이라나 셰어 Ilana Share, 데빈 셔머Devin Shermer, 로지 실버-마커Rosie Silber-Marker, 데브라 스키너Debra Skinner, 잭 스트렐리히Jack Strelich, 레아 테오도로Lea Theodorou, 이반 토머스Evan Thomas, 샤랑 티쿠Sharang Tickoo, 레스터 통Lester Tong, 조시 벨카셀Josh Valcarcel, 앤드리아 빌라로보스Andrea Villalobos, 리닌 워런Linneen Warren, 댄 왓슨Dan Watson, 레이철 유Rachel Yoo, 그리고 스테파니 영Stefanie Young에게도 감사의 말을 전한다.

옥시덴탈 칼리지 심리학부와 인지과학부 동료들의 격려와 지원도 빼놓을 수 없다. 국립과학재단National Science Foundation(Faculty Early Career Award DRL-0953384) 그리고 제임스 맥도널 재단James S. McDonnell Foundation(an Understanding Human Cognition Scholar Award)은 재정적 지원을 해주었다.

가족들의 격려 또한 나에겐 큰 힘이 되었다. 나의 부모님 조Joe와 메릴린Marilyn은 나의 학문적 탐구를 늘 독려해주었고, 아마도 나의 논문들을 모두 읽은 유일한 사람들이지 않을까 싶다. 내 아내, 케이티Katie는 나의 모든 논문을 읽지는 않았지만 나에게 엄청난 지지를 보내주었다. 케이티는 내가 중요하다고 생각되는 것이 있으면 가장 먼저 이야기한 사람이기에 아마도 내 어떤 동료들보다도 내 생각에 많은 영향을 준 사람일 것이다.

마지막으로 이 책을 쓰는 데 근본적인 영감을 준 사람은 바로 수전 케리Susan Carey다. 수전은 나의 대학원 지도 교수였는데 그녀 덕분에 나는 직관적 이론과 개념의 변화를 연구하게 되었다. 이 주제에 대해 내가 알고 있는 대부분은 수전의 가르침에서 비롯되었다. 그 누구든 이 주제에 대해 알고 있다면 그 지식의 대부분은 수전의 연구 덕분이다. 그녀는 발달과학 분야에서 개념 변화란 주제를 최전선으로 이끌어내고 이를 연구하고 정의하는 데 있어서 새로운 장을 열었다. 이 책은 그녀가 없었더라면 출판될 수 없었을 것이다. 나의 지도교수라는 점에서든 연구의 선구자라는 점에서든 말이다. 수전, 우리에게 개념 변화의 영향과 중요성을 깨우치게 해주신 것에 대해 대단히 감사드립니다.

옮긴이의 말

이 책은 인간이 갖고 있는 여러 분야에서의 오개념들의 본질에 대한 설명을 위해 어린 아이들의 머릿속으로 들어가본다. 영유아기때부터 형성된 물리학적, 생물학적, 사회적 추측들은 우리들의 직관으로 뿌리 깊이 자리 잡고 있으며, 오랜 교육을 받는다고 하더라도 우리는 이 틀린 직관들에서 완전히 벗어나기 힘들다.

저자는 심리학 전공자가 아니더라도 쉽게 이해할 수 있도록 직관적 이론에 대한 방대한 양의 연구들을 재미있게 설명한다. 또한 오개념을 바로 잡는 효과적인 교육 방법과 비효과적인 방법을 소개함으로써 사회적 그리고 교육적 노력의 중요성을 일깨우고, 동시에 그 노력은 무분별적이 아닌, 과학적 연구에서 도출된 해결책이어야 함을 강조한다.

과학적 이치와 상반되는 직관에 대한 확신으로 인해 우리는 잘못된 교육 과정을 채택하기도 하고 해로운 사회적 공론과 정책 결정에 쉽게 노출된다. 개인적으로 잘못된 결정을 내리기도 한다. 이러한 사실을 깨닫게 하는 시발점으로서, 이 책은 현대 사회를 살아가는 우리 모두에게 중요한 메세지를 선사한다.

　우리 역자들은 이 책에 담긴 저자의 연구들이 진행되는 것을 직접 보았던 대학원 시절부터 이 메세지의 중요성을 깊이 깨달았고, 연구자로서 그리고 교육자로서 이 책의 메세지를 널리 알리고 싶었다. 직감을 중요시 여기는 한국인의 정서에는 어려운 일일 수도 있겠지만 그러기에 더욱 우리의 오개념들을 이해하고 그 한계를 초월하려는 노력이 한국 독자들에게도 도움이 되었으면 하는 바램이다.

　끝으로 이 책이 출간될 수 있게 도움을 주신 장대익 교수님께 진심으로 감사의 말씀을 드리고 싶다.

2020년 6월
김선애 · 이상아

주

들어가며

1 Hotchkiss, 2001.

2 Stenn, 1980.

3 Hotchkiss, 2001; Potter, Kaufmann, Blake, and Feldman, 1984.

4 Olsen, MacKinnon, Goulding, Bean, and Slutsker, 2000; Mungai, Behravesh, and Gould, 2015.

5 Potter, Kaufmann, Blake, and Feldman, 1984.

6 Pew Research Center, 2015.

7 Barber, 1961; Kuhn, 1962; Thagard, 1992.

8 Pew Research Center, 2009; Leiserowitz, Maibach, Roser-Renouf, Feinberg, and Howe, 2013; Lewandowsky, Ecker, Seifert, Schwarz, and Cook, 2012; Miller, Scott, and Okamoto, 2006.

9 Galilei, 1632/1953.

10 Gopnik, 1997; Keil, 1992; Murphy and Medin, 1985; Wellman and Gelman, 1992.

11 Gopnik and Wellman, 2012.

12 Carey, 2009; Shtulman, 2008; Vosniadou, 1994a.

13 Evans and Lane, 2011; Gelman and Legare, 2011; Shtulman and Lombrozo, 2016.

14 Chi, Roscoe, Slotta, Roy, and Chase, 2012; Wiser and Amin, 2001.

15 Carey, 1991; Chi, 1992; Nersessian, 1989; Vosniadou and Brewer, 1987.

16 Jarrett, 2014; O'Connor, 2008.

17 Chi, 2005; Vosniadou, 1994a. 이에 반대하는 견해로는 다음을 참고하라: DiSessa, 2008.

18 Clark, D'Angelo, and Schleigh, 2011; Eckstein and Kozhevnikov, 1997; Halloun

and Hestenes, 1985; Howe, Tavares, and Devine, 2012; Kaiser, Proffitt, and Mc-Closkey, 1985; Kaiser, McCloskey, and Proffitt, 1986; Liu and MacIsaac, 2005.

19 Galilei, 1590/1960.

20 Kaiser, Jonides, and Alexander, 1986; McCloskey, Caramazza, and Green, 1980.

21 Piaget, 1929/2007; Opfer and Siegler, 2004; Stavy and Wax, 1989.

22 Babai, Sekal, and Stavy, 2010; Goldberg and Thompson‐Schill, 2009.

23 Shtulman and Harrington, 2016; Shtulman and Lombrozo, 2016; Shtulman and Valcarcel, 2012.

24 Chai‐Elsholz, Carruthers, and Silec, 2011.

25 Foisy, Potvin, Riopel, and Masson, 2015; Masson, Potvin, Riopel, and Foisy, 2014.

26 Buchholz, 2015.

27 Kahan, Peters, Wittlin, Slovic, Ouelette, Braman, and Mandel, 2012.

28 Au, Chan, Chan, Cheung, Ho, and Ip, 2008.

29 Kempton, 1986.

30 McFerran and Mukhopadhyay, 2013.

제1장 물질

1 Piaget, 1941/2000.

2 Elkind, 1961; Gottesman, 1973; Miller, 1973.

3 Siegler, DeLoache, and Eisenberg, 2010.

4 Elkind, 1961.

5 Field, 1987.

6 Mermelstein and Meyer, 1969.

7 Brainerd and Allen, 1971; Field, 1987.

8 Toulmin and Goodfield, 1982.

9 Smith, 2007.

10 Ibid.

11 Carey, 1991.

12 Kohn, 1993.

13 Hardy, Jonen, Möller, and Stern, 2006; Kloos, Fisher, and Van Orden, 2010; Rappolt‐Schlichtmann, Tenenbaum, Koepke, and Fischer, 2007.

14 Smith, Solomon, and Carey, 2005.

15 Nakhleh, Samarapungavan, and Saglam, 2005; Novick and Nussbaum, 1981.

16 Piaget, 1937/1954.

17 Diamond and Goldman-Rakic, 1989.

18 Diamond, 1985.

19 Baillargeon, Spelke, and Wasserman, 1985.

20 Baillargeon, 1987.

21 Spelke, 1994.

22 Huntley-Fenner, Carey, and Solimando, 2002; see also Rosenberg, 2008.

23 Mahajan, Barnes, Blanco, and Santos, 2009.

24 Scholl, 2001.

25 Smith, Carey, and Wiser, 1985.

26 Smith and Unger, 1997.

27 Smith, 2007; Smith, Maclin, Grosslight, and Davis, 1997.

28 Moss and Case, 1999.

29 Shtulman and Valcarcel, 2012; Shtulman and Harrington, 2016.

30 Potvin, Masson, Lafortune, and Cyr, 2015.

31 Shtulman, unpublished data.

32 Bynum, 2012.

제2장 에너지

1 Middleton, 1971.

2 Wiser and Carey, 1983.

3 Ibid.

4 Fox, 1971.

5 Chiou and Anderson, 2010.

6 Chang and Linn, 2013; Erickson, 1979.

7 Erickson, 1979.

8 Clough and Driver, 1985; Clark, 2006.

9 Cross and Rotkin, 1975.

10 Corlett, Wilson, and Corlett, 1995.

11 Slotta, Chi, and Joram, 1995.

12 Chi, Slotta, and De Leeuw, 1994.

13 Chi, Roscoe, Slotta, Roy, and Chase, 2012; Slotta and Chi, 2006.

14 Slotta and Chi, 2006.

15 Hrepic, Zollman, and Rebello, 2010.

16 Hrepic, Zollman, and Rebello, 2010.

17 Mazens and Lautrey, 2003.

18 Lautrey and Mazens, 2004.

19 Barman, Barman, and Miller, 1996.

20 Cottrell and Winer, 1994.

21 Lindberg, 1976.

22 Winer, Cottrell, Karefilaki, and Gregg, 1996; Winer and Cottrell, 1996; Winer, Cottrell, Karefilaki, and Chronister, 1996.

23 Gregg, Winer, Cottrell, Hedman, and Fournier, 2001.

24 Reiner, Slotta, Chi, and Resnick, 2000.

25 American Burn Association, 2013; Mayo Clinic, 2014; Dokov and Dokova, 2011.

26 Lewis and Linn, 1994.

27 Shtulman and Harrington, 2016; Kelemen, Rottman, and Seston, 2013; Goldberg and Thompson-Schill, 2009.

28 Dunbar, Fugelsang, and Stein, 2007; Foisy, Potvin, Riopel, and Masson, 2015.

29 Masson, Potvin, Riopel, and Foisy, 2014.

제3장 중력

1 James, 1890/1950.

2 Spelke and Kinzler, 2007.

3 Spelke, Breinlinger, Macomber, and Jacobson, 1992.

4 Needham and Baillargeon, 1993.

5 Baillargeon, Needham, and DeVos, 1992.

6 Baillargeon and Hanko-Summers, 1990.

7 Krist, 2010.

8 Hespos and Baillargeon, 2008.

9 Spelke, 1994.

10 Mendes, Rakoczy, and Call, 2008; Santos, 2004.

11 Cacchione and Krist, 2004.

12 Hood, 1995.

13 Hood, 1998; Hood, Santos, and Fieselman, 2000.

14 Hood, Carey, and Prasada, 2000.

15 Berthier, DeBlois, Poirier, Novak, and Clifton, 2000; Shutts, Keen, and Spelke, 2006.

16 Lee and Kuhlmeier, 2013.

17 Bascandziev and Harris, 2011; Hood, Wilson, and Dyson, 2006.

18 Cacchione and Call, 2010; Hood, Hauser, Anderson, and Santos, 1999; Osthaus, Slater, and Lea, 2003.

19 Santos, 2004; Santos, Seelig, and Hauser, 2006.

20 Cacchione, Call, and Zingg, 2009.

21 Cacchione and Burkart, 2012; Santos and Hauser, 2002; Santos, Seelig, and Hauser, 2006.

22 Hood, Hauser, Anderson, and Santos, 1999; Osthaus, Slater, and Lea, 2003.

23 Tomasello and Carpenter, 2007; Tomasello and Herrmann, 2010.

24 Jaswal, 2010.

25 Bascandziev and Harris, 2010; Joh, Jaswal, and Keen, 2011.

26 Public Policy Polling, 2013.

27 Shermer, 2001.

28 Frappart, Raijmakers, and Frède, 2014; Galili, 2001.

29 Blown and Bryce, 2013.

30 Neurath, 1973.

제4장 운동

1 Fischbein, Stavy, and Ma-Naim, 1989; McCloskey, 1983b.

2 Champagne, Klopfer, and Anderson, 1980; Halloun and Hestenes, 1985.

3 Eckstein and Kozhevnikov, 1997; Kaiser, Proffitt, and McCloskey, 1985; McCloskey, 1983b.

4 Kaiser, McCloskey, and Proffitt, 1986; McCloskey, Caramazza, and Green, 1980.

5 Kaiser, Jonides, and Alexander, 1986.

6 Clement, 1982; Palmer and Flanagan, 1997.

7 Clement, 1993; Minstrell, 1982.

8 McCloskey, 1983b; Steinberg, Brown, and Clement, 1990.

9 Clagett, 1961.

10 Steinberg, Brown, and Clement, 1990.

11 McCloskey, 1983a.

12 Roser, Fugelsang, Handy, Dunbar, and Gazzaniga, 2009.

13 Kaiser, Proffitt, and Anderson, 1985.

14 Kaiser, Proffitt, Whelan, and Hecht, 1992.

15 Howe, Tavares, and Devine, 2012.

16 Kim and Spelke, 1999.

17 Freyd and Jones, 1994; Kozhevnikov and Hegarty, 2001.

18 Kim and Pak, 2002.

19 Masson and Vázquez-Abad, 2006; White, 1984.

20 Masson, Bub, and Lalonde, 2011.

21 Miller, Lehman, and Koedinger, 1999; Renken and Nunez, 2013; Zacharia and Olympiou, 2011.

22 Orwig, 2015.

23 Kirschner, Sweller, and Clark, 2006.

24 Renken and Nunez, 2010; see also Klahr and Nigam, 2004.

25 Clement, 1993.

26 Ibid.

27 Clement, Brown, and Zietsman, 1989.

28 DiSessa, 2008.

제5장 우주

1 Harrison, 1981.

2 Couprie, 2011.

3 Nussbaum and Novak, 1976; Vosniadou and Brewer, 1992.

4 Vosniadou and Brewer, 1992, 1994; Vosniadou, Skopeliti, and Ikospenta-ki, 2004, 2005; Diakidoy, Vosniadou and Hawks, 1997; Samarapungavan, Vosniadou and Brewer, 1996.

5 Vosniadou, 1994a.

6 Hannust and Kikas, 2010; Nobes, Martin, and Panagiotaki, 2005.

7 Panagiotaki, Nobes, and Banerjee, 2006; Straatemeier, van der Maas, and Jansen, 2008; Vosniadou, Skopeliti, and Ikospentaki, 2004.

8 Vosniadou, Skopeliti, and Ikospentaki, 2005.

9   Hayes, Goodhew, Heit, and Gillan, 2003.

10 Samarapungavan, Vosniadou and Brewer, 1996.

11 Diakidoy, Vosniadou and Hawks, 1997.

12 Vosniadou, 1994b.

13 Siegal, Butterworth, and Newcombe, 2004.

14 Anscombe, 1959.

15 Vosniadou and Brewer, 1994.

16 Harlow, Swanson, Nylund-Gibson, and Truxler, 2011.

17 Schneps, Sadler, Woll, and Crouse, 1988.

18 Dunbar, Fugelsang, and Stein, 2007.

19 Carbon, 2010.

제6장 지구

1   Marshak, 2009.

2   Le Grand, 1988; Marvin, 1973; Oreskes, 1999.

3   Sclater, 1864.

4   Wegener, 1929/1966.

5   Oreskes, 1999.

6   Gould, 1992.

7   Willis, 1910.

8   Chamberlin, 1928.

9   Libarkin and Anderson, 2005.

10 Libarkin, Anderson, Dahl, Beilfuss, Boone, and Kurdziel, 2005; Marques and
    Thompson, 1997.

11 Sanchez and Wiley, 2014.

12 Libarkin and Schneps, 2012.

13 Darwin, 1859.

14 Catley and Novick, 2009.

15 Lee, Liu, Price, and Kendall, 2011; Trend, 2001.

16 National Science Board, 2014.

17 Kolbert, 2006.

18 Lombardi and Sinatra, 2012.

19 Sheppard, 2015.

20 Li, Johnson, and Zaval, 2011.

21 Donner and McDaniels, 2013.

22 Boyes and Stanisstreet, 1993; Punter, Ochando-Pardo, and Garcia, 2011.

23 Skamp, Boyes, and Stanisstreet, 2013.

24 Leiserowitz, Maibach, Roser-Renouf, Feinberg, and Howe, 2013.

25 National Academies of Sciences, Engineering, and Medicine, 2016b.

26 Ranney and Clark, 2016.

27 Lewandowsky, Gignac, and Vaughan, 2013; Myers, Maibach, Peters, and Leiserowitz, 2015.

28 Cialdini and Goldstein, 2004; Shtulman, 2013.

29 Ding, Maibach, Zhao, Roser-Renouf, and Leiserowitz, 2011; see also Van der Linden, Leiserowitz, Feinberg, and Maibach, 2015.

30 Obama, 2015.

제7장 생명

1 Callanan and Oakes, 1992.

2 Carey, 1985.

3 Bidet-Ildei, Kitromilides, Orliaguet, Pavlova, and Gentaz, 2014; see also Kuhlmeier, Troje, and Lee, 2010.

4 Anggoro, Waxman, and Medin, 2008; Hatano, Siegler, Richards, Inagaki, Stavy, and Wax, 1993; Piaget, 1929/2007.

5 Carey, 1988.

6 Carey, 1985; Gutheil, Vera, and Keil, 1998; Herrmann, Waxman, and Medin, 2010; Stavy and Wax, 1989.

7 Coley, 2012; Medin, Waxman, Woodring, and Washinawatok, 2010; Ross, Medin, Coley, and Atran, 2003.

8 Geerdts, Van de Walle, and LoBue, 2015.

9 Strohminger, personal communication.

10 Lazar and Torney-Purta, 1991; Panagiotaki, Nobes, Ashraf, and Aubby, 2015; Speece and Brent, 1984; Slaughter and Griffiths, 2007.

11 Rosengren, Miller, Gutiérrez, Chow, Schein, and Anderson, 2014.

12 Ibid.; Poling and Hupp, 2008.

13 Astuti and Harris, 2008; Harris and Giménez, 2005.

14 Bering, 2006.

15 Zaitchik, Iqbal, and Carey, 2014.

16 Slaughter and Lyons, 2003.

17 Onion, 2010.

18 Slaughter and Griffiths, 2007.

19 Webb, 1993.

20 MacAvoy, 2015.

21 Bering, 2002.

22 Leddon, Waxman, and Medin, 2011.

23 Coley, Medin, Proffitt, Lynch, and Atran, 1999.

24 Shtulman, unpublished data.

25 Goldberg and Thompson–Schill, 2009.

26 Zaitchik and Solomon, 2008.

제8장 성장

1 When this thought experiment: Klavir and Leiser, 2002.

2 Bechtel and Richardson, 1998.

3 Inagaki and Hatano, 1993; Morris, Taplin, and Gelman, 2000.

4 Anggoro, Waxman, and Medin, 2008.

5 Inagaki and Hatano, 1996.

6 Opfer and Siegler, 2004.

7 Nguyen, McCullough, and Noble, 2011.

8 Ibid.

9 Johnson and Carey, 1998.

10 Gripshover and Markman, 2013.

11 McFerran and Mukhopadhyay, 2013.

12 Livingston and Zylke, 2012.

13 McFerran and Mukhopadhyay, 2013.

14 Gelman and Wellman, 1991.

15 Astuti, Solomon, and Carey, 2004; Atran, Medin, Lynch, Vapnarsky, Ek, and Sousa, 2001; Sousa, Atran, and Medin, 2002; Diesendruck and Haber, 2009; Waxman, Medin, and Ross, 2007.

16 Diesendruck and Haber, 2009; Donovan, 2014; Haslam, Rothschild and Ernst,

2000; Kimel, Huesmann, Kunst, and Halperin, 2016.

17 Meyer, Leslie, Gelman and Stilwell, 2013; Sanner, 2001.

18 Sylvia, 1997.

19 When I grow up: Carey, 1985.

20 Quoidbach, Gilbert, and Wilson, 2013.

제9장 유전

1 Priest, Bonfadelli, and Rusanen, 2003.

2 Lusk, 2015.

3 Christensen, Jayaratne, Roberts, Kardia, and Petty, 2010.

4 Rosenberg, Pritchard, Weber, Cann, Kidd, Zhivotovsky, and Feldman, 2002.

5 United Nations Educational, Scientific and Cultural Organization, 1970.

6 Blancke, Van Breusegem, De Jaeger, Braeckman, and Van Montagu, 2015; Dar-Nimrod and Heine, 2011.

7 Gelman and Wellman, 1991.

8 Dar-Nimrod and Heine, 2011; Kronberger, Wagner, and Nagata, 2014.

9 National Academies of Sciences, Engineering, and Medicine, 2016a.

10 Johnson and Solomon, 1997.

11 Solomon, Johnson, Zaitchik, and Carey, 1996.

12 Solomon, 2002.

13 Byers-Heinlein and Garcia, 2015.

14 Keil and Batterman, 1984.

15 Keil, 1992.

16 They messed it up: Ibid.

17 Zaitchik and Solomon, 2009.

18 Springer, 1995.

19 Venville, Gribble, and Donovan, 2005.

20 Duncan and Tseng, 2011.

21 Shea, 2015.

22 Dar-Nimrod, Cheung, Ruby, and Heine, 2014.

23 Dar-Nimrod and Heine, 2006.

24 Spelke, 2005; Spencer, Steele, and Quinn, 1999.

제10장 질병

1   Wicker, Keysers, Plailly, Royet, Gallese, and Rizzolatti, 2003.

2   Schaller, Miller, Gervais, Yager, and Chen, 2010.

3   Curtis, Aunger, and Rabie, 2004.

4   Haidt, McCauley, and Rozin, 1994.

5   Rozin, Millman, and Nemeroff, 1986.

6   Stevenson, Oaten, Case, Repacholi, and Wagland, 2010.

7   Widen and Russell, 2013.

8   Fallon, Rozin, and Pliner, 1984.

9   Rozin, Fallon, and Augustoni-Ziskind, 1985.

10 Dawson, Han, Cox, Black, and Simmons, 2007.

11 Heinrich, 1999.

12 Rozin, 1990.

13 Thagard, 1999.

14 Miton, Claidière, and Mercier, 2015.

15 Johnson, 2007.

16 Lederberg, 2000; Thagard, 1999.

17 Au, Sidle, and Rollins, 1993; Blacker and LoBue, 2016; Kalish, 1996; Siegal and Share, 1990; Springer, Nguyen, and Samaniego, 1996.

18 DeJesus, Shutts, and Kinzler, 2015.

19 Solomon and Cassimatis, 1999.

20 Raman and Gelman, 2005.

21 Zuger, 2003.

22 Au, Chan, Chan, Cheung, Ho, and Ip, 2008.

23 Zamora, Romo, and Au, 2006.

24 Bearon and Koenig, 1990.

25 Legare and Gelman, 2008; Legare and Gelman, 2009.

26 Nguyen and Rosengren, 2004; Raman and Gelman, 2004.

27 Raman and Winer, 2004.

28 Cancer Research UK, 2015.

제11장 적응

1 Evolution had been contemplated: Mayr, 1982.
2 Gregory, 2009; Mayr, 1982.
3 Darwin, 1859.
4 Gould, 1996; Mayr, 2001.
5 Bowler, 1992.
6 Dobzhansky, 1973.
7 Shtulman, 2006; Shtulman and Calabi, 2013; Shtulman and Schulz, 2008.
8 Coley and Tanner, 2015; Gregory, 2009; Shtulman and Calabi, 2012.
9 Bishop and Anderson, 1990; Shtulman, 2006; Ware and Gelman, 2014.
10 Roughgarden, 2004.
11 Lack, 1947/1983.
12 Andersen, 1844/1981.
13 Gelman, Ware, and Kleinberg, 2010.
14 Shtulman and Schulz, 2008.
15 Emmons and Kelemen, 2015.
16 Onion, 2015.
17 Millman and Smith, 1997; Gruber, 1981.
18 Zimmerman and Cuddington, 2007.
19 Shtulman and Valcarcel, 2012.
20 Shtulman, 2014.
21 De Waal, 2006.
22 Brulliard, 2016.
23 National Science Teachers Association, 2013.
24 Berkman and Plutzer, 2011; Mead and Mates, 2009.
25 Evans, Spiegel, Gram, Frazier, Tare, Thompson, and Diamond, 2010; Opfer, Nehm, and Ha, 2012.

제12장 계통

1 Catley, Novick, and Shade, 2010; Shtulman, 2006.
2 Poling and Evans, 2004; Shtulman, 2006.
3 Gould, 1997.

4   Catley and Novick, 2008; MacDonald and Wiley, 2012.

5   Meir, Perry, Herron, and Kingsolver, 2007; Novick and Catley, 2007; Phillips, Novick, Catley, and Funk, 2012.

6   Catley and Novick, 2008; MacDonald and Wiley, 2012.

7   Tufte, 2001.

8   MacDonald and Wiley, 2012; MacFadden, Oviedo, Seymour, and Ellis, 2012.

9   Mayr, 2001.

10 Shtulman and Checa, 2012.

11 Gould, 1997.

12 Mora, Tittensor, Adl, Simpson, and Worm, 2011.

13 Pennisi, 2003.

14 Evans, 2001; Kelemen, 2004; Samarapungavan and Wiers, 1997.

15 Miller, Scott, and Okamoto, 2006; see also Gervais, 2015; Poling and Evans, 2004.

16 Heddy and Nadelson, 2012.

17 Heddy and Nadelson, 2013.

18 IFLScience, 2015.

19 Berkman and Plutzer, 2011.

20 Mayr, 1982.

21 Darwin, 1844.

22 Newport, 2010.

23 Ibid.

나가며

1   Pemberton, Gingras, and MacEachern, 2007.

2   Thagard, 2014.

3   Chi, Slotta, and De Leeuw, 1994; Chi, Roscoe, Slotta, Roy, and Chase, 2012.

4   Biederman and Shiffrar, 1987.

5   McNeil, Fyfe, and Dunwiddie, 2015.

6   Rozenblit and Keil, 2002; Mills and Keil, 2004; Keil, 2003.

7   Lawson, 2006.

8   Keynes, 1936.

9   Riedel, 2005.

10 Orenstein, Papania, and Wharton, 2004.

11 Centers for Disease Control, 2015.

12 National Conference of State Legislatures, 2016; Horne, Powell, Hummel, and Holyoak, 2015.

13 Kuo, 2012.

참고문헌

American Burn Association (2013). *National burn repository*. Chicago: American Burn Association.

Andersen, H. C. (1844/1981). The ugly duckling. In L. Owens (ed. and trans.), *The complete Hans Christian Andersen fairy tales* (pp. 15-20). New York: Avenel Books.

Anggoro, F. K., Waxman, S. R., and Medin, D. L. (2008). Naming practices and the acquisition of key biological concepts: Evidence from English and Indonesian. *Psychological Science*, 19, 314-319.

Anscombe, G. E. M. (1959). *An Introduction to Wittgenstein's Tractatus*. New York: Harper.

Astuti, R., and Harris, P. L. (2008). Understanding mortality and the life of the ancestors in rural Madagascar. *Cognitive Science*, 32, 713-740.

Astuti, R., Solomon, G. E., and Carey, S. (2004). Constraints on conceptual development: A case study of the acquisition of folkbiological and folksociological knowledge in Madagascar. *Monographs of the Society for Research in Child Development*, 1-161.

Atran, S., Medin, D., Lynch, E., Vapnarsky, V., Ek, E. U., and Sousa, P. (2001). Folkbiology doesn't come from folkpsychology: Evidence from Yukatek Maya in cross-cultural perspective. *Journal of Cognition and Culture*, 1, 3-42.

Au, T. K. F., Chan, C. K., Chan, T. K., Cheung, M. W., Ho, J. Y., and Ip, G. W. (2008). Folkbiology meets microbiology: A study of conceptual and behavioral change. *Cognitive Psychology*, 57, 1-19.

Au, T. K., Sidle, A. L., and Rollins, K. B. (1993). Developing an intuitive understanding of conservation and contamination: Invisible particles as a plausible mechanism. *Developmental Psychology*, 29, 286-299.

Babai, R., Sekal, R., and Stavy, R. (2010). Persistence of the intuitive conception of living things in adolescence. *Journal of Science Education and Technology*, 19, 20–26.

Baillargeon, R. (1987). Object permanence in $3\frac{1}{2}$- and $4\frac{1}{2}$-month-old infants. *Developmental Psychology*, 23, 655–664.

Baillargeon, R., and Hanko-Summers, S. (1990). Is the top object adequately supported by the bottom object? Young infants' understanding of support relations. *Cognitive Development*, 5, 29–53.

Baillargeon, R., Needham, A., and DeVos, J. (1992). The development of young infants' intuitions about support. *Early Development and Parenting*, 1, 69–78.

Baillargeon, R., Spelke, E. S., and Wasserman, S. (1985). Object permanence in five-month-old infants. *Cognition*, 20, 191–208.

Barber, B. (1961). Resistance by scientists to scientific discovery. *Science*, 134, 596–602.

Barman, C. R., Barman, N. S., and Miller, J. A. (1996). Two teaching methods and students' understanding of sound. *School Science and Mathematics*, 96, 63–67.

Bascandziev, I., and Harris, P. L. (2010). The role of testimony in young children's solution of a gravity-driven invisible displacement task. *Cognitive Development*, 25, 233–246.

Bascandziev, I., and Harris, P. L. (2011). Gravity is not the only ruler for falling events: Young children stop making the gravity error after receiving additional perceptual information about the tubes mechanism. *Journal of Experimental Child Psychology*, 109, 468–477.

Bearon, L. B., and Koenig, H. G. (1990). Religious cognitions and use of prayer in health and illness. *Gerontologist*, 30, 249–253.

Bechtel, W., and Richardson, R. C. (1998). Vitalism. In E. Craig (ed.), *Routledge encyclopedia of philosophy* (pp. 639–643). London: Routledge.

Bering, J. M. (2002). Intuitive conceptions of dead agents' minds: The natural foundations of afterlife beliefs as phenomenological boundary. *Journal of Cognition and Culture*, 2, 263–308.

———(2006). The folk psychology of souls. *Behavioral and Brain Sciences*, 29, 453–498.

Berkman, M. B., and Plutzer, E. (2011). Defeating creationism in the courtroom, but not in the classroom. *Science*, 331, 404–405.

Berthier, N. E., DeBlois, S., Poirier, C. R., Novak, J. A., and Clifton, R. K. (2000). Where's the ball? Two- and three-year-olds reason about unseen events. *De-*

velopmental Psychology, 36, 394–401.

Bidet-Ildei, C., Kitromilides, E., Orliaguet, J. P., Pavlova, M., and Gentaz, E. (2014). Preference for point-light human biological motion in newborns: Contribution of translational displacement. *Developmental Psychology*, 50, 113–120.

Biederman, I., and Shiffrar, M. M. (1987). Sexing day-old chicks: A case study and expert systems analysis of a difficult perceptual-learning task. *Journal of Experimental Psychology: Learning, Memory, and Cognition*, 13, 640–645.

Bishop, B. and Anderson, C.A. (1990). Student conceptions of natural selection and its role in evolution. *Journal of Research in Science Teaching*, 27, 415–427.

Blacker, K. A., and LoBue, V. (2016). Behavioral avoidance of contagion in children. *Journal of Experimental Child Psychology*, 143, 162–170.

Blancke, S., Van Breusegem, F., De Jaeger, G., Braeckman, J., and Van Montagu, M. (2015). Fatal attraction: The intuitive appeal of GMO opposition. *Trends in Plant Science*, 22, 1360–1385.

Blown, E. J., and Bryce, T. G. K. (2013). Thought-experiments about gravity in the history of science and in research into children's thinking. *Science and Education*, 22, 419–481.

Bowler, P. J. (1992). *The eclipse of Darwinism: Anti-Darwinian evolution theories in the decades around 1900*. Baltimore: John Hopkins University Press.

Boyes, E., and Stanisstreet, M. (1993). The greenhouse effect: children's perceptions of causes, consequences, and cures. *International Journal of Science Education*, 15, 531–552.

Brainerd, C. J., and Allen, T. W. (1971). Experimental inductions of the conservation of "first-order" quantitative invariants. *Psychological Bulletin*, 75, 128–144.

Brulliard, K. (2016, May 19). People love watching nature on nest cams—until it gets grisly. *Washington Post*. Retrieved from www.washingtonpost.com/news/animalia/wp/2016/05/19/when-nest-cams-get-gruesome-some-viewers-cant-take-it/.

Buchholz, L. (2015). I know what's best for the health of my family, and it's magical thinking. *Womanspiration*, 11. Retrieved from http://reductress.com/post/i-know-whats-best-for-the-health-of-my-family-and-its-magical-thinking/.

Byers-Heinlein, K., and Garcia, B. (2015). Bilingualism changes children's beliefs about what is innate. *Developmental Science*, 18, 344–350.

Bynum, W. (2012). *A little history of science*. New Haven, CT: Yale University Press.

Cacchione, T., and Burkart, J. M. (2012). Dissociation between seeing and acting:

Insights from common marmosets*(Callithrix jacchus)*. *Behavioural Processes*, 89, 52–60.

Cacchione, T., and Call, J. (2010). Intuitions about gravity and solidity in great apes: The tubes task. *Developmental Science*, 13, 320–330.

Cacchione, T., Call, J., and Zingg, R. (2009). Gravity and solidity in four great ape species*(Gorilla gorilla, Pongo pygmaeus, Pan troglodytes, Pan paniscus)*. Vertical and horizontal variations of the table task. *Journal of Comparative Psychology*, 123, 168–180.

Cacchione, T., and Krist, H. (2004). Recognizing impossible object relations: intuitions about support in chimpanzees*(Pan troglodytes)*. *Journal of Comparative Psychology*, 118, 140–148.

Callanan, M. A., and Oakes, L. M. (1992). Preschoolers' questions and parents' explanations: Causal thinking in everyday activity. *Cognitive Development*, 7, 213–233.

Cancer Research UK (2015, Oct. 26). Ten persistent myths about cancer that are false. *The Intendent*. Retrieved from www.independent.co.uk/author/cancer-research-uk.

Carbon, C. C. (2010). The earth is flat when personally significant experiences with the sphericity of the earth are absent. *Cognition*, 116, 130–135.

Carey, S. (1985). *Conceptual change in childhood*. Cambridge, MA: MIT Press.

———(1988). Conceptual differences between children and adults. *Mind and Language*, 3, 167–181.

———(1991). Knowledge acquisition: Enrichment or conceptual change? In S. Carey and R. Gelman (eds.), *The epigenesis of mind: Essays in biology and cognition* (pp. 257–291). Hillsdale, NJ: Lawrence Erlbaum.

———(2009). *The origin of concepts*. Oxford, UK: Oxford University Press.

Catley, K. M., and Novick, L. R. (2008). Seeing the wood for the trees: An analysis of evolutionary diagrams in biology textbooks. *BioScience*, 58, 976–987.

———(2009). Digging deep: Exploring college students' knowledge of macroevolutionary time. *Journal of Research in Science Teaching*, 46, 311–332.

Catley, K. M., Novick, L. R., and Shade, C. K. (2010). Interpreting evolutionary diagrams: When topology and process conflict. *Journal of Research in Science Teaching*, 47, 861–882.

Centers for Disease Control (2015). *Measles cases and outbreaks*. Retrieved from www.cdc.gov/measles/cases-outbreaks.html.

Chai-Elsholz, R., Carruthers, L., and Silec, T. (2011). *Palimpsests and the literary imagination of medieval England: Collected essays*. London: Palgrave Macmillan.

Chamberlin, R. T. (1928). Some of the objections to Wegener's theory. In W. A. J. M. van Waterschoot van der Gracht (ed.), *The theory of continental drift: A symposium* (pp. 83–87). Tulsa, OK: American Association of Petroleum Geologists.

Champagne, A. B., Klopfer, L. E., and Anderson, J. H. (1980). Factors influencing the learning of classical mechanics. *American Journal of Physics*, 48, 1074–1079.

Chang, H. Y., and Linn, M. C. (2013). Scaffolding learning from molecular visualizations. *Journal of Research in Science Teaching*, 50, 858–886.

Chi, M. (1992). Conceptual change within and across ontological categories: Examples from learning and discovery in science. In R. Giere (ed.), *Cognitive models of science* (pp. 129–186). Minneapolis: University of Minnesota Press.

Chi, M. T. H. (2005). Commonsense conceptions of emergent processes: Why some misconceptions are robust. *Journal of the Learning Sciences*, 14, 161–199.

Chi, M. T. H., Roscoe, R. D., Slotta, J. D., Roy, M., and Chase, C. C. (2012). Misconceived causal explanations for emergent processes. *Cognitive Science*, 36, 1–61.

Chi, M. T. H., Slotta, J. D., and De Leeuw, N. (1994). From things to processes: A theory of conceptual change for learning science concepts. *Learning and Instruction*, 4, 27–43.

Chiou, G. L., and Anderson, O. R. (2010). A study of undergraduate physics students' understanding of heat conduction based on mental model theory and an ontology-process analysis. *Science Education*, 94, 825–854.

Christensen, K. D., Jayaratne, T. E., Roberts, J. S., Kardia, S. L. R., and Petty, E. M. (2010). Understandings of basic genetics in the United States: Results from a national survey of black and white men and women. *Public Health Genomics*, 13, 467–476.

Cialdini, R. B., and Goldstein, N. J. (2004). Social influence: Compliance and conformity. *Annual Review of Psychology*, 55, 591–621.

Clagett, M. (1961). *The science of mechanics in the Middle Ages*. Madison: University of Wisconsin Press.

Clark, D. B. (2006). Longitudinal conceptual change in students' understanding of thermal equilibrium: An examination of the process of conceptual restructuring. *Cognition and Instruction*, 24, 467–563.

Clark, D. B., D'Angelo, C. M., and Schleigh, S. P. (2011). Comparison of students' knowledge structure coherence and understanding of force in the Philippines,

Turkey, China, Mexico, and the United States. *Journal of the Learning Sciences*, 20, 207–261.

Clement, J. (1982). Students' preconceptions in introductory mechanics. *American Journal of Physics*, 50, 66–71.

———(1993). Using bridging analogies and anchoring intuitions to deal with students' preconceptions in physics. *Journal of Research in Science Teaching*, 30, 1241–1257.

Clement, J., Brown, D. E., and Zietsman, A. (1989). Not all preconceptions are misconceptions: finding "anchoring conceptions" for grounding instruction on students' intuitions. *International Journal of Science Education*, 11, 554–565.

Clough, E. E., and Driver, R. (1985). Secondary students' conceptions of the conduction of heat: Bringing together scientific and personal views. *Physics Education*, 20, 176–182.

Coley, J. D. (2012). Where the wild things are: Informal experience and ecological reasoning. *Child Development*, 83, 992–1006.

Coley, J. D., Medin, D., Proffitt, J., Lynch, E., and Atran, S. (1999). Inductive reasoning in folkbiological thought. In D. Medin and S. Atran (eds.), *Folkbiology* (pp. 205–232). Cambridge, MA: MIT Press.

Coley, J. D., and Tanner, K. (2015). Relations between intuitive biological thinking and biological misconceptions in biology majors and nonmajors. *CBE Life Sciences Education*, 14, ar8, 1–19.

Corlett, E. N., and Wilson, J. R., and Corlett, N. (1995). *Evaluation of human work*. London: Taylor and Francis.

Cottrell, J. E., and Winer, G. A. (1994). Development in the understanding of perception: The decline of extramission perception beliefs. *Developmental Psychology*, 30, 218–228.

Couprie, D. L. (2011). *Heaven and earth in ancient Greek cosmology*. New York: Springer.

Cross, D. V., and Rotkin, L. (1975). The relation between size and apparent heaviness. *Perception and Psychophysics*, 18, 79–87.

Curtis, V., Aunger, R., and Rabie, T. (2004). Evidence that disgust evolved to protect from risk of disease. *Proceedings of the Royal Society of London B: Biological Sciences*, 271, S131–S133.

Dar-Nimrod, I., Cheung, B. Y., Ruby, M. B., and Heine, S. J. (2014). Can merely learning about obesity genes affect eating behavior? *Appetite*, 81, 269–276.

Dar-Nimrod, I., and Heine, S. J. (2006). Exposure to scientific theories affects women's math performance. *Science*, 314, 435–435.

———(2011). Genetic essentialism: On the deceptive determinism of DNA. *Psychological Bulletin*, 137, 800–818.

Darwin, C. (1844, January 11). *Letter to Joseph Dalton Hooker*. Retrieved from www.darwinproject.ac.uk/letter/entry-729.

———(1859). *On the origin of species by means of natural selection*. London: John Murray.

Dawson, P., Han, I., Cox, M., Black, C., and Simmons, L. (2007). Residence time and food contact time effects on transfer of Salmonella Typhimurium from tile, wood and carpet: testing the five-second rule. *Journal of Applied Microbiology*, 102, 945–953.

De Waal, F. (2006). Morally evolved: Primate social instincts, human morality, and the rise and fall of "Veneer Theory." In S. Macedo and J. Ober (eds.), *Primates and philosophers: How morality evolved* (pp. 1–58). Princeton, NJ: Princeton University Press.

DeJesus, J. M., Shutts, K., and Kinzler, K. D. (2015). Eww she sneezed! Contamination context affects children's food preferences and consumption. *Appetite*, 87, 303–309.

Diakidoy, I. A., Vosniadou, S., and Hawks, J. D. (1997). Conceptual change in astronomy: Models of the earth and of the day/night cycle in American-Indian children. *European Journal of Psychology of Education*, 12, 159–184.

Diamond, A. (1985). Development of the ability to use recall to guide action, as indicated by infants' performance on AB. *Child Development*, 56, 868–883.

Diamond, A., and Goldman-Rakic, P. S. (1989). Comparison of human infants and rhesus monkeys on Piaget's AB task: Evidence for dependence on dorsolateral prefrontal cortex. *Experimental Brain Research*, 74, 24–40.

Diesendruck, G., and Haber, L. (2009). God's categories: The effect of religiosity on children's teleological and essentialist beliefs about categories. *Cognition*, 110, 100–114.

Ding, D., Maibach, E. W., Zhao, X., Roser-Renouf, C., and Leiserowitz, A. (2011). Support for climate policy and societal action are linked to perceptions about scientific agreement. *Nature Climate Change*, 1, 462–466.

DiSessa, A. A. (2008). A bird's-eye view of the "pieces" vs. "coherence" controversy (from the "pieces" side of the fence). In S. Vosniadou (ed.), *International hand-*

book of research on conceptual change (pp. 35-60). New York: Routledge.

Dobzhansky, T. (1973). Nothing in biology makes sense except in the light of evolution. *American Biology Teacher*, 35, 125-129.

Dokov, W., and Dokova, K. (2011). Epidemiology and diagnostic problems of electrical injury in forensic medicine. In D. N. Vieira (ed.), *Forensic medicine: From old problems to new challenges* (pp. 121-136). Rijeka, Croatia: InTech.

Donner, S. D., and McDaniels, J. (2013). The influence of national temperature fluctuations on opinions about climate change in the U.S. since 1990. *Climatic Change*, 118, 537-550.

Donovan, B. M. (2014). Playing with fire? The impact of the hidden curriculum in school genetics on essentialist conceptions of race. *Journal of Research in Science Teaching*, 51, 462-496.

Dunbar, K., Fugelsang, J., and Stein, C. (2007). Do naïve theories ever go away? Using brain and behavior to understand changes in concepts. In M. Lovett and P. Shah (eds.), *Thinking with data* (pp. 193-206). New York: Lawrence Erlbaum Associates.

Duncan, R. G., and Tseng, K. A. (2011). Designing project-based instruction to foster generative and mechanistic understandings in genetics. *Science Education*, 95, 21-56.

Eckstein, S. G., and Kozhevnikov, M. (1997). Parallelism in the development of children's ideas and the historical development of projectile motion theories. *International Journal of Science Education*, 19, 1057-1073.

Elkind, D. (1961). Children's discovery of the conservation of mass, weight, and volume: Piaget replication study II. *Journal of Genetic Psychology*, 98, 219-227.

Emmons, N. A., and Kelemen, D. A. (2015). Young children's acceptance of within-species variation: Implications for essentialism and teaching evolution. *Journal of Experimental Child Psychology*, 139, 148-160.

Erickson, G. L. (1979). Children's conceptions of heat and temperature. *Science Education*, 63, 221-230.

Evans, E. M. (2001). Cognitive and contextual factors in the emergence of diverse belief systems: creation versus evolution. *Cognitive Psychology*, 42, 217-266.

Evans, E. M., and Lane, J. D. (2011). Contradictory or complementary? Creationist and evolutionist explanations of the origin(s) of species. *Human Development*, 54, 144-159.

Evans, E. M., Spiegel, A. N., Gram, W., Frazier, B. N., Tare, M., Thompson, S., and Diamond, J. (2010). A conceptual guide to natural history museum visitors' understanding of evolution. *Journal of Research in Science Teaching*, 47, 326–353.

Fallon, A. E., Rozin, P., and Pliner, P. (1984). The child's conception of food: The development of food rejections with special reference to disgust and contamination sensitivity. *Child Development*, 55, 566–575.

Field, D. (1987). A review of preschool conservation training: An analysis of analyses. *Developmental Review*, 7, 210–251.

Fischbein, E., Stavy, R., and Ma–Naim, H. (1989). The psychological structure of naïve impetus conceptions. *International Journal of Science Education*, 11, 71–81.

Foisy, L. M. B., Potvin, P., Riopel, M., and Masson, S. (2015). Is inhibition involved in overcoming a common physics misconception in mechanics? *Trends in Neuroscience and Education*, 4, 26–36.

Fox, R. (1971). *The caloric theory of gases: From Lavoisier to Regnault*. Oxford, UK: Clarendon.

Frappart, S., Raijmakers, M., and Frède, V. (2014). What do children know and understand about universal gravitation? Structural and developmental aspects. *Journal of Experimental Child Psychology*, 120, 17–38.

Freyd, J. J., and Jones, K. T. (1994). Representational momentum for a spiral path. *Journal of Experimental Psychology: Learning, Memory, and Cognition*, 20, 968–976.

Galilei, G. (1590/1960). *On motion*. Madison: University of Wisconsin Press.

———(1632/1953). *Dialogue concerning the two chief world systems, Ptolemaic and Copernican*. Oakland: University of California Press.

Galili, I. (2001). Weight versus gravitational force: Historical and educational perspectives. *International Journal of Science Education*, 23, 1073–1093.

Geerdts, M. S., Van de Walle, G. A., and LoBue, V. (2015). Daily animal exposure and children's biological concepts. *Journal of Experimental Child Psychology*, 130, 132–146.

Gelman, S. A., and Legare, C. H. (2011). Concepts and folk theories. *Annual Review of Anthropology*, 40, 379–398.

Gelman, S. A., Ware, E. A., and Kleinberg, F. (2010). Effects of generic language on category content and structure. *Cognitive Psychology*, 61, 273–301.

Gelman, S. A., and Wellman, H. M. (1991). Insides and essences: Early understandings of the non–obvious. *Cognition*, 38, 213–244.

Gervais, W. M. (2015). Override the controversy: Analytic thinking predicts endorsement of evolution. *Cognition*, 142, 312–321.

Goldberg, R. F., and Thompson–Schill, S. L. (2009). Developmental "roots" in mature biological knowledge. *Psychological Science*, 20, 480–487.

Gopnik, A. (1997). *Words, thoughts, and theories*. Cambridge, MA: MIT Press.

Gopnik, A., and Wellman, H. M. (2012). Reconstructing constructivism: Causal models, Bayesian learning mechanisms, and the theory theory. *Psychological Bulletin*, 138, 1085–1108.

Gottesman, M. (1973). Conservation development in blind children. *Child Development*, 44, 824–827.

Gould, S. J. (1992). *Ever since Darwin: Reflections in natural history*. New York: Norton.

———(1996). *Full house: The spread of excellence from Plato to Darwin*. New York: Three Rivers Press.

———(1997). *Redrafting the tree of life. Proceedings of the American Philosophical Society*, 141, 30–54.

Gregg, V. R., Winer, G. A., Cottrell, J. E., Hedman, K. E., and Fournier, J. S. (2001). The persistence of a misconception about vision after educational interventions. *Psychonomic Bulletin and Review*, 8, 622–626.

Gregory, T. R. (2009). Understanding natural selection: Essential concepts and common misconceptions. *Evolution: Education and Outreach*, 2, 156–175.

Gripshover, S. J., and Markman, E. M. (2013). Teaching young children a theory of nutrition: Conceptual change and the potential for increased vegetable consumption. *Psychological Science*, 24, 1541–1553.

Gruber, H. E. (1981). *Darwin on man: A psychological study of scientific creativity*. Chicago: University of Chicago Press.

Gutheil, G., Vera, A., and Keil, F. C. (1998). Do houseflies think? Patterns of induction and biological beliefs in development. *Cognition*, 66, 33–49.

Haidt, J., McCauley, C., and Rozin, P. (1994). Individual differences in sensitivity to disgust: A scale sampling seven domains of disgust elicitors. *Personality and Individual Differences*, 16, 701–713.

Halloun, I. A., and Hestenes, D. (1985). Common sense concepts about motion. *American Journal of Physics*, 53, 1056–1065.

Hannust, T., and Kikas, E. (2010). Young children's acquisition of knowledge about the earth: A longitudinal study. *Journal of Experimental Child Psychology*, 107,

164-180.

Hardy, I., Jonen, A., Möller, K., and Stern, E. (2006). Effects of instructional support within constructivist learning environments for elementary school students' understanding of floating and sinking. *Journal of Educational Psychology*, 98, 307-326.

Harlow, D. B., Swanson, L. H., Nylund-Gibson, K., and Truxler, A. (2011). Using latent class analysis to analyze children's responses to the question, "What is a day?" *Science Education*, 95, 477-496.

Harris, P. L., and Giménez, M. (2005). Children's acceptance of conflicting testimony: The case of death. *Journal of Cognition and Culture*, 5, 143-164.

Harrison, E. R. (1981). *Cosmology*. Cambridge, UK: Cambridge University Press.

Haslam, N., Rothschild, L., and Ernst, D. (2000). Essentialist beliefs about social categories. *British Journal of Social Psychology*, 39, 113-127.

Hatano, G., Siegler, R. S., Richards, D. D., Inagaki, K., Stavy, R., and Wax, N. (1993). The development of biological knowledge: A multi-national study. *Cognitive Development*, 8, 47-62.

Hayes, B. K., Goodhew, A., Heit, E., and Gillan, J. (2003). The role of diverse instruction in conceptual change. *Journal of Experimental Child Psychology*, 86, 253-276.

Heddy, B. C., and Nadelson, L. S. (2012). A global perspective of the variables associated with acceptance of evolution. *Evolution: Education and Outreach*, 5, 412-418.

———(2013). The variables related to public acceptance of evolution in the United States. *Evolution: Education and Outreach*, 6, 1-14.

Heinrich, B. (1999). *Mind of the raven*. New York: Harper Collins.

Herrmann, P., Waxman, S. R., and Medin, D. L. (2010). Anthropocentrism is not the first step in children's reasoning about the natural world. *Proceedings of the National Academy of Sciences*, 107, 9979-9984.

Hespos, S. J., and Baillargeon, R. (2008). Young infants' actions reveal their developing knowledge of support variables: Converging evidence for violation-of-expectation findings. *Cognition*, 107, 304-316.

Hood, B. M. (1995). Gravity rules for 2- to 4-year olds? *Cognitive Development*, 10, 577-598.

———(1998). Gravity does rule for falling events. *Developmental Science*, 1, 59-63.

Hood, B., Carey, S., and Prasada, S. (2000). Predicting the outcomes of physical events: Two-year-olds fail to reveal knowledge of solidity and support. *Child Development,* 71, 1540-1554.

Hood, B. M., Hauser, M. D., Anderson, L., and Santos, L. (1999). Gravity biases in a non-human primate? *Developmental Science,* 2, 35-41.

Hood, B. M., Santos, L., and Fieselman, S. (2000). Two-year-olds' naive predictions for horizontal trajectories. *Developmental Science,* 3, 328-332.

Hood, B. M., Wilson, A., and Dyson, S. (2006). The effect of divided attention on inhibiting the gravity error. *Developmental Science,* 9, 303-308.

Horne, Z., Powell, D., Hummel, J. E., and Holyoak, K. J. (2015). Countering antivaccination attitudes. *Proceedings of the National Academy of Sciences,* 112, 10321-10324.

Hotchkiss, J. H. (2001). Lambasting Louis: Lessons from pasteurization. In A. Eaglesham, S. G. Pueppke, and R. W. F. Hardy (eds.), *Genetically modified food and the consumer* (pp. 51-68). Ithaca, NY: National Agricultural Biotechnology Council.

Howe, C., Tavares, J. T., and Devine, A. (2012). Everyday conceptions of object fall: Explicit and tacit understanding during middle childhood. *Journal of Experimental Child Psychology,* 111, 351-366.

Hrepic, Z., Zollman, D. A., and Rebello, N. S. (2010). Identifying students' mental models of sound propagation: The role of conceptual blending in understanding conceptual change. *Physical Review Special Topics: Physics Education Research,* 6, 1-18.

Huntley-Fenner, G., Carey, S., and Solimando, A. (2002). Objects are individuals but stuff doesn't count: Perceived rigidity and cohesiveness influence infants' representations of small groups of discrete entities. *Cognition,* 85, 203-221.

IFLScience (2015, January 29). Richard Dawkins reads hate mail from "fans." Retrieved from www.iflscience.com/editors-blog/richard-dawkins-reads-hate-mail-fans.

Inagaki, K., and Hatano, G. (1993). Young children's understanding of the mind-body distinction. *Child Development,* 64, 1534-1549.

———(1996). Young children's recognition of commonalities between animals and plants. *Child Development,* 67, 2823-2840.

James, W. (1890/1950). *The principles of psychology.* Mineola, NY: Dover Publications.

Jarrett, C. (2014). *Great myths of the brain.* Hoboken, NJ: Wiley-Blackwell.

Jaswal, V. K. (2010). Believing what you're told: Young children's trust in unexpected testimony about the physical world. *Cognitive Psychology*, 61, 248–272.

Joh, A. S., Jaswal, V. K., and Keen, R. (2011). Imagining a way out of the gravity bias: Preschoolers can visualize the solution to a spatial problem. *Child Development*, 82, 744–750.

Johnson, S. (2007). The ghost map. New York: Riverhead Books. Johnson, S. C., and Carey, S. (1998). Knowledge enrichment and conceptual change in folkbiology: Evidence from Williams syndrome. *Cognitive Psychology*, 37, 156–200.

Johnson, S. C., and Solomon, G. E. (1997). Why dogs have puppies and cats have kittens: The role of birth in young children's understanding of biological origins. *Child Development*, 68, 404–419.

Kahan, D. M., Peters, E., Wittlin, M., Slovic, P., Ouellette, L. L., Braman, D., and Mandel, G. (2012). The polarizing impact of science literacy and numeracy on perceived climate change risks. *Nature Climate Change*, 2, 732–735.

Kaiser, M. K., Jonides, J., and Alexander, J. (1986). Intuitive reasoning about abstract and familiar physics problems. *Memory and Cognition*, 14, 308–312.

Kaiser, M. K., McCloskey, M., and Proffitt, D. R. (1986). Development of intuitive theories of motion: Curvilinear motion in the absence of external forces. *Developmental Psychology*, 22, 67–71.

Kaiser, M. K., Proffitt, D. R., and Anderson, K. (1985). Judgments of natural and anomalous trajectories in the presence and absence of motion. *Journal of Experimental Psychology: Learning, Memory, and Cognition*, 11, 795–803.

Kaiser, M. K., Proffitt, D. R., and McCloskey, M. (1985). The development of beliefs about falling objects. *Perception and Psychophysics*, 38, 533–539.

Kaiser, M. K., Proffitt, D. R., Whelan, S. M., and Hecht, H. (1992). Influence of animation on dynamical judgments. *Journal of Experimental Psychology: Human Perception and Performance*, 18, 669–689.

Kalish, C. W. (1996). Preschoolers' understanding of germs as invisible mechanisms. *Cognitive Development*, 11, 83–106.

Keil, F. C. (1992). *Concepts, kinds, and cognitive development*. Cambridge, MA: MIT Press.

———(2003). Folkscience: Coarse interpretations of a complex reality. *Trends in Cognitive Sciences*, 7, 368–373.

Keil, F. C., and Batterman, N. (1984). A characteristic-to-defining shift in the development of word meaning. *Journal of Verbal Learning and Verbal Behavior*, 23, 221–236.

Kelemen, D. (2004). Are children "intuitive theists"? Reasoning about purpose and design in nature. *Psychological Science*, 15, 295-301.

Kelemen, D., Rottman, J., and Seston, R. (2013). Professional physical scientists display tenacious teleological tendencies: Purpose-based reasoning as a cognitive default. *Journal of Experimental Psychology: General*, 142, 1074-1083.

Kempton, W. (1986). Two theories of home heat control. *Cognitive Science*, 10, 75-90.

Keynes, J. M. (1936). *The general theory of employment, interest, and money*. London: Macmillan.

Kim, E., and Pak, S. J. (2002). Students do not overcome conceptual difficulties after solving 1000 traditional problems. *American Journal of Physics*, 70, 759-765.

Kim, I. K., and Spelke, E. S. (1999). Perception and understanding of effects of gravity and inertia on object motion. *Developmental Science*, 2, 339-362.

Kimel, S. Y., Huesmann, R., Kunst, J. R., and Halperin, E. (2016). Living in a genetic world: How learning about interethnic genetic similarities and differences affects peace and conflict. *Personality and Social Psychology Bulletin*, 42, 688-700.

Kirschner, P. A., Sweller, J., and Clark, R. E. (2006). Why minimal guidance during instruction does not work: An analysis of the failure of constructivist, discovery, problem-based, experiential, and inquiry-based teaching. *Educational Psychologist*, 41, 75-86.

Klahr, D., and Nigam, M. (2004). The equivalence of learning paths in early science instruction: Effects of direct instruction and discovery learning. *Psychological Science*, 15, 661-667.

Klavir, R., and Leiser, D. (2002). When astronomy, biology, and culture converge: Children's conceptions about birthdays. *Journal of Genetic Psychology*, 163, 239-253.

Kloos, H., Fisher, A., and Van Orden, G. C. (2010). Situated naïve physics: Task constraints decide what children know about density. *Journal of Experimental Psychology: General*, 139, 625-637.

Kohn, A. S. (1993). Preschoolers' reasoning about density: Will it float? *Child Development*, 64, 1637-1650.

Kolbert, E. (2006). *Field notes from a catastrophe: Man, nature, and climate change*. London: Bloomsbury.

Kozhevnikov, M., and Hegarty, M. (2001). Impetus beliefs as default heuristics: Dissociation between explicit and implicit knowledge about motion. Psychonomic Dissociation between explicit and implicit knowledge about motion. *Psychonomic Bulletin and Review*, 8, 439–453.

Krist, H. (2010). Development of intuitions about support beyond infancy. *Developmental Psychology*, 46, 266–278.

Kronberger, N., Wagner, W., and Nagata, M. (2014). How natural is "more natural"? The role of method, type of transfer, and familiarity for public perceptions of cisgenic and transgenic modification. *Science Communication*, 36, 106–130.

Kuhlmeier, V. A., Troje, N. F., and Lee, V. (2010). Young infants detect the direction of biological motion in point-light displays. *Infancy*, 15, 83–93.

Kuhn, T. S. (1962). *The structure of scientific revolutions*. Chicago: University of Chicago Press.

Kuo, L, (2012, August 28). Bill Nye, The Science Guy, says creationism is not appropriate for children. *Huffington Post*. Retrieved from www.huffingtonpost.com/2012/08/28/bill-nye-science-guy-creationism-evolution_n_1835208.html.

Lack, D. (1947/1983). *Darwin's finches*. Cambridge, UK: Cambridge University Press.

Lautrey, J., and Mazens, K. (2004). Is children's naïve knowledge consistent? A comparison of the concepts of sound and heat. *Learning and Instruction*, 14, 399–423.

Lawson, R. (2006). The science of cycology: Failures to understand how everyday objects work. *Memory and Cognition*, 34, 1667–1675.

Lazar, A., and Torney-Purta, J. (1991). The development of the subconcepts of death in young children: A short-term longitudinal study. *Child Development*, 62, 1321–1333.

Le Grand, H. E. (1988). *Drifting continents and shifting theories*. Cambridge, UK: Cambridge University Press.

Leddon, E. M., Waxman, S. R., and Medin, D. L. (2011). What does it mean to "live" and "die"? A cross-linguistic analysis of parent-child conversations in English and Indonesian. *British Journal of Developmental Psychology*, 29, 375–395.

Lederberg, J. (2000). Infectious history. *Science*, 288, 287–293.

Lee, H. S., Liu, O. L., Price, C. A., and Kendall, A. L. (2011). College students' temporal-magnitude recognition ability associated with durations of scientific changes. *Journal of Research in Science Teaching*, 48, 317–335.

Lee, V., and Kuhlmeier, V. A. (2013). Young children show a dissociation in looking

and pointing behavior in falling events. *Cognitive Development*, 28, 21-30.

Legare, C. H., and Gelman, S. A. (2008). Bewitchment, biology, or both: The co-existence of natural and supernatural explanatory frameworks across development. *Cognitive Science*, 32, 607-642.

———(2009). South African children's understanding of AIDS and flu: Investigating conceptual understanding of cause, treatment and prevention. *Journal of Cognition and Culture*, 9, 333-346.

Leiserowitz, A., Maibach, E., Roser-Renouf, C., Feinberg, G. and Howe, P. (2013) *Global warming's six Americas*. New Haven, CT: Yale Project on Climate Change Communication.

Lewandowsky, S., Ecker, U. K., Seifert, C. M., Schwarz, N., and Cook, J. (2012). Misinformation and its correction: Continued influence and successful debiasing. *Psychological Science in the Public Interest*, 13, 106-131.

Lewandowsky, S., Gignac, G. E., and Vaughan, S. (2013). The pivotal role of perceived scientific consensus in acceptance of science. *Nature Climate Change*, 3, 399-404.

Lewis, E. L., and Linn, M. C. (1994). Heat energy and temperature concepts of adolescents, adults, and experts: Implications for curricular improvements. *Journal of Research in Science Teaching*, 31, 657-677.

Li, Y., Johnson, E. J., and Zaval, L. (2011). Local warming: Daily temperature change influences belief in global warming. *Psychological Science*, 22, 454-459.

Libarkin, J. C., and Anderson, S. W. (2005). Assessment of learning in entry-level geoscience courses: Results from the Geoscience Concept Inventory. *Journal of Geoscience Education*, 53, 394-401.

Libarkin, J. C., Anderson, S. W., Dahl, J., Beilfuss, M., Boone, W., and Kurdziel, J. P. (2005). Qualitative analysis of college students' ideas about the earth: Interviews and open-ended questionnaires. *Journal of Geoscience Education*, 53, 17-26.

Libarkin, J. C., and Schneps, M. H. (2012). Elementary children's retrodictive reasoning about earth science. *International Electronic Journal of Elementary Education*, 5, 47-62.

Lindberg, D. C. (1976). *Theories of vision from al-Kindi to Kepler*. Chicago: University of Chicago Press.

Liu, X., and MacIsaac, D. (2005). An investigation of factors affecting the degree of naïve impetus theory application. *Journal of Science Education and Technology*,

14, 101-116.

Livingston, E., and Zylke, J. W. (2012). JAMA obesity theme issue. *Journal of the American Medical Association*, 307, 970-971.

Lombardi, D., and Sinatra, G. M. (2012). College students' perceptions about the plausibility of human-induced climate change. *Research in Science Education*, 42, 201-217.

Lusk, J. (2015). *Food demand survey: January 2015*. Stillwater: Oklahoma State University Department of Agricultural Economics.

MacAvoy, A. (2015). *Pentagon plans to exhume, identify hundreds killed in bombing of Pearl Harbor*. Retrieved from www.huffingtonpost.com/2015/04/14/pentagon-pearl-harbor-identify_n_7066902.html.

MacDonald, T., and Wiley, E. O. (2012). Communicating phylogeny: Evolutionary tree diagrams in museums. *Evolution: Education and Outreach*, 5, 14-28.

MacFadden, B. J., Oviedo, L. H., Seymour, G. M., and Ellis, S. (2012). Fossil horses, orthogenesis, and communicating evolution in museums. *Evolution: Education and Outreach*, 5, 29-37.

Mahajan, N., Barnes, J. L., Blanco, M., and Santos, L. R. (2009). Enumeration of objects and substances in non-human primates: Experiments with brown lemurs (*Eulemur fulvus*). *Developmental Science*, 12, 920-928.

Marques, L., and Thompson, D. (1997). Misconceptions and conceptual changes concerning continental drift and plate tectonics among Portuguese students aged 16-17. *Research in Science and Technological Education*, 15, 195-222.

Marshak, S. (2009). *Essentials of geology*. New York: W. W. Norton and Company.

Marvin, U. (1973). *Continental drift: The evolution of a concept*. Washington, DC: Smithsonian Institution Press.

Masson, M. E., Bub, D. N., and Lalonde, C. E. (2011). Video-game training and naïve reasoning about object motion. *Applied Cognitive Psychology*, 25, 166-173.

Masson, S., Potvin, P., Riopel, M., and Foisy, L. M. B. (2014). Differences in brain activation between novices and experts in science during a task involving a common misconception in electricity. *Mind, Brain, and Education*, 8, 44-55.

Masson, S., and Vázquez-Abad, J. (2006). Integrating history of science in science education through historical microworlds to promote conceptual change. *Journal of Science Education and Technology*, 15, 257-268.

Mayo Clinic (2014). *Causes of frostbite*. Retrieved from www.mayoclinic.org/diseases-conditions/frostbite/basics/causes/con-20034608.

Mayr, E. (1982). *The growth of biological thought: Diversity, evolution, and inheritance.* Cambridge, MA: Harvard University Press.

———(2001). *What evolution is.* New York: Basic Books.

Mazens, K., and Lautrey, J. (2003). Conceptual change in physics: Children's naïve representations of sound. *Cognitive Development*, 18, 159-176.

McCloskey, M. (1983a). Intuitive physics. *Scientific American*, 248, 122-130.

———(1983b). Naïve theories of motion. In D. Gentner and A. L. Stevens (eds.), *Mental models* (pp. 299-324). Hillsdale, NJ: Erlbaum.

McCloskey, M., Caramazza, A., and Green, B. (1980). Curvilinear motion in the absence of external forces: Naive beliefs about the motion of objects. *Science.* 210, 1139-1141.

McFerran, B., and Mukhopadhyay, A. (2013). Lay theories of obesity predict actual body mass. *Psychological Science*, 24, 1428-1436.

McNeil, N. M., Fyfe, E. R., and Dunwiddie, A. E. (2015). Arithmetic practice can be modified to promote understanding of mathematical equivalence. *Journal of Educational Psychology*, 107, 423-436.

Mead, L. S., and Mates, A. (2009). Why science standards are important to a strong science curriculum and how states measure up. *Evolution: Education and Outreach*, 2, 359-371.

Medin, D., Waxman, S., Woodring, J., and Washinawatok, K. (2010). Human-centeredness is not a universal feature of young children's reasoning: Culture and experience matter when reasoning about biological entities. *Cognitive Development*, 25, 197-207.

Meir, E., Perry, J, Herron, J. C., and Kingsolver, J. (2007). College students' misconceptions about evolutionary trees. *American Biology Teacher*, 69, 71-76.

Mendes, N., Rakoczy, H., and Call, J. (2008). Ape metaphysics: Object individuation without language. *Cognition*, 106, 730-749.

Mermelstein, E., and Meyer, E. (1969). Conservation training techniques and their effects on different populations. *Child Development*, 40, 471-490.

Meyer, M., Leslie, S. J., Gelman, S. A., and Stilwell, S. M. (2013). Essentialist beliefs about bodily transplants in the United States and India. *Cognitive Science*, 37, 668-710.

Middleton, W. E. K. (1971). *The experimenters: A study of the Accademia del Cimento.* Baltimore: Johns Hopkins Press.

Miller, C. S., Lehman, J. F., and Koedinger, K. R. (1999). Goals and learning in microworlds. *Cognitive Science*, 23, 305-336.

Miller, J. D., Scott, E. C., and Okamoto, S. (2006). Public acceptance of evolution. *Science*, 313, 765-766.

Miller, S. A. (1973). Contradiction, surprise, and cognitive change: The effects of disconfirmation of belief on conservers and nonconservers. *Journal of Experimental Child Psychology*, 15, 47-62.

Millman, A. B., and Smith, C. L. (1997). Darwin's use of analogical reasoning in theory construction. *Metaphor and Symbol*, 12, 159-187.

Mills, C. M., and Keil, F. C. (2004). Knowing the limits of one's understanding: The development of an awareness of an illusion of explanatory depth. *Journal of Experimental Child Psychology*, 87, 1-32.

Minstrell, J. (1982). Explaining the "at rest" condition of an object. *Physics Teacher*, 20, 10-14.

Miton, H., Claidière, N., and Mercier, H. (2015). Universal cognitive mechanisms explain the cultural success of bloodletting. *Evolution and Human Behavior*, 36, 303-312.

Mora, C., Tittensor, D. P., Adl, S., Simpson, A. G., and Worm, B. (2011). How many species are there on Earth and in the ocean? *PLoS Biology*, 9, e1001127.

Morris, S. C., Taplin, J. E., and Gelman, S. A. (2000). Vitalism in naïve biological thinking. *Developmental Psychology*, 36, 582-595.

Moss, J., and Case, R. (1999). Developing children's understanding of the rational numbers: A new model and an experimental curriculum. *Journal for Research in Mathematics Education*, 30, 122-147.

Mungai, E. A., Behravesh, C. B., and Gould, L. H. (2015). Increased outbreaks associated with nonpasteurized milk, United States, 2007-2012. *Emerging Infectious Diseases*, 21, 119-122.

Murphy, G. L., and Medin, D. L. (1985). The role of theories in conceptual coherence. *Psychological Review*, 92, 289-316.

Myers, T. A., Maibach, E., Peters, E., and Leiserowitz, A. (2015). Simple messages help set the record straight about scientific agreement on human-caused climate change: The results of two experiments. *PloS One*, 10, e0120985.

Nakhleh, M. B., Samarapungavan, A., and Saglam, Y. (2005). Middle school students' beliefs about matter. *Journal of Research in Science Teaching*, 42, 581-612.

National Academies of Sciences, Engineering, and Medicine (2016a). *Genetically engineered crops: Experiences and prospects*. Washington, DC: National Academies Press.

———(2016b). *Science literacy: Concepts, contexts, and consequences.* Washington, DC: National Academies Press.

National Conference of State Legislatures (2016, Aug. 23). *States with religious and philosophical exemptions from school immunization requirements.* Retrieved from www.ncsl.org/research/health/school-immunization-exemption-state-laws.aspx.

National Science Board (2014). *Science and engineering indicators.* Arlington, VA: National Science Foundation.

National Science Teachers Association (2013). *Next generation science standards.* Washington, DC: National Academies Press.

Needham, A., and Baillargeon, R. (1993). Intuitions about support in 4.5-monthold infants. *Cognition,* 47, 121-148.

Nersessian, N. J. (1989). Conceptual change in science and in science education. *Synthese,* 80, 163-183.

Neurath, O. (1973). *Empiricism and sociology.* Dordrecht: Holland: D. Reidel Publishing Company.

Newport, F. (2010). *Four in 10 Americans believe in strict creationism.* Gallup Organization.

Newton, I. (1687/1999). *The principia: Mathematical principles of natural philosophy.* Berkeley: University of California Press.

Nguyen, S. P., McCullough, M. B., and Noble, A. (2011). A theory-based approach to teaching young children about health: A recipe for understanding. *Journal of Educational Psychology,* 103, 594-606.

Nguyen, S. P., and Rosengren, K. S. (2004). Causal reasoning about illness: A comparison between European- and Vietnamese-American children. *Journal of Cognition and Culture,* 4, 51-78.

Nobes, G., Martin, A. E., and Panagiotaki, G. (2005). The development of scientific knowledge of the earth. *British Journal of Developmental Psychology,* 23, 47-64.

Novick, L. R., and Catley, K. M. (2007). Understanding phylogenies in biology: The influence of a Gestalt perceptual principle. *Journal of Experimental Psychology: Applied,* 13, 197-223.

Novick, S., and Nussbaum, J. (1981). Pupils' understanding of the particulate nature of matter: A cross-age study. *Science Education,* 65, 187-196.

Nussbaum, J., and Novak, J. D. (1976). An assessment of children's concepts of the earth utilizing structured interviews. *Science Education*, 60, 535–550.

O'Connor, A. (2008, November 10). The claim: Tongue is mapped into four areas of taste. *New York Times*, D6.

Obama, B. (2015). Climate change can no longer be ignored. *Office of the Press Secretary*. Retrieved from www.whitehouse.gov/the-press-office/2015/04/18/weekly-address-climate-change-can-no-longer-be-ignored.

Olsen, S. J., MacKinnon, L. C., Goulding, J. S., Bean, N. H., and Slutsker, L. (2000). Surveillance for foodborne disease outbreaks: United States, 1993–1997. *Morbidity and Mortality Weekly Report*, 49, 1–62.

Onion (2010). *Scientists successfully teach gorilla it will die someday*. Retrieved from www.theonion.com/video/scientists-successfully-teach-gorilla-it-will-die-17165.

———(2015). *Natural selection kills 38 quadrillion organisms in bloodiest day yet*. Retrieved from www.theonion.com/article/natural-selection-kills-38-quadrillion-organisms-i-37873.

Opfer, J. E., Nehm, R. H., and Ha, M. (2012). Cognitive foundations for science assessment design: Knowing what students know about evolution. *Journal of Research in Science Teaching*, 49, 744–777.

Opfer, J. E., and Siegler, R. S. (2004). Revisiting preschoolers' living things concept: A microgenetic analysis of conceptual change in basic biology. *Cognitive Psychology*, 49, 301–332.

Orenstein, W. A., Papania, M. J., and Wharton, M. E. (2004). Measles elimination in the United States. *Journal of Infectious Diseases*, 189, S1–S3.

Oreskes, N. (1999). *The rejection of continental drift: Theory and method in American earth science*. Oxford, UK: Oxford University Press.

Orwig, J. (2015). The physics of Mario World show the game has a fundamental flaw. *Business Insider*. Retrieved from www.businessinsider.com/mario-brothers-physics-gravity-2015-2.

Osthaus, B., Slater, A. M., and Lea, S. E. (2003). Can dogs defy gravity? A comparison with the human infant and a non-human primate. *Developmental Science*, 6, 489–497.

Ozsoy, S. (2012). Is the earth flat or round? Primary school children's understandings of the planet earth. *International Electronic Journal of Elementary Education*, 4, 407–415.

Palmer, D. H., and Flanagan, R. B. (1997). Readiness to change the conception that "motion-implies-force": A comparison of 12-year-old and 16-year-old students. *Science Education*, 81, 317-331.

Panagiotaki, G., Nobes, G., Ashraf, A., and Aubby, H. (2015). British and Pakistani children's understanding of death: Cultural and developmental influences. *British Journal of Developmental Psychology*, 33, 31-44.

Panagiotaki, G., Nobes, G., and Banerjee, R. (2006). Children's representations of the earth: A methodological comparison. *British Journal of Developmental Psychology*, 24, 353-372.

Pemberton, S. G., Gingras, M. K., and MacEachern, J. A. (2007). Edward Hitchcock and Roland Bird: Two early titans of vertebrate ichnology in North America. In W. Miller (ed.), *Trace fossils: Concepts, problems, prospects* (pp. 30-49). Amsterdam: Elsevier.

Pennisi, E. (2003). Modernizing the tree of life. *Science*, 300, 1692-1697.

Pew Research Center (2009). *Public opinion on religion and science in the United States*. Washington, DC: Pew Research Center.

———(2015). *Public and scientists' views on science and society*. Washington, DC: Pew Research Center.

Phillips, B. C., Novick, L. R., Catley, K. M., and Funk, D. J. (2012). Teaching tree thinking to college students: It's not as easy as you think. *Evolution: Education and Outreach*, 5, 595-602.

Piaget, J. (1929/2007). *The child's conception of the world*. New York: Routledge.

———(1941/2001). *The child's conception of number*. New York: Routledge.

———(1937/1954). *The construction of reality in the child*. New York: Basic Books.

Poling, D. A., and Evans, E. M. (2004). Religious belief, scientific expertise, and folk ecology. *Journal of Cognition and Culture*, 4, 485-524.

Poling, D. A., and Hupp, J. M. (2008). Death sentences: A content analysis of children's death literature. *Journal of Genetic Psychology*, 169, 165-176.

Potter, M. E., Kaufmann, A. F., Blake, P. A., and Feldman, R. A. (1984). Unpasteurized milk: The hazards of a health fetish. *Journal of the American Medical Association*, 252, 2048-2052.

Potvin, P., Masson, S., Lafortune, S., and Cyr, G. (2015). Persistence of the intuitive conception that heavier objects sink more: A reaction time study with different levels of interference. *International Journal of Science and Mathematics Education*, 13, 21-43.

Priest, S. H., Bonfadelli, H., and Rusanen, M. (2003). The "trust gap" hypothesis:

Predicting support for biotechnology across national cultures as a function of trust in actors. *Risk Analysis*, 23, 751-766.

Public Policy Polling (2013). *Democrats and Republicans differ on conspiracy theory beliefs*. Raleigh, NC: Public Policy Polling.

Punter, P., Ochando-Pardo, M., and Garcia, J. (2011). Spanish secondary school students' notions on the causes and consequences of climate change. *International Journal of Science Education*, 33, 447-464.

Quoidbach, J., Gilbert, D. T., and Wilson, T. D. (2013). The end of history illusion. *Science*, 339, 96-98.

Raman, L., and Gelman, S. A. (2004). A cross-cultural developmental analysis of children's and adults' understanding of illness in South Asia (India) and the United States. *Journal of Cognition and Culture*, 4, 293-317.

———(2005). Children's understanding of the transmission of genetic disorders and contagious illnesses. *Developmental Psychology*, 41, 171-182.

Raman, L., and Winer, G. A. (2004). Evidence of more immanent justice responding in adults than children: A challenge to traditional developmental theories. *British Journal of Developmental Psychology*, 22, 255-274.

Ranney, M. A., and Clark, D. (2016). Climate change conceptual change: Scientific information can transform attitudes. *Topics in Cognitive Science*, 8, 49-75.

Rappolt-Schlichtmann, G., Tenenbaum, H. R., Koepke, M. F., and Fischer, K. W. (2007). Transient and robust knowledge: Contextual support and the dynamics of children's reasoning about density. *Mind, Brain, and Education*, 1, 98-108.

Reiner, M., Slotta, J. D., Chi, M. T. H., and Resnick, L. B. (2000). Naïve physics reasoning: A commitment to substance-based conceptions. *Cognition and Instruction*, 18, 1-34.

Renken, M. D., and Nunez, N. (2010). Evidence for improved conclusion accuracy after reading about rather than conducting a belief-inconsistent simple physics experiment. *Applied Cognitive Psychology*, 24, 792-811.

———(2013). Computer simulations and clear observations do not guarantee conceptual understanding. *Learning and Instruction*, 23, 10-23.

Riedel, S. (2005). Edward Jenner and the history of smallpox and vaccination. *Baylor University Medical Center Proceedings*, 18, 21-25.

Rosenberg, R. D. (2008). *Infants' and young children's representations of objects and non-cohesive entities: Implications for the core cognition hypothesis* (unpublished doctoral dissertation). Harvard University, Cambridge, MA.

Rosenberg, N. A., Pritchard, J. K., Weber, J. L., Cann, H. M., Kidd, K. K., Zhivotovsky, L. A., and Feldman, M. W. (2002). Genetic structure of human populations. *Science*, 298, 2381-2385.

Rosengren, K. S., Miller, P. J., Gutiérrez, I. T., Chow, P. I., Schein, S. S., and Anderson, K. N. (2014). Children's understanding of death: Toward a contextualized and integrated account. *Monographs of the Society for Research in Child Development*, 79, 1-162.

Roser, M. E., Fugelsang, J. A., Handy, T. C., Dunbar, K. N., and Gazzaniga, M. S. (2009). Representations of physical plausibility revealed by event-related potentials. *NeuroReport*, 20, 1081-1086.

Ross, N., Medin, D., Coley, J. D., and Atran, S. (2003). Cultural and experiential differences in the development of folkbiological induction. *Cognitive Development*, 18, 25-47.

Roughgarden, J. (2004). *Evolution's rainbow: Diversity, gender, and sexuality in nature and people*. Berkeley: University of California Press.

Rozenblit, L., and Keil, F. (2002). The misunderstood limits of folk science: An illusion of explanatory depth. *Cognitive Science*, 26, 521-562.

Rozin, P. (1990). Development in the food domain. *Developmental Psychology*, 26, 555-562.

Rozin, P., Fallon, A., and Augustoni-Ziskind, M. (1985). The child's conception of food: The development of contamination sensitivity to "disgusting" substances. *Developmental Psychology*, 21, 1075-1079.

Rozin, P., Millman, L., and Nemeroff, C. (1986). Operation of the laws of sympathetic magic in disgust and other domains. *Journal of Personality and Social Psychology*, 50, 703-712.

Samarapungavan, A., Vosniadou, S., and Brewer, W. F. (1996). Mental models of the earth, sun, and moon: Indian children's cosmologies. *Cognitive Development*, 11, 491-521.

Samarapungavan, A. and Wiers, R. W. (1997). Children's thoughts on the origin of species: A study of explanatory coherence. *Cognitive Science*, 21, 147-177.

Sanchez, C. A., and Wiley, J. (2014). The role of dynamic spatial ability in geoscience text comprehension. *Learning and Instruction*, 31, 33-45.

Sanner, M. A. (2001). People's feelings and beliefs about receiving transplants of different origins: Questions of life and death, identity, and nature's border. *Clinical Transplantation*, 15, 19-27.

Santos, L. R. (2004). Core knowledges: A dissociation between spatiotemporal knowledge and contact-mechanics in a non-human primate? *Developmental Science*, 7, 167–174.

Santos, L. R., and Hauser, M. D. (2002). A non-human primate's understanding of solidity: Dissociations between seeing and acting. *Developmental Science*, 5, F1–F7.

Santos, L. R., Seelig, D., and Hauser, M. D. (2006). Cotton-top tamarins' *(Saguinus oedipus)* expectations about occluded objects: A dissociation between looking and reaching tasks. *Infancy*, 9, 147–171.

Schaller, M., Miller, G. E., Gervais, W. M., Yager, S., and Chen, E. (2010). Mere visual perception of other people's disease symptoms facilitates a more aggressive immune response. *Psychological Science*, 21, 649–652.

Schneps, M. H., Sadler, P. M., Woll, S., and Crouse, L. (1988). *A private universe*. Santa Monica, CA: Pyramid Films.

Scholl, B. J. (2001). Objects and attention: The state of the art. *Cognition*, 80, 1–46.

Sclater, P. L. (1864). The mammals of Madagascar. *Quarterly Journal of Science*, 1, 213–219.

Shea, N. A. (2015). Examining the nexus of science communication and science education: A content analysis of genetics news articles. *Journal of Research in Science Teaching*, 52, 397–409.

Sheppard, K. (2015). Watch a U.S. Senator use a snowball to deny global warming. *Mother Jones*. Retrieved from www.motherjones.com/blue-marble/2015/02/inhofe-snowball-climate-change.

Shermer, M. (2001). Fox's Flapdoodle: Tabloid television offers a lesson in uncritical thinking. *Scientific American*, 284, 37.

Shtulman, A. (2006). Qualitative differences between naive and scientific theories of evolution. *Cognitive Psychology*, 52, 170–194.

———(2008). The development of core knowledge domains. In E. M. Anderman and L. Anderman (eds.), *Psychology of classroom learning: An encyclopedia* (pp. 320–325). Farmington Hills, MI: Thompson Gale.

———(2013). Epistemic similarities between students' scientific and supernatural beliefs. *Journal of Educational Psychology*, 105, 199–212.

———(2014). *Using the history of science to identify conceptual prerequisites to understanding evolution*. Poster presented at the 40th meeting of the Society for Philosophy and Psychology, Vancouver, Canada.

Shtulman, A., and Calabi, P. (2012). Cognitive constraints on the understanding and acceptance of evolution. In K. S. Rosengren, S. Brem, E. M. Evans, and G. Sinatra (eds.), *Evolution challenges: Integrating research and practice in teaching and learning about evolution* (pp. 47-65). Cambridge, UK: Oxford University Press.

———(2013). Tuition vs. intuition: Effects of instruction on naïve theories of evolution. *Merrill-Palmer Quarterly*, 59, 141-167.

Shtulman, A., and Checa, I. (2012). Parent-child conversations about evolution in the context of an interactive museum display. *International Electronic Journal of Elementary Education*, 5, 27-46.

Shtulman, A., and Harrington, K. (2016). Tensions between science and intuition across the lifespan. *Topics in Cognitive Science*, 8, 118-137.

Shtulman, A., and Lombrozo, T. (2016). Bundles of contradiction: A coexistence view of conceptual change. In D. Barner and A. Baron (eds.), *Core knowledge and conceptual change* (pp. 49-67). Oxford, UK: Oxford University Press.

Shtulman, A., and Schulz, L. (2008). The relationship between essentialist beliefs and evolutionary reasoning. *Cognitive Science*, 32, 1049-1062.

Shtulman, A., and Valcarcel, J. (2012). Scientific knowledge suppresses but does not supplant earlier intuitions. *Cognition*, 124, 209-215.

Shutts, K., Keen, R., and Spelke, E. S. (2006). Object boundaries influence toddlers' performance in a search task. *Developmental Science*, 9, 97-107.

Siegal, M., Butterworth, G., and Newcombe, P. A. (2004). Culture and children's cosmology. *Developmental Science*, 7, 308-324.

Siegal, M., and Share, D. L. (1990). Contamination sensitivity in young children. *Developmental Psychology*, 26, 455-458.

Siegler, R. S., DeLoache, J. S., and Eisenberg, N. (2010). *How children develop*. New York: Macmillan.

Skamp, K., Boyes, E., and Stanisstreet, M. (2013). Beliefs and willingness to act about global warming: Where to focus science pedagogy? *Science Education*, 97, 191-217.

Slaughter, V., and Griffiths, M. (2007). Death understanding and fear of death in young children. *Clinical Child Psychology and Psychiatry*, 12, 525-535.

Slaughter, V., and Lyons, M. (2003). Learning about life and death in early childhood. *Cognitive Psychology*, 46, 1-30.

Slotta, J. D., and Chi, M. T. (2006). Helping students understand challenging topics in science through ontology training. *Cognition and Instruction*, 24, 261–289.

Slotta, J. D., Chi, M. T., and Joram, E. (1995). Assessing students' misclassifications of physics concepts: An ontological basis for conceptual change. *Cognition and Instruction*, 13, 373–400.

Smith, C. (2007). Bootstrapping processes in the development of students' commonsense matter theories: Using analogical mappings, thought experiments, and learning to measure to promote conceptual restructuring. *Cognition and Instruction*, 25, 337–398.

Smith, C., Carey, S., and Wiser, M. (1985). On differentiation: A case study of the development of the concepts of size, weight, and density. *Cognition*, 21, 177–237.

Smith, C., Maclin, D., Grosslight, L., and Davis, H. (1997). Teaching for understanding: A comparison of two approaches to teaching students about matter and density. *Cognition and Instruction*, 15, 317–393.

Smith, C., Solomon, G. E., and Carey, S. (2005). Never getting to zero: Elementary school students' understanding of the infinite divisibility of number and matter. *Cognitive Psychology*, 51, 101–140.

Smith, C., and Unger, C. (1997). What's in dots-per-box? Conceptual bootstrapping with stripped-down visual analogs. *Journal of the Learning Sciences*, 6, 143–181.

Solomon, G. E. (2002). Birth, kind and naïve biology. *Developmental Science*, 5, 213–218.

Solomon, G. E., and Cassimatis, N. L. (1999). On facts and conceptual systems: Young children's integration of their understandings of germs and contagion. *Developmental Psychology*, 35, 113–126.

Solomon, G. E., Johnson, S. C., Zaitchik, D., and Carey, S. (1996). Like father, like son: Young children's understanding of how and why offspring resemble their parents. *Child Development*, 67, 151–171.

Sousa, P., Atran, S., and Medin, D. (2002). Essentialism and folkbiology: Evidence from Brazil. *Journal of Cognition and Culture*, 2, 195–223.

Speece, M. W., and Brent, S. B. (1984). Children's understanding of death: A review of three components of a death concept. *Child Development*, 55, 1671–1686.

Spelke, E. S. (1994). Initial knowledge: Six suggestions. *Cognition*, 50, 431–445.

———(2005). Sex differences in intrinsic aptitude for mathematics and science? A critical review. *American Psychologist*, 60, 950–958.

Spelke, E. S., Breinlinger, K., Macomber, J., and Jacobson, K. (1992). Origins of knowledge. *Psychological Review*, 99, 605–632.

Spelke, E. S., and Kinzler, K. D. (2007). Core knowledge. *Developmental Science*, 10, 89–96.

Spencer, S. J., Steele, C. M., and Quinn, D. M. (1999). Stereotype threat and women's math performance. *Journal of Experimental Social Psychology*, 35, 4–28.

Springer, K. (1995). Acquiring a naive theory of kinship through inference. *Child Development*, 66, 547–558.

Springer, K., Ngyuen, T., and Samaniego, R. (1996). Early understanding of age-and environment-related noxiousness in biological kinds: Evidence for a naïve theory. *Cognitive Development*, 11, 65–82.

Stavy, R., and Wax, N. (1989). Children's conceptions of plants as living things. *Human Development*, 32, 88–94.

Steinberg, M. S., Brown, D. E., and Clement, J. (1990). Genius is not immune to persistent misconceptions: Conceptual difficulties impeding Isaac Newton and contemporary physics students. *International Journal of Science Education*, 12, 265–273.

Stenn, F. (1980). Nurture turned to poison. *Perspectives in Biology and Medicine*, 24, 69–80.

Stevenson, R. J., Oaten, M. J., Case, T. I., Repacholi, B. M., and Wagland, P. (2010). Children's response to adult disgust elicitors: Development and acquisition. *Developmental Psychology*, 46, 165–177.

Straatemeier, M., van der Maas, H. L., and Jansen, B. R. (2008). Children's knowledge of the earth: A new methodological and statistical approach. *Journal of Experimental Child Psychology*, 100, 276–296.

Sylvia, C. (1997). *A change of heart: A memoir*. New York: Time Warner.

Thagard, P. (1992). *Conceptual revolutions*. Princeton, NJ: Princeton University Press.

Thagard, P. (1999). *How scientists explain disease*. Princeton, NJ: Princeton University Press.

———(2014). Explanatory identities and conceptual change. *Science and Education*, 23, 1531–1548.

Tomasello, M., and Carpenter, M. (2007). Shared intentionality. *Developmental Science*, 10, 121–125.

Tomasello, M., and Herrmann, E. (2010). Ape and human cognition: What's the Difference? *Current Directions in Psychological Science*, 19, 3–8.

Toulmin, S., and Goodfield, J. (1982). *The architecture of matter*. Chicago: University of Chicago Press.

Trend, R. D. (2001). Deep time framework: A preliminary study of UK primary teachers' conceptions of geological time and perceptions of geoscience. *Journal of Research in Science Teaching*, 38, 191–221.

Tufte, E. R. (2001). *The visual display of quantitative information* (2nd ed.). Cheshire, CT: Graphics Press.

United Nations Educational, Scientific and Cultural Organization (1970). *The race concept: Results of an inquiry.* Westport, CT: Greenwood Press.

Van der Linden, S., Leiserowitz, A. A., Feinberg, G. D., and Maibach, E. W. (2015). The scientific consensus on climate change as a gateway belief: Experimental evidence. *PloS One*, 10, e0118489.

Venville, G., Gribble, S. J., and Donovan, J. (2005). An exploration of young children's understandings of genetics concepts from ontological and epistemological perspectives. *Science Education*, 89, 614–633.

Vosniadou, S. (1994a). Capturing and modeling the process of conceptual change. *Learning and Instruction*, 4, 45–69.

———(1994b). Universal and culture–specific properties of children's mental models of the earth. In L. A. Hirschfeld and S. A. Gelman (eds.), *Mapping the mind: Domain specificity in cognition and culture* (pp. 412–430). Cambridge, UK: Cambridge University Press.

Vosniadou, S., and Brewer, W. F. (1987). Theories of knowledge restructuring in development. *Review of Educational Research*, 57, 51–67.

———(1992). Mental models of the earth: A study of conceptual change in childhood. *Cognitive Psychology*, 24, 535–585.

———(1994). Mental models of the day/night cycle. *Cognitive Science*, 18, 123–183.

Vosniadou, S., Skopeliti, I., and Ikospentaki, K. (2004). Modes of knowing and ways of reasoning in elementary astronomy. *Cognitive Development*, 19, 203–222.

———(2005). Reconsidering the role of artifacts in reasoning: Children's understanding of the globe as a model of the earth. *Learning and Instruction*, 15, 333–351.

Ware, E. A., and Gelman, S. A. (2014). You get what you need: An examination of purpose–based inheritance reasoning in undergraduates, preschoolers, and biological experts. *Cognitive Science*, 38, 197–243.

Waxman, S., Medin, D., and Ross, N. (2007). Folkbiological reasoning from a cross-cultural developmental perspective: Early essentialist notions are shaped by cultural beliefs. *Developmental Psychology*, 43, 294-308.

Webb, N. (1993). *Helping bereaved children: A handbook for practitioners*. New York: Guilford.

Wegener, A. (1929/1966). *The origin of continents and oceans*. New York: Dover.

Wellman, H. M., and Gelman, S. A. (1992). Cognitive development: Foundational theories of core domains. *Annual Review of Psychology*, 43, 337-375.

White, B. Y. (1984). Designing computer games to help physics students understand Newton's laws of motion. *Cognition and Instruction*, 1, 69-108.

Wicker, B., Keysers, C., Plailly, J., Royet, J. P., Gallese, V., and Rizzolatti, G. (2003). Both of us disgusted in my insula: The common neural basis of seeing and feeling disgust. *Neuron*, 40, 655-664.

Widen, S. C., and Russell, J. A. (2013). Children's recognition of disgust in others. *Psychological Bulletin*, 139, 271-299.

Willis, B. (1910). Principles of paleogeography. *Science*, 31, 241-260.

Winer, G. A., and Cottrell, J. E. (1996). Effects of drawing on directional representations of the process of vision. *Journal of Educational Psychology*, 88, 704-714.

Winer, G. A., Cottrell, J. E., Karefilaki, K. D., and Chronister, M. (1996). Conditions affecting beliefs about visual perception among children and adults. *Journal of Experimental Child Psychology*, 61, 93-115.

Winer, G. A., Cottrell, J. E., Karefilaki, K. D., and Gregg, V. R. (1996). Images, words, and questions: Variables that influence beliefs about vision in children and adults. *Journal of Experimental Child Psychology*, 63, 499-525.

Wiser, M., and Amin, T. (2001). "Is heat hot?" Inducing conceptual change by integrating everyday and scientific perspectives on thermal phenomena. *Learning and Instruction*, 11, 331-355.

Wiser, M., and Carey, S. (1983). When heat and temperature were one. In D. Gentner and A. L. Stevens (eds.), *Mental models* (pp. 267-297). Hillsdale, NJ: Erlbaum.

Zacharia, Z. C., and Olympiou, G. (2011). Physical versus virtual manipulative experimentation in physics learning. *Learning and Instruction*, 21, 317-331.

Zaitchik, D., Iqbal, Y., and Carey, S. (2014). The effect of executive function on biological reasoning in young children: An individual differences study. *Child Development*, 85, 160-175.

Zaitchik, D., and Solomon, G. E. (2008). Animist thinking in the elderly and in patients with Alzheimer's disease. *Cognitive Neuropsychology*, 25, 27–37.

———(2009). Conservation of species, volume, and belief in patients with Alzheimer's disease: The issue of domain specificity and conceptual impairment. *Cognitive Neuropsychology*, 26, 511–526.

Zamora, A., Romo, L. F., and Au, T. K. F. (2006). Using biology to teach adolescents about STD transmission and self-protective behaviors. *Journal of Applied Developmental Psychology*, 27, 109–124.

Zimmerman, C., and Cuddington, K. (2007). Ambiguous, circular and polysemous: Students' definitions of the "balance of nature" metaphor. *Public Understanding of Science*, 16, 393–406.

Zuger, A. (2003, March 4). "You'll catch your death!" An old wives' tale? *New York Times*, F1.

찾아보기

왜 우리는 세계를
있는 그대로 보지 못하는가?

초판 1쇄 발행 2020년 6월 29일
개정판 1쇄 발행 2023년 8월 11일
개정판 2쇄 발행 2023년 9월 7일

지은이   앤드루 슈톨먼
옮긴이   김선애 · 이상아
책임편집   박선진 · 김은수
디자인   이상재 · 정진혁

펴낸곳   (주)바다출판사
주소   서울시 종로구 자하문로 287
전화   02-322-3885(편집), 02-322-3575(마케팅)
팩스   02-322-3858
이메일   badabooks@daum.net
홈페이지   www.badabooks.co.kr

ISBN   979-11-6689-174-8 03400